高等学校教材

无损检测综合设计

何新党　编著

西北工业大学出版社

西　安

【内容简介】 本书分为三篇,其中第一篇主要涉及无损检测(NDT)概述、渗透检测技术、磁粉检测技术、射线照相检测技术、超声波检测技术的相关理论,第二篇主要介绍常规无损检测方法的实践操作案例及工艺卡编制案例,第三篇基于 COMSOL 软件,开展了超声、涡流无损检测的有限元虚拟仿真案例分析。

本书可用作与无损检测理论课程教学相配套的综合实践课程指导书,也可用作无损检测 2 级(中级)和 3 级(高级)人员资格鉴定与认证考试的综合知识训练教材,还可供从事无损检测相关科研、设计、制造、维修、检测的工程技术人员和大中专院校的师生阅读、参考。

图书在版编目(CIP)数据

无损检测综合设计 / 何新党编著. --西安：西北工业大学出版社,2024.10. -- ISBN 978 - 7 - 5612 - 9540 - 3

Ⅰ. TG115.28

中国国家版本馆 CIP 数据核字第 2024C23U66 号

WUSUN JIANCE ZONGHE SHEJI

无 损 检 测 综 合 设 计

何新党 编著

责任编辑：曹 江	策划编辑：查秀婷
责任校对：王玉玲	装帧设计：高永斌 李 飞

出版发行：西北工业大学出版社
通信地址：西安市友谊西路 127 号　　邮编:710072
电　　话：(029)88491757,88493844
网　　址：www.nwpup.com
印　刷　者：西安五星印刷有限公司
开　　本：787 mm×1 092 mm　　1/16
印　　张：20.75
字　　数：518 千字
版　　次：2024 年 10 月第 1 版　　2024 年 10 月第 1 次印刷
书　　号：ISBN 978 - 7 - 5612 - 9540 - 3
定　　价：88.00 元

前　言

无损检测已广泛应用于航空、航天、航海、特种设备等多个领域,是保障设备质量安全的有效工具,在一定程度上反映了一个国家的工业发展水平。高校工科专业开设"无损检测综合设计"课程,对于提升工科学生的工程实践技能、质量保障意识和仿真分析能力具有重要意义。

本书从实践角度出发,从无损检测基础理论、无损检测实践操作、无损检测虚拟仿真3个方面系统性地介绍无损检测方法的应用。本书共分3篇,其中:第一篇主要涉及无损检测概述、渗透检测技术、磁粉检测技术、射线照相检测技术、超声波检测技术的相关理论;第二篇主要介绍常规无损检测方法的实践操作案例;第三篇基于COMSOL软件,开展超声、涡流无损检测的有限元虚拟仿真案例分析。本书可用作无损检测相关课程的实践指导书,也可用作无损检测2级(中级)和3级(高级)人员资格鉴定与认证考试的综合知识训练教材,还可用作从事无损检测科研、设计、制造、维修的研究人员和工程技术人员的学习参考书。

本书是在国家自然科学基金项目(NO:52175149)和西北工业大学教材建设项目资助下完成的,由西北工业大学何新党研究员担任主任,负责全书的统稿工作。王安强教授、刘欢博士、苟文选教授担任副主任,其中:何新党研究员参与书中第1、10、11章内容的编写,王安强教授参与书中第2、3章内容的编写,刘欢博士参与书中第4、5章内容的编写,苟文选教授负责全书的统稿和审订工作。无损检测行业的多位专家也参与了本书的编写工作,其中:陕西泰诺特检测技术有限公司李德升董事长参与第8章内容的编写,张松、张卫涛、杜辉工程技术人员参与第9章内容的编写;吉林航空维修有限责任公司宋和福高工参与第6章内容的编写;石家庄海山实业发展总公司张朝晖参与第7章内容的编写。在本书审校过程中,杨粟梁、杨锐、冯博、潘天宇、李红骏、刘弘毅、姚忠信等研究生也参与了本书的绘图和文件编辑等工作。同时,本书的编写还参考了大量公开出版的论文、专著、标准文件、培训教材等资料,对相关作者表示衷心的感谢。对所有关心、支持和指导本书编写的各位领导、专家和朋友们表示衷心感谢!

限于笔者水平,不足之处在所难免,热忱欢迎读者提出宝贵意见。

编著者
2024年5月

目　　录

第一篇　无损检测基础理论

第一篇 无损检测基础理论

本篇主要介绍无损检测的基础理论,帮助学生和新入行的人员系统地掌握无损检测的基本原理、方法和技术,还将最新的科研成果和先进技术纳入其中,为行业不断输送高素质的专业人才。在建筑、航空航天、机械制造等各类工程领域,无损检测是保障工程质量和安全的重要手段,通过推动无损检测技术的不断进步和更新换代,可以减少不必要的维修和更换成本,提高工程的经济效益。

第1章　无损检测概述

1.1　无损检测的定义和分类

无损检测是指在不损坏检测对象的前提下，对检测对象进行检查和测试的方法。照此说法，人们用视觉或听觉所进行的一些检查也是无损检测的范畴，例如用眼睛检查工件外观质量，用耳朵听小锤敲击钢轨发出的声音来判断钢轨是否有缺陷，等等，但目前国内并未把这些方法算作无损检测。因此，对现代无损检测应有更严格的定义。现代无损检测的定义是：在不损坏试件的前提下，以物理或化学方法为手段，借助先进的技术和设备器材，对检测对象的内部及表面的结构、性质、状态进行检查和测试的方法。

在无损检测技术发展过程中出现过三个名称，即无损探伤（Nondestructive Inspection）、无损检验（Nondestructive Testing）和无损评价（Nondestructive Evaluation）。一般认为，这三个名称体现了无损检测技术发展的三个阶段，见表1-1。

表1-1　无损检测技术发展三个阶段

名　称	内　容	发展阶段
无损探伤	能够探测和发现缺陷	早期阶段
无损检验	在发现缺陷的基础上，获得探测试件结构、性质和状态等更多信息	当前阶段
无损评价	在发现缺陷和试件信息的基础上，能够对试件或产品的质量和性能给出全面、准确的评价	未来阶段

无损检测作为一项工业技术，从应用角度来说，主要有三种形式，即生产过程的质量控制、成品的质量控制和产品使用过程中的监测，见表1-2。

表1-2　无损检测技术的三种应用形式

应用形式	内容描述
生产过程的质量控制	可以剔除每道生产工序中的不合格产品，并把检测结果反馈到生产工艺中去，以指导和改进生产，监督产品的质量
成品的质量控制	用于出厂前的成品检验和用户的验收检验，主要是检验产品是否达到设计性能，能否安全使用
使用过程中的监测	维护检验，是指用户在使用产品或设备的过程中，经常地或定期地检查是否出现危险性缺陷，有时也称为在役检查

无损检测是以现代科学技术的发展为基础的。例如:用于探测工业产品缺陷的 X 射线照相法,是在德国物理学家伦琴发现 X 射线后发展起来的;超声波检测是在迅速发展的声呐技术和雷达技术的基础上开发出来的;磁粉检测建立在电磁学理论的基础上,而渗透检测则得益于物理化学的进展。人们按照不同的原理和不同的探测及信息处理方式,详细地统计了已经应用和正在研究的各种无损检测方法,总共 100 余种,其中主要的六大类方法见表 1-3。

表 1-3　无损检测技术的分类

方　　法	内　　容
射线检测	X 射线、γ 射线、高能 X 射线、中子射线、质子和电子射线等
声和超声波检测	声撞击、超声脉冲反射、超声透射、超声共振、超声成像、超声频谱、声发射和电磁超声等
电学和电磁检测	电阻法、电位法、涡流法、录磁与漏磁、磁粉法、核磁共振、微波法、外激电子发射等
力学和光学检测	目视法和内窥镜、荧光法、着色法、脆性涂层、光弹性覆膜法、激光全息摄影干涉法、泄漏检定、应力测试等
热力学方法	热电动势法、液晶法、红外线热图等
化学分析方法	电解检测法、激光检测法、离子散射、俄歇电子分析等

随着科学技术的发展,为满足现代工业生产的需求,新型材料(如复合材料、胶接结构、陶瓷材料、非晶态合金以及各种功能材料等)层出不穷。因此,人们必须不断研究新的无损检测仪器和方法,以满足对这些材料进行高精度和高灵敏度无损检测的需要。

1.2　无损检测的目的及应用特点

1.2.1　无损检测的目的

在工业生产中,从原材料到成品制造,乃至使用的各个环节,始终离不开无损检测,它不但可以保证产品质量,而且能提高经济效益,在改进产品设计与制造工艺方面起着重要作用。目前,无损检测的主要目的有以下几点。

(1) 保证产品质量

无损检测的主要目的之一,就是对非连续加工(如多工序生产等)或连续加工(如自动化生产流水线等)的原材料、零部件提供实时的质量控制。应用无损检测技术,对试件表面质量进行检验时,可以探测出许多肉眼很难看见的细小缺陷。另外,由于无损检测无需破坏试件就能完成检测过程,同时可以对产品进行 100%检验和逐件检验,所以可以为产品质量提供有效保证。许多重要的材料、结构或产品,必须保证万无一失,此时采用无损检测手段,就可以为质量提供有效保证。

（2）保障使用安全

即使是设计和制造质量完全符合规范要求的设备和结构,在经过一段时间使用后,也有可能发生破坏事故,这是由于苛刻的运行条件有可能使设备中原来存在的制造规范允许的小缺陷扩展开裂,或使设备中原来没有缺陷的地方产生新生缺陷,最终导致设备失效。因此,为了保障使用安全,对重要的设备及结构,必须定期进行检验,及时发现缺陷,避免事故发生。例如,家用煤气瓶需每两年检修一次,石化设备每年都需要进行大检修,飞机、客轮、火车也需要定期检修,等等。无损检测可以为设备使用过程的安全性提供保障。

（3）改进制造工艺和设计方案

在产品生产中,为了了解所采用的设计与制造工艺是否适宜,需要根据预定的设计方案和制造工艺制作试样或制品,对其进行无损检测,并根据检测结果改进制造工艺,最终确定能够达到质量要求的设计方案和制造工艺。例如,为了确定焊接工艺规范,可根据预定的焊接规范制成试样,进行射线照相,随后根据检测结果修正焊接规范,最后再确定能够达到质量要求的焊接规范。又如当制造铸件时,为了确定铸造工艺设计,可利用射线照相探伤,根据缺陷发生的情况来改进浇口和冒口的位置,以确定合适的铸造工艺设计。

（4）降低生产成本

在产品制造过程中进行无损检测,往往被认为会增加检测费用,从而增加制造成本。实际上,如果在制造过程中的适当环节正确地进行无损检测,可以及时发现超标缺陷件,防止以后的工序浪费,减少返工,降低废品率,从而降低制造成本。更为有利的是,如果要修补和返工,在工艺过程的前阶段进行起来要容易得多,而且不致打乱整个工艺过程。这样,从整体来看,无损检测的使用就节约了工时和费用,降低了产品的成本,提高了经济效益。例如,对铸件进行机械加工时,有时不允许机加工后的表面出现夹渣、气孔或裂纹等缺陷,可以在机加工前预先对要进行加工的部分进行无损检测。通过无损检测,对加工后会出现缺陷的地方,就不再进行机械加工,从而降低了废品率,节省了机加工工时。

1.2.2　无损检测的应用特点

盲目地应用无损检测并不能达到理想的目的,因此,必须考虑何时进行适当的无损检测,选择适当的检测方法,应用正确的检测技术,这些都是进行无损检测的原则。无损检测的应用特点有以下几点。

（1）无损检测要与破坏性检测相配合

如前所述,无损检测是在不损伤和破坏材料、机器和结构物的情况下,对它们的化学性质、机械性能以及内部结构等进行评价的一种检测方法。为了评价性质并进而作出一定的判断,必须事先对同样条件的试样进行无损检测,随后再进行破坏性检测,得出这两个检测结果之间的关系。必须认识到,假如没有做过上述检测结果的对比,不管所进行的无损检测的灵敏度有多高,所做的评价都是没有意义的。同时,虽然无损检测的检查率可以达到100%,但并不是所有需要测试的项目和指标都能进行无损检测,无损检测技术也有自身的局限性。这种局限性可能来自方法本身,也可能来自被测试对象的形状、位置等客观条件的不允许,因此某些试验只能采用破坏性的。可见,目前无损检测还不能代替破坏性检测。

(2) 正确选择无损检测的实施时间

无损检测的实施时间必须是评定质量最适当的时间。在制造过程中,如果某道工序将对材料或焊缝质量产生影响的话,那么在这道工序之前做出的质量评定就会与之后的评定不一致。因此,质量评定的时间应该选择在这道工序之后。另外,纵然没有增加特别的工序,但由于时效变化,材料和焊缝的质量也可能发生变化,所以必须待充分变化后再对它进行检测评定。例如,锻件的超声波探伤,一般要安排在锻造和粗加工后,钻孔、铣槽、精磨等最终机加工前进行。这是因为此时扫查面较平整,耦合较好,有可能干扰探伤的孔、槽、台还未加工出来,发现质量问题后处理也较容易,损失也较小。又例如,要检查高强钢焊缝有无延迟裂纹,无损检测就应安排在焊接完成 24 h 以后进行。要检查热处理后是否发生再热裂纹,就应将无损检测放在热处理后进行。电流焊接头晶粒粗大,超声波检测就应在淬火处理细化晶粒后再进行。以热处理为例,当考虑到热处理所引起的质量变化时,要在热处理之前和之后分别做无损检测。可是,在热处理之前用无损检测做质量评定是对原材料制造工艺的检查,是对焊缝焊接工艺的检查;而在热处理之后进行检测,不管什么情况下都是对热处理工艺操作的检查。

(3) 正确选用合理的无损检测方法和检测规范

每种无损检测方法均具有局限性,不可能适用于所有工件和所有缺陷。为了提高检测结果的可靠性,必须在检测前正确选定最适宜的无损检测方法。所谓适宜,不是片面追求最高的检测灵敏度,而是在保证充分安全性的同时兼顾产品的经济性,这样选择的检测方法才是正确、合理的。在选择中,既要考虑被检测物的材质、结构、形状、尺寸,预计可能产生什么种类、什么形状的缺陷,在什么部位、什么方向产生,又要根据以上种种情况考虑无损检测方法各自的特点。由于检测方法本身的特点所限,某些缺陷不能完全被检出,尤其是当采用不适当的检测方法以及检测规范不正确时,检测结果的可靠性就更差了。为此,必须预计被检物异常部分的性质,随后再选择最适当的检测方法与检测规范。例如,钢板的分层缺陷因其延伸方向与板平行,就不适合采用射线检测而应选择超声波检测。检查工件表面细小的裂纹,不应选择射线和超声波检测,而应选择磁粉和渗透检测。此外,选用无损检测方法时还应充分地认识到,检测的目的不是片面追求产品的"高质量",而是在保证充分安全性的同时保证产品的经济性。

(4) 正确对待无损检测结果的可靠性

无损检测是把一定的物理能量加到被检物上去,再使用特定的检测装置来检测这种物理能量的穿透、吸收、散射、反射、漏泄、渗透等现象的变化,检查被检物有没有异常的方法。因此,能不能把这种异常情况检查出来,与被检物的材质、组织成分、形状、表面状态、所采用的物理能量的性质,以及被检物异常部分的状态、形状、大小、方向性和检测装置的特性等有很大的关系。一般来说,不管采用哪一种检测方法,要完全检查出异常部分是不可能的。也就是说,虽然经过无损检测,得到了没有缺陷的结果,也不应该认为一定没有缺陷。另外,用无损检测测得异常部分的种类、形状、大小、力向性等信息,由于所用检测方法的不同而不同。由于检测方法和异常部分的特性结合在一起,有时检测灵敏度可以达到很高,而有时检测误差却会很大。这是无损检测在进行质量评定或是进行寿命评定中极为重要的问题。

(5)无损检测结果的评定

在充分掌握了上述要点并进行了非常细致的无损检测之后,所得到的检测结果也未必是完全可靠的。因此,无损检测的结果只应作为评定质量和寿命的依据之一,而不应仅仅根据它来给出片面的结论。如果可能,不要只采用一种无损检测方法,而应尽可能多地同时采用几种方法,以便各种方法互相取长补短,从而取得更多的信息依据。另外,还应利用除无损检测以外的其他检测所得到的结果,将有关材料、焊接、加工工艺的知识综合起来做出判断。有时进行无损检测会使产品的价格上升,但是要知道无损检测的本来目的绝不是为了把质量提高到没有意义的程度。要充分认识到,正是为了要保证产品的经济性和充分安全性才进行无损检测的。必须判断所得到检测结果的本质是什么,要区别允许的缺陷和不允许的缺陷,不要用无损检测去盲目追求过分的"高质量"。

1.2.3　无损检测的重要作用

无损检测技术是工业发展和社会发展必不可少的有效工具,在一定程度上反映了一个国家的工业和社会发展水平,并同国家的经济发展态势密切相关,无损检测的技术水平体现了一个国家的国民经济发展水平,其重要性已得到世界公认。下面从 4 个方面来论述无损检测在学科建设、科学研究、质量控制和安全检测中的重要作用。

(1)无损检测是现代综合交叉学科之一

无损检测技术涉及光学、电磁学、声学、热学、工程学、材料学、仪器仪表等学科,是新兴学科中最为重要的现代综合交叉学科之一,早期无损检测以发现宏观缺陷为目的,现代工业的快速进步使得检测对象和质量控制朝着精细化、定量化和可预测化的方向发展,使得无损检测在现代物理学的发展基础上进一步融合了各个学科,人工智能技术、模式识别技术、控制科学、互联网技术、大数据技术等学科都在无损检测技术的应用中占据了更重要的位置。

近年来,随着大型工业设施在使用工况和设计上不断突破极限,传统的单一物理量或物理场的检测效果、效率和可实施性都难以适应新需求,因此,出现了多场耦合检测或者多种场交互检测技术,如电磁超声、电磁导波、激光超声、力电磁耦合效应等方法都是利用两个或两个以上的物理场耦合或转换的检测。

无损检测也是一个重要的研究领域,各国高校和科研机构非常重视无损检测的发展。在英国工程与自然科学研究理事会的资助下,帝国理工大学、华威大学、布里斯托大学、巴斯大学、诺丁汉大学等牵头成立了第一个国家级无损检测研究中心,在德国、美国也都有享誉全球的无损检测技术研究机构和实验室。在我国,无损检测基础理论和应用研究广泛分布于高等学校和科研院所的仪器学科、机械学科、控制学科、物理学科和信息学科等一级学科,极大地促进了这些学科的发展和交叉融合。

(2)无损检测仪器是重要的科学仪器

无损检测不仅仅局限于宏观缺陷的发现、定位和基本尺寸的确定,还可以测定材料的组织结构和形态、应力状态,以及温度、应力等物理量,无损检测仪器在应用于各种工况的现场检测的同时,还被广泛应用于科学研究,尤其适用于在现场对大型构件材料服役过程演化规律进行科学研究,成为科学研究中发现自然规律和现象、获取研究参数和验证研究结果的重要科学仪器。

(3)无损检测是重要的质量控制和保证手段

无损检测是控制新产品质量、保证在用设备和设施安全运行的重要手段,在工业产品制造的质量控制、大型工程建设项目安装的质量控制、在用设备和装置的安全检测过程中得到广泛应用。在产品的生产过程中,无损检测的实施一方面可为非连续加工(如多工序生产等)或连续加工(如自动化生产流水线等)的原材料、半成品、成品以及产品构件提供实时的质量控制,使产品满足设计要求;另一方面可将检测得到的质量信息反馈给设计与工艺部门,进一步改进设计与制造工艺以提高生产工艺的稳定性,从而达到减少返修品和废品、降低制造成本、提高生产效率的目的。此外,利用无损检测技术也可以根据验收标准将材料、产品的质量水平控制在符合使用性能要求的范围内,避免无限度地提高质量要求造成所谓的"质量过剩"。利用无损检测技术还可以通过检测确定缺陷所处的位置,在不影响设计性能的前提下使用某些存在缺陷的材料或半成品,例如缺陷处于加工余量之内,或者允许局部修磨或修补,或者调整加工工艺,使缺陷位于将要加工去除的部位等,从而提高材料的利用率,获得良好的经济效益。因此,无损检测技术在降低生产制造费用、提高材料利用率、提高生产效率、使产品同时满足使用性能要求(质量水平)和经济效益的需求等方面都起着重要的作用。

(4)无损检测是公共安全不可或缺的保障技术

无损检测作为重要的安全保障技术,已成为国民经济保驾护航的重要手段。对于长期使用的设备和设施,通过实施定期停机检测或不停机在线检测监测,及时发现设备或设施在运行过程中产生的缺陷、故障或损伤,为这些设备或设施的运行健康管理和安全评价提供基础数据,是设备设施安全运行的重要保障技术手段。锅炉、压力容器、压力管道、大型油罐、飞机、火车、舰船、汽车、桥梁、大坝、楼房等设备和建筑物在投入使用后由于受到疲劳载荷和环境腐蚀等因素的影响,会产生裂纹萌生和扩展及壁厚减薄等危险性缺陷,如不及时进行检测和修复,最终会导致承压设备爆炸、交通设备失事、建筑物垮塌等灾难性事故,从而造成人们生命财产的巨大损失和对环境的巨大破坏。1997 年 6 月 27 日,北京东方化工厂储料罐区发生特大爆炸和火灾事故,9 人死亡,39 人受伤,直接经济损失高达 1.17 亿元。原料中断导致十多个企业停产、半停产,万余工人待岗。2005 年吉林石化爆炸,导致万人疏散,还严重污染松花江,并造成严重的国际影响。仅 2010 年,我国风机事故多达 11 起,导致经济损失过亿元,严重阻碍了我国绿色能源建设的实施。2010—2011 年,我国海洋平台事故多达 7起,直接经济损失超过 100 亿美元,此外,由于事故造成的环境污染所带来的损失更是无法估量。

无损检测的内容小结如图 1-1 所示。

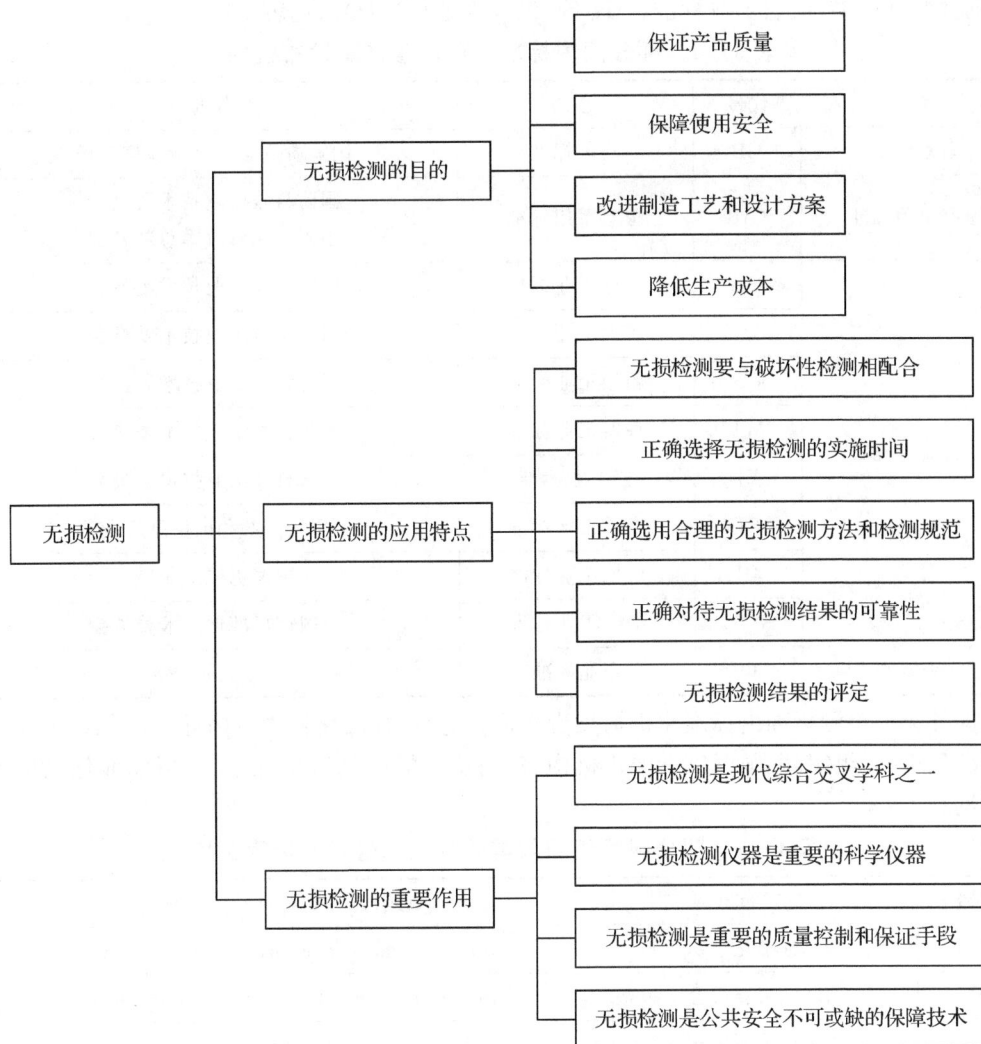

图 1-1 内容小结

1.3 无损检测的相关标准

1.3.1 无损检测标准的作用与分类

标准是对重复性事物和概念所做的统一规定,它以科学技术和实践经验的结合成果为基础,经有关方面协商一致,由主管机构批准,以特定形式发布作为共同遵守的准则和依据。而无损检测的相关标准,其目的就是给进行无损检测工作的人员提供共同遵循的原则,保证检测过程的正确实施并且能对检测结果作出正确评判。因此,了解无损检测的标准是无损检测质量控制的重要依据。

我国的无损检测标准分为四个级别,即国家标准(GB)、国家军用标准(GJB)、行业标准

［如机械标准(JB)、航空工业标准(HB)等］以及企业标准(Q)，见表1-4。

表1-4　部分国内标准代码的意义及发布机构

级别	代号	意义	发布机构
国家标准	GB	国家标准	国家质量监督检验检疫总局
国家军用标准	GJB	国家军用标准	国防科技工业技术委员会 中国人民解放军总装备部
行业标准	HB	航空工业标准	国防科技工业技术委员会
	QJ	航天工业标准	国防科技工业技术委员会
	CB	船舶工业标准	国防科技工业技术委员会
	WJ	兵器工业标准	国防科技工业技术委员会
	EJ	核工业标准	国防科技工业技术委员会
	SJ	电子工业标准	中华人民共和国信息产业部
	JB	机械工业标准	国家机械工业局
	YB	冶金工业标准	全国钢标准化技术委员会
企业标准	Q	企业标准	相关企业

国外无损检测标准由标准化机构负责完成，主要的标准化机构有国际标准化组织、区域性标准化机构/组织、各国国家标准化机构、各国协会标准化组织、国家军用标准化机构等，具体见表1-5。

表1-5　部分国际组织与国外标准代号及其制定机构

代号	制定/发布机构	制定/发布机构的英文名称
ISO	国际标准化组织	International Standardization Organization
IEC	国际电工委员会	International Electrotechnical Commission
IAEA	国际原子能机构	International Atomic Energy Agency
ICS	国际造船联合会	International Committee of Shipping
ANSI	美国国家标准学会	American National Standards Institute
ASTM	美国材料与试验协会	American Society for Testing and Material
ASME	美国机械工程师协会	American Society for Mechanical Engineers
SAE	美国自动化工程师协会	Society Automotive Engineers
MIL	军用标准;美国国防部	Military standard;The U.S.Department of Defence
BS	英国标准学会	British Standards Institute
LR	英国劳氏船级社	Lloyd's Register of Shipping
CEN	欧洲标准化委员会	European Committee for Standardization
DIN	联邦德国标准化学会	Dutsches Institute für Normung

续表

代号	制定/发布机构	制定/发布机构的英文名称
JIS	日本工业标准委员会	Japanese Industrial Standards Committee
NF	法国标准化协会	Association Francaise de Normalisation
ГОСТ	俄罗斯国家标准委员会	The State Standard Committee of Russian

1.3.2　国内外部分无损检测标准(见附录)目录

(1) 渗透检测(PT)

在国外,ISO 和 ASTM 是两个主要的渗透检测标准体系,目前 ASTM 已经颁布了 18 项标准,包括术语、通用方法、检测设备和器材、零部件的检测方法等,ISO 已颁布了 17 项标准,包括术语、通用规则、零部件的检测方法、检测设备和器材等。在我国,国家基本等同采用 ISO 标准,目前已颁布 12 项标准,包括术语、通用检测方法、零部件的检测方法、检测设备和器材等。

(2) 磁粉检测(MT)

国外磁粉检测标准主要的健全体系有 ISO 和 ASTM,目前 ISO 已颁布 6 项标准,包括术语、通用规则、焊缝检测方法、检测设备和器材等。ASTM 已经颁布了 11 项标准,包括术语 1 项、通用方法 2 项、检测设备和器材 6 项、钢铸件和钢锻件检测方法各 1 项,其更加偏重于操作、器材和检测结果的评价等方面。在我国,国标基本等同采用 ISO 标准,目前已颁布 6 项标准,包括术语、通用规则、检测设备和器材等。

(3) 射线检测(RT)

许多发达国家在国际射线检测标准方面具有领先地位,而我国在发达国家标准的基础上,从设备、方法、系统和行业等方面逐步完成了射线检测标准的制定,已经形成了完整的射线检测标准体系。

(4) 超声检测(UT)

近年来,超声检测技术在我国快速发展,部分标准的制定工作已走在世界前列。其中,国家标准和机械行业标准已采用 ISO 和 EN 标准共 11 项,采用 ASTM 标准共 12 项,占标准总数的 53%。

(5) 声发射检测(AE)

声发射检测技术最早开始于 20 世纪 50 年代,早在 20 世纪 80 年代首先开始了声发射检测标准的制定,相继制定了包括术语、检测仪性能测试和检测方法等有关声发射检测标准,加速了声发射检测技术的推广应用。在我国,基础和通用声发射检测标准由 SAC / TC 56 全国无损检测标准化技术委员会制定,检测仪器标准由 SAC / TC122 / SC1 全国试验机标准化技术委员会无损检测仪器分技术委员会制定,具体产品的声发射检测方法标准由有关产品标准化委员会、国家军用标准或航天工业行业标准制定。

(6) 涡流检测(ET)

1873 年,英国物理学家麦克斯韦建立了描述电磁感应现象的麦克斯韦方程组,为电磁场理论的研究奠定了基础。近年来,随着信号处理技术的发展和涡流检测仪器智能化程度的提高,脉冲涡流、远场涡流、扫频涡流等检测技术不断被开发和应用。我国涡流检测技术的发展始于 20 世纪 50 年代航空领域的应用,现已广泛应用于航空、航天、兵器、船舶、电力、冶金等领域。

1.4 材料的性能、分类和构件中的缺陷

1.4.1 材料的性能

材料性能是表征材料在给定外界条件(如光、电、磁、热、力、声、环境等)下的行为参量,主要包括物理、化学、力学、工艺等性能。材料的性能分类如图 1-2 所示。

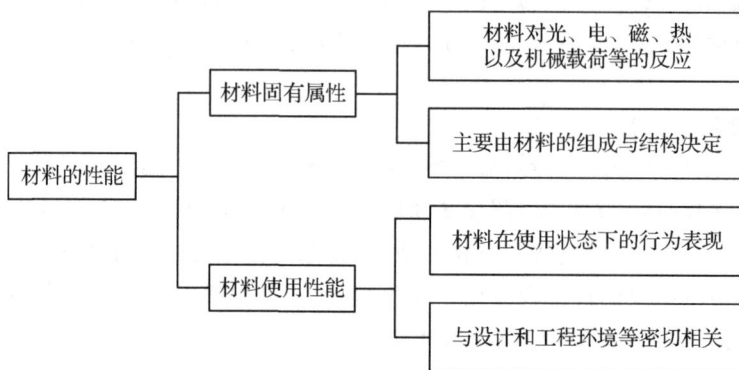

图 1-2 材料的性能分类

1.4.2 材料的分类

根据材料的物理化学属性,可将材料分为金属材料、有机高分子材料(聚合物)、无机非金属材料和复合材料四大类,表 1-6 给出了四大类材料的定义。

表 1-6 四大类材料的定义

分　　类	定　　义
金属材料	以金属元素为基础的金属材料,包括纯金属及其合金
有机高分子材料	也称高聚物,指以高分子化合物为基体,再配有其他添加剂(助剂)所构成的材料
无机非金属材料	也称陶瓷材料,指除金属材料、有机高分子材料以外的几乎所有材料
复合材料	由两种或多种材料组成的多相材料,在保留原有特点的基础上复合后整体性能有所提高

四大类材料常见的具体分类如图 1-3 所示。

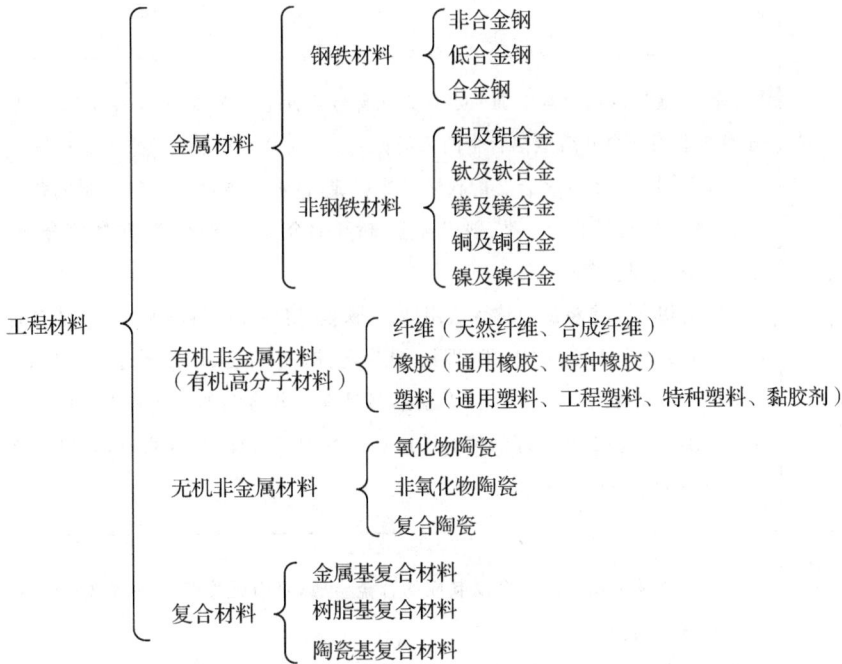

图 1-3　四大类材料常见的具体分类

表 1-7 列出了几类常用的材料及其特点。

表 1-7　几类常用的材料及其特点

种　类	介　绍
结构钢	1.结构钢是指符合特定强度和可成形性等级的钢,是一种重要的结构材料; 2.可大致将其分为优质碳素钢、渗碳钢和渗氮钢、调质高强度钢、超高强度钢、弹簧钢、防弹钢、轴承钢、铸钢
不锈钢	1.不锈钢是指能抵抗大气、水、海水、酸、碱及其他腐蚀介质的腐蚀作用,且具有高度化学稳定性的合金钢种系列; 2.不锈钢的耐蚀性主要取决于铬的含量,当铬含量高于 12%(质量分数)时,钢的化学稳定性会产生质的变化,进而形成一层致密的氧化物膜保护合金,不易生锈; 3.不锈钢可分为奥氏体不锈钢、马氏体不锈钢和铁素体不锈钢三种类型
高温合金	1.高温合金是一种可在 600~1 100 ℃的氧化和燃气腐蚀条件下,承受复杂应力并长期可靠工作的新型金属材料; 2.有良好的高温耐氧化、耐腐蚀能力,较高的高温强度、蠕变强度和持久性能,以及良好的耐疲劳性

续表

种　　类	介　　绍
铝合金	1.铝合金是以铝为基添加一定量其他合金化元素的轻金属材料合金,按制造工艺可分为变形铝合金和铸造铝合金两大类; 2.变形铝合金是先将合金配料熔铸成坯锭,再进行塑性变形加工制成各种塑性加工制品,按其特性可分为六类:硬铝合金、超硬铝合金、锻铝合金、防锈铝合金、高纯高韧铝合金和铝锂合金; 3.铸造铝合金是将配料熔炼后用砂模、铁模、熔模和压铸法等直接铸成各种零部件的毛坯,其按合金系可分为四类,即铝-硅合金、铝-铜合金、铝-镁合金、铝-锌合金; 4.铝合金既保持了纯铝的主要优点,又具有一些合金的具体特性。比强度接近合金钢,比刚度超过钢,有良好的铸造性能和塑性加工性能,以及良好的导电、导热性能和耐腐蚀性,可焊接
钛合金	1.钛合金是指钛与其他金属制成的合金金属,具有强度高、耐蚀性好、耐热性高、低温性能良好等特点; 2.钛合金按其基体结构可分为三大类:α型和近α型钛合金、α-β型钛合金、β型和近β型钛合金; 3.根据钛合金的性能特点,可分为结构钛合金、热强钛合金、耐蚀钛合金和功能钛; 4.按强度水平和特性又可分为低强度钛合金、中强度钛合金、高强度钛合金、损伤容限型钛合金和铸造钛合金
镁合金	1.镁合金是以镁为基,添加一种或一种以上其他元素组成的合金; 2.镁合金具有优良的切削加工性能,能铸造出外形上难以进行机械加工、刚度高的零部件; 3.具有很高的振动阻尼容量,能承受冲击载荷,可制作承受振动的部件; 4.按加工工艺分为变形镁合金和铸造镁合金

1.4.3　构件中的缺陷类型

广义而言,缺陷是指瑕疵、缺点、不完美。原材料或制件制造工艺不当,或与服役条件有关的连续性或致密性的欠缺,以及物理结构或外形的间断等,都会导致缺陷的发生。

缺陷可按来源、类型和位置进行分类,见表1-8。

表 1-8 缺陷的分类方法

分类依据	分类	描述	举例
缺陷的来源	固有缺陷	与金属的熔化和凝固有关的(铸锭、锭坯)缺陷	偏析、缩孔、疏松、夹杂等
	工艺缺陷	与各种制造工艺有关的缺陷	偏析、缩孔、疏松、夹杂、折叠、裂纹、未熔合、未焊透、脱黏等
	服役缺陷	与各种服役条件有关的缺陷	金属材料构件的腐蚀、疲劳和磨损;聚合物基复合材料制件的表面损伤、分层、铺层损伤、冲击损伤、蒙皮-芯脱黏等
缺陷的类型	体积型缺陷	一种可以用三维尺寸描述的缺陷	孔隙、夹杂、夹渣、夹钨、缩孔、缩松、气孔、腐蚀坑等
	平面型缺陷	一个方向很薄、另外两个方向尺寸较大的缺陷	分层、脱黏、折叠、冷隔、裂纹、未熔合、未焊透等
缺陷在物体中的位置	表面缺陷	—	—
	内部缺陷	—	—

下面讲述无损检测常见的主要铸件缺陷。

1. 孔洞类缺陷

孔洞类缺陷是指在铸件表面或内部产生大小、形状不一的孔洞,包括气孔、针孔,缩孔、缩松、疏松,气缩孔。

(1) 气孔、针孔

气孔、针孔是由气体在铸件内形成的孔洞类缺陷。气孔表面一般比较光滑,主要呈梨形、圆形和椭圆形。气孔一般不在铸件表面露出,大孔常孤立存在,小孔常成群出现。气孔有三种类型,即析出性气孔(针孔)、反应性气孔(皮下气孔)、侵入性气孔(集中大气孔),如图1-4所示,具体分类见表1-9。

析出性气孔　　　　　　反应性气孔　　　　　　侵入性气孔

图 1-4　气孔示意图

表 1-9 常见的气孔、针孔类缺陷

缺陷类型	描 述	图 例
侵入性气孔 （集中性气孔）	主要是浇注时排气不畅，导致型和芯中的气体侵入金属液后引起的气孔； 孔内表面光滑，容积较大，表面氧化，多数呈梨形或椭圆形，位于铸件表面或内部，分布没有规律	
皮下气孔 （反应性气孔）	位于铸件表皮下的分散性气孔，为金属液与铸型之间发生化学反应产生的反应性气孔； 形状有针状、蝌蚪状、梨状等，其大小不一、深度不等，通常在机械加工或热处理后才能发现	
表面针孔	成群分布在铸件表层的分散性气孔，通常暴露在铸件表面，机械加工 1～2 mm 后即可去掉	—
点状针孔	在低倍组织中呈圆点状、轮廓清晰且互不连续的针孔，能清点每平方厘米上针孔的数目并测得其直径	
网状针孔	在低倍组织中密集、连成网状的针孔，也有少数较大的孔洞，不便清点每平方厘米上针孔的数目，难以测量孔的直径	
综合性针孔	是点状针孔和网状针孔的中间型，低倍组织上大针孔较多，但不是圆点状，而呈多角形	

（2）缩孔、缩松、疏松（显微缩松）

缩孔、缩松、疏松都是金属在凝固过程中，由于补缩不良而产生的孔洞。

缩孔形状极不规则，孔壁粗糙，并带有枝状晶，常出现在铸件最后凝固的部位。按分布特征，缩孔可分为集中缩孔和分散缩孔两类。

缩松是指铸件断面上出现的分散而细小的缩孔。缩松铸件密封性能差，易渗漏，断口呈

海绵状。

疏松(显微缩松)是铸件凝固缓慢的区域因微观补缩通道堵塞而在枝晶间及枝晶的晶壁间形成的很细小的孔洞,需要借助高倍放大镜才能发现。疏松易造成渗漏。疏松的宏观断口形貌与缩松相似,微观形貌表现为分布在晶界和晶壁间、伴有粗大枝晶的显微孔穴。常见的缩孔、缩松、疏松类缺陷见表 1-10。

表 1-10　常见的缩孔、缩松、疏松类缺陷

类　型	说　明	缺陷图例
集中缩孔	缩孔(钛合金,重力浇铸)	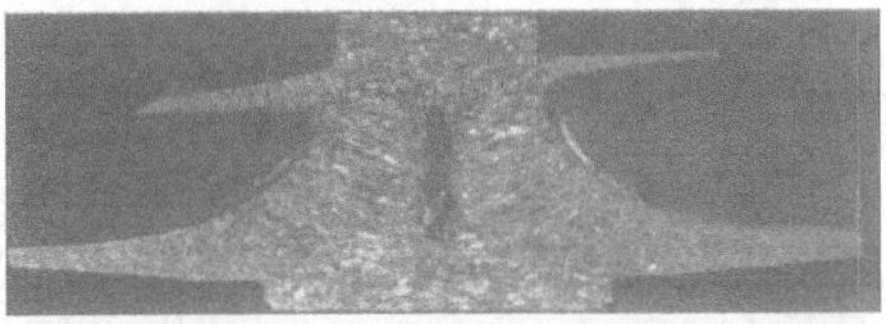
	缩孔(钛合金,离心浇铸)	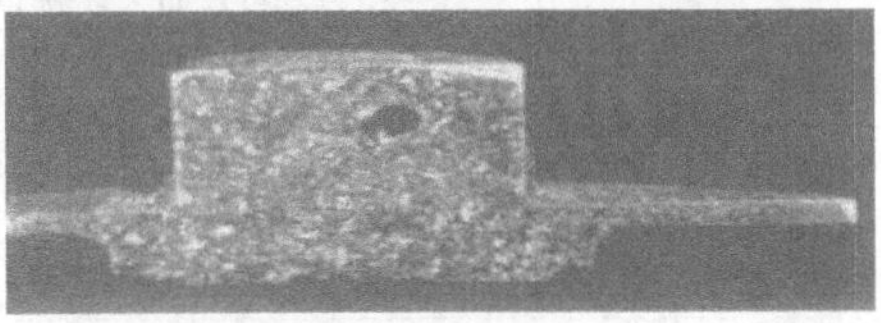
分散缩孔	缩孔(钛合金,离心浇铸)	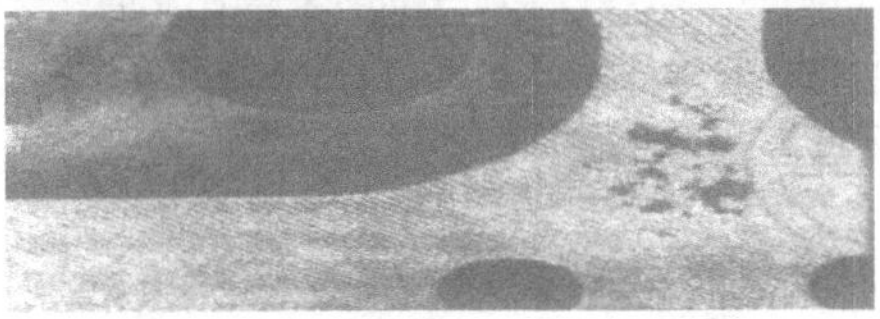
缩松	缩松严重的铸件在凝固冷却或热处理过程中容易产生裂纹(铝合金)	
疏松	K403 合金试样疏松形貌	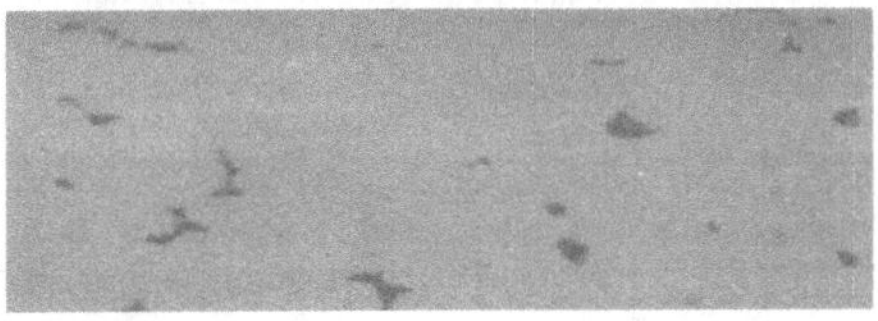
	抛光状态,100×	

(3)气缩孔

气缩孔是指分散性气孔与缩孔和缩松合并而成的孔洞类铸造缺陷。

2.裂纹冷隔类缺陷

裂纹是铸件表面或内部由于各种原因形成的条纹状裂缝,包括冷裂、热裂、龟纹、热处理裂纹等。铸件中的热处理裂纹属于热处理工艺缺陷,而非铸造工艺缺陷。常见的裂纹冷隔类缺陷见表1-11。

表1-11　常见裂纹冷隔类缺陷

种类	描　　述
冷裂	铸件凝固冷却后在较低温度下形成的裂纹是局部铸造应力大于合金拉伸强度极限而引起的开裂
热裂	铸件于凝固末期或终凝后在较高温度下形成的裂纹
综合裂纹	出现了热裂纹的铸件,若凝固后仍处于较大的内应力下,则裂纹还会继续扩展形成冷裂纹,此现象称为综合裂纹
龟纹	金属型和压铸型裂纹因受交变热机械作用发生热疲劳,在型腔表面形成微细龟壳状裂纹
白点（发裂）	淬透性好的某些合金钢铸件在快速冷却时,主要因氢的析出及产生的组织应力和热应力而引起,白点是钢铸件中特有的缺陷
冷隔	在铸件上穿透或不穿透的、边缘呈圆角状的缝隙,充填金属流体汇合时熔合不良所致	表面冷隔 内部冷隔 表面冷隔

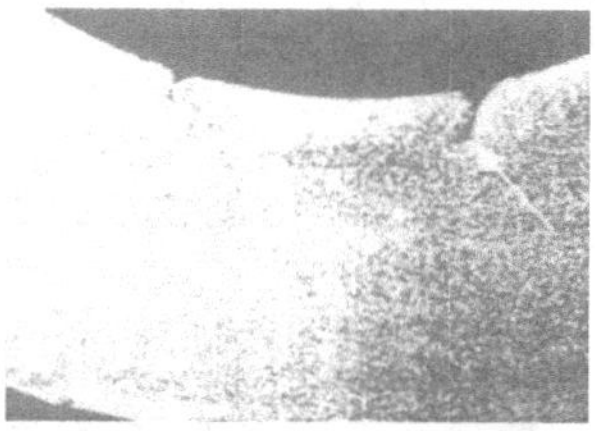

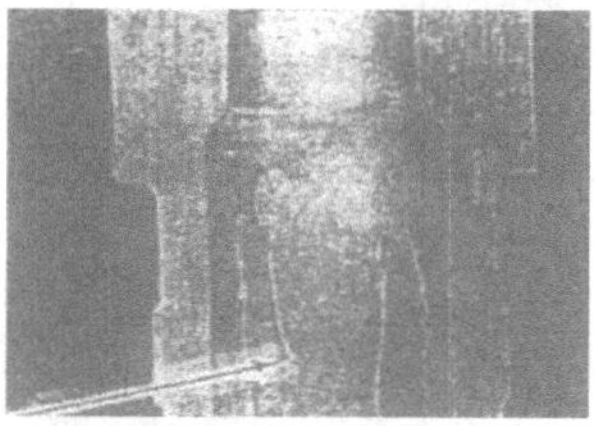

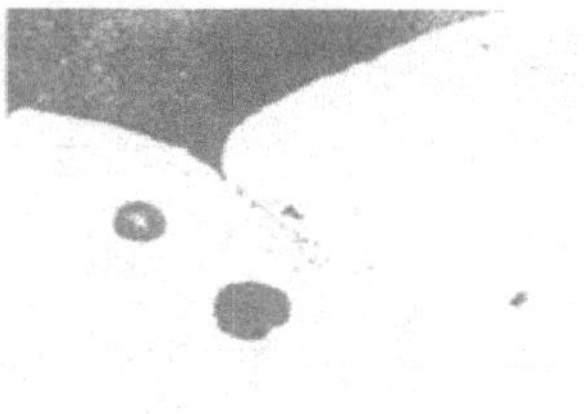

3.夹杂类缺陷

夹杂物是铸件内部或表面上存在的与机体金属成分不同的质点,常见的夹杂类缺陷见表1-12。

表 1-12　常见夹杂类缺陷

种　类	描　述
外来金属夹杂物	铸件内成分、结构、色泽、性能不同于基体金属,形状不规则、大小不等的金属或金属间化合物,通常由外来金属所引起
内渗物(内渗豆)	铸件孔洞缺陷内部带有光泽的豆粒状金属渗出物,成分与铸件本体不一致,接近于共晶成分
夹渣	夹渣是工件表面或内部由熔渣引起的非金属夹杂物,其熔点和密度均比金属液低,通常位于铸件上表面、砂芯下面的铸件表面或铸件的死角处
渣气孔	铸件表面或内部伴有气孔的夹渣称为渣气孔,有夹渣内含气孔、气孔内含夹渣及夹渣外气孔成群分布三种。渣气孔的出现部位与夹渣相同
砂眼	铸件内部或表面带有砂粒的孔洞

4. 成分、组织不合格类缺陷

目前,可经无损检测检出的成分、组织不合格类缺陷是偏析。偏析是铸件各部分化学成分分布不均匀的现象。广义而言,偏析是指固态合金中化学成分(包括杂质元素)分布的不均匀性。

偏析分为微观偏析(包括枝晶偏析和晶界偏析)和宏观偏析(包括区域偏析和重力偏析)两类。

微观偏析是铸件中用显微镜或其他仪器才能确定的显微尺度范围内的化学成分分布不均匀性,分为枝晶偏析(品内偏析)和晶界偏析。采用晶粒细化和均匀化热处理可减轻这种偏析。

宏观偏析是铸件或铸锭中用人眼或放大镜可以发现的化学成分分布不均匀性。宏观偏析只能通过在铸造过程中采取适当措施来减轻,无法用热处理和变形加工来消除。

偏析区常伴有非金属夹杂物、疏松、析出性气孔、反应性气孔和热裂等缺陷。

基于不同合金的材料和制备工艺特点,不同合金铸件无损检测常见缺陷也有各自的特点,具体见表 1-13。

表 1-13　不同合金的常见缺陷

种类	常见缺陷
钢铸件	气孔,缩孔、缩松、疏松;裂纹、白点、冷隔;夹杂;偏析
高温合金铸件	气孔,缩孔、缩松、疏松;裂纹、冷隔;夹杂;偏析
钛合金铸件	表面缺陷是气孔,冷隔、裂纹
	内部缺陷是气(缩)孔、缩孔、缩松、疏松,夹杂、裂纹、偏析
铝合金铸件	气孔、针孔,缩孔、缩松、疏松;裂纹、冷隔;氧化夹渣,夹杂;偏析
镁合金铸件	气孔,缩孔、疏松;裂纹(冷裂、热裂),冷隔;夹砂、夹杂(氧化皮、溶剂等);偏析

1.5   材料和构件中缺陷与强度之间的关系

缺陷对材料强度的影响,取决于有缺陷的材料在什么条件下使用;应根据材料在使用中的应力、温度和环境条件,以及缺陷的形状、大小、方向、位置(是在表面、在内部,还是在应力集中部位)等而定。即使在同一材料中存在同样的缺陷,其损坏情况也不一定相同,应该按不同场合考虑。

为了避免金属材料与构件在加工制造和使用过程中发生断裂,一方面要求材料有较高的强度,同时要求材料有一定的韧性,即要求材料有良好的综合力学性能。而在实际的材料和构件中存在着大量的微观缺陷和宏观缺陷,这些缺陷的存在,大大降低了材料和构件的强度,材料和构件中缺陷与强度的关系是极为复杂的,必须综合考虑以下各种因素:

1)材料、焊缝和构件所处的应力条件和环境条件;

2)缺陷的类型、形状、大小、取向、部位、分布和内含物等情况;

3)材料、焊缝和构件中有缺陷部位的厚度;

4)材料和焊缝的力学性能试验结果;

5)材料和焊缝的断裂力学性能试验结果;

6)有缺陷部位的残余应力分布状况;

7)各种使用条件的性质。

应该加以研究的各种性质:

1)静态强度;

2)蠕变断裂强度;

3)疲劳强度(拉伸、扭转、弯曲等);

4)抗脆性断裂性能;

5)耐腐蚀性和对应力腐蚀的敏感性;

6)耐泄漏性能;

7)特殊材料的抗氢脆性和耐辐照性能。

在上述各因素中,特别要注意的是有关疲劳强度和脆性断裂的问题。因为迄今为止发生过的重大事故,其破损形式大部分与这两方面的问题有关。当然其他各种破损形式(例如腐蚀或应力腐蚀引起的裂纹等)也是重要的。

1.6   无损检测方法及适用范围

1.6.1   常用无损检测方法

据统计,无损检测方法已达 100 多种,但目前广泛采用的有辐射方法中的射线检测、声学方法中的超声检测、表面方法中的磁粉检测和渗透检测、电磁方法中的涡流检测。因此,本书主要介绍这几种常用无损检测方法,见表 1-14。

表 1－14　常用无损检测方法

方　　法	内　　容
射线检测 （Radiography Testing，RT）	1.得到的射线底片可用于缺陷的分析和作为质量凭证存档； 2.广泛用于金属和非金属材料与制品的内部缺陷检测； 3.优点是具有检测缺陷的准确性、可靠性和直观性； 4.缺点是设备较复杂、成本较高，并需注意对射线的防护
超声检测 （Ultrasonic Testing，UT）	1.利用超声振动来发现材料或制品内部（或表面）缺陷，对缺陷在工件厚度方向上的定位较准确； 2.优点是经济性好、适用范围广，近年来发展迅速； 3.缺点是形状复杂，对超声波吸收大的工件与材料不易检测，缺陷定性困难，定量准确度不高
磁粉检测 （Magnetic Testing，MT）	1.铁磁性材料在磁场中被磁化后，材料或制品的不连续处（缺陷处）产生漏磁场，吸附磁铁粉而被显现； 2.此法只能用于铁磁性材料或制品表面或近表面缺陷的检验； 3.优点是使用的设备简单、成本低、效率高； 4.缺点是不能检测非铁磁性材料，不能发现内部缺陷，表面缺陷的深度难以确定，工件表面粗糙度要求高
渗透检测 （Penetrant Testing，PT）	1. 表面开口缺陷对渗透液的润湿作用及毛细管作用，使缺陷吸满渗透液，随后再使渗透液在缺陷处显现； 2.包括荧光和着色检验两种方法； 3.优点是设备简单、操作方便、结果易辨； 4.缺点是只适用于表面开口缺陷的检验，对表面粗糙度有一定要求，试剂对环境有污染
涡流检测 （Eddy current Testing，ET）	1.被测工件被通电线圈靠近后感应出涡流，涡流的大小随工件内有没有缺陷而不同，从而影响线圈电流变化，反映有无缺陷； 2.涡流是交变电流，具有集肤效应，所检测到的信息仅能反映试件表面或近表面处的情况，不能用于不导电的材料

1.6.2　无损检测方法的选择

无损检测的方法很多，在实际工作中究竟选择哪种或哪几种检测方法，需要检测人员掌握各种检测方法的特点，并与材料或构件的加工生产工艺、使用条件和状况、检测技术文件和相应标准的要求等相结合才能得到安全、有效、可靠的检测结果。表 1－15 列出了常用无损检测方法和检测对象的适用性。

表 1 - 15　常用无损检测方法和检测对象的适用性

检测对象		内部缺陷检测方法		表面及近表面检测方法		
		RT	UT	MT	PT	ET
试件分类	锻件	×	●	●	●	△
	铸件	●	○	●	○	△
	压延件（管、板、型材）	×	●	●	○	●
	焊缝	●	●	●	●	×
缺陷类型	内部缺陷 分层	×	●	×	×	×
	疏松	×	○	×	×	×
	气孔	●	○	×	×	×
	缩孔	●	○	×	×	×
	未焊透	●	●	×	×	×
	未熔合	△	●	×	×	×
	夹渣	●	○	×	×	×
	裂纹	○	○	×	×	×
	白点	×	○	×	×	×
	表面缺陷 表面裂纹	△	△	●	●	●
	表面针孔	○	×	△	●	△
	折叠	×	×	○	○	○
	断口白点	×	×	●	●	×

注：●—很适用；○—适用；△—有附加条件适用；×—不适用。

在选择无损检测方法前要弄清应用无损检测的原因，例如：

1）确定对象在每一制造步骤后能否被接受（工序检测）；

2）确定产品对验收标准的符合性（最终检测或成品检测）；

3）确定正在使用的产品是否能够继续使用（在役检测）。

应用无损检测的原因确定后，选择无损检测方法要考虑的主要因素是缺陷的类型和位置以及被检工件的尺寸、形状和材质。表 1 - 16～表 1 - 18 给出了不同缺陷类型、位置及工件尺寸下无损检测方法的选择。

表 1-16 缺陷类型与无损检测方法的选择

缺陷类型	描述	方法选择
体积型缺陷	可以用三维尺寸或一个体积来描述的缺陷； 常见的体积型缺陷包括孔隙、夹杂、夹渣、夹钨、缩孔、缩松、气孔、腐蚀坑等	目视检测（表面）、渗透检测（表面）、磁粉检测（表面及近表面）、涡流检测（表面及近表面）、超声检测、射线检测、微波检测、红外检测等
平面型缺陷	一个方向很薄，另两个方向较大的缺陷； 常见的平面型缺陷包括分层、折叠、冷隔、裂纹、未熔合、未焊透等	目视检测、渗透检测、磁粉检测、涡流检测、超声检测、射线检测、微波检测、红外检测等

表 1-17 缺陷位置与无损检测方法的选择

缺陷位置	方法选择
表面缺陷	目视检测、渗透检测、磁粉检测、涡流检测、超声检测、射线检测、红外检测等
内部缺陷	磁粉检测（近表面）、涡流检测（近表面）、超声检测、射线检测、声发射检测、微波检测、红外检测等

表 1-18 被检工件尺寸与无损检测方法的选择

工件尺寸（厚度）	方法选择
仅检测表面（与壁厚无关）	目视检测、渗透检测
壁厚最薄（壁厚≤1 mm）	磁粉检测、涡流检测
壁厚较薄（壁厚≤3 mm）	微波检测、红外检测等
壁厚较厚（壁厚≤50 mm，以钢计）	X 射线检测等
壁厚更厚（壁厚≤250 mm，以钢计）	中子射线检测、γ 射线检测
壁厚最厚（壁厚≤10 m）	超声检测

注意：

1）上述壁厚尺寸是近似的，这是因为不同材料工件的物理性质不同。

2）除中子射线检测以外，所有适合于厚壁工件的无损检测方法均可用于薄壁工件的检测，但中子射线照相检测对大多数薄件不适用。

3）所有适合于薄壁工件的无损检测方法均可用于厚壁工件的表面和近表面缺陷检测。

4）当采用高能直线加速器作为射线源时，X 射线照相检测可检测壁厚数百毫米（以钢计）的工件。

针对不同的无损检测方法，对被检工件的主要材料特征有不同的要求，见表 1-19。

表 1-19　无损检测材料要求

方　　法	要　　求
渗透检测	必须是非多孔性材料
磁粉检测	必须是磁性材料
涡流检测	必须是导电材料或磁性材料
微波检测	能透入微波
X射线检测	工件厚度、密度或化学成分发生变化

　　以上粗略讨论了选择无损检测方法所要考虑的主要因素,具体方法的选择应综合考虑所有的因素。一般,可选择几种具有互补检测能力的检测方法进行检测。例如,综合应用超声和射线检测可保证既检出平面型缺陷(如裂纹等),又检出体积型缺陷(如孔隙等)。

1.7　无损检测人员的资格认证

1.7.1　无损检测人员技术资格等级的划分及职责

　　无损检测人员资格鉴定等级分为三个级别:Ⅰ级为最低级、Ⅱ级为中级、Ⅲ级为最高级。

　　1)Ⅰ级持证人员应在Ⅱ级或Ⅲ级人员监督或指导下,按照已制定好的NDT作业指导书,在其证书所明确的能力下,经雇主授权后,可按照NDT作业指导书执行下列任务:①调整NDT设备;②执行检测;③记录和分类检测结果;④报告检测结果,但不能评价检测结果。

　　2)Ⅱ级持证人员应具有按照已制定的工艺规程执行NDT的能力:①可选择检测方法;②编制NDT作业指导书;③调整和校验检测设备;④按照适用的规范、标准、技术条件或工艺规程解释和评价检测结果;⑤编制NDT检测报告;⑥实施和监督指导Ⅰ级人员的检测工作,培训Ⅰ级人员和尚未取证的学员。

　　3)Ⅲ级持证人员为资格等级最高级别,应具备执行和指挥NDT操作的能力,在其证书所明确的能力范围内:①制定、验证和审核NDT作业指导书与工艺规程;②解释规范、标准、技术条件和工艺规程;③实施和监督指导各个等级人员的检测工作;④确定所采用的特定检测方法、工艺规程和NDT作业指导书;⑤能培训Ⅰ级和Ⅱ级人员。

1.7.2　报考人员的资格

　　1)报考Ⅰ级的人员,其从事所报考无损检测方法的实习时间:无损检测、焊接专业大专以上学历至少3个月;其他理工科大专以上学历至少3个月;中专以上学历6个月;其他学历至少12个月。

　　2)报考Ⅱ级的人员,其持所报考无损检测方法Ⅰ级证的时间:无损检测、焊接专业大专以上学历至少1年;其他理工科大专以上学历至少2年;中专以上学历3年;其他学历至少4年。

　　3)报考Ⅲ级的人员,其持Ⅱ级证至少2个,且其中1个必须是RT或UT,其持所报考无损检测方法Ⅱ级证的时间:无损检测、焊接专业大专以上学历至少 2 年;其他理工科大专以上学历至少 3 年;中专以上学历 4 年;其他学历至少 5 年。

4)以上所有报考人员双眼矫正视力应在 1.0 以上,并具有报考的无损检测方法所要求的颜色分辨能力。

1.7.3　实验室的检测资格认证

(1) 实验室认可概述

实验室认可是指权威机构对某一机构或有能力完成特定任务的个人做出正式承认的程序,所谓的权威机构,是指具有法律或行政授权职责和权力的政府或民间机构。这种认可,意味着承认检测或校准实验室具有从事特定领域工作的管理和技术能力。因此,实验室认可的实质便是对实验室开展特定检测或校准项目的认可。

(2) 实验室认可的发展

为满足社会生产制造的需求,检测标准和手段逐渐开始发展,实验室认可最早源于 1947 澳大利亚建立的世界上第一个检测实验室认可体系——国家检测权威机构协会 (NATA)。1966 年,英国建立了校准实验室认可体系——大不列颠校准服务局(BCS)。此后,世界上一些发达国家纷纷建立了自己的实验室认可机构。在我国,现已有六千余家实验室获得了国家认可。持续增长的认可数量和不断拓宽的认可领域,不仅提高了我国实验室认可服务的广度和深度,促进了我国实验室管理水平和技术能力的提升,而且从技术上提升了我国的产品质量水平。

(3) 实验室认可的作用和意义

1)表明具备了按相应认可准则开展检测和校准服务的技术能力;

2)增强市场竞争能力,赢得政府部门、社会各界的信任;

3)获得签署互认协议方国家和地区认可机构的承认;

4)有机会参与国际合格评定机构认可双边、多边合作交流;

5)可在认可的范围内使用国家实验室认可标志和国际实验室认可合作组织(ILAC)国际互认联合标志;

6)列入获准认可机构名录,提高知名度;

7)中国合格评定国家认可委员会(CNAS)检测报告目前被全球 60 个国家/地区所承认,从而真正达到了"一次检测、全球认可"的效果。

(4) 实验室认可的条件

根据国家有关法律法规和国际规范,认可是自愿的,CNAS 仅对申请人申请的认可范围,依据有关认可准则等要求,实施评审并做出认可决定。但申请人必须满足下列条件方可获得认可:

1)具有明确的法律地位,具备承担法律责任的能力;

2)符合 CNAS 颁布的认可准则;

3)遵守 CNAS 认可规范文件的有关规定,履行相关义务;

4)符合有关法律法规的规定。

第2章 渗透检测技术

2.1 概 述

2.1.1 渗透检测的特点

渗透检测是一种最古老的探伤技术,可以检测出金属和非金属材料表面开口状的缺陷。相较于其他无损检测方法,其具有检测原理简单、操作容易、方法灵活、适应性强的特点,并且能够避免工件的几何形状、尺寸等因素的影响,可以对各种材料进行检查。例如:小零件可采用浸液法,大设备可采用刷涂或喷涂法,可对任何方向的缺陷进行检查。基于这些优点,其应用极为广泛。

渗透检测可分为着色法和荧光法,两者具有相同的原理,即:基于液体的某些物理特性,只是观察缺陷的不同形式。着色法在可见光下观察曲线,而荧光法是在紫外线灯的照射下观察缺陷。

此外,渗透检测对表面裂纹有着很高的检测灵敏度,但其操作工艺程序要求严格,具有无法发现非开口表面的皮下和内部缺陷、检验缺陷的重复性较差等缺点。

2.1.2 渗透检测的适用范围

在工业生产中,渗透检测用于工艺条件试验、成品质量检验和设备检修过程中的局部检查等,可以用来检验非多孔性的黑色和有色金属材料以及非金属材料。

渗透检测主要用于检测被检材料表面开口不连续(如裂纹、重皮、折叠、气孔和未熔合等):

1)铸件表面的裂纹、缩孔、疏松、冷隔和气孔;

2)锻件、轧制件和冲压件表面的裂纹、分层和折叠等;

3)焊接件表面的裂纹、熔合不良、气孔等;

4)金属材料的磨削裂纹、疲劳裂纹、应力腐蚀裂纹、热处理淬火裂纹等;

5)酚醛塑料、陶瓷、玻璃等非金属材料和器件的表面裂纹等缺陷;

6)各种金属、非金属容器的泄漏;

7)在役设备检修时的局部检查。

由于渗透检测中多孔性材料或多孔性表面显示的缺陷图像难以判断,所以并不适用。

2.1.3　渗透检测基本操作步骤

渗透检测一般应在冷热加工之后、表面处理之前以及工件制成之后进行。基本步骤如图 2-1 所示。

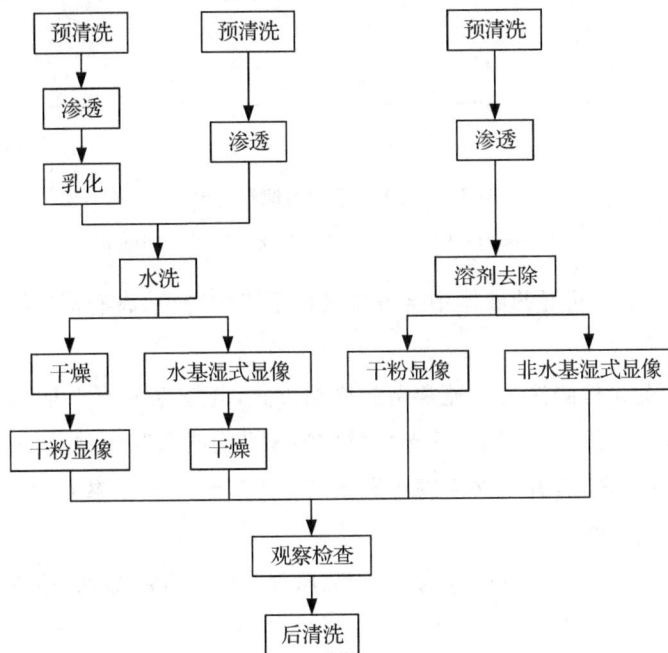

图 2-1　渗透检测基本操作步骤

注:干粉显像即干式显像,水基湿式显像即湿式显像,非水基湿式显像即快干式显像。

2.2　技　术　原　理

2.2.1　液体渗透检测的原理

渗透检测是基于液体的毛细作用(毛细现象)和固体染料在一定条件下的发光现象。

毛细现象是基于液体表面对固体表面的吸引力。例如:将细小的玻璃管插入水中,水会在管中上升到一定高度才停止;但当把细小玻璃管插入水银中时,水银会在管中下降一定高度。这是由于液体的自身性质不同,可以利用润湿现象进行解释。

润湿现象根据液-固面与界面处液体表面切线接触角 θ 的大小分为以下四类：

1）$\theta = 0°$，这种情况称为完全润湿；

2）$\theta \in (0, 90°)$，这种情况称为润湿；

3）$\theta \in (90°, 180°)$，这种情况称为不润湿；

4）$\theta = 180°$，这种情况称为完全不润湿。

四种不同的润湿现象如图 2-2 所示。

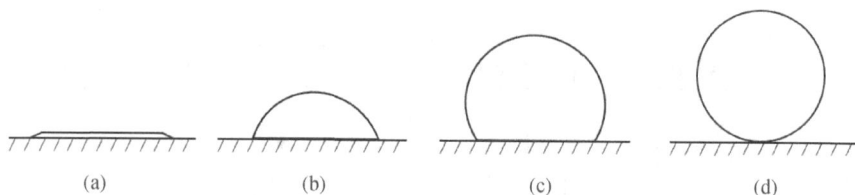

图 2-2　四种不同的润湿现象

(a)完全润湿；　(b)润湿；　(c)不润湿；　(d)完全不润温

显然，玻璃管插入不润湿的液体中会发生液面下降的现象，渗透检测需要利用润湿的液体进行检测。

渗透检测中的荧光检测法是一种常用的检测方式，其依据的原理是光致发光。光致发光是指被紫外线激发而发光的现象，发光物质分为磷光物质和荧光物质，前者在外界光源停止照射后，仍可持续发光，后者则立刻停止发光。着色显示的对比率大约为 6∶1，荧光显示的对比率却能够达到 300∶1。

渗透检测的基本操作步骤可以分为 4 个部分，即渗透、去除、显像、检查。渗透检测的基本原理如下。

1）渗透：将工件浸渍在渗透剂中（或用喷涂、毛刷将渗透液均匀地涂抹于工件表面），如工件表面存在开口状缺陷，在毛细作用下，经过一定的时间，渗透液就会沿缺陷边壁逐渐浸润而渗入缺陷内部，如图 2-3(a)所示。

2）去除：待渗透剂充分渗入缺陷内后，用水或溶剂将工件表面多余的渗透液清洗干净，如图 2-3(b)所示。

3）显像：将显像剂配制成显像液并均匀地涂敷在经干燥后的工件表面并形成显像膜，残留在缺陷内的渗透剂在毛细现象的作用下被显像液吸附出来，进而在工件表面显示放大缺陷痕迹，如图 2-3(c)所示。

4）检查：在自然光（着色渗透法）或紫外线灯照射下（荧光渗透法），缺陷处的渗透剂痕迹被显示，检验人员可以用目视法直接观察出缺陷的形貌及分布状态，如图 2-3(d)所示。

渗透检测能检测出的最小缺陷尺寸，是由探伤剂的性能、探伤方法、探伤操作技术水平和试件表面的状况等因素决定的，检测时应综合考虑。不同检测方法的选取原则将在 2.2.2 节进行详细描述。

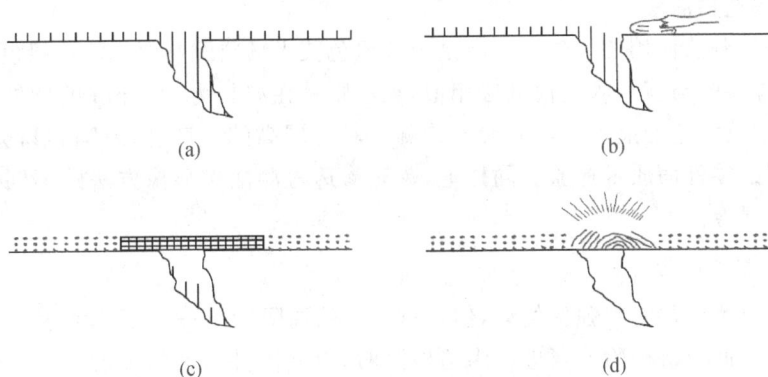

图 2-3　渗透探伤过程

(a)渗透处理；　(b)去除处理；　(c)显像处理；　(d)检查评定

2.2.2　液体渗透检测的方法

1. 渗透检测法分类

渗透检测法根据渗透检测中所使用的渗透剂及观察时光线的不同,大致上可分为荧光渗透检测法和着色渗透检测法两大类;根据清洗方法的不同可以分为水洗型、后乳化型和溶剂清洗型三类,后乳化型又可以分为亲水型和亲油型两类。具体分类如图 2-4 所示。

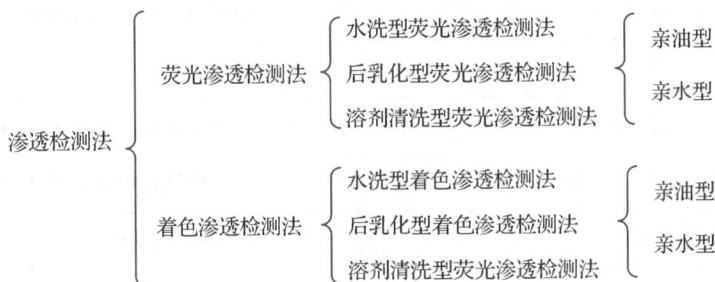

图 2-4　渗透检测法分类

应注意:航空零件禁止使用亲油型后乳化型渗透检测法。亲水型后乳化型渗透检测的基本步骤要在乳化环节前增加预水洗环节。

着色检测法和荧光检测法具有相同的原理,即:基于液体的毛细和润湿现象,只是观察缺陷的形式不同。着色法在可见光下观察缺陷,而荧光法是在紫外线灯的照射下观察缺陷。以下分别对着色检测法和荧光检测法进行概述。

(1)着色渗透检测法

着色渗透检测法使用的渗透液是用红色颜料配制成的红色油状液体。在自然光线下观察显示为红色的缺陷痕迹。着色渗透检测法较荧光渗透检测法使用方便,适用范围广,尤其适用于远离电源和水源的场合。其常用于奥氏体不锈钢焊缝(对接焊缝和表面堆焊层)的表面质量检验。着色渗透检测法按显像方法的不同可分为干法显像和湿法显像。

（2）荧光渗透检测法

荧光渗透检测法使用的渗透检测液是由黄绿色荧光颜料配制而成的黄绿色液体。其渗透、清洗和显像步骤与着色渗透检测法相似，观察则是在波长为 365 nm 的紫外线照射下进行，缺陷会呈现黄绿色的痕迹。荧光渗透检测法具有较高的灵敏度，缺陷容易分辨，常用于重要工业部门的零件面质量检验。同样地，荧光渗透检测法按显像方法的不同也可分为干法显像和湿法显像。

2. 渗透检测法的选择

各种渗透检测法都有其独特优势，但也有一定的局限性，一种渗透检测法并不能完全适应所有的工件表面质量检验。当进行渗透检测时，应视工件表面粗糙度、尺寸、数量、形状、缺陷的种类，以及检测液的性能和检测方法的优缺点进行选择。渗透检测法的选择见表 2-1，常用渗透检测法的优缺点见表 2-2～表 2-5。

表 2-1　渗透检测法的选择

检查内容及要求	推荐选用的方法	备注
工件尺寸较小，检测数量较多	WO	若在流水线上作业，小零件可装在吊篮里进行渗透检测操作
工件尺寸较大，检测数量较多	PV	用于大型锻件、挤压件
要求检验微小的缺陷	P	缺陷显示痕迹色泽鲜明、检测灵敏度较高
检测刮伤和较浅的缺陷	PV	乳化程度可得到有效地控制
表面粗糙工件的检测	WO	易于清洗
检测线材及工件上销槽内的缺陷	WV、O	若采用方法 P，细小接角处不易清洗干净
表面光滑工件的检测	WP	按工件数量及检测灵敏度要求从中选择
检测尺寸较小的点状缺陷	V	具有较高的检测灵敏度
便携式检测装置现场作业	V	操作方便
现场无水和电源	V	不需要水和电源
检测阳极电化处理的工件	VP、W	按顺序有目的地选择
检测阳极电化处理后的裂纹	O	要求有较好的凝胶作用
复检及设备维修时的渗透检测	VP	重复检测次数不得超过 5～6 次
渗透检漏	WV、O	仅指贯穿性缺陷，要求有较好的渗透性

注：W—水洗型（自乳化）荧光渗透检测法；

　　P—后乳化型荧光渗透检测法；

　　V—溶剂清洗型着色渗透检测法；

　　O—水洗型（自乳化）着色渗透检测法。

表 2-2　水洗型(自乳化)荧光渗透检测法优缺点

优　点	缺　点
(1)具有清晰可辨的荧光显示痕迹; (2)可用水清洗,操作方便; (3)适用于小型零件、大批量渗透检测; (4)适用于粗糙表面工件的渗透检测; (5)适用于窄缝和工件上销槽内缺陷检测; (6)检验周期较短,能适应绝大多数类型的缺陷检测; (7)在明亮的光线下便可以观察	(1)不宜在复检场下使用; (2)工件表面阳极电化层对检测灵敏度影响较大; (3)工件表面镀铬层对检测灵敏度影响较大; (4)不适合检测刮伤或较浅的缺陷

表 2-3　后乳化型荧光渗透检测法优缺点

优　点	缺　点
(1)具有清晰可辨的荧光显示痕迹; (2)具有较高的检测灵敏度,适合检测小缺陷; (3)能检测宽度较大、深度较浅的缺陷; (4)乳化处理后能方便地用水清洗; (5)检测速度快,尤其适用大型工件检测; (6)能应用于阳极电化镀膜表面的渗透检测; (7)能对缺陷重复检测	(1)增加乳化处理步骤; (2)要求工作场所光线暗淡; (3)对某些工件检测时清洗困难(如线状工件、沟槽内缺陷、盲孔等); (4)检测液中含有可燃性材料; (5)不适合粗糙表面工件(如铸件的检测); (6)需要有冲水辅助装置

表 2-4　溶剂去除型着色渗透检测法优缺点

优　点	缺　点
(1)不需要紫外线照射装置,具有最大的可携带性; (2)适用于大型工件的检测,不需要过多的辅助装置; (3)适用于远离电源和水源的场所; (4)能应用于阳极电化的表面检测; (5)适用于设备维修时的检测; (6)具有较高的检测灵敏度,可发现微小的缺陷; (7)抗污染力强,对缺陷内预先渗入的酸、碱物质不敏感	(1)检测液中有易燃材料; (2)缺陷显示痕迹清晰度较荧光渗透检测法差; (3)不适用于粗糙表面的工件(铸件)的检测; (4)不能在开放性容器内使用,检测液易挥发; (5)不能检测宽而浅的缺陷; (6)生产成本较高; (7)不适合批量工件的连续检测; (8)检测灵敏度不如荧光检测法

表 2-5　水洗型(自乳化)着色渗透检测法优缺点

优　点	缺　点
(1)不需要紫外线照射装置,可携带性较大;	(1)需要冲水辅助装置,且抗水污染能力弱;
(2)适合于粗糙表面工件(铸件)的检测;	(2)缺陷显示痕迹清晰度较差;
(3)用水清洗方便;	(3)检测灵敏度较低,不适合检测微小的缺陷;
(4)适用于大型工件的检测;	(4)不宜在重复检测场合下使用;
(5)适合于检测窄缝、销槽、盲孔内缺陷	(5)渗透剂的配方复杂

2.3　仪　器　设　备

渗透检测仪器设备包含试剂、检测装置、光学器材和标准样品四大类,如图 2-5 所示。

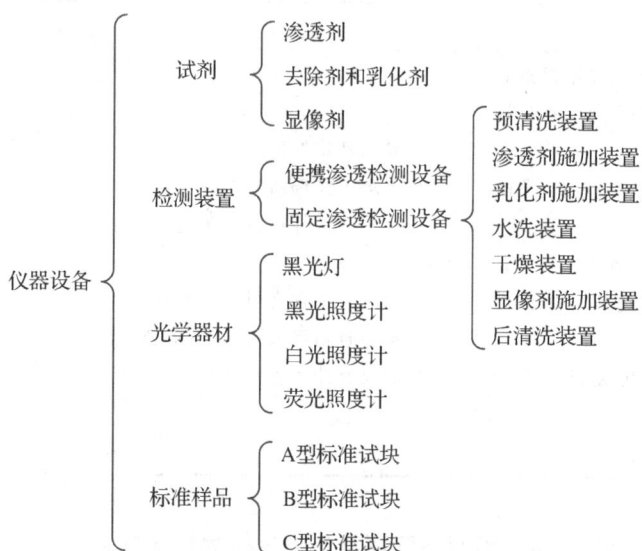

图 2-5　渗透检测仪器设备

2.3.1　渗透剂、去除剂和乳化剂、显像剂

1. 渗透剂

在渗透检测过程中,涂覆在零件表面,能渗入表面开口缺陷中并再回渗到零件表面的染料溶液称为渗透剂。渗透剂作为渗透检测的关键材料,能够直接影响渗透检测的灵敏度,因此渗透剂要具备相应的特性。

（1）性能要求

理想渗透剂应该具有良好的综合性能,主要包括:渗透性强;易于从零件表面清洗;闪点高,不易挥发,不易着火;无腐蚀性,无毒性,无不良气味,在光和热的作用下性能稳定。此外,对于荧光渗透剂,应有高的荧光亮度;对于着色渗透剂,色彩应比较艳丽。

（2）主要组分

渗透剂的主要组分是溶剂、染料、表面活性剂及互溶剂。此外，还有多种用于改善渗透剂性能的辅助组分。以下从渗透剂的主要成分进行讲解：

1）溶剂：渗透剂中的溶剂具有溶解染料和产生渗透两种作用，是渗透剂的主体。它应该具有渗透力强、挥发性和毒性小、无腐蚀性、对染料溶解性优良、经济性好等特性。

2）染料：荧光渗透剂中的荧光染料是发光剂，要求发光强、色泽鲜艳。应注意的是，荧光强度随着浓度的增加而增强，但浓度到达一定数值后，就不再增强，甚至会减弱。着色渗透剂中的着色染料，要求颜色浓重、色泽鲜艳、易溶解、杂质少。荧光和着色染料都应无腐蚀性，易去除，在光和热的作用下稳定，对渗透剂中的溶剂有足够的溶解度。

3）表面活性剂及互溶剂：水洗型渗透剂中加入一定量的表面活性剂，作为乳化剂；后乳化型渗透剂中加入少量的表面活性剂，作为润湿剂。

渗透剂按照灵敏度等级可以分为不同的类别：

A. 荧光渗透剂可以分为五个灵敏度等级，见表 2-6。

表 2-6　荧光渗透剂灵敏度

灵敏度等级	应用场景
最低灵敏度（1/2 级）	粗糙表面（航空零件不允许使用）
低灵敏度（1 级）	轻合金铸件，各种砂型铸件
中灵敏度（2 级）	精密铸件、钣金结构件、氩弧焊缝、一般机加工件
高灵敏度（3 级）	承受高应力的重要部件，如涡轮叶片、压气机叶片、涡轮盘、压气机盘、轴等
超高灵敏度（4 级）	高应力关键零件，如涡轮叶片、涡轮盘、轴等

B. 着色渗透剂不分灵敏度等级。

应注意：渗透剂的选取并不是灵敏度越高越好，能够满足工程需要的灵敏度既可以达到很好的检测效果，避免高灵敏度渗透剂的灵敏度过高、检测出过多本不需要考察的细微缺陷，也可以节约经济成本。对于高灵敏度及以上级别的渗透剂，更适用于光滑、高度加工的表面，用于粗糙表面反而效果不好。

（3）选用原则

当选择渗透剂时，需要综合考虑以下几个方面：

1）检测零件时，渗透剂的灵敏度要达到一定要求，并且还需适应零件的材料、尺寸、表面状态、数量等检测条件。

2）遵循有关规范对材料和工艺的限制。例如：不允许用灵敏度较低的渗透剂代替灵敏度较高的渗透剂；航空、航天产品零件的成品检验，不宜采用着色渗透剂；涡轮发动机等关键零件的维修检验必须采用高或超高灵敏度等级的荧光渗透剂，最好采用亲水型后乳化型荧光渗透剂；特殊材料制件应采用能与之兼容的专用渗透剂。

3）考虑环境保护。在工艺和灵敏度要求都满足的条件下，选用易于生物降解的渗透剂。一般优先选用水基渗透剂；当水基渗透剂不能满足时，优先选择水洗型渗透剂；当两者都不能满足时，应优先选用亲水型后乳化型渗透剂。

4）合适的渗透检测检验场所条件。在检验现场无水无电的情况下，选择着色渗透喷罐套箱;在检验现场非常黑暗的条件下,选择荧光渗透剂。

5)降低检验成本。在满足各种要求的条件下,应选择更经济的渗透剂。

2.去除剂和乳化剂

渗透检测中,用来去除零件表面多余渗透剂的溶剂称为去除剂。乳化剂是用来去除工件表面多余后乳化渗透剂的一种化学品。

（1）水及水基去除剂

对于水洗型渗透剂,去除剂就是水。

（2）乳化剂

对于后乳化型（亲水型或亲油型）渗透剂,去除剂则是乳化剂和水。

渗透检测采用的乳化剂具有乳化和洗涤两种作用,分为亲水型乳化剂和亲油型乳化剂两种类型。其中,亲水型乳化剂适用于亲水型后乳化型渗透剂的去除,一般用水稀释后再使用。亲油型乳化剂也称为油包水型乳化剂,适用于亲油型后乳化型渗透剂的去除,一般不稀释,直接使用。

乳化剂应具有的综合性能包括性能稳定、与渗透剂兼容、良好的乳化性和洗涤性、较高的容水量、耐渗透剂污染、高闪点、低挥发、无腐蚀、无毒、无不良气味等。应当注意的是,航空零件禁止使用亲油型乳化剂。

（3）溶剂去除剂

按照溶剂去除剂与受检材料的相容性,溶剂去除剂通常分为含卤溶剂去除剂、不含卤溶剂去除剂和特殊应用去除剂三类。

溶剂去除剂应具有的综合性能主要包括:对渗透剂中的染料有足够的溶解性,对渗透剂中的溶剂有很好的互溶性,对渗透剂中的各种组分不产生化学反应,对渗透剂的荧光亮度（或着色色度）不产生降低作用。

3.显像剂

在渗透检测中,去除零件表面多余渗透剂后,被施加到零件表面,能够加速渗透剂回渗、放大显示和增强对比度的材料称为显像剂。

（1）显像剂的分类

显像剂一般按形态、组分和应用分为干粉、湿式和特殊应用三大类,湿式显像剂分为水基和非水基两类,每类又分为两种类别,加上特殊应用显像剂,共六种,如图2-6所示。

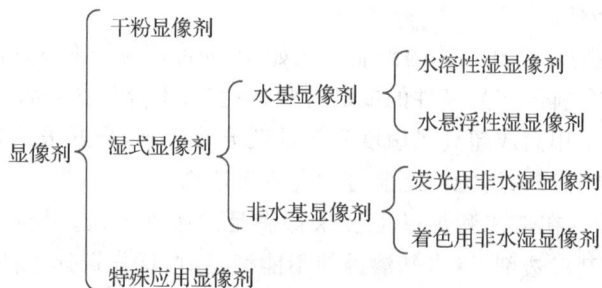

图2-6 显像剂分类

1) 干粉显像剂:一种轻质、松散、干燥的白色无机粉末,一般由氧化镁、碳酸镁、氧化锌、氧化钛等成分组成。干粉显像剂具有很好的吸水、吸油性和容易被干燥零件表面吸附的特性。最简单的干粉显像剂就是轻质氧化镁粉。

2) 水溶性湿显像剂:将显像粉溶于水,制成的一种符合浓度要求的显像溶液。

3) 水悬浮性湿显像剂:按一般 30～100 g/L 的比例,将不溶于水的显像粉加入水中均匀调制而成的显像剂。

4) 荧光用非水湿显像剂:按一定的比例,将显像粉加入挥发性溶剂中,再加入一定量的限制剂和稀释剂,均匀调制而成的显像剂。

5) 着色用非水湿显像剂:用于着色渗透检验的非水湿显像剂,显像粉是白色颗粒,显像粉的含量相对偏高,以便形成具有一定厚度、不透明的白色显像层,可为红色的渗透剂显示提供高对比的背景。

6) 特殊应用显像剂:如塑料薄膜显像剂,由显像粉、透明清漆或胶状树脂分散体等材料调制而成,可作为显示的永久性记录。

(2) 显像剂的性能要求

1) 显像剂的综合性能。

A.吸湿能力强,吸湿速度快,很容易被缺陷处的渗透剂湿润并吸出足量渗透剂。

B.显像剂粉末颗粒细微,对工件表面有一定的黏附力,能在工件表面形成均匀的薄覆盖层,将缺陷显示的宽度扩展到足以用肉眼观察的程度。

C.用于荧光法的显像剂应不发荧光,也不应有任何减弱荧光的成分,而且不应吸收黑光。

D.用于着色法的显像剂应与缺陷显示形成较大的色差,以保证最佳对比度;对着色染料无消色作用。

E.对被检工件和存放容器不腐蚀,对人体无害;使用方便,易于清除,价格便宜。

2) 显像剂的物理性能。

A.颗粒度小。若颗粒过大,微小的显示就显现不出来。这是由于渗透剂只能润湿粒度较细的球状颗粒。显像剂颗粒若不能被渗透剂润湿,则从检验表面就无法观察到缺陷。干粉显像剂的颗粒度应不超过 1～3 μm。

B.干粉显像剂的密度小。干粉在松散状态下的密度应小于 0.075 g/cm³,在包装状态下的密度应小于 0.13 g/cm³。

C.水悬浮或溶剂悬浮显像剂的沉淀速率慢。显像剂粉末在水中或溶剂中的沉淀速度称沉淀速率。为确保悬浮性好,应选用细微、均匀的显像剂粉末。

3) 显像剂的化学性能。

A.无毒性。各种显像剂的材料使用中不能使人体产生诸如恶心的感觉或引起皮肤炎症等。禁止使用二氧化硅干粉显像剂。

B.无腐蚀性。显像剂不应使受检工件在渗透检测期间及以后的使用期间产生腐蚀。例如:对镍基合金进行渗透检测时,显像剂中的硫化物含量应严格控制。对奥氏体钢及钛合金进行渗透检测,应对显像剂中的氯、氟含量严格控制。

C.温度稳定性。显像剂不应在冰冻情况下使用,在高温或相对湿度极低的环境下会使显像剂液体成分过分蒸发。

D.无污染。渗透剂的污染将引起虚假显示。油及水的污染、将使工件表面粘上过多显像剂,遮盖显示。

（3）显像剂对检测灵敏度的影响

显像剂的灵敏度由高到低的排列顺序如图 2－7 所示。

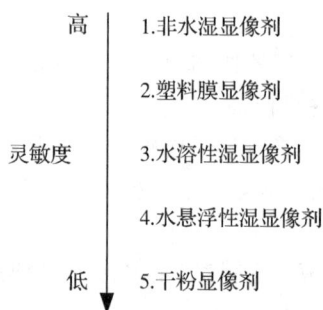

高 1.非水湿显像剂

2.塑料膜显像剂

灵敏度 3.水溶性湿显像剂

4.水悬浮性湿显像剂

低 5.干粉显像剂

图 2－7 显像剂对灵敏度的影响

此外,对于同种显像剂,若施加方法不同,则对灵敏度的影响也不同。一般对于湿显像剂,喷涂法的灵敏度高于浸涂法;对于干粉显像剂,静电喷撒法的灵敏度高于雾化喷撒法,埋粉法灵敏度最低。

2.3.2 检测设备

1.便携渗透检测设备

便携渗透检测设备一般包括清理擦拭工件用的金属刷、毛刷和各类喷罐,其中主要发挥检测作用的是渗透剂喷罐、清洗/去除剂喷罐、显像剂喷罐。这些小工具一般组成套箱携带使用,十分便捷。内压式渗透检测剂喷罐典型结构如图 2－8 所示,罐内装有渗透检测剂和气雾剂。气雾剂多采用乙烷或氟利昂,在液态时装入罐内,使用时在常温下气化,形成高压,使内部的各种渗透材料雾化喷射。此外,也可采用容量较大、可以重复填充、多次使用的喷罐。

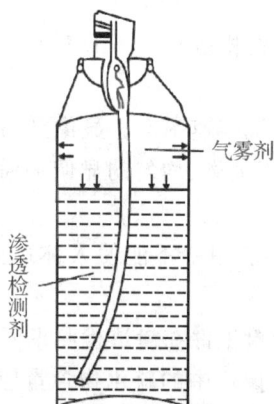

气雾剂

渗透检测剂

图 2－8 内压式渗透检测剂喷罐

2.固定渗透检测设备

固定渗透检测设备一般包括预清洗、渗透、乳化、水洗、干燥、显像和观察等工位的装置。设备可以是由多个工位组合的一体化小型装置,也可以是由多个独立的按照一定形状排列而成的中型、大型生产检验线的工位装置。固定渗透检测设备可以手动操作,也可以采用半自动或全自动装置,设备要结构紧凑、布置合理,有利于操作和控制。

(1)预清洗装置

预清洗装置可以为渗透检测提供清洁而干燥的工件。

工件表面的污物不仅会阻止渗透剂渗入缺陷,而且会增加去除渗透剂的难度。因此,工件在检测前必须彻底清洗和干燥,预清洗装置有三氯乙烯蒸汽除油槽、溶剂清洗槽、超声波清洗机、碱性或酸性腐蚀槽、洗涤剂消洗槽及冲洗喷枪等。对于不同种类的污物,例如油漆、灰尘、焊剂、水垢、清漆、油等,应选取合适的清洗方式。

应当注意,任何过度的机械清理都有可能损伤被检工件的表面,进而覆盖已存在的表面开口并影响缺陷的检测。例如在用机械的方法(如钢丝刷或喷砂)清理如铜或铝等较软工件的表面时要特别小心。

(2)渗透剂施加装置

将渗透剂覆盖在被测零件表面的方法有喷涂、刷涂、流涂、静电喷涂、浸涂等。工件施加渗透剂的装置和工艺方法应保证渗透剂能均匀地施加于工件表面,特别重要的是使工件的每个部位都能覆盖渗透剂。理想的渗透剂施加装置应能回收多余的渗透剂,这样可以避免渗透剂的大量损失。

渗透剂施加装置主要包括渗透剂槽及滴落架。渗透剂槽应能放置最大工件,且留有足够的间隙和深度。如图 2-9 所示,在槽内壁应标记出正常的液面高度,一般需要预留15 cm的余量,不仅要防止渗透剂飞溅,而且要保证工件浸入槽中能被完全覆盖而又不使渗透剂外溢。渗透剂槽上一般装两个阀门:一个离槽底 75～100 mm,当清洗槽液时用来排出槽上层清洁的渗透剂;另一个阀门装在槽底,用来排除槽底的油污和水分。工件从渗透剂槽中取出后放置在滴落架上滴落,滴下的渗透剂可直接流到渗透剂槽中进行回收。

渗透剂槽体可用碳钢制造,且应进行泄漏检验。槽体内部的所有焊缝、弯曲处和连接处均应涂上渗透剂,并在槽体的外部对应位置检验有否有渗透剂的迹象。

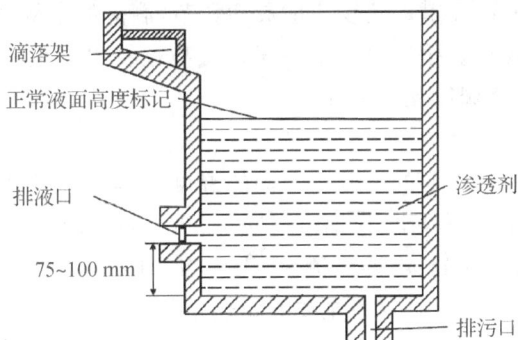

图 2-9　渗透剂槽和滴落架

（3）乳化剂施加装置

乳化剂施加装置是采用后乳化渗透检测方法时使用的设备,其用途是将乳化剂施加到工件表面并使其与渗透剂混合,从而使渗透剂能够被水清洗。后乳化操作的关键,是确保缺陷内的渗透剂不要被清洗掉。为此,理想的操作是在尽可能短的时间内使乳化剂完全覆盖工件表面。浸入法是常用的方法。当大型工件不能采用浸入法时,也可采用喷涂法,多路喷涂可使工件表面获得均匀的覆盖层。

乳化剂施加装置包括乳化剂槽及滴落架。装置的结构及大小与渗透剂槽装置相似,可参见图2-9,但需配备搅拌器,供乳化剂不连续地定期或不定期搅拌。要特别注意,乳化剂不宜采用压缩空气搅拌,因为会产生大量的乳化剂泡沫。

（4）水洗装置

水洗能去掉工件表面多余的渗透剂,但不能把缺陷内的渗透剂去除掉,因此要注意防止过度清洗。

水洗装置常用图2-10所示的压缩空气搅拌水槽。压缩空气通过两根直径约12 mm的管子进入槽底。管子水平安放,每隔3 cm钻1个孔眼。工作时水不断流动,其流量应达到每小时使槽水更换一次,供水口流入水量应加以控制。水洗装置本体应用不锈钢制造,防止锈蚀。

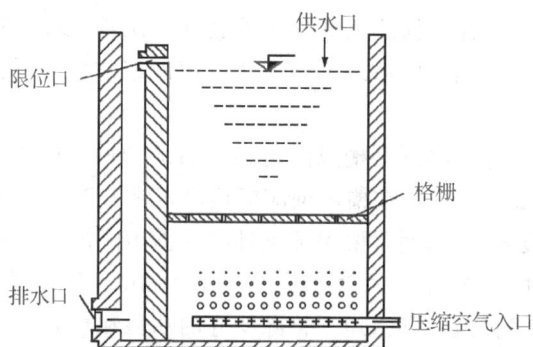

图2-10 压缩空气搅拌水槽

除空气搅拌水槽外,也常采用喷洗槽或手工喷洗。喷洗槽中的喷嘴安装在槽子的所有侧面,形成扇形的喷射图样,喷嘴的角度应能灵活调节,滴落的水从槽子底部的出口排出,或者流入净化装置再循环使用。手工喷洗采用喷射式喷枪将水喷至工件上,一般是将工件放在槽子内喷洗,槽中装有格栅以支持工件。

（5）干燥装置

干燥的目的是去除零件表面的水分。干燥的温度不能过高,以防止将缺陷中的渗透剂也烘干。干燥的方法有干净布擦干、压缩空气吹干、热风吹干、热空气循环干燥装置烘干等。《承压设备无损检测 第5部分:渗透检测》(NB/T 47013.5—2015)中规定:被检物表面的干燥温度应控制在不高于50 ℃。这里主要介绍热空气循环干燥装置。

热空气循环干燥装置是装有恒温控制和空气搅拌装置的烘箱,温度为65~80 ℃。温度过高会导致荧光染料及着色染料变色甚至变质。图2-11所示为井式热空气循环干燥装置,适合于吊车吊运工件的检测流水线。图 2-12 所示为罩式热空气循环干燥装置,适合于滚道传送的检测流水线。

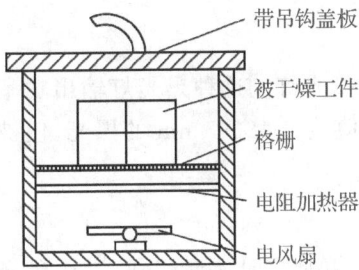

图 2-11　井式热空气循环干燥装置

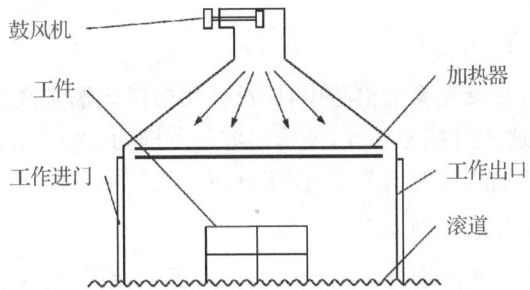

图 2-12　罩式热空气循环干燥装置

（6）显像剂施加装置

显像剂施加装置在渗透检测设备流水线中的安放位置应视显像剂的类型而定:对湿式显像剂而言,显像剂施加装置直接放在干燥装置之前;对干式显像剂而言,显像剂施加装置要放在干燥装置之后。

干式和湿式显像所用装置是不一样的。干式显像使用干式显像喷粉柜,其结构如图 2-13 所示。

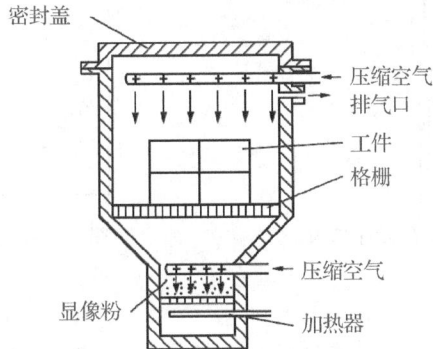

图 2-13　干式显像喷粉柜

施加干式显像剂之前,工件要冷却到便于操作的温度。工件可以埋入显像剂中,这是因为干式显像剂很轻,几乎可以流动。显像结束后,取出工件,抖掉多余的显像剂,即可进行检查。

湿式显像剂槽的结构与渗透剂液槽相似,也由槽体及滴落架组成,槽内应装有机械或空气搅拌机构。如果采用水悬液,还应装有恒温控制器,槽内应装有支撑工件的格栅。

湿式显像剂槽体应使用不锈钢制造,并且应进行泄漏检验,不允许有任何泄漏现象。

（7）后清洗装置

对于后清洗装置的要求,取决于工件的预期使用。最低限度是把多余的渗透剂及工件表面的显像剂清洗掉。采用水洗涤剂清洗就是清洗大量小工件的有效方法。用溶剂消洗也是有效方法。在检测合格后,经过渗透检测线交出的工件不应附着残余渗透剂,应呈清洁可用状态。

2.3.3　光学器材

1. 黑光灯

在荧光渗透检验中,广泛应用的黑光源是高压汞蒸汽弧光灯。这种黑光灯输出功率较高,通过灯的滤光片,能输出波长范围为 $320\sim400$ nm、峰值波长为 365 nm 的黑光,使被检件的缺陷激发出荧光,便于观察。其结构如图 2-14 所示。

2. 黑光照度计

黑光照度计结构如图 2-15 所示,由荧光板、光敏电池和照度计表盘组成,其中荧光板是粘有无机荧光粉的一块薄板,表面涂一层透明的聚酯薄膜。黑光照度计一般采用间接测量法。

间接测量法:黑光辐射到一块荧光板上,使其激发出黄绿色荧光,黄绿色荧光再照射到光电池上(光电池前装有黄绿色滤光片),使照度计指针偏转,指出照度值,以 lx 为刻度,称为黑光照度计。

黑光照度计还可用来比较荧光渗透剂的亮度。

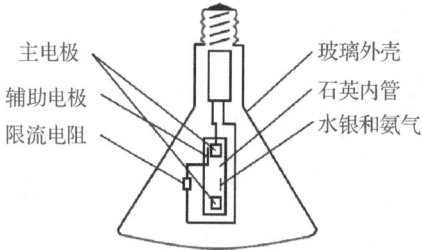

图 2-14　水银石英灯结构　　　　图 2-15　黑光照度计示意图

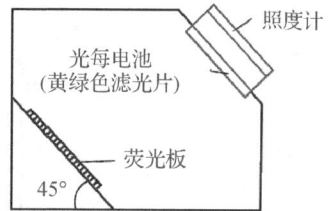

3. 白光照度计

白光照度计用于测定被检工件表面的白光照度值,一般采用直接测量法。

被检工件表面的实际白光照度,应使用白光照度计进行实地测定,以确定是否真正满足观察缺陷时所要求的白光照度。在着色渗透检测操作过程中和观察显示时,工件表面都需要有一定的可见光照度。荧光渗透检测观察时,则需要控制可见光照度,以提高缺陷显示的可见度。用于测量可见光强度的白光照度计,测量范围上限一般不低于 2 500 lx,用于测量被检工件表面的可见光照度。

4. 荧光亮度计

荧光亮度计是一种一定波长范围内的可见光照度计。其主要用途是当比较两种荧光渗透检测材料性能时,作出视觉更为准确一些的判定,而不是进行荧光显示亮度的真实测定,不是得出真正的亮度值。在实际渗透检测条件下,通常不能用荧光亮度计来可靠地测定实际荧光显示的亮度,因为存在诸多的可变因素以及检测人员缺乏精确控制这些变化的能力,即使使用同样的渗透检测材料和程序,再次检测相同的工件时,测定渗透显示的亮度也会出现较大的差别。用于测量荧光渗透剂亮度的荧光亮度计,测量的波长范围为 430～520 nm,峰值波长为 500 nm。

2.3.4　标准样品

在渗透检测中,用以评定探伤结果或渗透剂及装置性能的具有人造缺陷的试块,称为对比试块。试块是带有人工缺陷或自然缺陷的试件,也称灵敏度试块,渗透检验用的人工缺陷标准样品主要有以下三种。

1. 铝合金淬火裂纹试块(A 型标准试块)

铝合金淬火裂纹试块用于比较两种渗透剂的性能,既可在同一工艺条件下比较两种不同的渗透检测系统的灵敏度,也可使用同一组渗透检测材料,在不同的工艺条件下进行工艺灵敏度试验。A 型试块的具体规格尺寸及形貌如图 2-16 所示。

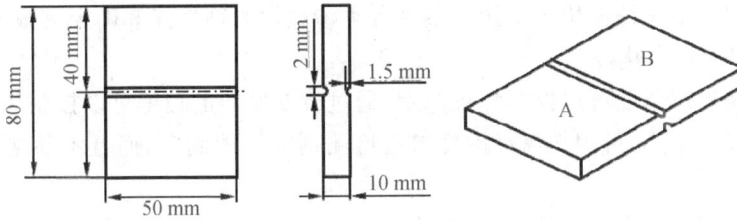

图 2-16　铝合金淬火试块规格尺寸

试块可提供各种近似于自然缺陷的裂纹,适合对渗透剂进行综合性能比较。但由于其裂纹尺寸往往较大,故难以对高灵敏度探伤剂的性能进行鉴别。

2. 不锈钢镀铬辐射状裂纹试块(B 型标准试块)

不锈钢镀铬辐射状裂纹试块又称 B 型试块,具体规格尺寸如图 2-17 所示。该试块为单面镀硬铬的长方形不锈钢,推荐尺寸为 130 mm×25 mm×4 mm。

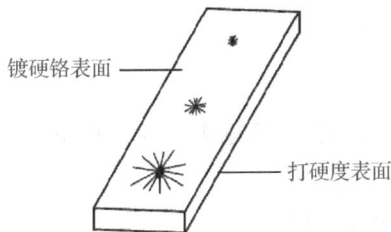

图 2-17　镀铬辐射状裂纹试块

图 2-17 所示的试块为三点式,还有五点式的,这些试块主要用于校验操作方法和工艺系统灵敏度。该试块不同于铝合金淬火试块(可分成两半进行比较试验),通常与塑料复制品或照片对照使用。当检测开始时,先将该试块按正常工序进行处理,观察辐射状裂纹显示情况,如果和复制品或照片一致,则可认为设备和材料正常。

3. 黄铜镀镍铬层裂纹试块(C 型标准试块)

黄铜镀镍铬层裂纹试块,又称 C 型试块,具体规格尺寸如图 2-18 所示。

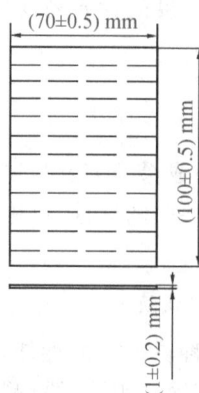

图 2-18 黄铜板镀镍铬层裂纹试块

黄铜板镀镍铬层裂纹试块主要用于鉴别各类渗透检测剂性能和确定灵敏度等级。

C 型试块具有以下优点：

1）通过控制镀层厚度可以控制裂纹深度，通过改变弯曲的程度可以控制裂纹宽度。

2）裂纹的尺寸很小，可用作高灵敏度渗透检测剂的性能测定，而且不易堵塞，可以多次重复使用。

其缺点是镀层形成光滑镜面，使渗透检测剂易于洗去，与实际工件表面状况差异较大，制作也比较困难。

试块每次使用后，都需要清洗干净。可以用洗涤剂清洗后再用水清洗干净，在 110 ℃ 的烘箱中烘干 15 min，再浸入丙酮 24 h，取出后，用三氯乙烯蒸汽除油，最后可将试块放在干燥器中保存备用。

2.4 技 术 应 用

2.4.1 压力容器焊缝渗透检测

压力容器焊缝渗透检测主要是检测焊缝表面的针孔和裂纹等危害较大的缺陷。检验时具有如下特点：

1）焊缝表面不平，凹凸现象较为严重；

2）要求的检测灵敏度较高；

3）工件尺寸较大，工作现场往往缺少电源及水源，在野外或高空作业时更甚。

为此，对压力容器焊缝进行渗透检验时一般不采用荧光渗透检测法，而较多地采用着色渗透检测法。现场有水源，且检测灵敏度要求不高，则优先考虑采用水洗型着色渗透检测。若现场条件不允许，且检测灵敏度要求较高，则采用溶剂清洗型着色渗透检测方法。

2.4.2 压力容器检漏

压力容器泄漏往往是由工件中存在的贯穿压力容器壁上的针孔、裂纹所引起的，对于这些缺陷的检测称为检漏。可以采用荧光或着色渗透液代替煤油检漏,其最大优点是可以用渗透检测显像液在被检部位相对应的另一表面进行显像,使缺陷分辨力大大提高。

采用溶剂清洗型荧光渗透检漏法的具体理由如下:

1)检测灵敏度要求比较高,荧光渗透检测法检测灵敏度高于着色渗透检测法;

2)对缺陷的观察在压力容器内进行,光线较暗淡,有利于对荧光痕迹的观察和辨认;

3)溶剂清洗型荧光渗透液的渗透力较水洗型渗透液强,易于发现微小缺陷;

4)检漏时在工件外表面进行渗透,不必清洗,因此不存在清洗困难的问题。

2.4.3　铸件渗透检测

铸件一般指由翻砂、浇铸成型的工件。受压(如电站设备中)设备的压力管道的连接三通、高压阀门外壳一般采用浇铸件。由于这类工件同样承受高压、高温,所以质量要求较一般铸件高,在使用和加工过程中,对工件外表面一般仅做清砂处理而不进行任何机械加工。因此,其表面呈毛坯状态,比较粗糙。在进行正式检测前需要采用机械方法对铸件表面进行修整,如采用砂轮打磨,锉刀修缮,也可采用喷砂方法进行修整。然后用有机溶剂或水进行预清洗,以去除表面油污、灰尘和金属污物,再进行后续步骤。

浇铸三通的渗透检验主要是检测工件表面的裂纹、收缩孔、疏松等缺陷。要求有一般的检测灵敏度,且工件一般不太大,能用一般起重设备方便地搬运到指定场地进行渗透检验。

采用水洗型着色渗透检测的理由如下:

1)工件表面粗糙,水洗型着色渗透液水洗效果较佳,并具有一定的检测灵敏度;

2)工件易搬运,可在现场就近寻找合适的水源;

3)不需要专用的检验暗室。

2.4.4　玻璃制品渗透检验

玻璃制品渗透检验的对象是密封性良好的玻璃制品,而不是一般的玻璃制品。现以电子管为例进行介绍。

电子管是一种要求具有一定真空度的精密电子元件。若电子管的管脚与玻璃外壳的连接处出现缝隙,则破坏了电子管的真空度,降低电子管的使用寿命。对这类电子管器件进行渗透检验时,采用溶剂清洗型着色渗透检测即可,理由如下:

1)要求检测灵敏度高,其缝隙的宽度在 $10^{-6} \sim 10^{-9}$ 数量级;

2)工件外表面光滑,外壳透明;

3)管脚与外壳连接处部位窄小,不易对缺陷显像。

2.4.5　小型不锈钢工件的渗透检验

不锈钢工件在预处理阶段可采用清洗剂和含有酒精或丙酮的布擦洗。如果油污较多,可采用三氯乙烯蒸汽清洗。如果锻件表面划痕较多,则可采用机械方法清理,如砂轮打磨、抛光或超声清洗。采用溶剂去除型着色渗透检测(溶剂悬浮显像剂),即ⅡC - d法,理由如下:

1)不锈钢裂纹对 H_2S 具有敏感性,有必要采用具有较高灵敏度的检测技术进行检测;

2)工件表面很光滑,需要较高的检测灵敏度;

3)工件较小,可以用较为复杂的方法进行检测。

2.5 本章总结

2.5.1 本章内容提要

本章着重讲述了无损检测中的渗透检测技术,渗透检测是一种最古老的探伤技术,可以检测出金属和非金属材料表面开口状的缺陷。相较于其他无损检测方法,其具有检测原理简单、操作容易、方法灵活、适应性强的特点。

渗透检测的原理基于物理、化学和光学,需要读者掌握检测基本原理,并能够结合操作流程,阐释检测步骤的理由。读者应重点理解与掌握毛细现象、浸润理论和光致发光。

渗透检测根据不同的分类方式可以分为多种类别,每种类别有各自的优缺点和应用条件,尤其需要注意工程中应用的禁忌,避免出现不可逆转的错误。读者需要重点掌握分类以及优缺点,对于适用条件,在需要时可以查表 2－1～表 2－5。

渗透检测技术在工程中的应用较多,典型的应用包括焊缝、铸件、玻璃制品、奥氏体不锈钢件的裂纹检验。读者需要了解典型工程应用的原理,并选择至少一项进行实验复现。

总之,渗透检测技术是一项“工艺”,需要进行实际应用,其具体的应用,读者可以参考本书第 6 章。

2.5.2 知识脉络图

本章知识脉络图如下。

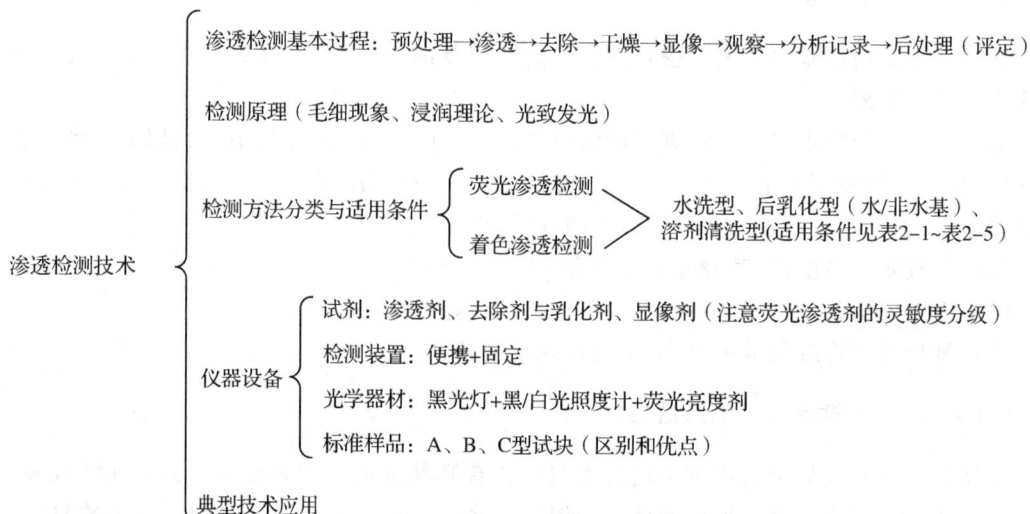

第3章 磁粉检测技术

3.1 概　述

磁粉检测（MT）是基于缺陷处漏磁场对磁粉的吸附作用而显示铁磁性材料表面和近表面缺陷的无损检测方法，又称磁粉检验或磁粉探伤，属于无损检测五大常规方法之一。

（1）基本原理

当被检材料或零件被磁化时，表面或近表面缺陷处由于磁的不连续而产生漏磁场。在漏磁场的作用下，磁粉向磁力线最密集处移动，最终被吸附在缺陷上，形成磁痕，通过分析磁痕可以评价缺陷的位置、尺寸、形状和程度等。

（2）适用性

磁粉检测法可以检测铁磁性材料和构件的表面或近表面的缺陷，对裂纹、发纹、折叠、夹层和未焊透等缺陷较为灵敏。其可用于钢材、型材、管材及锻造毛坯等原材料及半成品、成品件及在役与使用过的工件表面与近表面质量的检验，也可用于重要的机械设备、压力容器及石油化工设备的定期检查。

（3）优缺点

磁粉检测因其高效、经济的特点，在制造业、航空航天、石油天然气等多个领域广泛应用，航空工业领域广泛采用的是湿式荧光磁粉连续法检测。但其应用范围和效果受到材料类型和检测条件的限制。表3-1列出了磁粉检测方法的优缺点。

表3-1　磁粉检测方法的优缺点

	内　容
优点	直观地显示缺陷的形状位置与大小，能大致确定缺陷的性质
	灵敏度高，可检测出宽度仅为0.1 mm的表面裂纹
	应用范围广，几乎不受工件尺寸、形状的限制
	工艺简单，检测速度快，费用低廉
缺点	只能检测铁磁性材料工件的表面和近表面缺陷
	磁化场的方向应与缺陷的主平面相交，夹角应为45°～90°，有时还需从不同方向进行多向磁化
	不能确定缺陷的埋深和自身高度，宽而浅的缺陷难以检出
	检测后常需退磁和清洗，试件表面不得有油脂或其他能黏附磁粉的物质

3.2　技 术 原 理

3.2.1　磁粉检测原理

磁粉检测原理是通电导体周围产生磁场时的电磁感应现象。

磁体间的相互作用是通过磁场实现的。所谓磁场,就是有磁力作用的空间。磁场的基本物理量有磁感应强度、磁通量等。

电流(运动电荷)的周围存在磁场,人们利用磁感应强度 B 来定量地描述磁场的特性。设一个电量为 Q 的电荷在磁场中以速度 v 运动,其受到的最大磁力为 F_m,则该点磁感应强度的大小为

$$B = \frac{F_m}{Qv} \qquad (3-1)$$

磁感应强度 B 为矢量,其方向为该点处小磁针 N 极的方向,可以用右手螺旋法则来确定:由正电荷所受力 F_m 的方向,沿小于 π 的角度转向正电荷运动速度 v 的方向,这时螺旋前进的方向便是该点 B 的方向。

铁磁性材料能够影响磁场,因此是磁介质,当它们被磁化后,会引起附加磁场。此时,空间内任意一点的磁感应强度 B 等于传导电流所激发的磁场与磁介质附加磁场的磁感应强度的矢量和,即

$$B = \mu_0 H + \mu_0 M \qquad (3-2)$$

式中:B——工件的磁感应强度,T(1 T=10^4 G);

　　　H——外加磁场(磁化磁场)强度矢量,A/m;

　　　μ_0——真空磁导率,$\mu_0 = 4\pi \times 10^{-7}$ H/m;

　　　M——磁化强度。

介质中任意一点的磁化强度 M 和磁场强度 H 成正比,即

$$M = \chi_m H \qquad (3-3)$$

式中:χ_m 为物质的磁化率。

于是有

$$B = \mu_0 H + \mu_0 \chi_m H = \mu_0 (1 + \chi_m) H \qquad (3-4)$$

令

$$\mu_r = 1 + \chi_m \qquad (3-5)$$

μ_r 称为该磁介质的相对磁导率,于是有

$$B = \mu_0 \mu_r H = \mu H \qquad (3-6)$$

其中,$\mu = \mu_0 \mu_r$ 称为磁介质的磁导率,或称为绝对磁导率。

磁粉检测是将铁磁性金属制成的工件置于磁场内,则工件将被磁化,它们的磁感应强

度为

$$B = \mu H \tag{3-7}$$

磁感应强度 **B**,不但决定着工件能否进行磁粉检测,而且对检测灵敏度影响很大。铁磁性物质的磁导率很大,能产生一定的磁感应强度,因而能进行磁粉检测,并能获得必要的灵敏度。铁磁性材料的磁导率 μ 超过 1 的物质具有低顽磁性,容易被磁化;磁导率低的物质具有高顽磁性,难被磁化。

检测时将工件置于磁场中进行磁化,磁化后工件无缺陷部位的磁导率无变化,磁力线的分布是均匀的,如图 3-1 所示。

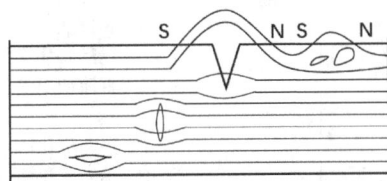

图 3-1　磁粉探伤原理

缺陷如裂纹、气孔等,其磁导率低,导致磁力线难以通过,迫使磁力线在这些区域弯曲。尤其是当缺陷接近工件表面时,磁力线不仅内部弯曲,还有一部分会绕过缺陷而溢出至工件外,形成可见的表面磁场,即漏磁场,见图 3-1 中的 S-N 方向。浅表且狭窄的裂纹能有效阻挡磁力线,产生较强的漏磁场,故磁粉检测对这类裂纹极为敏感。

如果在工件表面撒上磁导率很高的磁性铁粉(或浇上铁粉悬浮液),则部分铁粉就会被缺陷部位产生的漏磁场吸住,从而显示出缺陷。

磁粉检测依托于漏磁场的形成,仅能探测工件表面或近表面缺陷,这是因为深层缺陷无法使磁力线逸出工件表面形成漏磁场。缺陷与磁力线需垂直或成一定角度,平行缺陷因阻隔面小,磁力线弯曲微弱,难产生漏磁场,故检测时需从不同方向磁化工件。

漏磁场强度决定检测灵敏度,受工件磁感应强度及缺陷特征影响,通常磁感应强度达 0.8 T 时,能有效检测出细微表面裂纹。

3.2.2　磁粉检测的方法

1. 检测方法分类

被检测工件的材料、形状、尺寸及需要检查缺陷的性质、部位、方向和形状等不同,采用的磁粉检测方法也不尽相同。根据不同分类条件,可以从不同的角度对磁粉检测方法进行分类,如图 3-2 所示。

2. 磁化方法

根据工件的几何形状、尺寸和欲发现缺陷的方向而在工件上建立的磁场方向,一般将磁化方法分为周向磁化、轴向磁化和复合磁化,如图 3-3 所示。

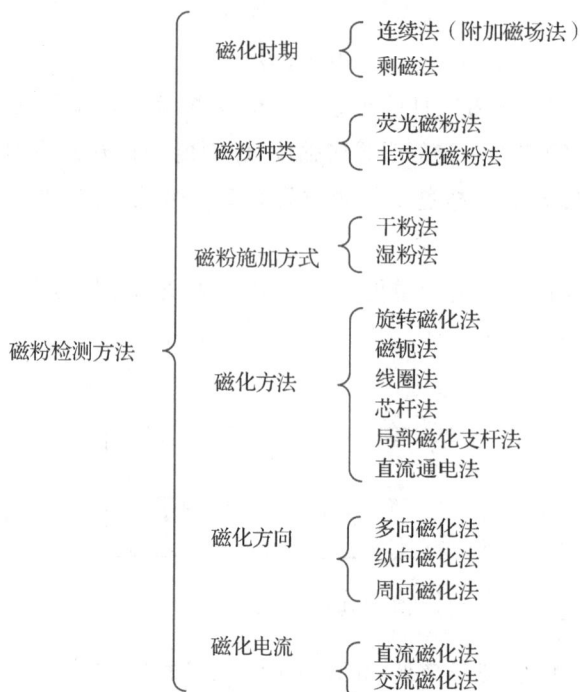

图 3-2　磁粉检测方法

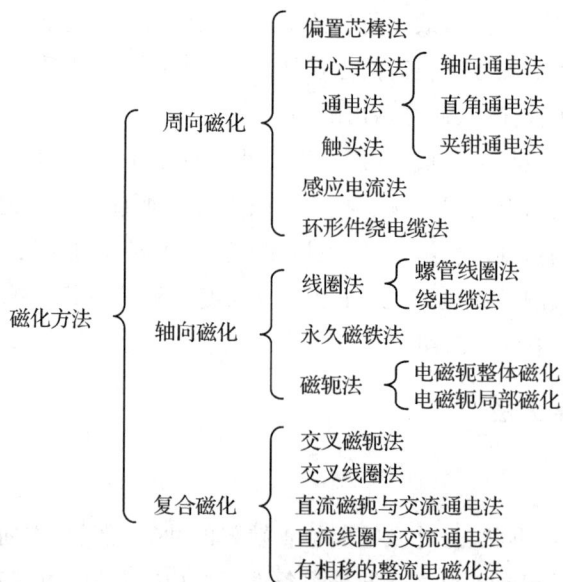

图 3-3　磁化方法

（1）周向磁化

周向磁化又称为环向磁化或横向磁化。磁化后的工件可获得与轴向垂直的磁力线，可检查与工件(焊缝)的中心线相平行的缺陷(纵向缺陷)。图 3-4 为周向磁化法示意图。

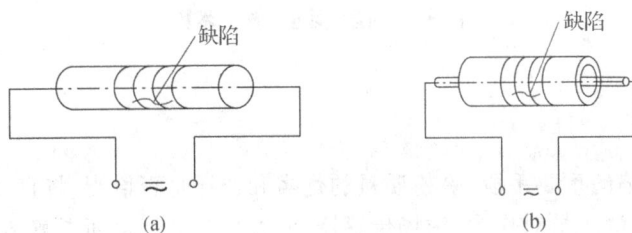

图 3-4　周向磁化法示意图

　　图 3-4(b)为芯杆磁化,芯杆为铜、铝等非铁磁性金属。通电后磁力线沿工件周向闭合,适于检查管形工件。图 3-5 为检查焊缝上的纵向缺陷,也可用此方法检查大工件上的面部缺陷。

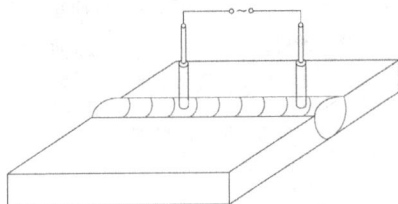

图 3-5　焊缝的横向磁化

　　(2) 轴向磁化

　　轴向磁化也叫纵向磁化。磁化后工件获得与工件或焊缝中心线相平行的磁力线,可检查与工件(焊缝)的中心线相垂直或接近垂直的横向缺陷。图 3-6 为轴向磁化法示意图。

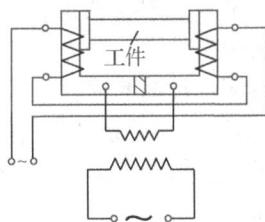

　　(3) 复合磁化

　　复合磁化又称联合磁化。复合磁化是用电流同时或先后在工件上施以两个相互垂直的磁场——纵向及周向磁场。图 3-7 为复合磁化法示意图。

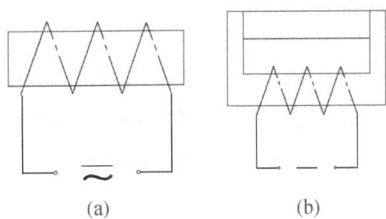

图 3-6　轴向磁化法示意图　　　　图 3-7　复合磁化法示意图

　　采用这种方法可以一次完成工件纵向和环向缺陷的检查,而前两种方法则须分别各进行一次才能检查出工件上的全部缺陷。

3.3 检测材料

3.3.1 磁粉

磁粉是显示缺陷的重要手段,磁粉质量的优劣和选择是否恰当,将直接影响磁粉检测的结果好坏。因此,检测人员对作为"磁场传感器"的磁粉应进行全面了解和正确使用。

1. 磁粉的种类

磁粉的种类很多,如图 3-8 所示。按使用的施加方式,磁粉分为干法磁粉和湿法磁粉;按使用的磁痕观察方式,湿法磁粉又分为荧光磁粉和非荧光磁粉。

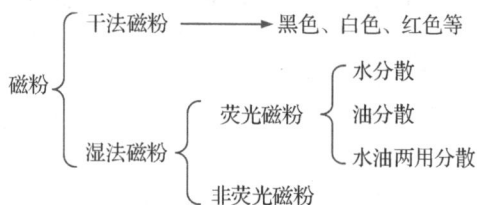

```
              ┌ 干法磁粉 ──→ 黑色、白色、红色等
              │                         ┌ 水分散
磁粉 ┤                  ┌ 荧光磁粉 ┤ 油分散
              │         │             └ 水油两用分散
              └ 湿法磁粉 ┤
                        └ 非荧光磁粉
```

图 3-8 磁粉种类

（1）荧光磁粉

在黑光下观察磁痕显示所使用的磁粉,称为荧光磁粉。这种磁粉核心为磁性材料,如氧化铁或纯铁粉等,并覆有荧光染料涂层,发出人眼敏感的黄绿色光（波长 $510 \sim 550$ nm）,与工件表面颜色的对比度较高。因其具有高灵敏度、高可见度和优异的表面对比度,能够加速检测过程并提升准确性,广泛应用于各种颜色的工件表面检测。在我国,荧光磁粉多用于湿法检验。

（2）非荧光磁粉

在可见光下观察磁痕显示所使用的磁粉,称为非荧光磁粉,常用的有黑磁粉（Fe_3O_4）、红褐磁粉（$\gamma - Fe_2O_3$）、蓝磁粉和白磁粉,统称彩色磁粉。前两种适应湿法和干法检测,而后两种,如白磁粉从铁粉制得并包覆黏合剂,蓝磁粉经氧化处理,仅用于干法。干式专用非荧光磁粉表面涂有增强对比的染料,颜色多样,如浅灰、黑、红、黄等。

（3）湿法用磁粉

湿法用磁粉是将磁粉悬浮在油或水载液中,喷洒到工件表面的磁粉。检测过程可通过浇、浸、喷涂实施,其中浇需缓流,浸则需控制时间,且浸法更灵敏。湿法用磁粉因具有高灵敏度优势,擅长发现细微裂纹等缺陷,适用场景广泛,可配套固定、移动或便携设备使用。

（4）干法用磁粉

干法用磁粉是将磁粉在空气中吹成雾状喷撒到工件表面的磁粉。配合电磁轭或电极,适合大型铸锻件及焊缝检查。JCM 系列空心球磁粉由铁铬铝复合氧化物构成,移动性和分散性好,能在漏磁场聚集,即使在 400 ℃高温下仍能保持高灵敏度,适合极端温度条件下的检测。含铬、铝的铁基磁粉也能耐 $300 \sim 400$℃,用于高温焊缝检测,但这些特殊磁粉均限于干法使用。

2.磁粉的性能

磁粉检测是靠磁粉聚集在漏磁场处形成磁痕来显示缺陷的,磁痕显示的程度不仅与缺陷性质、磁化方法、磁化规范、磁粉施加方式、工件表面状态和照明条件等有关,还与磁粉本身的性能如磁特性、粒度、形状、流动性、密度和识别度等有关,因此了解和选择性能好的磁粉十分重要。

（1）磁特性

磁粉的磁性决定了它在漏磁场中形成磁痕的能力。理想的磁粉应具高磁导率、低矫顽力和剩磁。高磁导率让磁粉易被微弱漏磁吸引,聚集显形。

（2）粒度

磁粉的粒度也就是磁粉颗粒的大小,对其悬浮性和吸附性影响显著。微小缺陷检测宜用细粒湿法磁粉,因悬浮佳且能被弱磁场有效吸附,显痕清晰。而大缺陷检测或干法检测,则偏好粗粒磁粉,因散布均匀、跨缺陷能力强且磁导率高,利于磁痕形成,能减少粉尘干扰。一般推荐干法用80～160目的粗磁粉,湿法用300～400目的细磁粉。

（3）形状

磁粉形态多样,如条形、椭圆、球状等。条形磁粉因易磁化、形成磁链,擅长发现大和近表面缺陷,其磁场分布宽泛。球形磁粉流动性佳,虽受退磁影响,但仍能有效跳向漏磁场聚集。综合考虑,理想磁粉应为条形、球形等多种形状的合理搭配,以平衡磁吸附力与流动性,优化检测效果。

（4）流动性

为了能有效检出缺陷,磁粉必须能在受检工件表面流动,以便被漏磁场吸附形成磁痕显示。当施加到工件表面时,流动性好的磁粉能迅速且均匀地分布在检测区域,减少局部堆积,确保检测的全面性和准确性。

（5）密度

磁粉的密度指单位体积的磁粉质量,湿法黑、红磁粉约为 4.5 g/cm^3,干法纯铁粉约为 8 g/cm^3,空心球形磁粉为 $0.7～2.3$ g/cm^3,荧光磁粉密度受原料、染料、黏合剂比例影响。密度影响悬浮、沉积及灵敏度;适中密度能使磁痕清晰,提升检测准度;高密度磁粉不利于弱磁场吸附及湿法悬浮,需权衡材料磁性与密度,以提升检测效果。

（6）识别度

识别度是指磁粉的光学性能,包括磁粉的颜色、荧光亮度及与工件表面颜色的对比度,直接影响缺陷显示清晰度和判断准确性。非荧光磁粉需强色彩对比以突显磁痕,荧光磁粉在黑光下则以黄绿鲜艳色显现高对比度。因此,选用高识别度磁粉对准确检测缺陷至关重要。

总体来说,磁粉性能受以上六方面因素影响,且各因素间相互依存、制约。片面追求单一性能而忽视其他,可能导致检测失效。最可靠的评判标准是通过综合性能测试,即系统灵敏度试验,来全面评估磁粉性能。

3.磁粉的验收试验

磁粉的验收试验见表 3-2。

表 3-2 磁粉验收试验

磁粉类型	验收试验项目	测试条件/要求
湿法非荧光磁粉	污染	目视检查有无明显外来物、结块和浮渣；配置后立刻搅拌，静置至少30 min后轻摇
	颜色	白光照度≥1 000 lx,磁悬液试样呈黑色、红色或指定色
	粒度	将20 g磁粉加入1 L油基载液,通过45 μm筛网过滤,用1 L油基载液清洗筛子并干燥,确保通过筛网的磁粉占比≥98%
	灵敏度	(1)B型标准试块用400 mm长铜棒,通2 500 A电,加磁悬液,在不小于1 000 lx可见光照下至少显5孔； (2)E型标准试块用钢棒通700 A交流电,加磁悬液,在不小于1 000 lx白色光照下至少显1孔
	悬浮性	用酒精沉淀法测磁粉悬浮性反应粒度,磁粉柱高度≥180 mm
湿法荧光磁粉	污染	同湿法非荧光磁粉
	颜色	环境光≤20 lx且使用强度≥1 000 μW/cm² 的黑光激发时,呈黄绿色荧光
	粒度	同湿法非荧光磁粉
	灵敏度	B型标准试块铜棒上,通2 500 A电后加荧光磁悬液,暗区(≤20 lx)黑光激发(≥1 000 μW/cm²)至少显现5孔；E型试块同理,铜棒上通700 A交流电,加荧光磁悬液,在光照条件下检测至少显1孔； 衬度试验：选典型缺陷工件,表面状态相似,加荧光磁悬液后,在暗区黑光下观测,磁痕清晰不被背景荧光干扰,便于缺陷识别
	悬浮性	同湿法非荧光磁粉
	耐用性	至少取400 mL合格荧光磁悬液,在1 000 mL恒速搅拌器中,以10 000~12 000 r/min转速转10 min,每2 min搅拌后停5 min,重复5次,在之后的综合性能测试中需保持原有灵敏度、颜色和亮度,视为耐用性合格

3.3.2 载液

对于湿法磁粉检测,用来悬浮磁粉的液体称为载液或载体,磁粉检测常用油基载液和水载液,磁粉探伤-橡胶铸型法则使用乙醇载液,载液种类及其特性见表3-3。

表 3 - 3　载液种类及其特性

	载液种类	
	油基载液	水基载液
主要成分	基于矿物油、合成油或动植物油,添加各种添加剂如抗氧化剂、防锈剂等	主要由水构成,加入各种添加剂(如防锈剂、防腐剂、润湿剂、消泡剂等)以改善性能
特点	具有高闪点、低黏度、无荧光和无臭味等特点	具有合适的润湿性、分散性、防腐蚀性、消泡性和稳定性
优点	稳定性好,不易蒸发,对工件有较好的防腐蚀保护作用,尤其适用于对水敏感的工件,润滑效果好	水黏度小、来源广、价格低廉、易于清洗、检测灵敏度高
缺点	成本相对较高,清洗困难,可能对环境和人体健康构成风险,需要采取特殊的防火措施	易蒸发导致浓度变化,可能对某些金属材料造成腐蚀,低温下可能冻结

（1）油基载液

磁粉检测所用油基载液是具有高闪点、低黏度、无荧光和无臭味等特点的煤油。

闪点是易燃物蒸汽燃烧的最低温,油闪点低,磁悬液易燃,危及设备、工件及人员安全。黏度是液体流动时内摩擦力的量度,随温度升高而减小,油的黏度分为动力黏度和运动黏度两种,如图 3-9 所示。

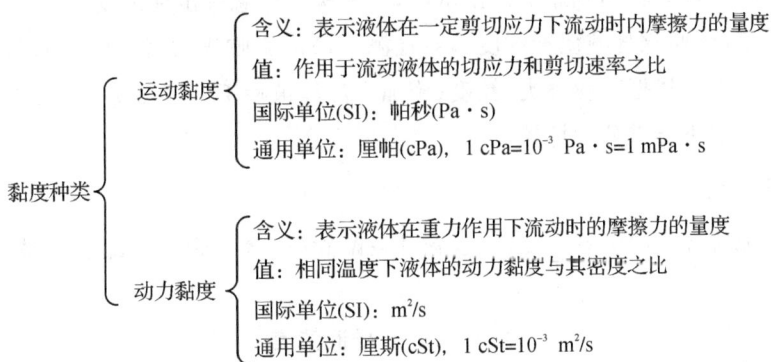

黏度种类
- 运动黏度
  - 含义：表示液体在一定剪切应力下流动时内摩擦力的量度
  - 值：作用于流动液体的切应力和剪切速率之比
  - 国际单位(SI)：帕秒(Pa·s)
  - 通用单位：厘帕(cPa)，$1\ cPa = 10^{-3}\ Pa \cdot s = 1\ mPa \cdot s$
- 动力黏度
  - 含义：表示液体在重力作用下流动时的摩擦力的量度
  - 值：相同温度下液体的动力黏度与其密度之比
  - 国际单位(SI)：m^2/s
  - 通用单位：厘斯(cSt)，$1\ cSt = 10^{-3}\ m^2/s$

图 3-9　黏度种类

在一定的使用温度范围内,尤其低温下,油黏度小则磁悬液的流动性好,检测灵敏度高。磁粉检测油基载液验收试验要求测定闪点、运动黏度、荧光和气味,且禁止使用低闪点的煤油载液。

（2）水载液

在水中加入各种添加剂保证水载液具有以下特性。

1）润湿性。水磁悬液需快速润湿工件表面,可用"水断试验"确定,pH 控制在 8～10。

2）分散性。磁粉均匀分布,在有效使用期内不结团。

3）防腐蚀性。对工件、设备及磁粉本身无腐蚀性。

4）消泡性。迅速消除水载液中的泡沫,确保检测灵敏度。

5）稳定性。在规定储存期间,使用性能不变化。

无论选择哪种载液,其作用都是辅助磁粉有效覆盖工件表面及近表层缺陷,通过漏磁场吸引磁粉聚集,从而显现出缺陷的位置、形状和大小。在实际应用中,需根据工件材质、表面处理状况、检测环境和成本等因素综合考虑。

3.3.3 磁悬液

磁粉和载液按一定比例混合而成的悬浮液体称为磁悬液。

1. 磁悬液的特点

1）磁悬液比干粉的检测灵敏度高,这是因为磁粉的移动性更好,可以使用更细的磁粉,且面积大,喷洒均匀性更加优良。

2）不仅可以使用普通粉,而且可以使用荧光粉。

3）磁粉直径为 $10~\mu m$ 或更小,甚至可为 $0.1~\mu m$,也是细长粉和圆形粉的混合粉。

4）载液有水和油。具体关于载液的介绍可见 3.3.2 小节。

2. 磁悬液浓度

每升磁悬液中所含磁粉的重量（g/L）或每 100 mL 磁悬液沉淀出磁粉的体积（mL/100 mL）称为磁悬液浓度。前者称为磁悬液配制浓度,后者称为磁悬液沉淀浓度。

磁悬液浓度（也叫磁悬液质量浓度）,对检测灵敏度影响很大,浓度不同,检测灵敏度也不同。磁悬液浓度应根据磁粉种类、粒度、施加方法和被检工件表面状态等因素来确定。在测定前应对磁悬液进行充分的搅拌。

3. 磁悬液配制

磁悬液的配置分为油磁悬液配置、水磁悬液配置、磁膏水磁悬液配置和磁悬液喷罐,配置方法见表 3-4～表 3-7。

表 3-4　磁悬液浓度

磁粉类型	配置浓度/(g·L^{-1})	沉淀浓度(含固体量:mL/100 mL)
非荧光磁粉	10～25	1.2～2.4
荧光磁粉	0.5～3.0	0.1～0.4

表 3-5　磁悬液配置

磁悬液种类	配置方法
油磁悬液	取少量的油基载液与磁粉混合,让磁粉全部润湿后,搅拌成均匀的糊状,按表 3-4 所示比例加入余下的油基载液并搅拌均匀

续表

磁悬液种类		配置方法
水磁悬液	非荧光磁粉水悬液	按表 3-6 所示将 100 mL 浓乳加入 50 ℃ 温水中,搅拌至溶解,加入二乙醇胺、亚硝酸钠和消泡剂,每加入一种成分后都要搅拌均匀,最后加入磁粉并搅拌均匀
	荧光磁粉水磁悬液	配方见表 3-7,将润湿剂(JFC 乳化剂)与消泡剂加入水中搅拌均匀,按比例加足水,制成水载液,取少量水载液与磁粉和匀,加入余量的水载液,最后再加入亚硝酸钠
磁膏水磁悬液		先取少量的水,在水中挤入磁膏后搅拌成稀糊状,再按比例加入水后搅拌均匀即可
磁悬液喷罐		生产厂家将配制浓度合格的磁悬液装进喷罐中,这些磁悬液的载液多为油基载液和水载液。常用的有 HD-RO 和 HD-BO 黑油及黑水磁悬液喷罐。使用时轻轻摇动喷罐将磁悬液搅拌均匀,即可直接喷洒。检测前用标准试片进行综合性能试验,合格后即可检测,无需测量浓度

表 3-6　非荧光磁粉水磁悬液配方

水	100# 浓乳	三乙醇胺	亚硝酸钠	28# 清泡剂	HK-1 黑磁粉
1 L	10 g	5 g	10 g	0.5～1 g	10～25 g

表 3-7　荧光磁粉水磁悬液配方

水	JFC 乳化剂	亚硝酸钠	28# 消泡剂	YC2 荧光磁粉
1 L	5 g	10 g	0.5～1 g	0.5～2 g

4. 注意事项

1)特种设备现场作业时,绝大多数磁悬液是一次性使用、不可回收的,采用配制浓度(g/L)进行配制,方法简单实用,磁粉用量明确。现场配制磁悬液时,可用磁膏长度来确定磁粉的含量。

2)当使用固定式探伤机检测工件时,磁悬液可以循环使用,使用沉淀浓度配制较为方便。

3)荧光磁粉比非荧光磁粉浓度低很多,因为荧光磁粉的对比度高。

4)磁粉、载液和浓度根据工件表面粗糙度来选择:对表面粗糙度低(光亮)的工件,采用黏度和浓度都较大一些的磁悬液进行检测;对表面粗糙的工件采用黏度和浓度都较小一些的磁悬液进行检测。根据工件选择:对细牙螺纹根部缺陷的检测,应采用荧光磁粉;对于容器内壁特别是在用容器检测时最好采用荧光磁粉;使用剩磁法检测时,应多浇几次磁悬液,以获得最佳的检测效果。

3.3.4 反差增强剂

1. 应用

当在表面粗糙的工件上进行磁粉检测时，为了提高缺陷磁痕与工件表面颜色的对比度，检测前，可先在工件表面上徐一层白色薄膜，厚度为 $25\sim45~\mu m$，干燥后再磁化工件。喷洒黑磁粉磁悬液，其磁痕就会清晰可见，这一层白色薄膜就叫作反差增强剂。

2. 配方、施加及清除

反差增强剂可按表 3-8 推荐的配方自行配制，搅拌均匀即可使用。市售产品也有配制好的反差增强剂喷罐，常见的是 FC-5 反差增强剂喷罐。

表 3-8 反差增强剂配方

	成分			
	工业丙酮	稀释剂	火棉胶	氧化锌粉
每 100 mL 含量	65 mL	20 mL	15 mL	10 g

施加反差增强剂的方法：对整个工件检查，采用浸涂法；对局部检查，采用喷涂或刷涂法。

消除反差增强剂的方法：可用工业丙酮与稀释剂按 3：2 配制的混合液浸过的棉纱擦洗，或将整个工件浸入该混合液中清洗。

3. 反差增强剂喷罐

反差增强剂喷罐具有使用方便、涂层成膜迅速均匀、附着力强、颜色洁白、无强刺激性气味等优点。检测时要使用经过质量认证的、性能好的反差增强剂喷罐。

3.4 检 测 工 具

3.4.1 标准试片

标准试片，以下简称试片，适用于连续磁化法，是磁粉检测必备的器材之一，磁粉检测标准试件（试片和试块）是检测时的必备器材，常见的标准试件分为人工缺陷标准试片、试块及自然缺陷试块。

1. 用途

标准试片具有以下用途：

1）测试系统灵敏度，即用于检验磁粉检测设备、磁粉和磁悬液的综合性能。

2）用于了解被检工件表面大致的有效磁场强度和方向以及有效检测区，如角焊缝等。

3）用于考察所用的检测工艺规程和操作方法是否妥当。

4）几何形状复杂的工件磁化时，各部位的磁场强度分布不均匀，无法用经验公式计算磁化规范，磁场方向也难以估计。这时，将小而柔软的试片贴在复杂工件的不同部位，可大致确定较理想的磁化规范。

2. 分类

试片为 DT4A 超高纯低碳纯铁经轧制而成的薄片。在我国使用的有 A 型、C 型、D 型和 M1 型四种。

常见的标准试片类型、规格和图形见表 3 - 9。

《无损检测　磁粉检测用试片》(JB/T6065—2004)中规定了 A1 型、C 型、D 型试片。这三种试片按不同依据分类如下:

1) 按热处理状态可分为经退火处理的试片和未经退火处理的试片。

2) 按灵敏度等级可分为高灵敏度试片和中灵敏度试片和低灵敏度试片。

表 3 - 9　标准试片类型、规格和图形

类型	规格:缺陷槽深/试片厚度/μm		图形和尺寸/mm
A1 型	A1 - 7/50	A2 - 7/50	
	A1 - 15/50	A2 - 15/50	
	A1 - 30/50	A2 - 30/50	
	A1 - 15/100	A2 - 15/100	
	A1 - 30/100	A2 - 30/100	
	A1 - 60/100	A2 - 60/100	
C 型	C1 - 8/50	C2 - 8/50	
	C1 - 15/50	C2 - 8/50	
	C1 - 30/50	C2 - 8/50	
D 型	D1 - 7/50	D2 - 7/50	
	D1 - 15/50	D2 - 7/50	
	D1 - 30/50	D2 - 7/50	
M1 型	φ12	7/50	
	φ9	15/50	
	φ6	30/50	

注①C 型标准试片可剪成 10 个小试片分别使用。

其中,试片分类符号用大写英文字母表示,热处理状态用下标的阿拉伯数字表示,经退火处理的为 1 或空缺,未经退火处理的为 2。型号名称的分数中,分子表示试片人工缺陷槽的深度,分母表示试片的厚度,单位为 μm。

②按灵敏度等级进行分类,仅适宜于相同热处理状态的试片。

③同一类型和灵敏度等级的试片,未经退火处理的比经退火处理的灵敏度高约 1 倍。

特种设备磁粉检测采用的标准试片有 A1 型、M1 型以及 C 型和 D 型的高、中灵敏度标准试片。

3. 试片的使用与注意事项

（1）标准试片使用方法

标准试片只适用于连续法检测。用连续法检测时,检测灵敏度几乎不受被检工件材质的影响,仅与被检工件表面的磁场强度有关。

使用步骤如下:

1）依据工件表面尺寸和形状,挑选合适的标准试片,并根据所需磁场强度选择灵敏度适宜的试片。磁场弱时选用高分值、低灵敏度试片;磁场强时则反向选择。

2）试片使用前,先用溶剂清除防锈油。若贴试片位置不平,则要打磨平整并去油。

3）试片使用后,清洗并擦干,干燥后涂抹防锈油,存放回原包装袋中。

（2）使用注意与要求

1）特种设备磁粉检测一般应选用 A1 - 30/100 型试片。当检测焊缝坡口等狭小部位时,一般可选用 C1 - 15/50 型试片。为了更准确地推断出被检工件表面的磁化状态,可选用 D 型或 M1 型试片。

2）试片表面锈蚀或有褶纹时,不得继续使用。

3）使用时,应将试片无人工缺陷的面朝外。为使试片与工件被检面接触良好,可用透明胶带靠试片边缘贴成"♯"字形,并贴紧(间隙应小于 0.1 mm),注意透明胶纸不得盖住有槽的部位。

4）也可选用多个试片,分别贴在工件的不同部位;工件磁化后,被检表面不同部位的磁化状态或灵敏度不同,如图 3 - 10 所示。

5）试片放置时,看到光面,即为带槽面与工件表面相对。

图 3 - 10　将试片贴在工件的不同部位

3.4.2　标准试块

1. 用途

标准试块也是磁粉检测必备的器材之一,以下简称试块。

试块用于评估检测系统的整体性能,包括设备、磁粉、磁悬液的灵敏度,以及检测条件和操作手法的正确性。它还能展示不同磁化电流下的磁场渗入深度。

试块不能设定被检测工件的磁化标准,也无法显示工件表面磁场方向或有效磁化范围。

2. 分类

(1) 直流试块

直流试块,又叫 B 型标准试块,与美国的 Betz 环等效。国家标准样品 B 型标准试块的形状和尺寸如图 3-11 和图 3-12 所示。材料为经退火处理的 9CrWMn 钢锻件,其硬度为 90~95 HRB。

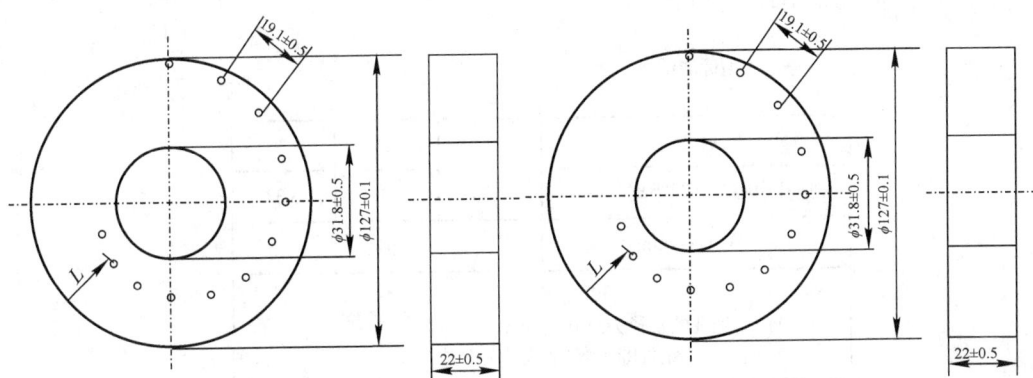

孔号	1	2	3	4	5	6	7	8	9	10	11	12
通孔中心距外圆距离 L/mm	1.78	3.56	5.33	7.11	8.89	10.67	12.45	14.22	16.00	17.78	19.56	21.34

注:
(1) 12个通孔的直径为 ϕ1.78 mm±0.08 mm;
(2) 通孔中心距外圆距离 L 的尺寸公差是±0.08 mm

图 3-11　国家标准样品 B 型标准试块的形状与尺寸

图 3-12　国家标准样品 B 型标准试块外形

(2) 交流试块

交流试块,又叫 E 型标准试块,与日本和英国的同类试块接近。E 型标准试块的形状和尺寸如图 3-13 所示。材料为经退火处理的 10 钢。

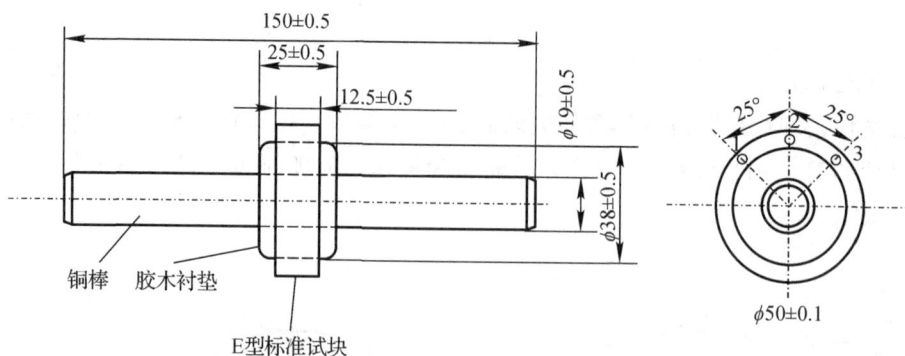

孔号	1	2	3
通孔中心距外圆距离L/mm	1.78	3.56	5.33
通孔直径/mm	$\phi 1$		
注: (1) 3个通孔的直径为$\phi 1.0^{+0.08}_{-0.05}$ mm; (2) 通孔中心距外圆距离L的尺寸公差是±0.05 mm			

图 3-13　国家标准样品 E 型标准试块图形与尺寸

（3）磁场指示器

用电炉铜焊将 8 块低碳钢与铜板焊在一起,有一个非铁磁性手柄,因此又叫八角试块,如图 3-14 所示。

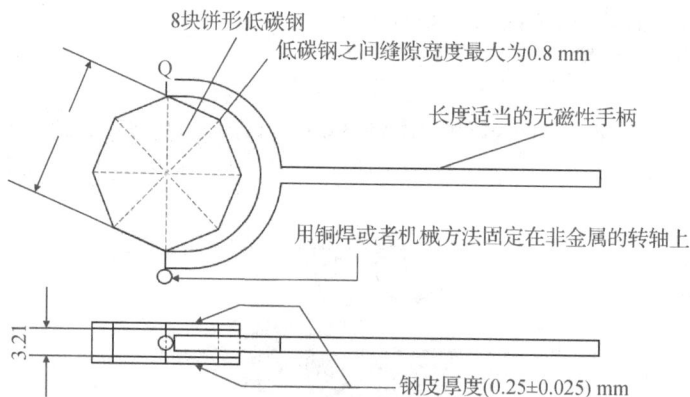

图 3-14　磁场指示器

磁场指示器最适用于干粉法。这种试块刚性较大,不可能与工件表面(尤其曲面)很好地贴合,难以模拟出真实的工件表面状况,因此磁场指示器是一种粗略的校验工具,只能用于表示被检工件表面磁场方向、有效检测区以及磁化方法是否正确,不能作为磁场强度及其分布的定量指示,但它比标准试片经久耐用,操作简便。

使用时,将磁场指示器铜面朝上,8 块低碳钢面朝下,紧贴被检工件表面,用连续法检验,给磁场指示器施加磁粉,观察磁痕显示。当磁场指示器上没有形成磁痕或没有在所需方向上形成磁痕时,应改变或校正磁化方法。

3.4.3　磁粉检测设备

1. 分类

磁粉检测设备依据其组合方式分为两类:一体型和分立型。同时,按重量与移动性,设备还可分为固定式、移动式和携带式,具体介绍见表 3 - 10。

表 3 - 10　磁粉检测设备分类

分类依据	分　类	介　　绍
组合方式	一体型	集磁粉探伤机集成磁化电源、螺管线圈、工件夹持、磁悬液喷洒、照明及退磁装置于一体,适用于固定式场景,操作简便
	分立型	将各功能部件独立制作,根据需要现场组装成系统,主要应用于移动式和携带式探伤机,强调灵活性与现场适用性
重量与移动性	固定式	体积大、重量大、不便移动,电流范围为 1 000～10 000 A,适合检测中小型工件; 支持通电法、线圈法等多种检测方法; 内置退磁、磁悬液处理、照明和工件固定工具; 对于大型工件,可外接触头和电缆实施检测,无需搬上工作台
	移动式	电流范围 500～8 000 A,电源支持交流及单相半波整流,通过附件与移动式探伤机配合使用,能进行触头法、夹钳通电法和线圈法磁化。体积小、重量小,装有滚轮,便于推移或车载至现场,尤其适合大型工件检测
	携带式	小巧轻便,易于携带; 额定电流范围为 500～2 000 A; 特别适合户外、高空及野外地域的检测工作; 主要应用于特种设备焊缝及飞机、火车等大型结构的现场局部检测。常用的工具包括便携式磁粉探伤仪、电磁轭、交叉磁轭和永磁体等

2. 组成

磁粉检测设备主要包括磁化电源、工件夹持装置、指示与控制装置、磁粉或磁悬液施加装置、照明装置和退磁装置等。

(1)磁化电源

磁化电源用来产生磁场,进而磁化工件。

在固定式磁粉探伤机中,通过调压器将不同大小的电压输送给主变压器,再由主变压器输出一个低电压大电流,而输出的电流可对工件进行磁化。

(2)工件夹持装置

磁化夹头是探伤机的重要部件,能适应不同工件尺寸,可通过电、手或气动调节间距,有的还能 360°旋转。夹头旋转确保工件各面检测均匀,需加铅垫或铜网保护,防止火花和损伤。携式探伤仪可以直接局部磁化,无需夹具。

（3）指示和控制装置

磁粉探伤机的指示装置主要用来显示磁化电流的大小和有关部件的工作状态。其主要包括电流表、电压表、Ø 表和 H 表，其功能见表 3-11。

表 3-11　磁粉探伤机的指示和控制装置

工　具		作　用
电流表	直流电流表	与分流器连接在一起,用于测量直流磁化电流的平均值
	交流电流表	与互感器相连接,可测量多流磁化电流的有效值
Ø 表		能够表示晶闸管导通角(移相角),可以显示出磁化电流值
H 表		安装在一些老设备上,能够表示螺管线圈空载时中心磁场强度(以奥斯特 Oe 为单位)
控制装置		由控制磁化电流产生和使用的电器装置组合而成

（4）磁粉和磁悬液施加装置

固定式探伤机有磁悬液喷洒系统,用于湿法检测含磁悬液槽、电动泵、软管和喷嘴。电动泵混匀并喷射磁悬液至工件。槽上装格栅放置工件并回收液体,回流口配有滤网,以防杂质。

移动式和携带式探伤机无固定喷洒装置,在湿法检测中使用电动或手动喷洒器。

（5）照明装置

磁粉检测照明装置主要是日光灯和黑光灯。固定探伤机自带照明装置,其他类型需外带。

黑光检测需暗环境,工件表面光照强度需大于等于 1 000 $\mu W/cm^2$,可见光不大于 20 lx。工作完后定期清理,保证灯的光强。

使用非荧光磁粉检测时,需要自然光或日光灯照明。可见光照度不小于 1 000 lx,避免强光和阴影。

使用便携式设备进行现场检测时,可见光照度应不低于 500 lx。

（6）退磁装置

退磁装置可以保证被磁化工件上的剩磁减小到不妨碍工件使用的程度。有的退磁装置单独设置,有的则直接装在探伤机上。

3.5　技　术　应　用

3.5.1　紧固件的磁粉检验

紧固件如螺栓、螺钉、螺母最常做磁粉检测,类似件有轴、销钉等。

螺栓、轴类直通电在固定探伤机上检验,依材料磁性或标准选择电流,主要检测缺陷为白点、裂纹、夹层。

大电流会致碳化物或刀痕吸磁粉形成假缺陷,检测时须辨别真伪。

3.5.2　带中心孔零件的磁粉检验

小型带中心孔钢件,如弹簧圈,可用固定探伤机芯杆法检测。由于难以直接装夹和磁化,所以芯杆磁化需较强电流,同时浇磁悬液。

检验时,事先贴灵敏度试片测磁效,再调电流操作。

芯杆法为周向磁化,若工件与芯杆完全垂直,则工件上的圆周方向裂纹是很难发现的,故锥形件宜斜放,第一次磁化和浇洒磁悬液以后,将工件转动 90°,再进行第二次磁化和浇洒磁悬液。

有的异型零件则应采用复合磁化法。

3.5.3　大型钢壳的磁粉检验

大型钢壳由合金结构钢锻造而成,呈曲面薄壳形态。半精加工后,借助磁粉检测技术检查表面裂纹、夹层及折叠缺陷。鉴于工件庞大,需用移动式或手持磁粉探伤器检查,通过支杆法和磁轭法实施磁化,并同步浇注磁悬液。

磁化时,支杆间距维持 15～20 cm,确保相邻区域充分重合,防止遗漏。特别留意带安装螺孔区域,需加强检测。注意控制磁化电流,以免过强电流损伤工件或改变其性质。

使用电磁铁磁化安全无损,但要求磁轭接触面匹配工件曲面,确保紧密贴合。

采用交流电磁化时,磁场穿透深度受限,因此钢壳内外表面需分开进行全面探伤检验。

实践显示,采用支杆法(或磁轭法)磁粉检测时,连续两次磁化以近似等边三角形轨迹进行,逐次扩展至整个工件表面,可有效降低残留磁场,完工后通常无需额外退磁,这是因为工件剩磁将微乎其微。

3.5.4　工艺装置的磁粉检验

工艺装置磁粉检测关注的重点是裂纹与未焊透等问题。这些装置材质多样、尺寸不一、形状各异,锻造或焊接成型,增加了检测的复杂性。像角钢、槽钢及钢管等常用材料,在机械加工和焊接前,常规做法是先进行磁粉检测。小型工件宜固定在磁粉探伤机上,采用附加磁场法检查,操作简便且可靠。工件形状复杂,需从两个垂直方向重复检测。大而重、结构复杂或特定焊缝的工件,则适用局部磁化法,如用支杆法应对复杂结构。为确保检测敏感度,磁化时应及时浇磁悬液,并用试片验证。关键焊接部位除了磁粉检测之外,还需增加 X 射线检测,确保安全性。

3.5.5　锻、铸件、焊接件及维修件的磁粉检验

1)锻件和铸件:要求高的小型精铸件,应在毛料和热处理、机加工后安排两次磁粉检验;锻钢件可安排两次以上磁粉检验。裂纹与条状疏松难以辨认时,可增加渗透检验;铸钢件脱模应放置 24～48 h 后再进行磁粉检验。

2)焊接件:安排工序间检验时,要求工件温度一般不高于80°;形状复杂、厚度不均的焊接件,应注意有可能产生非相关磁痕;绝对不允许用手触摸受检部位。

3)维修件:尽可能分解后进行磁粉检验;不能拆卸的在原位进行;漆层厚度大50 mm时,应去漆进行磁粉检验;有氧化层工件,端头须稍加打磨方可通电磁化,维修件一般可带镀层进行磁粉检验,但镀铬层厚度不得大于0.08 mm,镀镍层厚度不得大于0.03 mm。

4)对一些形状怪异以及有特殊要求的工件,例如弹簧、滚珠、轴承环、薄板型材,不能采用常规的模式检测,应该根据产品要求和工艺特点以及受力的部位等因素综合处理。

3.6　国　标　规　定

3.6.1　磁粉尺寸

《无损检测 磁粉检测用材料》(JB/T 6063—2006)中规定了磁粉尺寸的定义和微粉尺寸的范围:

1)下限直径d_1:小于d_1的磁粉应不多于10%;

2)平均直径d_a:50%磁粉应大于d_a;

3)上限直径d_u:大于d_u的磁粉不应多于10%。

磁粉尺寸的要求:d_1、d_a和d_u应出具报告。对于磁悬液,尺寸应在$d_1 \geqslant 1.5\ \mu m$且$d_u \leqslant 40\ \mu m$的范围内。干磁粉通常为$d_1 \geqslant 40\ \mu m$。

3.6.2　Ⅰ型参考试块

JB/T 6063—2006中还规定了磁粉性能型式检验用的参考试块是Ⅰ型参考试块,该试块是表面带有两种自然裂纹的圆块,如图3-15所示。它应包含由磨削和应力腐蚀所产生的粗线条裂纹和细微裂纹。试块采用直流电中心导体法磁化,用目视或其他适当方法进行显示比较来进行评定。

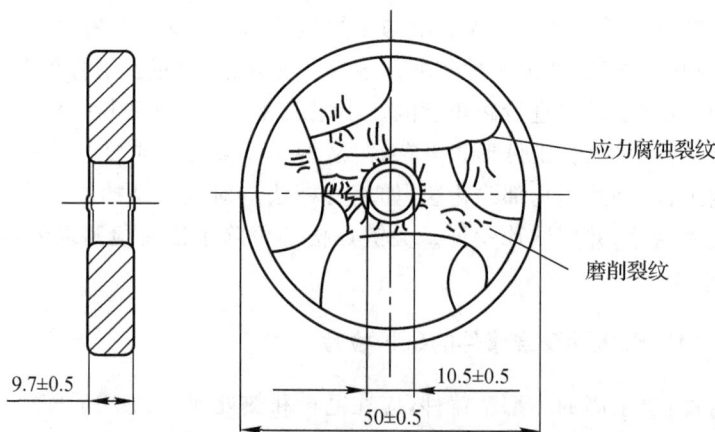

图3-15　Ⅰ型参考试块(单位:mm)

3.6.3　LPW-3号油基载液

常见的 LPW-3号油基载液的主要技术指标如下。

（1）闪点

按《闪点的测定 宾斯基-马丁闭口杯法》（GB/T 261—2021）标准,测定时应不低于 94 ℃。

（2）运动黏度

按照 GB/T 261—2021 标准,在38 ℃条件下应不大于 3.0 mm^2/s（3 cSt）,且在最低使用温度下不超过 5.0 mm^2/s 或 5 cSt。

（3）荧光

LPW-3号油基载液不应超过 0.1 mol/L 硫酸中含 2×10^7 二水硫酸奎宁溶液所发出的荧光,即油基载液含有较低的荧光,使用荧光磁粉检测时,不至于干扰荧光磁粉的正常显示。

（4）颗粒物

按《喷气燃料 固体颗粒污染物测定法》（SH/T 0093—1991）测定,颗粒物含量应不大于 1.0 mg/L。

（5）总酸值

按《轻质石油产品酸度测定法》（GB/T 258—2016）测定,总酸值应不大于0.15 mgKOH/L。

（6）气味

应无刺激性和让使用者厌恶的气味。

（7）颜色

颜色目测应是水白色油基载液,荧光很低。使用荧光磁粉检测时,不至于干扰荧光磁粉的正常显示。

（8）毒性

无毒性。

3.6.4　《承压设备无损检测 第4部分:磁粉检测》（NB/T 47013.4—2015）中对磁悬液浓度的要求

《承压设备无损检测 第4部分:磁粉检测》（NB/T 47013.4—2015）中对磁悬液浓度的要求见表 3-12。

表 3-12　NB/T 47013.4—2015 中磁悬液浓度要求

磁粉类型	配置浓度/(g·L^{-1})	沉淀浓度(含固体量:mL/100mL)
非荧光磁粉	10～25	1.2～2.4
荧光磁粉	0.5～3.0	0.1～0.4

3.7 本章总结

本章总结如下。

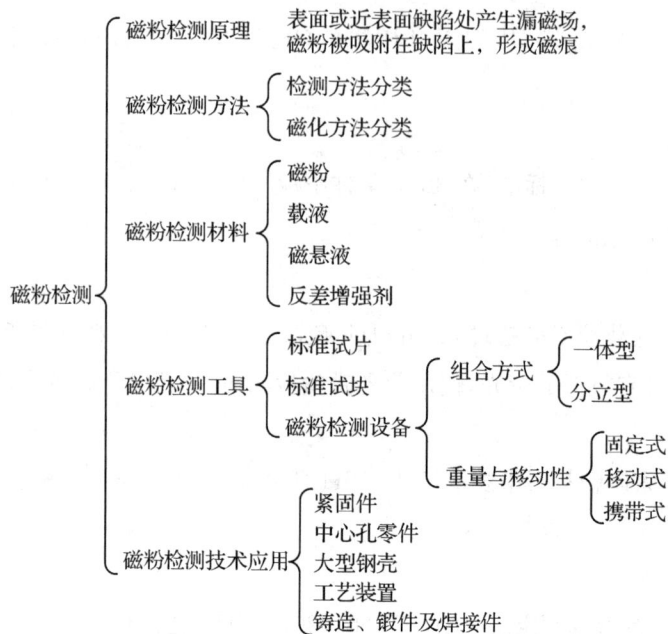

磁粉检测
├─ 磁粉检测原理 —— 表面或近表面缺陷处产生漏磁场，磁粉被吸附在缺陷上，形成磁痕
├─ 磁粉检测方法
│   ├─ 检测方法分类
│   └─ 磁化方法分类
├─ 磁粉检测材料
│   ├─ 磁粉
│   ├─ 载液
│   ├─ 磁悬液
│   └─ 反差增强剂
├─ 磁粉检测工具
│   ├─ 标准试片
│   ├─ 标准试块
│   └─ 磁粉检测设备
│   ├─ 组合方式
│   │   ├─ 一体型
│   │   └─ 分立型
│   └─ 重量与移动性
│   ├─ 固定式
│   ├─ 移动式
│   └─ 携带式
└─ 磁粉检测技术应用
    ├─ 紧固件
    ├─ 中心孔零件
    ├─ 大型钢壳
    ├─ 工艺装置
    └─ 铸造、锻件及焊接件

第4章 射线照相检测技术

4.1 概　　述

4.1.1 射线检测的物理基础

射线就是指 X 射线、α 射线、β 射线、γ 射线、电子射线和中子射线等,常见射线分类如图 4-1 所示。它们的种类很多,其中易于穿透物质的有 X 射线、γ 射线以及中子射线三种。X 射线和 γ 射线就本质而言是相同的,都是波长很短的电磁波,只是射线发生的方法不同。中子和质子是构成原子核的粒子,质子带正电荷,电子带负电荷,而中子则是中性的。发生核反应时,中子飞出核外,这种中子流叫作中子射线。

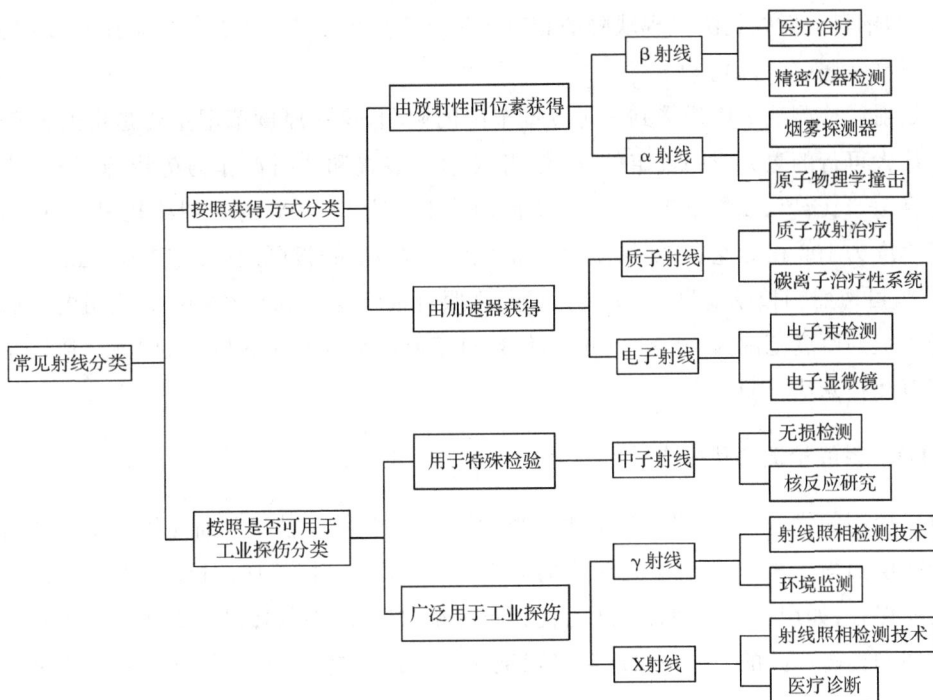

图 4-1　常见射线的分类

这三种射线都是易于穿透物体的,但是在穿透物体的过程中会受到吸收和散射,因此其穿透物体后的强度就小于穿透前的强度。射线强度衰减的程度由穿透物体的厚度、材料品种以及射线的种类而定。厚度相同的板材,有气孔的部分不吸收射线,容易透过;混入容易吸收射线的异物的部分,射线难以透过。因此,用强度均匀的射线照射所检测的物体,使透过的射线在照相胶片上感光,把胶片显影后就可得到与材料内部结构和缺陷相对应的黑度图像,即射线底片,通过对这种底片的观察来对缺陷的种类、大小、分布状况等进行检测,这种检测就被称为射线照相法检测。

X射线检测和γ射线检测是现代工业最常用的检测方法,本章主要介绍这两种检测技术。

4.1.2　射线检测的适用范围

适用缺陷:射线检测只适用于检测与射线束方向平行的厚度或密度上的明显异常的部分,因此,处于最佳辐射方向的平面型缺陷(如裂纹)以及在所有方向上都可以测量的体积型缺陷(如气孔、夹杂),只要相对于截面厚度的尺寸不是太小,均可以检测出来。

适用材料:射线检测是依靠射线透过物体后衰减程度的不同来进行检测的,故适用于任何材料,无论是金属还是非金属材料均可以检测,如检测各种材料的铸件与焊缝、塑料、蜂窝结构以及碳纤维材料,还可用以了解封闭物体的内部结构。

适用厚度:检测中选用不同波长的射线,可以检测薄如树叶的钢材,也可检测厚达500 mm的钢材。射线检测发现缺陷的相对灵敏度一般可达1%～2%,若采用辅助措施,则还可以再高一些(＞1%)。

但是射线检测法的应用受到一定厚度范围的限制,这一厚度范围主要是由所使用的射线源和最大可行的曝光时间确定的,一般用X射线装置和放射源作为射线源,经常使用的放射源有Ir^{192}、Cs^{137}、Co^{60}和Tm^{170}。如果使用管电压为250 kV的X射线装置,可检测的最大钢板厚度为100 mm左右;如果使用Tm^{170}、Cs^{137},检测钢板厚度可为10～75 mm;如果使用Tm^{170},可透照钢板厚度只有15 mm,Co^{60}透照钢板厚度为40～225 mm,应用电子加速器可穿透钢板的厚度范围为80～500 mm,但是对于厚度为500 mm以上的钢板,到目前还不能采用射线检测法检验。

4.1.3　射线检测的优缺点

射线检测的优点:对缺陷形象检测直观,对缺陷的尺寸和性质判断比较容易。如用计算机辅助断层扫描(CT)法可观察到缺陷的断面情况,便于分析处理;射线底片可作为原始的资料长期保存;如用图像处理技术还可使评定分析自动化;对物体既不破坏也不污染。这样就对控制和提高产品的制造质量起到了保证作用,所以它已成为一种必不可少的无损检测方法。

射线检测的缺点:射线对人体有害,在检测中必须注意防护;相对于其他几种无损检测方法而言,射线检测的成本较高。

4.2　技术原理

4.2.1　X 射线

X 射线又称伦琴射线,是在射线探伤领域中应用最广泛的一种射线。

X 射线的波长在 $0.006\sim1\,000$ Å(1 Å $=10^{-8}$ cm)之间,在探伤中常用的波长在 $0.01\sim1$ Å 之间。X 射线的波长范围比紫外线短,因此其频谱在紫外线之前,频率在$(3\times10^{9})\sim$$(5\times10^{14})$MHz 之间,图 4-2 所示为射线频谱,图 4-3 所示为电磁波谱波的分类。

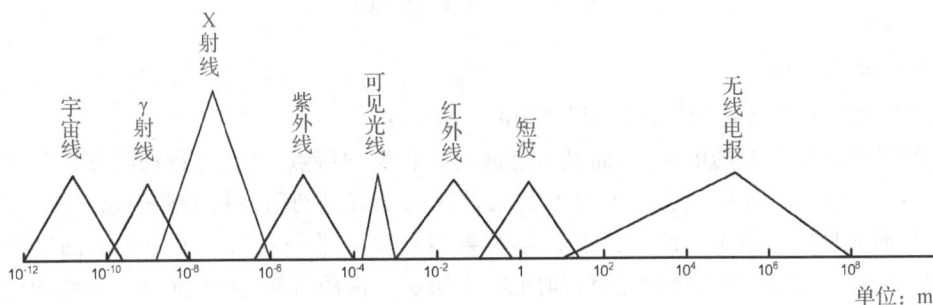

图 4-2　射线频谱

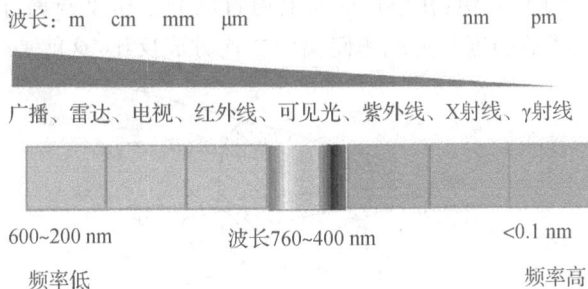

图 4-3　电磁波谱按波长分类

1.X 射线的产生

产生 X 射线必须具备三个条件:①有发射电子的源;②有加速电子的手段;③有接受电子碰撞的靶。

X 射线产生原理如图 4-4 所示,将阴极灯丝通电,使之白炽,电子就在真空中发出,发出的电子经过管电压加速,以高速直线射到阳极靶,这些高速运动的电子与靶碰撞而发生能量转换,其中大部分转换成热能,其余小部分转换成光子能量,即 X 射线。电子的速度越高,能量转换时产生的 X 射线能量就越大。

受到电子撞击的地方,即 X 射线发生的地方叫作焦点。电子是从阴极移向阳极的,而电流则相反,是从阳极向阴极流动的,这个电流叫作管电流。要调节管电流,只需调节灯丝加热电流。管电压的调节是靠调整 X 射线装置主变压器的初级电压实现的。

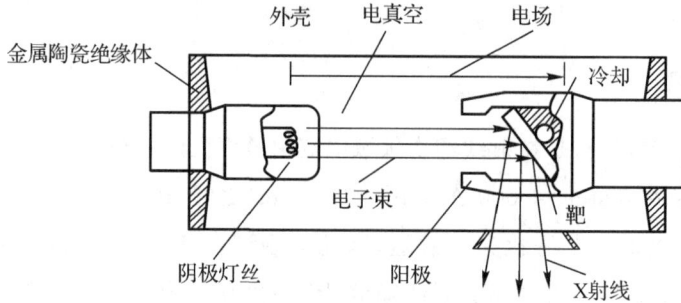

图 4-4 X 射线产生原理

2. X 射线的性质

(1) X 射线直线传播的二次方反比定律

X 射线是波长很短的电磁波,而且具有波的二重性的特点,其光子运动的方向与电磁波传播方向是一致的。X 射线管产生的 X 射线是以电子束射到阳极靶的那一点为中心的,以球面波的形式呈辐射状态向四周传播。若 X 射线在靶上某一点以一个很小的圆锥角向外辐射,则形成一个圆锥形的辐射光束,如图 4-5 所示。由图可知,光子流由 X 射线源向外传播时,在任何垂直截面上单位时间内通过的光子总数都是不变的。但是随着 X 射线离开射线源距离的增加,光子的密度在不同的距离上将发生变化,距离越远,光子的密度越小,X 射线束的截面积也越大。计算表明:在单位面积上通过的光子密度与离开射线源距离的二次方成反比,或者说 X 射线的强度与射线源距离的二次方成反比,这就是二次方反比定律。

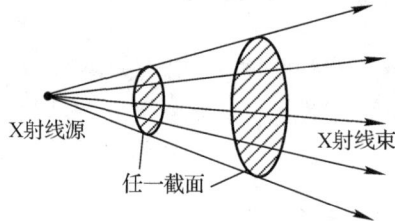

图 4-5 X 射线束示意图

(2) X 射线的线谱

由 X 射线管所发出的 X 射线谱,如由连续的部分(叫作连续谱)和波长范围极狭而强度很大的 K_α、K_β 部分(叫作线谱)组成。线谱 X 射线又叫标识 X 射线,其波长是由 X 射线管的阳极表面(叫作靶)金属的种类决定的。每种靶金属有一定的激发电压,管电压高于激发电压时就能发出标志 X 射线。连续谱的 X 射线叫作连续 X 射线。当管电压一定时,通过改动管电流或者改变靶金属的种类只能改变 X 射线的相对强度,而 X 射线谱的形状不变。当管电压改变时,X 射线谱的分布就改变了。

钨靶的连续 X 射线谱的管电压分别为 30 kV、40 kV、50 kV。钨的激发电压为 69.5 kV,

因此这些管电压是发不出标识 X 射线的。在 30 kV 的时候,最短波长是 0.41 Å。在 0.56 Å 左右表示 X 射线的强度最高,超过这个波长时强度就下降。提高管电压,最短波长和最高强度的波长都向波长短的方向移动,因此,管电压越高,平均波长越短,这个现象叫作线质的硬化。线质是对射线穿透物质能力的度量,所谓硬就是容易穿透物体的意思。比如,软的 X 射线就是平均波长较长而难以穿透物体的 X 射线。

X 射线的强度相当于光的亮度。连续 X 射线的强度大致与管电压的二次方以及管电流成正比。另外,当改变靶的材料种类时,X 射线的强度还同材料的原子序数成正比。

3.X 射线检测法

X 射线检测方法目前主要有射线照相法、透视法(荧光屏直接观察法)和工业 X 射线电视法。但是在国内外目前应用最广泛、灵敏度较高的仍然是 X 射线照相法。

图 4-6 为 X 射线检测原理,射线源发出的射线照射到工件上,并透过工件照射到暗盒中的照相胶片上,使胶片感光。

射线穿过工件后产生了衰减,其衰减规律可用下式表示:

$$J_a = J_o e^{-\mu S} \tag{4-1}$$

式中:J_a——射线穿过厚度为 S 的工件后的强度;

J_o——射线到达工件表面的强度;

e——自然对数的底;

μ——射线在工件材料中的衰减系数;

S——透照方向上的工件厚度。

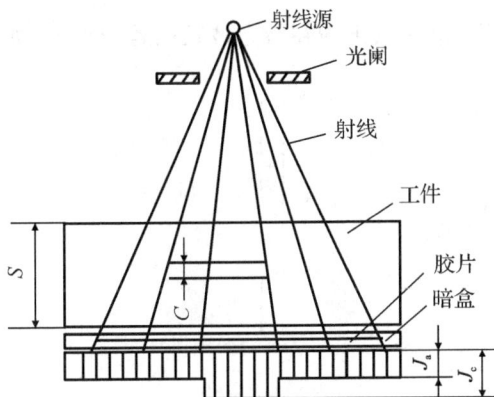

图 4-6 射线透照原理

若工件中无缺陷存在,则射线穿过工件后的强度均为 J_a。若工件中有一缺陷 C 存在,则由于射线在缺陷中的衰减与在工件材料中的衰减不同,所以透过缺陷部分的强度也不同。其强度 J_c 为

$$J_c = J_o e^{-[\mu(S-C) + \mu' C]} \tag{4-2}$$

式中:C——在透照方向上缺陷的尺寸;

μ'——射线在缺陷中的衰减系数。

对裂纹、气孔、夹渣等一般缺陷,μ' 相对于 μ 很小,则

$$J_c = J_。e^{-\mu(S-C)} \tag{4-3}$$

由于照射到胶片上的射线强度 J_c 与 $J_。$ 不同,使胶片的感光程度不同,经暗室处理后,缺陷部分就以与其他部位不同黑度的影像留在胶片上,从而能够判别缺陷的存在,这就是射线检测的基本原理。

4.2.2　γ射线

γ射线是一种波长比 X 射线更短的射线,波长在 0.003～1 Å 之间,频率在 (3×10^{12})～(1×10^{16}) MHz 之间。

工业上广泛采用人工同位素产生 γ 射线,γ 射线的波长比 X 射线更短,具有更大的穿透能力,因此在无损检测中常被用来对厚度较大的工件进行射线照相。

γ射线是放射性同位素经过 α 衰变或 β 衰变后,在激发态向稳定态过渡的过程中从原子核内发出的,这一过程称作 γ 衰变,又称 γ 跃迁。γ 跃迁是核内能级之间的跃迁,与原子的核外电子的跃迁一样,都可以放出光子,光子的能量等于跃迁前后两能级能值之差。不同的是,原子的核外电子跃迁放出的光子能量在几电子伏到几千电子伏之间。而核内能级的跃迁放出的 γ 光子能量在几千电子伏到十几兆电子伏之间。

以放射性同位素 Co⁶⁰ 为例:Co⁶⁰ 经过一次 β⁻ 衰变成为处于 2.5 MeV 激发态的 Ni⁶⁰,随后放出能量分别为 1.17 MeV 和 1.33 MeV 的两种 γ 射线而跃迁到基态。由此可见,γ 射线的能量是由放射性同位素的种类所决定的。一种放射性同位素可能放出许多种能量的 γ 射线,对此取其所辐射出的所有能量的平均值作为该同位素的辐射能量。例如:Co⁶⁰ 的平均能为 $(1.17+1.33)/2=1.25$ MeV。

γ射线的能谱为线状谱,谱线只出现在特定波长的若干点上,如图 4-7 所示。

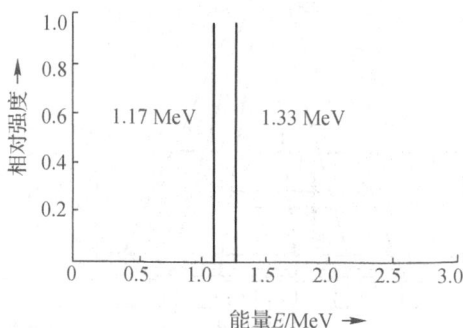

图 4-7　Co⁶⁰ 的伽马射线的线状能谱

放射性同位素的原子核衰变是自发进行的,对于任意一个放射性核,它何时衰变具有偶然性,不可预测,但对于足够多的放射性核的集合,它的衰变规律服从统计规律,是十分确定的。

4.2.3　射线的基本特性

经过人们长期的实践和探索,射线的特性已被人们认识和掌握,射线的主要特性如下:

1)射线是不可见的。由于射线波长极短,它仅仅是可见光线波长的几千分之一,所以人的眼睛是无法分辨的。

2)射线对材料具有穿透能力,射线波长愈短穿透物质的能力愈强,物质的密度愈小,射线愈容易透过。

3)射线本身不带电,不受电场和磁场的影响。

4)射线通过材料的衰减遵从一定的衰减规律,厚度大,衰减大。

5)射线直线传播。射线从本质上来讲与可见光一样同属于电磁波范畴,因此它的传播速度与可见光相同(3×10^8 m/s),是直线传播。

6)射线能产生反射、干涉、绕射和折射等现象,但与可见光有明显不同之处。

7)射线能使荧光物质发光,也能使感光材料产生光化反应。

8)射线能使空气电离,能产生生物效应,伤害及杀死有生命的细胞。

4.3 仪 器 设 备

4.3.1　X 射线检测的设备和器材

1.X 射线机

X 射线机是高压精密仪器,为了充分发挥仪器的功能、顺利完成射线检验工作,应认真了解和掌握它的结构、原理及使用性能。

目前国内外把 X 射线机大致分成两大类,即移动式 X 射线机和携带式 X 射线机,这两类 X 射线机在结构和应用上都有些不同。

(1)移动式 X 射线机

这是一种体积和重量都比较大,安装在移动小车上,用于固定或半固定场合使用的 X 射线机,它的高压发生部分(一般是两个对称的高压发生器)和 X 射线管是分开的,用高压电缆连接,为了提高工作效率,一般采用强制油循环和水循环冷却。其结构如图 4-8 所示。

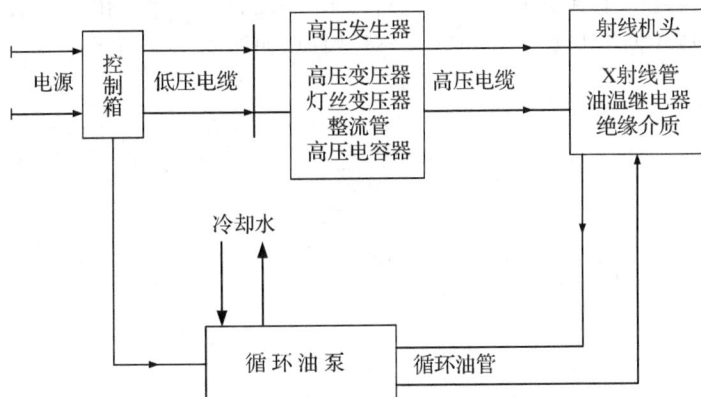

图 4-8　移动式 X 射线机结构

(2)携带式 X 射线机

这是一种体积小、重量轻、便于携带,适用于高空、野外作业的 X 射线机。它采用结构简单的半波自整流线路、X射线管和高压发生部分共同装在射线机头内,控制箱通过一根多芯的低压电缆将其连接在一起。其结构如图4-9所示。

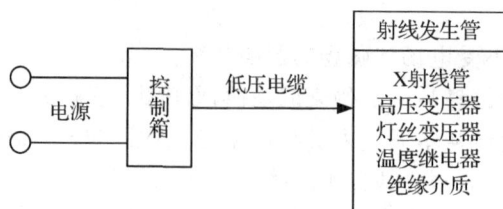

图4-9 携带式X射线机结构

2.X射线管

X射线管(见图4-10)是X射线探伤机的核心部件,熟悉它的内部结构和技术性能,有助于检测人员正确使用和操作X射线检测设备,延长其使用寿命。

(1)X射线管的分类

1)按阳极冷却方式分:

A.油浸自冷式X射线管。冷却介质主要是变压器油,多用于工作时间很短的携带式X射线机。

B.油或水循环冷却式X射线管。利用油泵或冷却水循环冷却,散热效果好,多用于移动和固定式X射线机。

2)按X射线的辐射方向分:

A.定向辐射式X射线管。X射线以一定角度,一般为$40°\pm1°$向外辐射。

B.360°周向辐射式X射线管。这种管子发射的X射线束同时向与管轴垂直方向360°圆周方向辐射。这种X射线管检测效率高,对球形或环形工件更显示出其优越性。

3)按X射线管壳体材质分:

A.玻璃壳X射线管。这种X射线管国内现在使用较多,其强度低,寿命较短,体积也较大。它的基本结构是一个真空度为$10^{-6}\sim10^{-7}$ mmHg 的二极管,由一个阴极(即灯丝)、一个阳极(即金属靶)和保持其真空度的玻璃外壳构成,如图4-10所示。

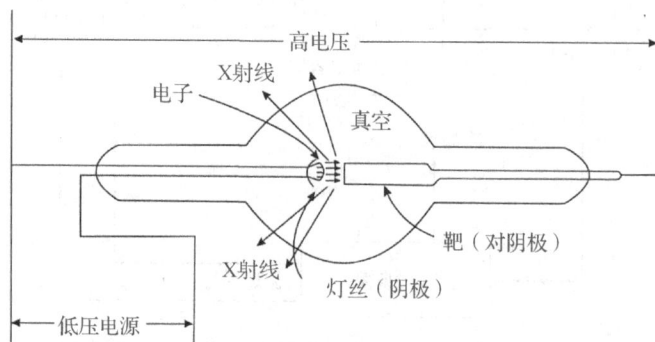

图4-10 X射线管示意图

B.金属陶瓷管。由于用玻璃作为外壳材料制成的X射线管对过热和机械冲击都很敏感,所以在 20 世纪 70 年代发展生产了性能优越的金属陶瓷管。金属陶瓷 X 射线管已成系列,其管电压有 160 kV、320 kV,最大 420 kV,管子是由特殊 Al_2O_3 陶瓷制成的。这种射线管有很多特点:

A.管子结构简单,金属陶瓷组件被熔接在金属管内形成真空密封;

B.抗振性强,一般不易破碎;

C.管内真空度高,各项电性能好,管子寿命长;

D.容易焊装锻窗口;

E.250 kV 以内的管子尺寸可以做得比玻璃管小很多。

不同管壳的 X 射线管的质量与尺寸见表 4-1。

表 4-1　不同管壳的 X 射线管的质量与尺寸

X 射线管	质量/kg	直径/mm	长度/mm
玻璃管壳(油绝缘)150 kV	35	195	600
金属陶瓷管 160 kV	8	100	300
玻璃管壳(油绝缘)300 kV	71	330	720
金属陶瓷管 320 kV	38	180	530
玻璃管壳(油绝缘)400 kV	290	320	850
金属陶瓷管 420 kV	100	300	830

(2) X 射线管的结构

1)阴极。X 射线管的阴极是发射电子和聚集电子的部件,它由发射电子的灯丝(一般用钨制作)和聚焦电子的凹面阴极头(用铜制作)组成。阴极形状可分为圆焦点和线焦点两大类,圆焦点的阴极的灯丝绕成平面螺旋形,装在井式凹槽阴极头内;线焦点阴极的灯丝绕成螺旋管形,装在阴极头的条形槽内,如图 4-11 所示。

阴极的工作情况:当阴极通电后,灯丝被加热,发射电子,阴极头上的电场将电子聚集成一束,在 X 射线管两端高压所建立的强电场作用下,飞向阳极,轰击靶面,产生 X 射线。

2)阳极。X 射线管的阳极是产生 X 射线的部分,它由阳极靶、阳极体和阳极罩三部分构成,如图 4-12 所示。

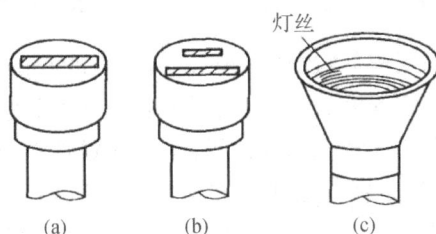

图 4-11　X 射线管的阴极

(a)线焦点阴极;　(b)双线焦点阴极;　(c)圆焦点阴极

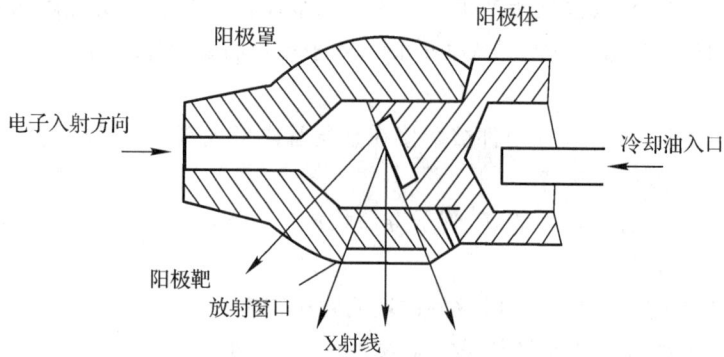

图 4-12　X 射线管的阳极

由于高速运动的电子撞击阳极靶时只有约 1% 的动能转换为 X 射线,其他绝大部分均转化为热能,使靶面温度升高,同时 X 射线的强度与阳极靶材的原子序数有关,所以一般工业用 X 射线管的阳极靶常选用原子序数大、耐高温的钨来制造。

(3)X 射线管的技术性能

1)阴极特性:金属热电子发射与发射体的温度关系极大。假定在一定的管电压下,X 射线管阴极发出的电子全部射到阳极上,则饱和电流密度与温度的关系(即 X 射线管的阴极特性)可用图 4-13 表示。

2)阳极特性:X 射线管的管电压与管电流的关系(即阳极特性)可用图 4-14 表示。

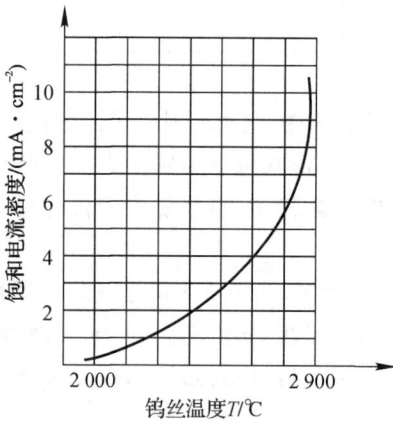

图 4-13　管电流与灯丝温度的函数关系曲线

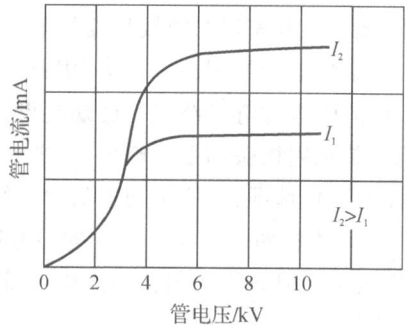

图 4-14　X 射线管电流与管电压关系曲线

从图中可以看到,当管电压较低时(10～20 kV),X 射线管的管电流是随管电压的增加而增大的,当管电压增加到一定程度后,管电流不再增加而趋于饱和。这说明在某一恒定的灯丝加热下,阴极发射的热电子已经全部到达了阳极,通过增加管电压,亦不可能增大管电流,也就是说,工业探伤用的 X 射线管是工作在电流饱和区的。因此在某一恒定电压下工作的饱和区的 X 射线管,要改变管电流,只有改变灯丝的加热电流(即灯丝的温度)。

通过对图 4-13、图 4-14 两个特性的分析,可以得出如下结论:X 射线管的管电流和管电压在升高过程中可以相互独立地进行调节。

（4）X 射线管的管电压

X 射线管的管电压是指它的最大峰值电压，一般都以（kVP）表示，但在电功测量中，表头指示的是有效值。

对于正弦波：$U_{有效值}=0.707U_{峰值}$。如一额定管电压为 200 kVP 的 X 射线管折算为有效值应为 $200×0.707 = 141.4(kV)$。必须注意的是，所有 X 射线管的管电压都以峰值表示，测试中不允许超过峰值，否则容易击穿而损坏。

X 射线管的管电压是管子的重要技术指标，管电压越高，发射的 X 射线的波长越短，穿透工件的能力就越强。在一定范围内，管电压与穿透能力有近似直线的关系，如图 4 - 15 所示。

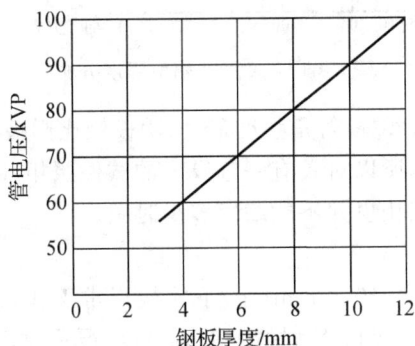

图 4 - 15 射线穿透能力示意图

（5）X 射线管的焦点

X 射线管的焦点是 X 射线的重要技术指标之一，其数值直接影响照相灵敏度。

X 射线管焦点的尺寸主要取决于 X 射线管阴极灯丝的形状和尺寸，使用的管电压和管电流对焦点尺寸也有一定影响。阳极靶被电子撞击的部分叫作实际焦点，如图 4 - 16 所示。焦点大，有利于散热，可通过较大的管电流。焦点小，透照灵敏度高，底片清晰度好。

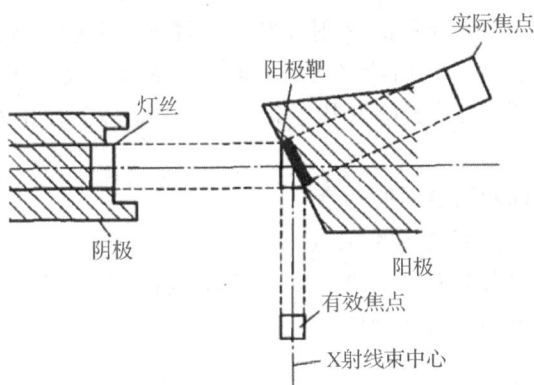

图 4 - 16 实际焦点与有效焦点

（6）辐射场的分布

定向 X 射线管的阳极靶与管轴线方向成 20°的倾角，因此发射的 X 射线束有 40°左右的立体角,X 射线的强度随角度不同有一定差异,用伦琴计测量,射线强度的分布如图 4-17 所示。

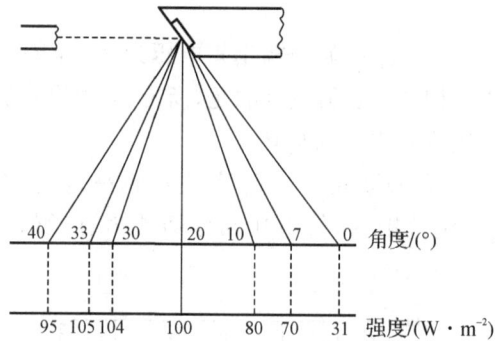

| 角度/(°) | 40 | 33 | 30 | 20 | 10 | 7 | 0 |
| 强度/(W·m⁻²) | 95 | 105 | 104 | 100 | 80 | 70 | 31 |

图 4-17 X 射线辐射强度分布

从图 4-17 中可以看出,33°辐射角强度最大,阴极侧比阳极侧强度高,但由于阴极侧射线中包含较多的软射线成分,所以对具有一定厚度的试件照相,阴极侧部位的底片并不比阳极侧更黑,利用阴极侧射线照相也并不能缩短多少时间。

(7) X 射线管的真空度

X 射线管必须在高真空度(10^{-6} mmHg)下才能正常工作,故在使用时要特别注意,不能使阳极过热,以免排出气体,降低 X 射线管的真空度,严重时击穿 X 射线管。在实际情况下金属也能吸收一部分气体,即当管内某些部分受电子轰击放出气体的同时,气体将会被电离,其正离子飞向阴极,撞击灯丝,金属会吸收一部分气体。这两个过程在 X 射线管工作过程中是同时存在的,达到平衡时就决定了此时 X 射线管的真空度。

当气体轻微放电时,会影响电子发射,从而使管电流减少;当气体严重放电时,会造成管电流突增,这两种情形都可以从毫安表上看出(毫安表指针摆动,严重时指针能打到头)。因此,对新出厂的或长期不使用的 X 射线机应经严格检查后才能正式使用。

(8) X 射线管的寿命

X 射线管的寿命是指正常使用的 X 射线管由于灯丝发射能力逐渐降低而失去功能,射线辐射剂量率降为初始值的 80% 时所经历的时间。玻璃管一般为 400~500 h,金属陶瓷管为 1 000 h。如果使用不当,将大大降低其寿命。影响 X 射线管使用寿命的因素主要有以下几方面:

1)在送高压前,灯丝必须提前预热、活化;

2)使用负荷控制在最高管电压的 90% 以内;

3)使用过程中一定要及时对阳极进行冷却,例如,将工作和间歇时间设置为 1∶1;

4)严格按使用说明书要求进行操作。

4.3.2 γ 射线检测装置

图 4-18 是 γ 射线探伤机的结构简图。轻便型 γ 射线探伤机,一般用手工控制探伤机的开启和关闭。中等活性以上的射线探伤机一般装在小车上,用遥控装置控制开关。

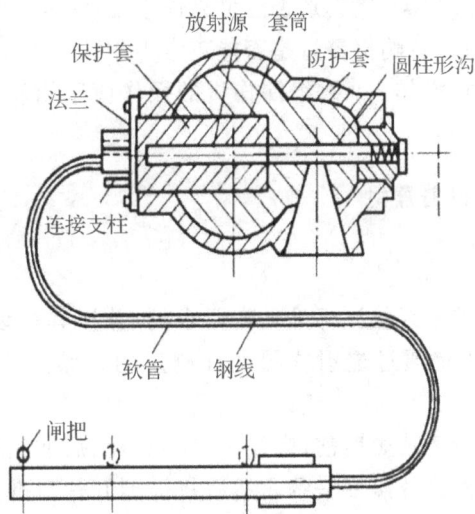

图 4 - 18　γ 射线探伤机的结构简图

γ 射线检测装置与普通 X 射线探伤机比较具有如下优点：

1）探测厚度大，穿透能力强。对钢工件而言，400 kV 的 X 射线探伤机最大穿透厚度为 100 mm 左右，而 Co^{60}、γ 射线探伤机最大穿透厚度可在 200 mm 以上。

2）体积小，重量轻，不用电，不用水，特别适用于野外作业和在用设备的检测。

3）效率极高，对环缝和球罐可进行周向曝光和全景曝光。同 X 射线探伤机相比大大节约了人力、物力，降低了成本，提高了效益。

4）设备故障率低，无易损部件，价格低。

5）可以连续运行，且不受温度、压力、磁场等外界条件影响。对拍片条件只需通过简单计算即可确定，拍片工艺稳定，可操作性好。

γ 射线检测装置的主要缺点如下：

1）γ 射线源都有一定的半衰期，有些半衰期较短的射源 Ir^{192} 更换频繁。

2）射线能量固定，无法根据试件厚度进行调节；强度随时间变化，使曝光时间受到制约。

3）固有不清晰度一般来说比 X 射线大，用同样的器材及透照等技术条件，其灵敏度稍低于 X 射线机。

4）对安全防护要求高，管理严格。

近年来，国内外都广泛应用和推广 γ 射线探伤，因此，各种新型的探伤机不断出现。为了减轻重量和加强安全屏蔽，广泛采用贫铀作为屏蔽材料，放射源的通道有的采用迷宫式，有的采用旋转圆柱形或球形屏蔽壳体，通过旋转旋芯，可使放射源处于容器的中心（储存状态）或处于上表面（工作状态），从而较好地解决了安全防护问题。

γ 射线探伤机虽然操作比较简单，但操作失误会引起严重后果，故必须十分小心地进行操作。γ 射线探伤机的操作者必须经过培训，取得"放射工作人员证"才能上岗操作。在开展 γ 射线检测工作前，应检查确认设备是否处于正常状态：

1）γ 射线探伤机的驱动机构操作是否灵活，有无卡死现象，行程记录仪是否为 0000 值。

2)输源管有无明显砸扁现象,接头是否已可靠连接。

3)所带的 γ 射线监测仪、音响报警灯是否能正常工作。

在确认无误后方能进行操作。γ 射线探伤机的操作应采用双人工作制。一人操作,一人确认,做到万无一失。

4.3.3 射线照相辅助设备器材

1. 黑度计(光密度计)

射线照相底片的黑度按射线检测标准是有要求的,并按其等级进行分类。要想知道射线照相底片的黑度值,一般是通过透射式黑度计测量的。黑度计有指针式和数显式两种形式。

使用指针式黑度计测量底片黑度前,应先调整零点,然后使用标准黑度片校验黑度计,使黑度计上的读数与标准黑度片黑度一致。然后将被测底片对准光孔,即可测定出底片的黑度值。

数显式黑度计结构原理与指针式有所不同,该类仪器可以将感受到的光能转换成电能,经过处理,在数码管上直接显示出底片黑度数值。

2. 射线胶片

一张结构良好的射线胶片共由 7 层物质组成,如图 4-19 所示。每一薄层的作用列于表 4-2。

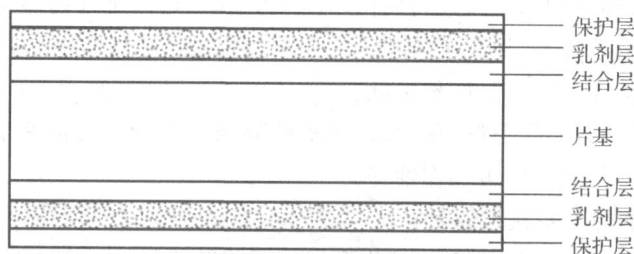

图 4-19　射线胶片结构

表 4-2　射线胶片各薄层作用

薄 层 名	主要成分	作 用
保护层	明胶	保护乳剂不受损伤
乳剂层	明胶、溴化银	在射线作用下产生光化反应,明胶具有增感作用
衬底薄层	树脂	保证乳剂层黏附在片基上
片基	涤纶	支承全部涂层

射线胶片又分增感性胶片和非增感性胶片。

(1)增感性胶片

增感性胶片与荧光增感屏配合使用,具有感光速度快的特点,可以使用较低能量的射线检测,但所摄得的底片图像质量差,具体表现为对比度较低,图像较模糊,使用局限性较大。

（2）非增感性胶片

非增感性胶片可与金属箔增感屏配合使用，也可以不用增感屏单独使用。非增感性胶片与铅箔增感屏配合使用时的感光速度比单独使用时快，这是由于铅箔增感屏在射线照射下产生了光电子，对胶片增加了感光。非增感性胶片乳剂层中溴化银粒度很细，所摄得的底片质量较高，具体表现为对比度高、图像清晰，底片灵敏度得到较大的提高。

目前工业射线胶片主要有 D2、D4、D5、D7 四种型号，在射线检测时应根据射线的质量、工件厚度、材料种类、胶片特性及射线检测技术要求对胶片作出适当的选择，见表 4-3。

表 4-3　X 射线检测时对胶片的选择（钢铁）

材料厚度/mm	80～120 kV	120～150 kV	150～250 kV	250～420 kV
＜6	D7	D7、D5、D4	D2、D4	
6～15		D7、D5、D4	D7、D5、D4、D2	D4、D2
15～25		D7	D7、D5、D4	D7、D5、D4
25～50			D7、D4	D7、D5、D4
50～100				D7

3. 增感屏

射线胶片对射线能量的吸收能力很小，例如用 X 射线透照，当管电压为 100 kV 时，被射线胶片吸收的能量仅为射线能量的 1% 左右。因此，射线胶片感光速度慢，曝光时间长。为了增加射线胶片对射线能量的吸收，缩短曝光时间，透照时一般都采用增感屏。增感屏有荧光增感屏和金属箔增感屏。

（1）荧光增感屏

X 射线具有能使荧光物质发光的特性，因此荧光增感屏主要由荧光物质制成，其结构如图 4-20 所示。荧光物质的性质是受到射线照射后，能吸收射线能量，并发出一种特有的射线——荧光。这种射线的波长，比原入射线的波长要长一些，而且荧光的强度与入射线的强度成正比，这样才有可能利用它来增加射线胶片吸收射线能量。

在射线检测中常用的荧光物质是钨酸钙（$CaWO_4$）。使用时，将射线胶片夹持在两张增感屏之间，一起装入暗盒内。当采用 100 kV 的 X 射线透照时，一对钨酸钙的增感屏，能吸收 40%～50% 的 X 射线能量并转变为荧光，因而缩短了曝光时间，不但节约了电能，还可延长 X 射线机的使用寿命。

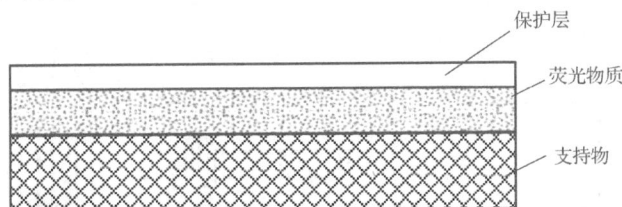

图 4-20　荧光增感屏

（2）金属箔增感屏

当射线投射到金属箔上时，能够激发它产生 β 射线和一小部分金属的标识 X 射线，因此可以将金属箔作为增感屏。金属箔产生的射线强度,比钨酸钙所发出的荧光强度小很多,同时还会被金属箔本身吸收一些。特别是用低于 70 kV 的软 X 射线透照时,由于从增感箔激发出的光电子速度很小,只有很少一部分到达射线胶片上,以及由于增感箔本身的吸收作用等,实际上不能缩短曝光时间。只有用 80 kV 以上较强的 X 射线透照时,增感作用才比较明显。

当使用金属箔增感时,虽然增感作用较小,但是能够得到很清晰的影像。由于金属箔本身不像荧光增感屏那样晶粒粗大而影响影像的清晰度,它还能吸收一部分散射线,所以采用硬射线透照金属箔增感,可以获得具有较高清晰度和灵敏度的照相底片。常用的金属箔是由铅和锡制成的,也有用铜制成的,最多的则是铅合金制成的。

射线检测用的胶片,每种都有其固有的特性,在胶片盒上都标有双面金属箔增感、双面荧光增感、荧光加金属箔增感、无增感等说明,以表示其性质。

4. 像质计

像质计是用来检查和定量评价射线底片影像质量的工具,又称为图像质量指示器、像质指示器、透度计。

像质计的作用是用来检查射线检测的灵敏度。所谓灵敏度,是指在照相底片上,能发现工件中沿透照方向上的最小缺陷尺寸,见图 4 - 21 中的尺寸 C。能发现的缺陷尺寸愈小,则灵敏度愈高。这种用能发现的最小缺陷尺寸来表示的灵敏度,称为绝对灵敏度。用在射线透照方向上能发现的最小缺陷尺寸与工件厚度的比值来表示的灵敏度,称为相对灵敏度。在射线检测中都采用相对灵敏度,以 K 表示,即

$$K = \frac{C}{S} \times 100\% \tag{4-4}$$

当采用相对灵敏度时,由于工件中沿透照方向上的缺陷尺寸 C 很难确定,所以在射线检测中采用像质计来衡量。像质计也称为"缺陷尺",如图 4 - 22(b)所示。它用 7 根不同直径的金属丝为一组,平行排列,用塑料压制而成。根据检测厚度的不同可分为 4 组,见表 4 - 4。金属丝像质计应放在被检焊缝射线源一侧,且较细的线径放在外端。然后以照相底片上能显示出金属丝的最小直径来表示灵敏度,即

$$K = \frac{d}{S} \times 100\% \tag{4-5}$$

式中: d ——照相底片上可见的最小金属丝直径;

S ——工件厚度。

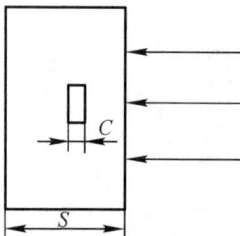

图 4 - 21 灵敏度计算   图 4 - 22 金属丝透度计

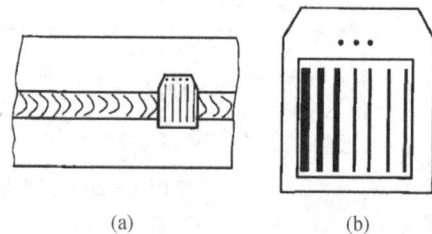

表 4 - 4　金属丝像质计的厚度与直径

序号	钢材厚度 S/mm	钢丝直径 d/mm
1	<20	0.10、0.15、0.20、0.25、0.30、0.35、0.40
2	$5\sim50$	0.10、0.20、0.30、0.40、0.50、0.60、0.70、0.80、0.90、1.0
3	$50\sim100$	0.8、1.0、1.2、1.4、1.6、1.8、2.0
4	>100	1.0、1.5、2.0、2.5、3.0、3.5、4.0

像质计金属丝的材料应和被检工件材料相同,以使灵敏度更真实。对 X 射线进行检测,灵敏度为 $1\%\sim2\%$。

5.其他照相辅助器材

(1)暗袋(暗盒)

装胶片的暗袋可采用对射线吸收少而遮光性又很好的黑色塑料膜或合成革制作,要求材料薄、软、滑。用黑塑料膜制作的暗袋比较容易老化,天冷时发硬,热压合的暗袋边容易破裂。用黑色合成革缝成的暗袋则可避免上述弊端,如采用在尼龙绸上涂布塑料的合成革缝制暗袋,由于暗袋内壁较为光滑,装片时,胶片、增感屏较易插入暗袋。

暗袋的尺寸,尤其宽度要与增感屏、胶片尺寸相匹配,既能方便地出片、装片,又能使胶片、增感屏、暗袋能很好地贴合。暗袋的外面画上中心标记线,可以在贴片时方便地对准透照中心。暗袋背面还应贴上铅质"B"标记(高 18 mm,厚 1.6 mm),以此作为监测背散射线的附件。由于暗袋经常接触工件,极易弄脏,所以,要经常清理暗袋表面,如发现破损,应及时更换。

(2)标记带

为了使每张射线底片与工件部位始终可以对照及存档,在透照过程中应将铅质识别标记和定位标记与被检区域同时透照在底片上。识别标记包括工件编号(或检测编号)、焊缝编号(纵缝、环缝或封头拼接缝等)、部位编号(片号)。定位标记包括中心标记" + "和搭接标记"↑"(如为抽查,则为检查区段标记),还有拍片日期、板厚、返修、扩检等标记。所有标记都可用透明胶带粘在中间挖空(长、宽约等于被检焊缝的长、宽)的长条形透明片基或透明塑料上,组成标记带。标记带上同时配置适当型号的像质计。标记带示例如图 4 - 23 所示。

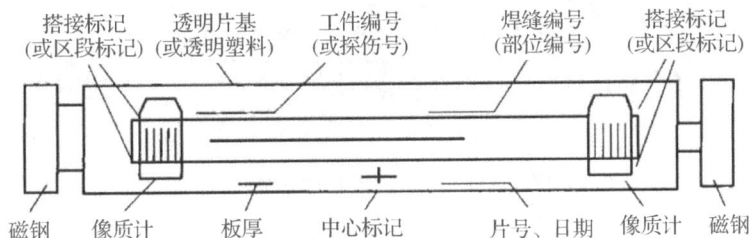

图 4 - 23　标记带示例

可以将标记带的两端粘上两块磁钢,这样可以方便地将标记带贴在工件上。也可以利用带磁钢的像质计上的磁钢将标记带贴在工件上。对于一些要经常更换的标记(如片号、日期等)的部位,粘贴一些塑料插口会在使用时更为方便。制作标记带时,应将像质计粘贴在标记带的反面,这样可以使像质计比较紧密地贴合在工件表面,以免影响显示的灵敏度。

(3)屏蔽铅板

为屏蔽后方散射线,应制作一些与胶片暗袋尺寸相仿的屏蔽板。屏蔽板由 1 mm 厚的铅板制成。贴片时,将屏蔽铅板紧贴暗袋,以屏蔽后方散射线。

(4)中心指示器

射线机窗口应装设中心指示器。中心指示器上装有约 6 mm 厚的铅光栏,以有效遮挡非检测区的射线,以减少前方散射线;还装有可以拉伸、收缩的对焦杆,对焦时,可将拉杆板向前方,透照时则扳向侧面,利用中心指示射线方向,使射线束中心对准透照中心。

(5)其他小器件

射线照相辅助器材很多,除上述用品、设备、器材之外,为方便工作,还应备齐一些小器件、卷尺、钢印、照明行灯、电筒、各种尺寸的铅遮板、补偿泥、贴片磁钢、透明胶带、各式铅字、盛放铅字的字盘、划线尺、石笔、记号笔等。

4.4 常见缺陷的影像案例

4.4.1 气孔和气泡

气孔和气泡是铸件或焊件中常见的缺陷,是气体停留在金属内部而形成的缺陷,气泡的形状与分布如图 4-24 所示。铸件多聚集在上部,焊件以单个、多个密集或链状的形式分布在焊缝上。如气泡小而密集,则称为多孔性缺陷,一般呈圆形或椭圆形,也有不规则形状的,大小不一。其在底片上的影像轮廓清晰、边缘圆滑,如气孔较大,还可看到其黑度中心部分较边缘要深一些。

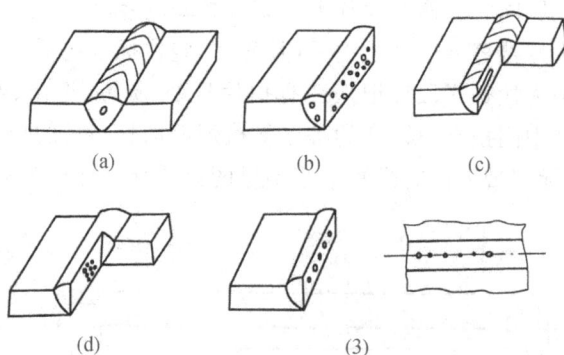

图 4-24 气泡的形状与分布

4.4.2 夹渣

夹渣是金属凝固过程中未能排除的熔渣,有非金属夹渣和金属夹渣两种。前者在底片上呈不规则而轮廓清晰的黑色块状、条状和点状等,有时连续、密集,有时以单个出现,影像密度较均匀;后者是钨极氩弧焊中产生的钨夹渣,在底片上呈白色的斑点。夹渣如图 4-25 所示。

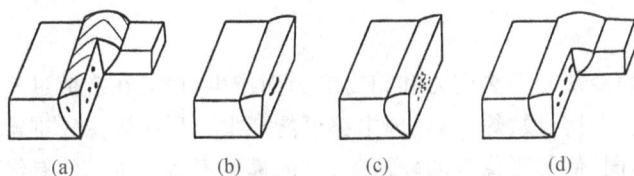

图 4 - 25　夹渣

4.4.3　未焊透

未焊透是指母材金属之间没有熔化,焊缝金属没有进入接头根部造成的缺陷,原因一般是熔焊工艺选择不当。未焊透分为根部未焊透和中间未焊透两种,前者产生于单面焊缝的根部,后者产生于双面焊缝的中间部分。未焊透形式如图 4 - 26 所示。未焊透的典型影像是细直黑线。两侧轮廓都很整齐,为坡口钝边痕迹,宽度恰好是钝边的间隙宽度。有时坡口钝边有部分融化,影像轮廓就变得不很整齐,线宽度和黑度局部发生变化,但只要能判断是源于焊缝根部的线性缺陷,仍判定为未焊透。

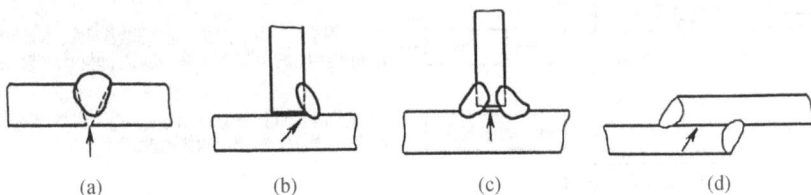

图 4 - 26　未焊透示意图

4.4.4　未熔合

未熔合包括根部未熔合、坡口未熔合和层间未熔合,如图 4 - 27 所示。根部未熔合的典型影像是连续或断续的黑线,线的一侧轮廓整齐且黑度较大,为坡口或钝边的痕迹,另一侧轮廓可能较规则,也可能不规则。根部未熔合在底片上的位置就是焊缝根部的投影位置,一般在焊缝的中间,因坡口形状或投影角度等因素可能偏向一边。坡口未熔合的典型影像是连续或断续的黑线,宽度不一,黑度不均匀,一侧轮廓较齐,黑度较大,另一侧轮廓不规则,黑度较小,在底片上的位置一般在中心至边缘的 1/2 处,沿焊缝纵向延伸。层间未熔合的典型影像是黑度不大的块状阴影,当伴有夹渣时,夹渣部位黑度较大,一般在射线照相检测中不易发现。

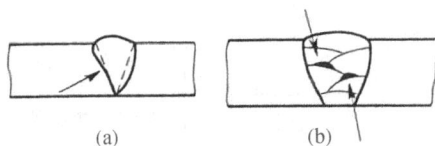

图 4 - 27　未熔合示意图

4.4.5 裂纹

裂纹主要在熔焊冷却时因热应力和相变应力而产生,也有在疲劳过程中产生的,是危险性最大的一种缺陷。在铸、锻、焊、热处理中都可能产生。裂纹影像较难辨认。断裂宽度、裂纹取向、断裂深度不同,使其影像有的较清晰,有的模糊不清。常见的有纵向裂纹、横向裂纹和弧坑裂纹,分布在焊缝上及热影响区内,尤其以起弧处、收弧处及接头处最易产生,方向有横向的、纵向的或任意方向的。底片上裂纹和典型影像是轮廓分明的黑线或黑丝。其细节特征包括:黑线或黑丝上有微小的锯齿,有分叉,粗细和黑度有时有变化,有些裂纹影像呈较粗的黑线与较细的黑丝相互缠绕状;线的端部尖细,端头前方有时有丝状阴影延伸。

4.5 本章总结

本章总结如下。

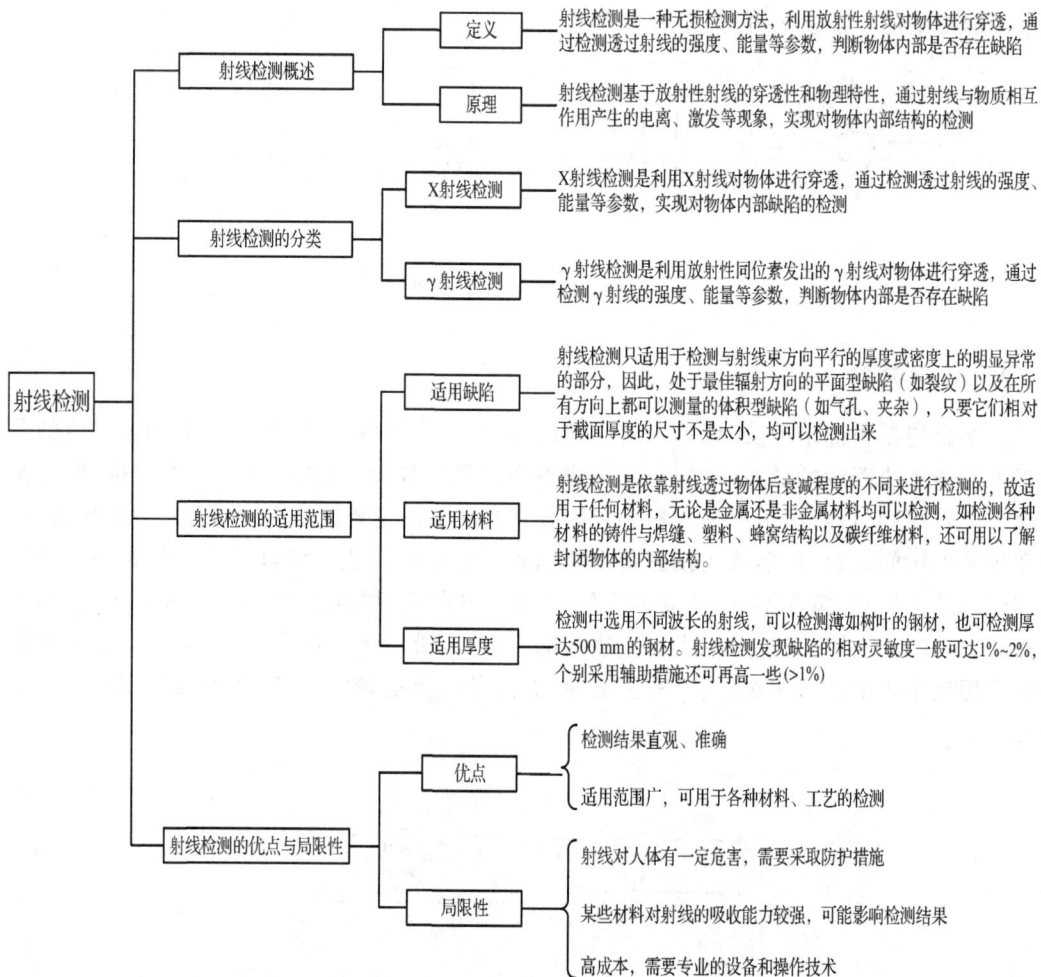

第5章　超声波检测技术

5.1　概　　述

超声波检测是利用超声波在物体中的传播、反射和衰减等物理特性,对试件进行宏观缺陷检测、几何特性测量、组织结构和力学性能变化的检测及表征,并进而对其特定应用性进行评价的技术,广泛应用于制造、石油化工、造船、航空、航天、核能、军事工业、医疗器械以及海洋探测等领域。

5.1.1　超声波检测的特点

超声波被用于无损检测,主要是因为它有以下几个特性:

1)超声波在介质中传播时,遇到界面会发生反射;

2)超声波频率愈高,指向性愈好;

3)超声波传播能量大,对各种材料的穿透力较强;

4)超声波的声速、衰减、阻抗和散射等特性,为其应用提供了丰富的信息。

超声波检测特点如图5-1所示。

超声波检测对于平面状的缺陷,例如裂纹,只要波束与裂纹平面垂直,就可以获得很高的缺陷回波。但是,对于球状缺陷,例如气孔,假如气孔不是很大,或者不是较密集,就难以获得足够的回波,这一点与X射线检测方法刚好相反。超声波检测的最大优点就是对裂纹、夹层、折叠、未焊透等类型的缺陷具有很强的检测能力。

对于表面缺陷的检测,超声波检测受表面粗糙度的影响很大,粗糙的表面不但使声耦合不好,而且在传播过程中容易发生散射,使表面波衰减较大,相较于磁粉法和渗透法,超声波检测灵敏度更低,但是可以检测表面裂纹的深度。

超声波在材料中传播时,受金属组织特别是晶粒尺寸的影响很大。对细晶材料,超声波可以穿透几米的厚度,而在粗晶材料中,超声波衰减严重,即使50 mm厚的试件也很难用超声波检查。在结构疏松的一些非金属材料中,超声波的衰减更为严重。

1. 适用于金属、非金属和复合材料等多种制件的无损检测

2. 穿透能力强，可对较大厚度范围内的试件内部缺陷进行检测，如对金属材料，可检测厚度为1~2 mm的薄壁管材和板材，也可检测几米长的钢锻件

3. 缺陷定位较准确

4. 对面积型缺陷的检出率较高

5. 灵敏度高，可检测试件内部尺寸很小的缺陷

6. 检测成本低，速度快，设备轻便，对人体和环境无害，现场使用较方便

优点

超声波检测

缺点

1. 对试件中的缺陷进行精确的定性、定量仍需深入研究

2. 对具有复杂形状或不规则外形的试件进行超声波检测有困难

3. 缺陷的位置、取向和形状对检测结果有一定影响

4. 材质、晶粒度等对检测结果有较大影响

5. 以常用的手工A型脉冲反射法检测时结果显示不直观，且检测结果无直接见证记录

6. 检测结果在很大程度上受操作者技术水平和经验的影响，不能给出永久性记录

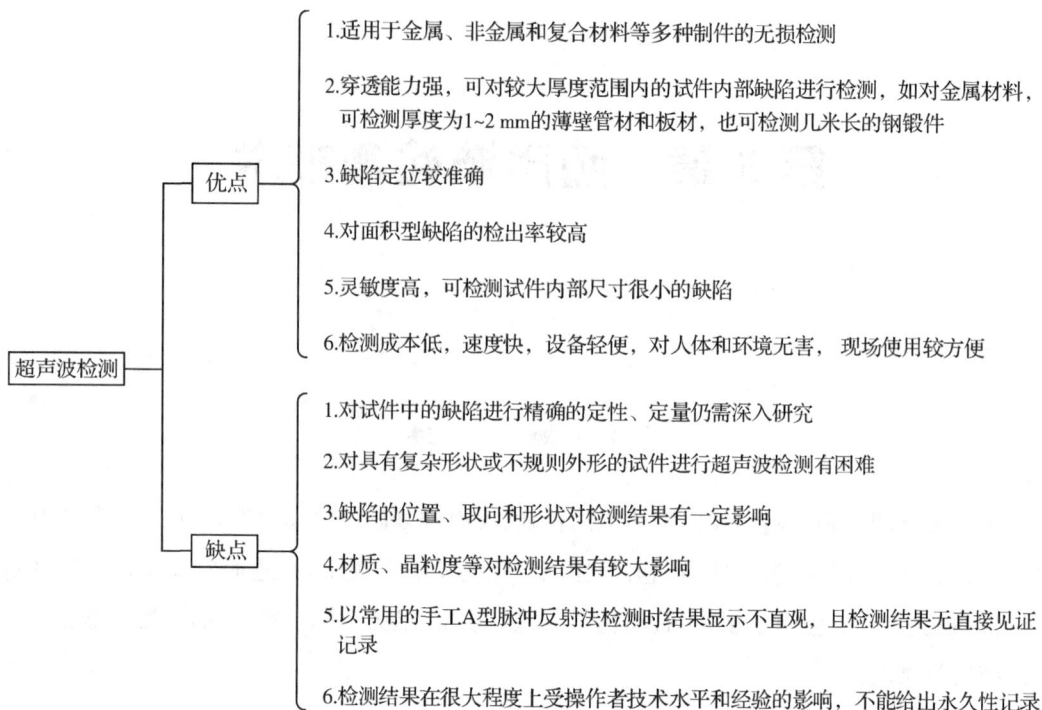

图 5-1　超声波检测特点

5.1.2　超声波检测的适用范围

超声波检测的适用范围如图5-2所示。

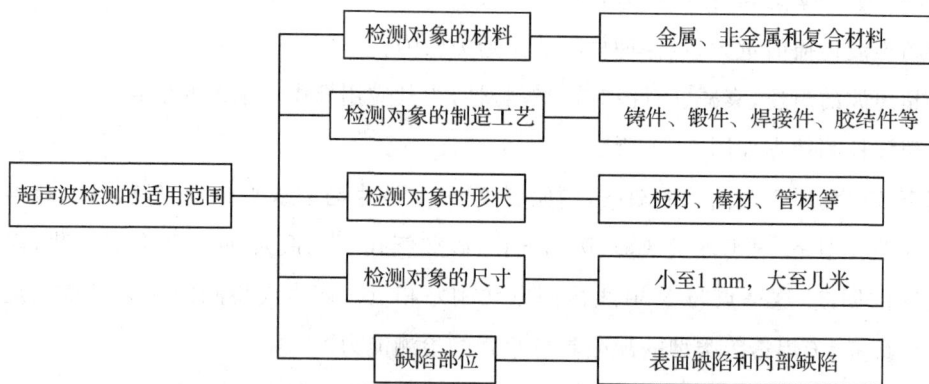

超声波检测的适用范围

检测对象的材料	金属、非金属和复合材料
检测对象的制造工艺	铸件、锻件、焊接件、胶结件等
检测对象的形状	板材、棒材、管材等
检测对象的尺寸	小至1 mm，大至几米
缺陷部位	表面缺陷和内部缺陷

图 5-2　超声波检测的适用范围

　　超声波检测是工业无损检测中应用最为广泛的一种方法。就无损检测而言,超声波适用于各种尺寸的锻件、轧制件、焊缝和某些铸件,无论是钢铁、有色金属和非金属,都可以采用超声波法进行检验。各种机械零件、结构件、电站设备、船体、锅炉、压力容器等,都可以采用超声波进行有效地检测。就物理性能检测而言,用超声波可以无损检测厚度、材料硬度、淬硬层深度、晶粒度、液位和流量、残余应力和胶接强度等。

超声波检测是无损检测领域中应用和研究最活跃的方法之一。比如,用声速测定法评估灰铸铁的强度和石墨含量,用超声衰减和阻抗测定法确定材料的性能,用超声波衍射和临界角反射法检测材料的力学性能和表层深度,用棱边波法、表面波法和聚焦探头法对缺陷进行定量的研究,用多频探头法对奥氏体不锈钢原焊缝的检测,用超声法测定材料内应力的研究,用管波模式检测管材的研究,采用自适应网络对不同类型缺陷的波形特征进行识别和分类,噪声信号超声波检测法,超高频超声波检测法,宽频窄脉冲超声波检测法,以及新型声源的研究(例如用激光来激发和接收超声的方法和各种新型超声波检测仪器的研究等),都是比较典型和集中的研究方向。

5.2　技　术　原　理

超声检测的技术原理如图 5 - 3 所示。

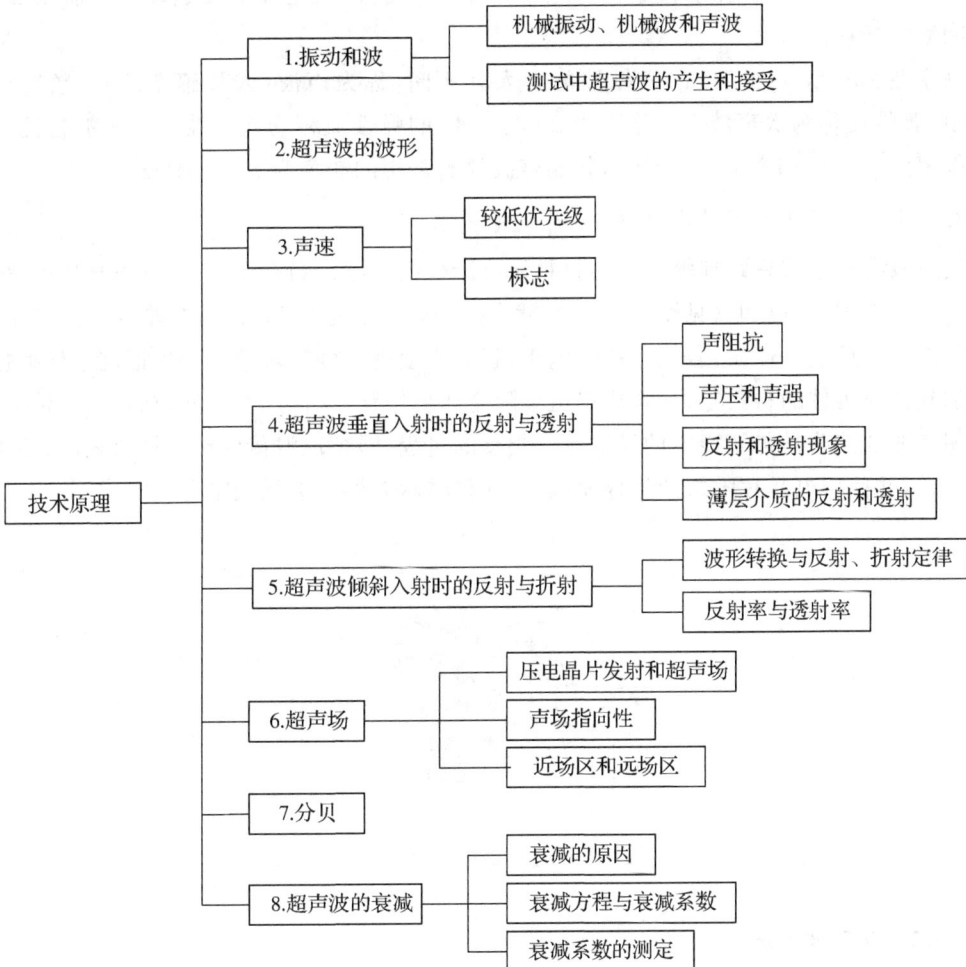

图 5 - 3　超声检测技术原理

5.2.1　振动和波

1.机械振动、机械波和声波

机械振动是物体沿着直线或弧线在其平衡位置附近做往复周期波点的运动。

机械波是机械振动在弹性介质中的传播过程。机械波简称波,是传递能量的一种形式,在均匀的介质中,同类振动是匀速传播的。也就是说波速是一个恒量,波长等于波速与周期的乘积,即

$$v = \lambda f \tag{5-1}$$

式中: λ ——波长,m;

　　　v ——波速,m/s;

　　　f ——频率,Hz。

值得注意的是,机械振动传播的同时伴随着能量传递,波动是物质运动的一种形式,但不是物质的迁移。

频率在20～20 000 Hz的机械波能为人耳所闻,称为声波(人耳感觉波)。频率低于20 Hz的弹性波称为次声波。频率高于20 000 Hz的弹性波称为超声波。超声波检测用的超声频率为0.25～15 MHz。金属材料超声波检测常用的频率为1～5 MHz。

2.测试中超声波的产生和接收

使用具有压电或磁致伸缩效应的材料便可产生超声波。当在压电材料(也称压电晶片)两面的电极上加上电压时(见图5-4),它就会按照电压的正负和大小,在厚度方向产生伸、缩的特点。利用这一性质,若加上高频电压,就会产生高频伸缩现象。如果把这个伸缩振动设法加到被检工件的材料上,材料质点也会随之产生振动,从而产生声波,在材料内传播。

超声波的接收是与超声波的发射完全相反的过程,即超声波传到被检材料表面,使表面产生振动,并使压电晶片随之产生伸缩,就可在仪器示波屏上进行观察和测定。

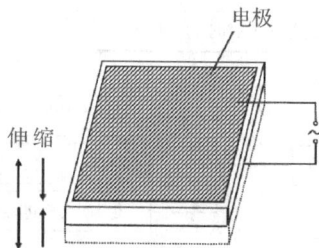

图5-4　超声波的发射和接收

5.2.2　超声波的波形

超声波检测广泛应用的超声波波形(声振动质点振动的模型)有纵波(压缩波)、横波(剪切波)、表面波(瑞利波)和板波(兰姆波)等,具体分类如图5-5所示。

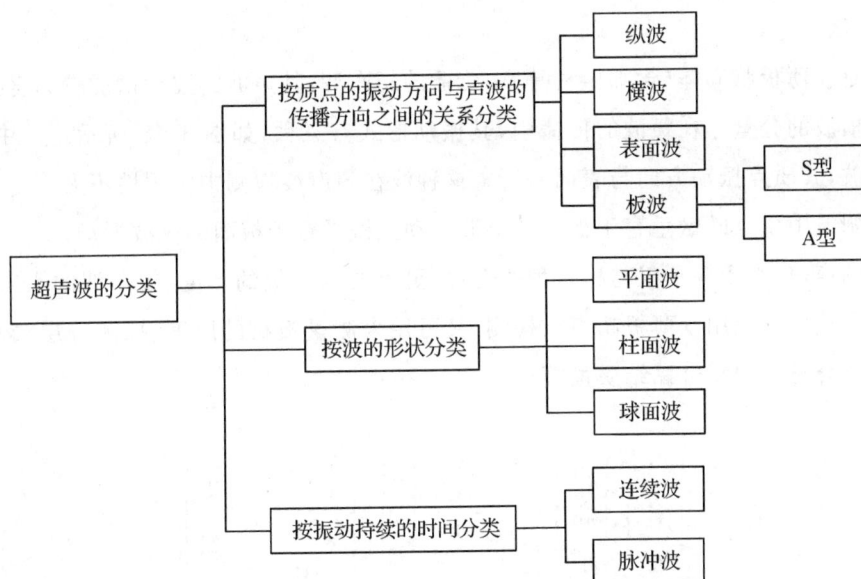

图 5-5　超声波的分类

（1）纵波

当弹性介质受到交替变化的拉应力或压应力作用时，就会产生交替变化的伸长或压缩形变，质点产生疏密相间的纵向振动，并在介质中传播，质点的振动方向与波的传播方向相同，这种波称为纵波，如图 5-6(a)所示。

因为弹性力是由于弹性介质体积发生变化而产生的，所以纵波能够在任何弹性介质中传播（包括固体、液体和气体）。

（2）横波

固体介质既具有体积弹性，又具有剪切弹性。当固体介质受到交变切应力作用时，将发生相变的剪切形变，介质质点产生具有波峰和波谷的横向振动，这时质点的振动方向与波的传播方向垂直，这种波称为横波，如图 5-6(c)所示。

由于液体和气体（统称流体）中只具有体积弹性，而不具有剪切弹性，所以在流体中不能传播横波。

（3）表面波

当固体介质表面受到交替变化的表面张力作用时，质点在介质表面的平衡位置附近做具有椭圆轨迹的振动，这种振动又作用于相邻的质点而在介质表面传播，这种波称为表面波（见图 5-7）。表面波可以看作是一种特殊的"横波"，仅限于在材料表面传播，超过一个波长的深度时，能量急剧下降。

在超声波检测中，表面波被用来检测工件表面和近表面的缺陷，如表面裂纹，以及测定表面裂纹的深度等。

（4）板波

板波是在薄板状固体（含细棒材等）中传播的超声波，其声波的波动情况较为复杂，它包含纵波和横波的分量。在板波的传播中，其振动形式有三种，如图 5-8 所示。其中 SH 波又称乐甫波，其质点振动方向与表面平行。这种波在超声波检测中实用性不大。

在兰姆波中质点既做垂直于板面的横波振动又做平行于板面的纵波振动。

板波的声速、类型等不仅与材料种类有关，更重要的是板的厚度、超声波的入射角和频率有关。板波广泛应用于薄板超声波检测，又可用来测量板材的厚度、探测分层、裂纹等缺陷和检验复合材料的复合黏结质量等。

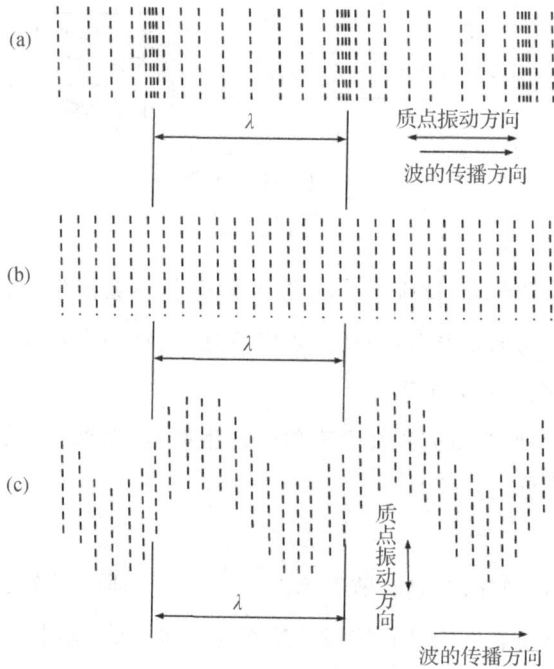

图 5-6　纵波、横波示意图

（a）纵波；　（b）静止状态；　（c）横波

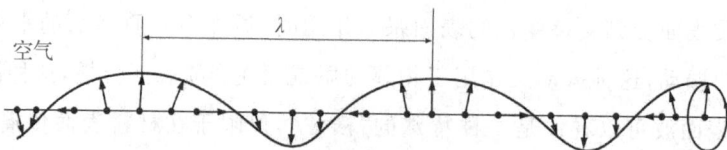

图 5-7　表面波

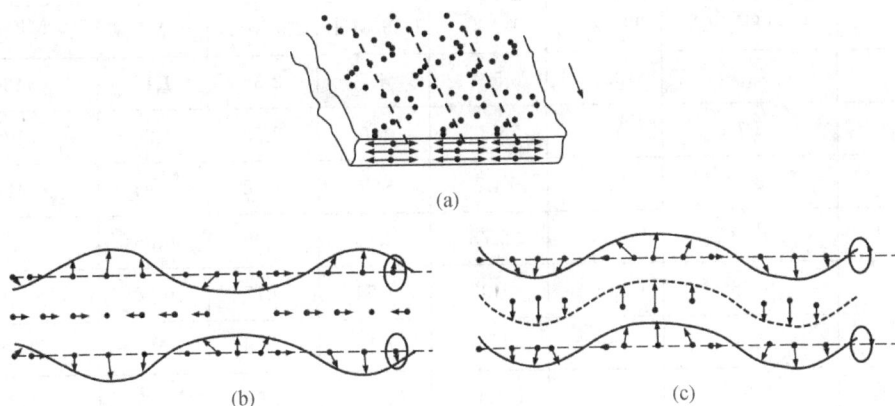

图 5-8 板波

(a)SH 波； (b)对称型兰姆波； (c)非对称型兰姆波

5.2.3 声速

如前所述,波动过程中振动传播的速度称为波速。超声波在介质中单位时间内所传播的距离,称为超声波的传播速度(简称声速)。

由于声速由振动特性及材料特性决定,所以无限大固体介质中(当介质的尺寸远大于波长时,即可视为无限大介质)的纵波、横波和表面波的声速与材料的弹性常数和密度的关系分别为

$$v_L = \sqrt{\frac{E}{\rho} \cdot \frac{1-\sigma}{(1+\sigma)(1-2\sigma)}} \tag{5-2}$$

$$v_S = \sqrt{\frac{E}{\rho} \cdot \frac{1}{2(1+\sigma)}} \sqrt{\frac{G}{\rho}} \tag{5-3}$$

$$v_R = \frac{0.87+1.12\sigma}{1+\sigma} \sqrt{\frac{E}{\rho} \cdot \frac{1}{2(1+\sigma)}} \tag{5-4}$$

式中：v_L——纵波声速,m/s；

$\quad v_S$——横波声速,m/s

$\quad v_R$——表面波声速,m/s；

$\quad E$——弹性模量,MPa；

$\quad \sigma$——泊松比；

$\quad G$——剪切弹性模量,MPa；

$\quad \rho$——密度,g/cm³。

就钢铁而言,因为 $\sigma \approx 0.28$,比较式(5-2)、式(5-3)和式(5-4)即可得：$v_S \approx 0.55 v_L$, $v_R = 0.9 v_S$。从中得出：声速与声波频率无关。

常用材料的声速和波长见表 5-1。

表 5 - 1   常用材料的声速和波长

	密度 ρ	横波声速	纵波声速	纵波波长/mm			声阻抗 PCL
	10^3 kg・m^{-3}	m・s^{-1}	m・s^{-1}	1.25 MHz	2.5 MHz	5 MHz	10 MPa・s^{-1}
钢	7.8	3.23	5.9	4.7	2.36	1.18	46
铝	2.7	3.08	6.32	5.0	2.53	1.26	17
铜	8.9	2.05	4.7	3.76	1.88	0.94	42
有机玻璃	1.18	1.43	2.73	2.18	1.09	0.55	3.2
甘油	1.26	—	1.92	1.54	0.77	0.38	2.4
水(20 ℃)	1.0	—	1.48	1.18	0.59	0.3	1.48
变压器油	0.92	—	1.4	1.12	0.56	0.28	1.28
空气	0.0013	—	0.34	0.27	0.14	0.07	0.000 4
钢中横波波长/mm				2.58	1.29	0.65	

5.2.4   超声波垂直入射时的反射与透射

1.声阻抗

声阻抗是描述介质传播声波特性的一个物理量,可以理解为介质对质点振动的阻碍作用。介质的声阻抗为介质的密度和声速的乘积,即

$$Z = \rho v \qquad (5-5)$$

式中:Z——介质的声阻抗,MPa/s;

ρ——介质的密度,10^3 kg/m³;

v——声速,m/s。

常用材料的纵波声阻抗见表 5 - 1。如果相邻的两种介质声阻抗不同,那么在这两种介质中超声波传播的情况就不同,超声波入射这两种介质交界面(界面)时,就会引起反射、折射、透射现象。

2.声压和声强

在超声波检测中,通常将声压转换成电信号,并通过仪器示波屏显示出反射回波的高度,因此在检测中往往使用声压这一概念进行分析及推导演算,而不使用声强。

(1)声压

材料中没有声波传播时,质点处于平衡状态,质点间有相互作用力,此时质点所具有的压强称为静压强。当材料中传播超声波时,质点离开平衡位置振动,质点所受压强有所变化。当超声波在材料中传播时,质点在某一瞬间的压强与静压强之差称为声压。声压与介质密度、声速及质点振动瞬时速度有关,即

$$p = \rho v A \omega \qquad (5-6)$$

式中:p——声压,Pa;

ρ——介质密度,$10^3\,\mathrm{kg/m^3}$;

v——声速,m/s;

A——质点振幅;

ω——角频率。

（2）声强

单位时间内在垂直于声波传播方向上的单位面积内所通过的声能称为声强。声强与声压有关,即

$$J = \frac{p^2}{2\rho v} \tag{5-7}$$

式中:J——声强,$10^4\,\mathrm{W/m^3}$;

p——声压,Pa;

ρ——介质密度,$10^3\,\mathrm{kg/m^3}$;

v——声速,m/s。

3.反射和透射现象

当声波从一种介质进入另一种介质时,传播特性即产生变化。

例如当超声波垂直入射到光滑界面时,将在第一介质中产生一个与入射波方向相反的反射波,在第二介质中产生一个与入射波方向相同的透射波,如图 5-9 所示。反射波与透射波的声压(或声强)是按一定规律分配的。这个分配比例由声压反射因数和透射因数来表示。

当声波垂直入射光滑的界面时,反射波声压 p_r 与入射波声压 p_e 之比,称为声压反射因数,即

$$\gamma_p = \frac{p_r}{p_e} = \frac{Z_2 - Z_1}{Z_2 + Z_1} \tag{5-8}$$

式中:γ_p——声压反射因数;

p_e——入射波声压,Pa;

p_r——反射声波声压,Pa。

介质 I　　p_e　　p_r

Z_1

Z_2

介质 II　　p_d

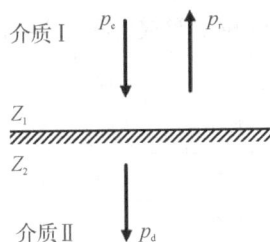

图 5-9　纵波垂直入射时波的反射和透射

当声波垂直入射到光滑的界面时,透射波声压 p_d 与入射波声压 p_e 之比,称为声压透射因数,即

$$\tau_p = \frac{p_d}{p_e} = \frac{2Z_2}{Z_2 + Z_1} \qquad (5-9)$$

式中：p_d——透射声波声压，Pa；

τ_p——声压透射因数；

Z_1——介质Ⅰ的声阻抗，10 MPa/s；

Z_2——介质Ⅱ的声阻抗，10 MPa/s。

综上所述，可说明下列几种情况。

1）当 $Z_1 \approx Z_2$ 时，不产生反射波，可以视为全透射（$p_e = p_d$）；

2）当 $Z_1 \approx Z_2$ 时（反射因数 $\gamma_p < 0.000\ 5$），则可认为基本上不产生反射波（$p_e \approx p_d$）；

3）当 $Z_1 < Z_2(\tau_p > \gamma_p)$ 时，超声波由声阻抗高的介质射向声阻抗低的介质，反射声压与入射声压符号相反，表示声波相位产生变化，且透射声压小于反射声压，如图 5-10(a) 所示；

4）当 $Z_1 < Z_2(\tau_p > 1)$ 时，超声波由声阻抗低的介质射向声阻抗高的介质，反射声压与入射声压符号相同，相位也相同，透射声压大于入射声压，如图 5-10(b) 所示。

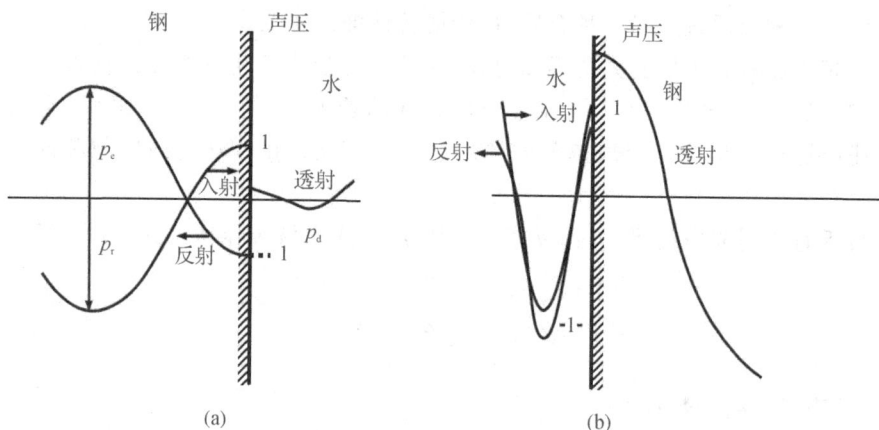

图 5-10　声波的反射与透射

纵波垂直入射各常见材料所组成的不同界面的声压反射率见表 5-2。

表 5-2　常见材料所组成的不同界面的声压反射率

物质	声阻抗/(10 MPa·s⁻¹)	空气	油	水	甘油	有机玻璃	钢
铝	16.9	100	86	84	75	68	46
铜	45.4	100	94	94	90	87	
有机玻璃	3.2	100	42	36	14		
甘油	2.4	99.9	30	23			
水（20 ℃）	1.5	99.9	7				
变压器油	1.3	99.9					
空气	4×10⁻⁴						

当入射声波透过界面传入介质 Ⅱ 中,又经介质 Ⅱ 反射返回介质 Ⅰ 时,返回声压与入射声压之比称为声压往复透过因数,即

$$d_i = \frac{4 Z_1 Z_2}{(Z_1 + Z_2)^2} \qquad (5-10)$$

式中:d_i——声压往复透过因数;

Z_1——介质 Ⅰ 的声阻抗,10 MPa/s;

Z_2——介质 Ⅱ 的声阻抗,10 MPa/s。

声压往复透过因数和声压反射因数的关系为

$$d_i = 1 - \gamma_p^2 \qquad (5-11)$$

4.薄层介质的反射和透射

进行超声波检测时,经常遇到耦合层和缺陷薄层等问题,这些都可归结为超声波在薄层界面的反射和透射问题。

在实际检测中,探头与工件之间有空隙时,由于探头、工件的声阻抗和空气声阻抗相差特别大,超声波极难传播。如果是油层或水层,超声波在薄层中就能传播。但超声波在薄层介质中的反射和透射较为复杂,不可能用某一个数值简单地表示。

超声波在厚度较大的薄层中产生多次反射的示意图如图 5-11 所示。当入射波脉冲宽度很小时,可以看到反射声波和透射声波能分成多个脉冲。但在一般情况下,这些波会重叠在一起,产生干涉现象,以致反射声波和多次透射声波的大小产生变化,简单来讲,薄层厚度略有变化,透射声波就会产生变化,而且脉冲宽度会变得较大。

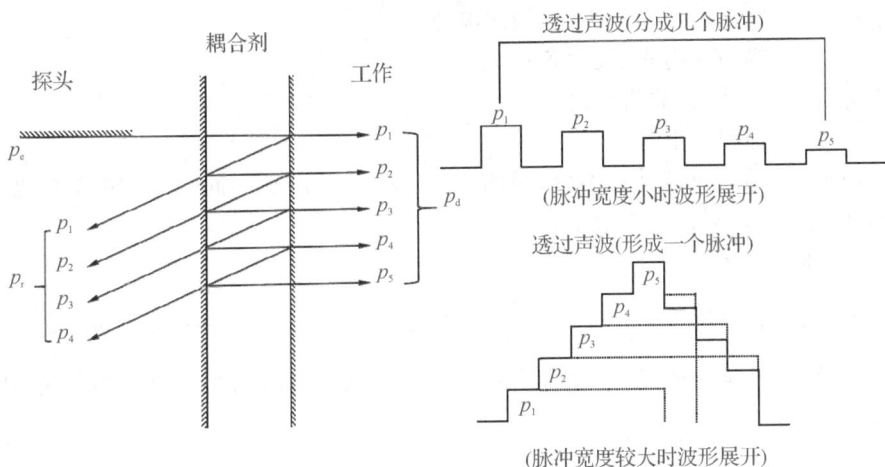

图 5-11　超声波在薄层介质中的反射和透射

因此,在实际超声波检测中,要求探头与工件接触稳定。如果接触不稳定,超声波检测结果的判定,就不能简单凭缺陷反射回波大小下结论。

5.2.5　超声波倾斜入射时的反射与折射

1.波形转换与反射、折射定律

超声波具有同光线相似的反射、折射现象。如图 5-12 所示,当超声波倾斜入射到界面

时,除产生同种类型的反射和折射波外,还会产生不同类型的反射和折射波,这种现象称为波形转换。

从图 5-12 可知,当超声纵波 L 倾斜入射到固/固界面时,除产生反射纵波 L′和折射纵波 L″外,还会产生反射横波 S′和折射横波 S″,各种反射波和折射波按几何光学原理,符合反射、折射定律,即

$$\frac{\sin \alpha_L}{C_{L1}} = \frac{\sin \alpha'_L}{C_{L1}} = \frac{\sin \alpha'_S}{C_{S1}} = \frac{\sin \beta_L}{C_{L2}} = \frac{\sin \beta_S}{C_{S2}} \tag{5-12}$$

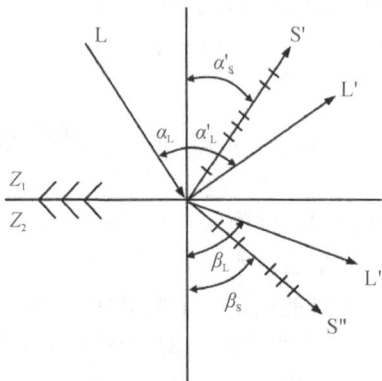

图 5-12 纵波倾斜入射

式中:C_{L1},C_{S2}——第一介质中的纵波,横波波速;

C_{L2},C_{S2}——第二介质中的纵波,横波波速;

α_L,α'_L——纵波入射角、反射角;

β_L,β_S——纵波、横波折射角;

α'_S——横波反射角。

由于在同一介质中纵波波速不变,因此 $\alpha'_L = \alpha_L$。又由于在同一介质中纵波波速大于横波波速,因此 $\alpha'_L > \alpha'_S$,$\beta_L > \beta_S$。

(1)第一临界角 α_I

由式(5-12)可以看出,$\frac{\sin \alpha_L}{C_{L1}} = \frac{\sin \beta_L}{C_{L2}}$,当 $C_{L2} > C_{L1}$,$\alpha_L > \beta_L$ 时,随着 α_L 增加,β_L 也增加,当 α_L 增加到一定程度时,$\beta_L = 90°$,这时所对应的纵波入射角称为第一临界角,用 α_I 表示[见图 5-13(a)]:

$$\alpha_I = \arcsin \frac{C_{L1}}{C_{L2}} \tag{5-13}$$

(2)第二临界角 α_{II}

由式(5-12)可得 $\frac{\sin \alpha_L}{C_{L1}} = \frac{\sin \beta_L}{C_{L2}}$,当 $C_{S2} > C_L$ 时,$\alpha_L < \beta_S$,随着 α_L 增加,β_S 也增加,当 α_L 增加到一定程度时,$\beta_S = 90°$,这时所对应的纵波入射角称为第二临界角,用 α_{II} 表示[见图 5-13(b)]:

$$\alpha_{II} = \arcsin \frac{C_{L1}}{C_{L2}} \tag{5-14}$$

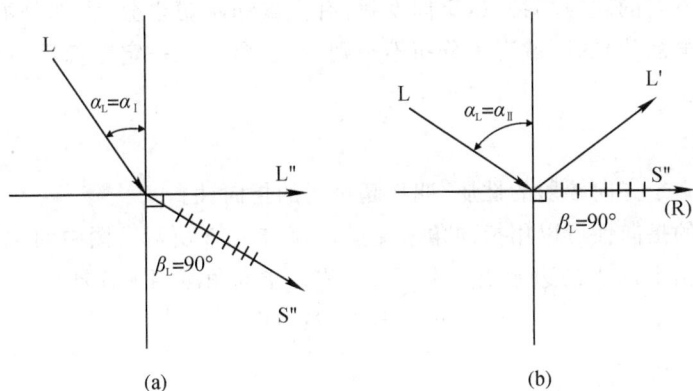

图 5 - 13　临界角

(a)α_{I}；　(b)α_{II}

由 α_{I} 和 α_{II} 定义可知：

1)当 $\alpha_{\mathrm{L}} < \alpha_{\mathrm{I}}$ 时,第二介质中既有折射纵波 L″又有折射横波 S″。

2)当 $\alpha_{\mathrm{L}} = \alpha_{\mathrm{I}} \sim \alpha_{\mathrm{II}}$ 时,第二介质中只有折射横波 S″,没有折射纵波 L″,这就是常用横波探头制作的原理。

3)当 $\alpha_{\mathrm{L}} \geqslant \alpha_{\mathrm{I}}$ 时,第二介质中即无折射纵波 L″,又无折射横波 S″,这时在其介质的表面存在表面波 R,这就是常用表面波探头的制作原理。

例如,纵波倾斜入射到有机玻璃/钢界面时,在有机玻璃中,$C_{\mathrm{L1}} = 2\ 730$ m/s;在钢中,$C_{\mathrm{L2}} = 5\ 900$ m/s,$C_{\mathrm{S2}} = 3\ 230$ m/s。则第一、第二临界角分别为

$$\alpha_{\mathrm{I}} = \arcsin \frac{C_{\mathrm{L1}}}{C_{\mathrm{L2}}} = \arcsin \frac{2\ 730}{5\ 900} = 27.6° \tag{5-15}$$

$$\alpha_{\mathrm{II}} = \arcsin \frac{C_{\mathrm{L1}}}{C_{\mathrm{S2}}} = \arcsin \frac{2\ 730}{3\ 230} = 57.7° \tag{5-16}$$

由此可见,超声波检测所用的有机玻璃横波探头 $\alpha_{\mathrm{L}} = 27.6° \sim 57.7°$,有机玻璃表面波探头 $\alpha_{\mathrm{L}} \geqslant 57.7°$。

2.反射率与透射率

声波倾斜入射时的反射率和透射率的计算比较复杂。使用折射横波检测时,其透射率随折射角的变化而变化。

横波在固体材料内传播时,若射到材料侧面上,有时会产生波形转换,从而可能产生反射纵波和反射横波(视横波入射角而定),其反射率与入射横波的入射角有关。

5.2.6　超声场

1.压电晶片发射的超声场

超声波分布的空间称为超声场。压电晶片在高频电场作用下产生振动,如果在探头和工件之间通过油(或水)耦合,工件表面即产生振动并向工件材料内传播超声波。由圆形平面压电晶片发射的超声场如图 5-14 所示。

压电晶片所发射的超声场特点:定向发射;有主瓣和副瓣之分;大部分能量集中在主瓣内;靠近声源(压电晶片)的区域声压分布不规则,在远离声源一定距离后,声压有规律地随距离增大而下降。

2.声场指向性

声束集中向一个方向辐射的性质,叫作超声场的指向性。

超声波声束的指向性可以用指向角来衡量,如图 5-15 所示。图中的 θ_0 又称零扩散角。理论上对于单一频率在 θ_0 的边缘线上声压等于零。指向角可用下式计算:

$$\sin \theta_0 = 1.22\lambda/D \tag{5-17}$$

式中:λ——波长,mm;

D——压电晶片直径,mm。

对式(5-17)分析可以得出如下结论:

1)声波频率越高,波长越短,指向角越小,声场指向性越好;

2)压电晶片尺寸越大,指向角越小,声场指向性越好。

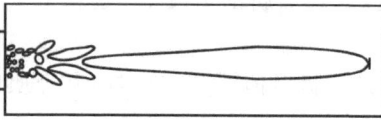

图 5-14　由圆形平面压电晶片发射的超声场示意图

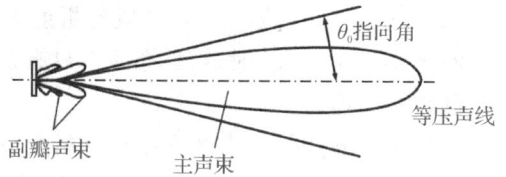

图 5-15　探头声场

3.近场区和远场区

有限平面声源发射的超声波,沿声束中心轴线,由近至远,声压逐渐降低。

如图 5-16 所示,超声波在近声源的一段距离中,声压起伏不定,变化频繁。最后一个声压极大值处与声源的水平距离称为近场长度,图 5-16 中 N 左侧区域称为近场区,N 右侧区域称为远场区。

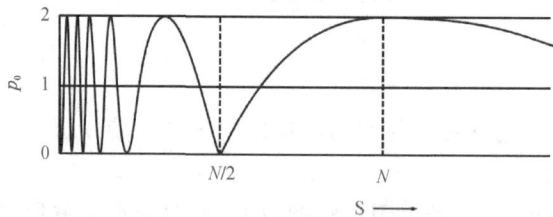

图 5-16　圆形平面声源超声场声速轴线上声压分布

近场区长度可由下式计算:

$$N = \frac{D^2}{4\lambda} \tag{5-18}$$

式中:N——近场区长度,mm;

D——晶片直径,mm;

λ——超声波波长,mm。

声束中心轴线上的声压分布规律为,在检测中,距离(即声程)大于近场长度。声压为

$$p = 2 p_0 \left(\sin \frac{\pi}{\lambda} \sqrt{S^2 + \frac{D^2}{4}} - S \right) \qquad (5-19)$$

式中:p——声场中某处的声压,Pa;

p_0——压电晶片发射的声压,Pa;

λ——波长,mm;

π——圆周率;

D——压电晶片直径,mm;

S——计算声压处距压电晶片的距离,mm。

5.2.8 超声波的衰减

超声波在介质中传播时,随着距离增加,超声波能量逐渐减弱的现象叫作超声波衰减。

1. 衰减的原因

(1)扩散衰减

超声波在传播过程中,波束的扩散使超声波的能量随距离增加而逐渐减弱的现象称为扩散衰减。超声波的扩散衰减仅取决于波阵面的形状,与介质的性质无关。平面波波阵面为平面,波束不扩散,不存在扩散衰减。柱面波波阵面为同轴圆柱面,波束向四周扩散,存在扩散衰减,声压与距离的二次方根成反比。球面波波阵面为同心球面,波束向四面八方扩散,存在扩散衰减,声压与距离成反比。

(2)散射衰减

超声波在介质中传播时,遇到声阻抗不同的界面产生散乱反射引起衰减的现象,称为散射衰减。散射衰减与材质的晶粒密切相关,当材质晶粒粗大时,散射衰减严重,被散射的超声波沿着复杂的路径传播到探头,在示波屏上引起林状回波(又叫草波),使信噪比下降,严重时噪声会淹没缺陷波,如图 5-17 所示。

(3)吸收衰减

超声波在介质中传播时,介质中质点间内摩擦(即黏滞性)和热传导引起超声波的衰减,称为吸收衰减或黏滞衰减。

除了以上三种衰减外,还有位错引起的衰减、磁畴壁引起的衰减和残余应力引起的衰减等。

通常所说的介质衰减是指吸收衰减与散射衰减,不包括扩散衰减。

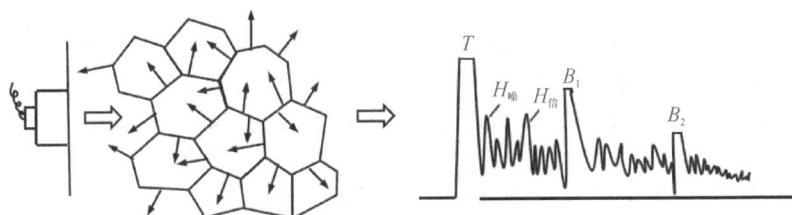

图 5-17　林状回波(草波)

2.衰减方程与衰减系数

（1）衰减方程

平面波不存在扩散衰减，只存在介质衰减，其声压衰减方程为

$$p_x = p_0 \, \mathrm{e}^{-ax} \tag{5-20}$$

式中：p_x——至波源距离为 x 处的声压；

p_0——波源的起始声压；

x——至波源的距离；

α——介质衰减系数，NP/mm；

e——自然对数的底（$\mathrm{e} = 2.718\cdots$）。

球面波与柱面波既存在扩散衰减，又存在介质衰减，它们的声压衰减方程分别为

球面波

$$p_x = \frac{p_1}{x} \, \mathrm{e}^{-ax} \tag{5-21}$$

柱面波

$$p_x = \frac{p_1}{\sqrt{x}} \, \mathrm{e}^{-ax} \tag{5-22}$$

式中：p_1——至波源的距离为单位 1 处的声压。

（2）衰减系数

衰减系数 α 只考虑了介质的散射和吸收衰减，未涉及扩散衰减。对于金属材料等固体介质而言，介质衰减系数 α 等于散射衰减系数 α_S 和吸收衰减系数 α_a 之和。

$$\alpha = \begin{cases} \alpha_a + \alpha_S \\ C_1 f \end{cases} \tag{5-23}$$

$$\alpha_S = \begin{cases} C_2 F d^3 \, f^4, & d < \lambda \\ C_3 F d \, f^2, & d \approx \lambda \\ C_4 F/d, & d > \lambda \end{cases} \tag{5-24}$$

式中：　　　　　　f——声波频率；

d——介质的晶粒直径；

λ——波长；

F——各向异性系数；

C_1，C_2，C_3，C_4——常数。

由以上各式可知：

1）介质的吸收衰减与频率成正比；

2）介质的散射衰减与 f、d、F 有关，当 $d < \lambda$ 时，散射衰减系数与 f_4、d_3 成正比。在实际检测中，当介质晶粒粗大时，若采用较高的频率，将会引起严重衰减，示波屏出现大量草状波，使信噪比明显下降，超声波穿透能力显著降低。这就是晶粒较大的奥氏体钢和一些铸件检测的困难所在。

以上讨论说明，介质的衰减与介质的性质密切相关，因此在实际检测工作中有时根据底波的次数来衡量材料的衰减情况，从而判定材料晶粒度、缺陷密集程度、石墨含量以及水中泥沙含量等。

3. 衰减系数的测定

（1）薄板工件衰减系数的测定

对于厚度较小，上下底面互相平行，表面光洁的薄板工件或试块。可用直探头放在薄板表面，使声波在上下表面往复反射，在示波屏上出现多次底波。由于介质衰减和反射损失，底波高度依次减少，如图 5-18 所示。其介质衰减系数按下式计算：

$$\alpha = \frac{20\lg\dfrac{B_m}{B_n} - \delta}{2(n-m)x} \tag{5-25}$$

式中：m、n——底波的反射次数；

B_m、B_n——第 m、n 次底波高度；

δ——反射损失，每次反射损失为 0.5～1.0 dB；

x——薄板厚度。

式（5-25）没有考虑扩散衰减，因此现场应用时应根据薄板厚度来确定波的次数，使声波的传播距离处于波束未扩散区内。

（2）厚板或粗圆柱体衰减系数的测定

对于厚度大于 200 mm 的板材或轴类零件，可根据第一、第二次底波 B_1、B_2 的高度来测试衰减系数，如图 5-19 所示。图中 B_1、B_2 高度差由扩散衰减、介质衰减、反射损失引起。这时介质衰减系数 α 按下式计算：

$$\alpha = \frac{20\lg\dfrac{B_m}{B_n} - 6 - \delta}{2x} \tag{5-26}$$

式中：B_m、B_n——第一、第二次底波高度；

m、n——底波的反射次数；

6——扩散衰减引起的分贝差；

δ——反射损失；

x——工件厚度。

例如某工件厚度 $x = 500$ mm，测得 $B_1 = 80\%$，$B_2 = 20\%$，反射损失为 0.5 dB，则工件的衰减系数为

$$\alpha = \frac{20\lg\dfrac{B_m}{B_n} - 6 - \delta}{2x} = \frac{20\lg\dfrac{80}{20} - 6 - 0.5}{2 \times 500} = 0.005\,(\text{dB/mm})$$

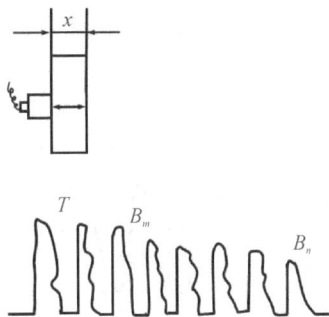

图 5-18　薄板工件衰减系数的测定　　　　图 5-19　厚板工件衰减系数的测定

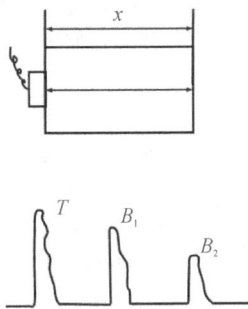

5.3 仪 器 设 备

超声波探伤仪、探头和试块是超声波检测的重要设备。了解这些设备器材的原理、构造和作用及其主要性能的测试方法是正确选择探伤设备进行有效检测的可靠保证。

5.3.1 超声波探伤仪

超声波探伤仪是超声波检测的主体设备,它的作用是产生电振荡并激励探头发射超声波,同时将探头送回的电信号进行放大,通过一定方式显示出来,从而得到被检工件内部有无缺陷及缺陷位置和大小的信息。

超声仪器分为超声波检测仪器和超声处理(或加工)仪器,超声波探伤仪属于超声波检测仪器。超声波检测技术在现代工业中的应用日益广泛,由于检测对象、检测目的、检测场合、检测速度等方面的要求不同,所以有各种不同设计的超声波探伤仪,常见的超声波探伤仪见表 5-3。

表 5-3 常见的超声波探伤仪

分类指标	探伤仪名称	探伤仪特点		图示
		原理及显示内容	局限	
按超声波的连续性分类	脉冲波探伤仪	向工件周期性地发射不连续且频率不变的超声波,根据超声波的传播时间及幅度判断工件中缺陷位置和大小,是目前使用最广泛的探伤仪	—	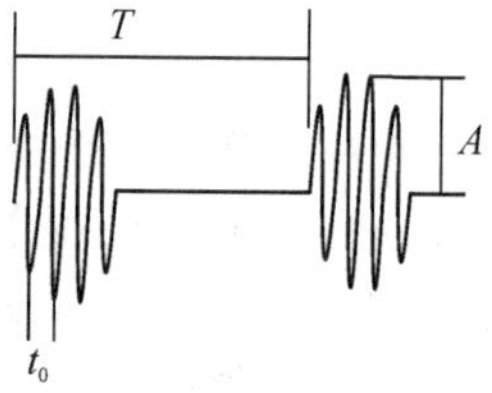
	连续波探伤仪	向工件中发射连续且频率不变的超声波,根据透过工件的超声波强度变化判断工件中有无缺陷及缺陷大小。在超声显像及超声波共振测厚等方面有应用	灵敏度低,且不能确定缺陷位置,因而大多被脉冲波探伤仪代替	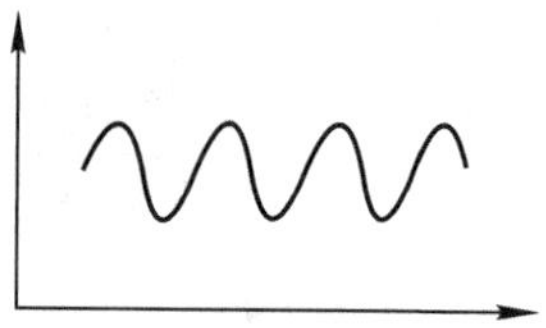
	调频波探伤仪	向工件中发射连续的频率周期性变化的超声波,根据发射波与反射波的差频变化情况判断工件中有无缺陷	只适宜检查与探测面平行的缺陷	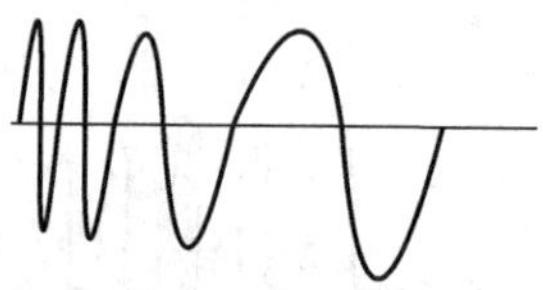

续表

分类指标	探伤仪名称	探伤仪特点		图示
		原理及显示内容	局限	
按缺陷显示方式分类	A 型显示探伤仪	是一种波形显示,横坐标代表声波的传播时间或距离,纵坐标代表反射波的幅度,由反射波的位置可以确定缺陷位置,由反射波的幅度可以估算缺陷大小	—	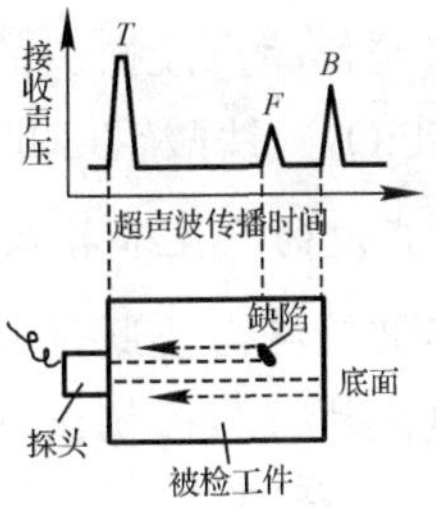
	B 型显示探伤仪	是一种图像显示,探伤仪荧光屏的横坐标是靠机械扫描来代表探头的扫查轨迹,纵坐标是靠电子扫描来代表声波的传播时间,可直观地显示出被检工件任一纵截面上缺陷的分布及缺陷的深度	—	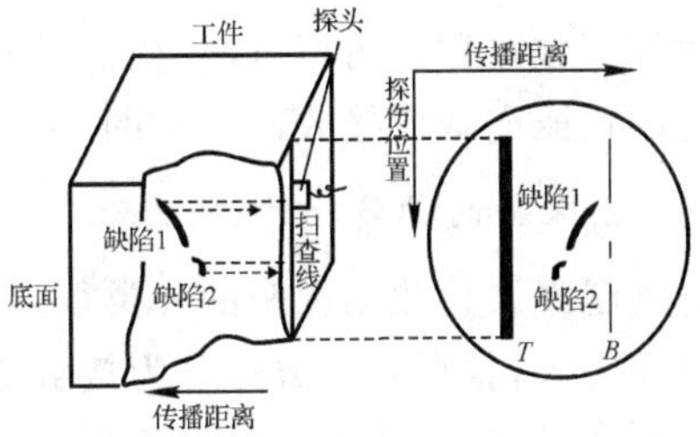
	C 型显示探伤仪	是一种图像显示,探伤仪荧光屏的横坐标和纵坐标都靠机械扫描来代表探头在工件表面的位置,接收信号幅度以光点辉度表示,因而,当探头在工件表面移动时,荧光屏上便显示出工件内部缺陷的平面图像	不能显示缺陷的深度	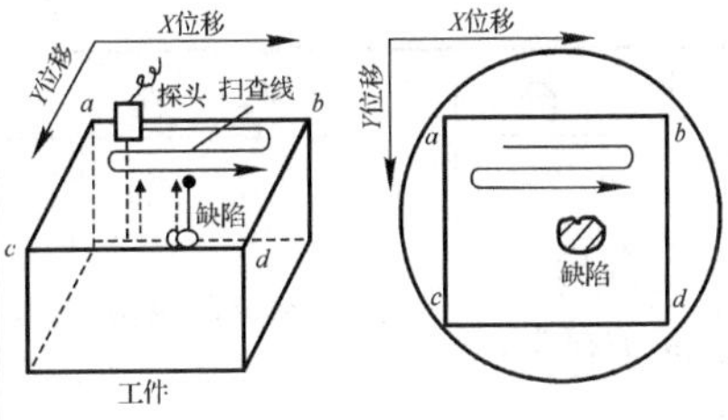
按超声波的通道分类	单通道探伤仪	由一个或一对探头单独工作,是目前超声波检测中应用最广泛的仪器	—	—
	多通道探伤仪	由多个或多对探头交替工作,每一通道相当于一台单通道探伤仪,适用于自动化检测	—	—

5.3.2　探头

超声波探头是电-声换能器。在超声波检测中,超声波的产生和接收是一种能量转换过程,这种转换是通过探头实现的,探头的作用就是将电能转换为超声能(产生超声波)和将超声能转换为电能(接收超声波)。这种将能量从一种形式转换为另一种形式的器件称为换能器,因此超声波探头也称为超声换能器或电声换能器。

某些晶体材料或多晶陶瓷材料在应力作用下产生变形时,在晶体的界面上出现电荷的现象叫正压电效应。而在电场的作用下,晶体发生弹性形变的现象,称为逆压电效应。正压电效应和逆压电效应统称为压电效应。能够产生压电效应的材料称为压电材料。超声波检测中用来制作超声波探头的材料主要有石英(SiO_2)、硫酸锂(Li_2SO_4)、碘酸锂($LiIO_3$)、钛酸钡($BaTiO_3$)、钛酸铅($PbTiO_3$)、锆钛酸铅(PZT)等。

1.超声波的产生和接收

超声波检测需要通过探头产生和接收超声波,探头的核心元件是薄片状压电晶体,通常称为压电晶片。当探伤仪发射电路产生的高频电脉冲加于探头时,激励压电晶片会发生高频振动,产生超声波。相反,当超声波传至探头而使晶片发生高频振动时,晶片便产生高频电振荡,送至探伤仪放大电路,经放大和检波,在示波管上显示出波形。这就是超声波的产生和接收过程。可以看出,探头是利用压电晶片的逆压电效应产生超声波,同时利用压电晶片的正压电效应接收超声波的。

2.探头的种类和结构

超声波检测用探头的种类很多,根据波形不同分为纵波探头、横波探头、表面波探头、板波探头等,根据耦合方式分为接触式探头和液(水)浸探头,根据波束分为聚焦探头与非聚焦探头,根据晶片数不同分为单晶探头、双晶探头等。常用的典型探头见表5-4,几种基本接触型超声探头的应用范围见表5-5。

表5-4　常用的典型探头

探头种类	原　理	适用范围	图　示
直探头(纵波探头)	发射和接收纵波	主要用于探测与探测面平行的缺陷,如板材、锻件检测	
斜探头(横波探头)	横波斜探头实际上是直探头加透声斜楔组成的。透声斜楔的作用是实现波形的转换,使被检工件只存在折射横波	横波探头是利用横波检测的,主要用于探测与探测面垂直或成一定角度的缺陷,如焊缝检测、汽轮机叶轮检测等	
双晶探头	一个晶片发射,另一个晶片接收,它们发射和接收纵波,晶片的延迟块使声波延迟一段时间后射入工件,从而可检测近表面缺陷	用于检测近表面缺陷	

续表

探头种类	原　理	适用范围	图　示
水浸探头	不与工件接触,不需要保护	在水中检测	接插芯　绝缘柱 金属壳 导线 晶片座 吸收块 压电晶片

表 5 - 5　几种基本接触型超声探头的应用范围

探　头	检测工件	可检测出的缺陷类型
直射声束接触型	坯料	夹杂物、显微组织在加工方向上的拉长、缩短
	锻件	夹杂物、裂纹、偏析、发纹、白点、缩管
	轧制件	分层、夹杂物、撕裂、发纹、裂纹
	铸件	熔渣、疏松、冷隔、撕裂、缩裂、夹杂物
斜射声束接触型	锻件	裂纹、发纹、折叠
	轧制件	撕裂、裂纹、杯锥状断裂
	焊接件	夹渣、缩松、未熔合、未焊透、焊瘤
		内凹、填料金属和基体金属中的裂纹
	管材和导管	周向和纵向裂纹
双晶接触型	中厚板和薄板	厚度变化、分层探测
	管子和导管	厚度变化

3.探头型号

探头型号组成项目及排列顺序如下:

| 基本频率 | 晶片材料 | 晶片尺寸 | 探头种类 | 探头特征 |

基本频率:用阿拉伯数字表示,单位为 MHz。

晶片材料:用化学元素缩写符号表示,见表 5 - 6。

晶片尺寸:用阿拉伯数字表示,单位为 mm。其中圆晶片用直径表示,方晶片用长×宽表示,分割探头晶片用分割前的尺寸表示。

探头种类:用汉语拼音缩写字母表示,见表 5 - 7。直探头也可不标出。探头型号如图 5 - 20所示。

表 5-6 晶片材料代号

压电材料	代　号	压电材料	代　号
锆钛酸铅陶瓷	P	碘酸锂单晶	I
钛酸钡陶瓷	B	石英单晶	Q
钛酸铅陶瓷	T	其他压电材料	N
铌酸锂单晶	L		

表 5-7 探头种类代号

种　类	代　号	种　类	代　号
直探头	Z	水浸探头	SJ
斜探头（用 K 值表示）	K	表面波探头	BM
斜探头（用折射角表示）	X	可变角探头	KB
分割探头	FG		

探头特征：斜探头钢中折射角正切值（K 值）用阿拉伯数字表示。钢中折射角用阿拉伯数字表示，单位为度（°）。分割探头钢中声束交区深度用阿拉伯数字表示，单位为 mm。水浸探头水中的焦距用阿拉伯数字表示，单位为 mm。DJ 表示点聚焦，XJ 表示线聚焦。

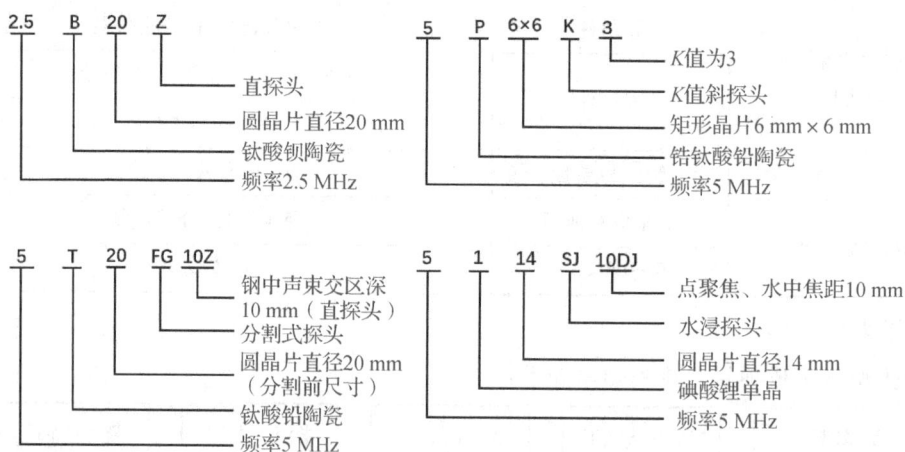

图 5-20　探头型号示例

5.3.3　试块

按一定用途设计制作的具有简单几何形状的人工反射体的试样，通常称为试块。试块和仪器、探头一样，是超声波检测中的重要工具。

1.试块的作用

1) 确定检测灵敏度。超声波检测灵敏度太高或太低都不好,太高杂波多,判断困难,太低会引起漏检。因此在超声波检测前,常用试块上某一特定的人工反射体来调整检测灵敏度。

2) 测试仪器和探头的性能。超声波探伤仪和探头的一些重要性能,如垂直线性、水平线性、动态范围、灵敏度余量、分辨力、盲区、探头入射点、K 值等都是利用试块来测试的。

3) 调整扫描速度。利用试块可以调整仪器示波屏上水平刻度值与实际声程之间的比例关系,即扫描速度,以便对缺陷进行定位。

4) 评判缺陷的大小。利用某些试块绘出的距离-波幅当量曲线(即实用 AVG)来给缺陷定量是目前常用的定量方法之一。特别是 3N 以内的缺陷,试块法仍然是最有效的定量方法。

此外还可利用试块来测量材料的声速、衰减性能等。

2.试块的分类

(1) 按试块区分,有标准试块和参考试块

1)标准试块:由权威机构制定的试块,试块材质、形状、尺寸及表面状态都由权威部门统一规定。如国际焊接学会IIW 试块和IIW2 试块。

2)参考试块:由各部门按某些具体检测对象制定的试块,如 CS - I 试块,CSK - II A 试块等。

(2) 按试块上人工反射体分有平底孔试块、横孔试块和槽形式块

1)平底孔试块上加工有底面为平面的平底孔,如 CS - I、CS - II 试块。

2)横孔试块上加工有与探测面平行的长横孔或短横孔,如焊缝检测中 CSK - II A(长横孔)和 CSK - III A(短横孔)试块。

3)槽形式块上加工有三角尖槽,如无缝钢管检测中所用的试块,内、外圆表面加工有三角尖槽。

3.试块的选取

试块材质应均匀,内部杂质少,无影响使用的缺陷。加工容易,不易变形和锈蚀,具有良好的声学性能。试块的平行度、垂直度、粗糙度和尺寸精度都要符合一定的要求。对于平底孔试块上的平底孔,在底面粗糙和平整情况下,常用下述方法检查:先用无腐蚀性溶剂清洗孔并干燥,然后用注射器将硅橡胶液注入孔内,抽出注射器,插入大头针,待橡胶凝固后借助大头针将橡胶模型取出,在光学投影仪上检查孔底粗糙度和平整程度。

4.标准试块

国内相关专业标准规定的标准试块主要有以下几种。

1) CSK - I A 试块[《承压设备无损检测 第 4 部分:磁粉检测》(NB/T 47013.4—2015)],其外形尺寸如图 5 - 21 所示。主要用途如下:

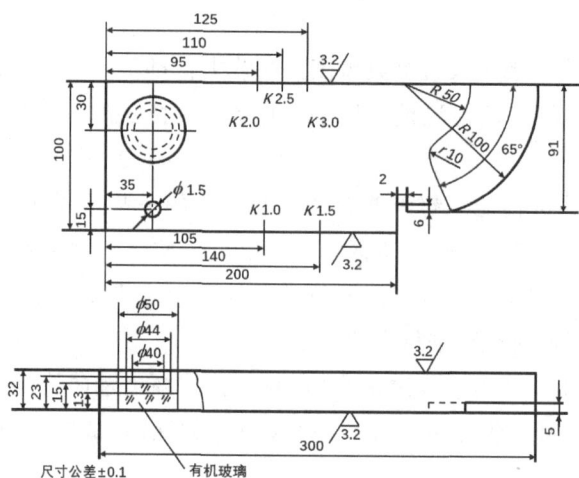

图 5 - 21　CSK - Ⅰ A 试块(单位:mm)

A.利用 $R100$ 或 $R50$ 的曲底面反射回波测定斜探头声束入射点及探头前沿长度,校准仪器与斜探头的组合灵敏度;

B.利用有机玻璃 $\phi 50$ mm 圆柱面的反射回波测定斜探头的 K 值(或折射角、入射角);

C.使用纵波直探头检测时,用试块 25 mm、100 mm 大平底反射回波标定仪器的时基线;使用横波斜探头检测时,用试块 $R50$ 或 $R100$ 的曲底面反射回波标定仪器的时基线;

D.使用纵波直探头时,利用试块上 85 mm、91 mm、100 mm 三个不同深度的底面反射回波测定仪器与探头的组合分辨力;

E.使用纵波直探头时,利用试块 25 mm 或 100 mm 的底面反射回波测定仪器的垂直线性;

F.使用纵波直探头时,利用有机玻璃 $\phi 50$ mm 圆柱面的反射回波,测定仪器与探头的组合盲区;

G.使用横波斜探头时,利用试块上升 1.5 mm 横孔测定检测灵敏度及 K 值(或折射角、入射角);

H.利用试块 $\phi 1.5$ mm 竖孔测定横波斜探头声束轴线偏斜角;

I.利用 $\phi 50$ mm、$\phi 44$ mm、$\phi 40$ mm 圆柱曲面测定斜探头与仪器组合后的分辨力。

2) CSK - Ⅱ A 试块[《承压设备无损检测 第 4 部分:磁粉检测》(NB/T 47013.4—2015)],其外形尺寸如图 5 - 22 所示。主要用途如下:

A.使用横波斜探头时,利用不同深度的 $\phi 2$ mm 长横孔制作距离-波幅曲线及校准仪器检测灵敏度;

B.使用横波斜探头时,利用 $\phi 2$ mm 长横孔测定 K 值(或折射角、入射角);

C.使用横波斜探头时,利用试块端面直角测定声轴偏斜角;

D.使用纵波直探头时,利用试块宽度 T 底面反射回波,校准仪器的时基线及检测灵敏度。

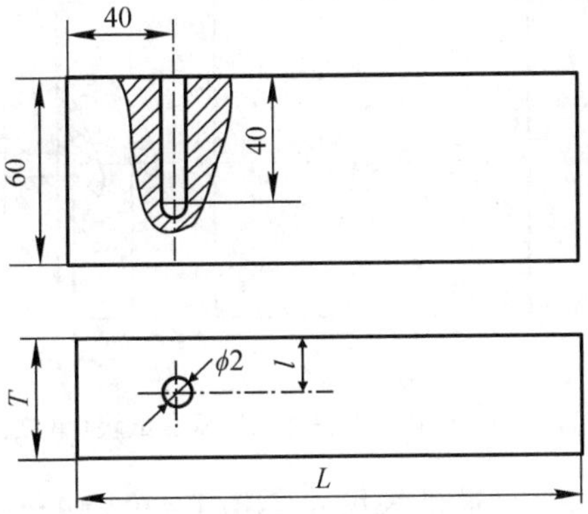

图 5 - 22　CSK - DA 试块(单位:mm)

3) CSK - ⅢA 试块[《承压设备无损检测 第 4 部分:磁粉检测》(NB/T 47013.4—2015)],其形状和几何尺寸如图 5 - 23 所示。主要用途如下:

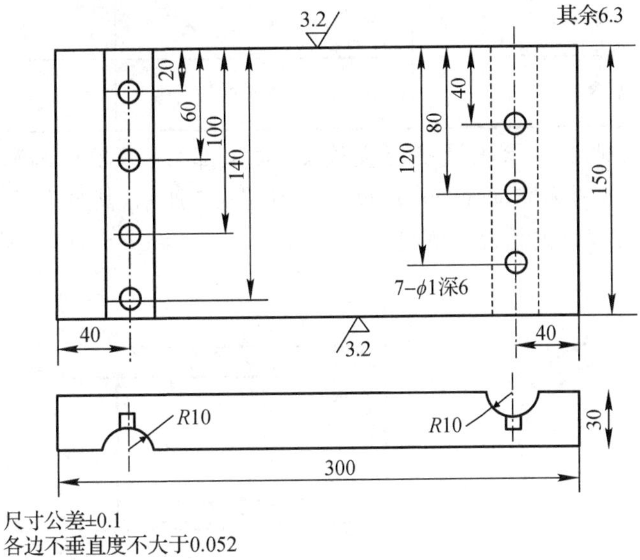

尺寸公差±0.1
各边不垂直度不大于0.052

图 5 - 23　CSK - ⅢA 短横孔试块(单位:mm)

A.利用试块上不同深度的 $\phi 1$ mm ×6 mm 短横孔标定仪器的时基线;

B.利用试块上不同深度的 $\phi 1$ mm ×6 mm 短横孔校准仪器的检测灵敏度;

C.利用试块上的 $\phi 1$ mm ×6 mm 短横孔测定斜探头的 K 值(或折射角、入射角)。

4) 钢板检测的试块[《厚钢板超声检测方法》(GB/T 2970—2016),《承压设备无损检测 第 4 部分:磁粉检测》(NB/T 47013.4—2015)],其外形尺寸如图 5 - 24 所示及见表 5 - 8。其主要用途是使用纵波直探头时利用试块上不同深度 $\phi 5$ mm 平底孔校准仪器的检测灵敏度。

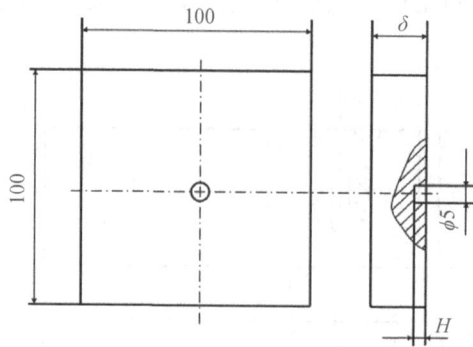

图 5-24 NB/T 47013.4—2015 标准试块(单位:mm)

表 5-8 标准试块尺寸(NB/T 47013.4—2015)

被检钢板厚度范围/mm	试块厚度 δ/mm	平底孔深度 H/mm
12~30	22	11
30~60(不含30)	46	15
60~120(不含60)	90	22

5) 钢管检测的试管[《承压设备无损检测 第 4 部分:磁粉检测》(NB/T 47013.4—2015)],钢管超声波检测标准试管的外形尺寸如图 5-25 所示,其主要用途是利用试管的人工缺陷(尖角槽)校准仪器的检测灵敏度。

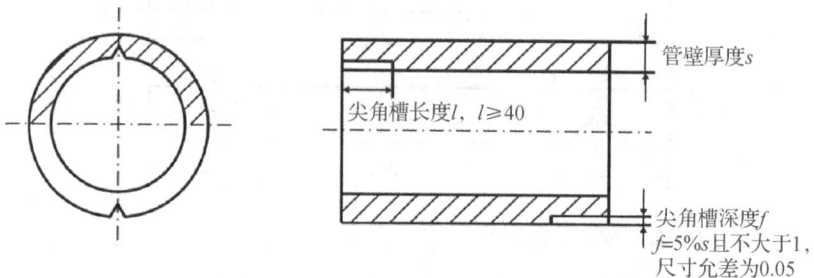

图 5-25 钢管探伤试管(单位:mm)

5.对比试块

对比试块(又称参考试块)是用于校正或测定探伤仪及探头组合后的灵敏度或比较缺陷大小的参考标准,一般采用与被检材料特性相似的材料制作。

SG-Ⅰ半圆试块是一种焊缝超声波检测常用的对比试块。它的优点有实用性强、便于携带、时基线性校准精度高等。其外形尺寸如图 5-26 所示。

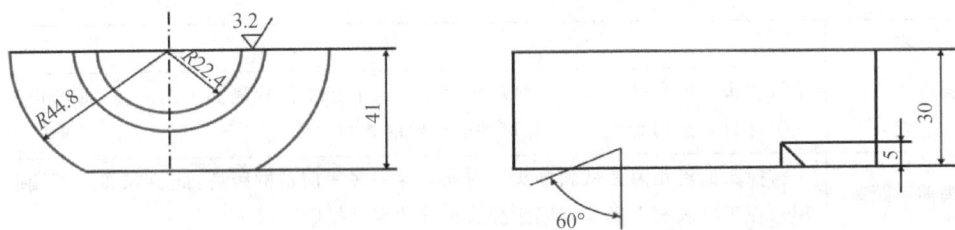

图 5-26　SG-Ⅰ对比试块（单位:mm）

主要用法如下:

A.利用 R44.8 mm 曲底面的反射回波测定横波斜探头的声束入射点及前沿长度;

B.使用横波斜探头时利用 R44.8 mm 或 R22.4 mm 曲底面的反射回波标定仪器的时基线性;

C.与 SG-Ⅱ试块配合使用,可方便地测定仪器及探头特性参数,并按 NB/T 47013.4—2015 标准规定,校正和控制检测灵敏度。

5.3.4　仪器和探头的性能测试

1.仪器和探头性能有关参数的概念

仪器和探头性能有关参数的概念见表 5-9。

表 5-9　仪器和探头性能有关参数的概念

名　称	概　念
时基线性 （水平线性）	时基线性是表示超声波探伤仪对距离不同的反射体所产生的一系列回波（通常是一组多次的底面回波）的显示距离和反射体距离之间能按比例方式显示的能力
垂直线性	垂直线性是超声波探伤仪的接收信号与示波屏所显示的反射波幅度之间能按比例方式显示的能力
动态范围	动态范围是当增益不变时,超声波探伤仪示波屏上能分辨的最大反射面积与最小反射面积波高之比,通常以分贝（dB）表示
衰减器精度	衰减器精度是衰减器上 dB 刻度指示脉冲下降幅度的正确程度,以及组成衰减器各同量级间的可换性能
灵敏度	灵敏度是超声波探伤仪与探头组合后所具有的检测最小缺陷的能力
盲区	盲区是在正常检测灵敏度下,从检测表面到最近可检缺陷的距离
分辨力	分辨力表示超声波探伤仪和探头组合后,能够区分横向或深度方向相距最近的两个相邻缺陷的能力
回波频率	回波频率是指透入工件并经界面反射返回的超声波频率,其通常与探头所标称的频率不同,误差应限制在一定范围内
波束中心 轴线偏斜角	波束中心轴线偏斜角是指发射超声波束中心轴线与晶片表面不垂直的程度

续表

名　　称	概　　念
斜探头 入射点	斜探头入射点是斜探头的超声波束中心入射于工件探测面上的一点,即超声波透入工件材料的初始点,它是计算缺陷位置的相对参考点
斜探头前沿距离	斜探头前沿距离是从斜探头入射点到探头底面前端的距离,此值在实际探测时可用来在工件表面上确定缺陷距探头前端的水平投影距离
波束折射角(K 值)	波束折射角(K 值)表示经折射透入工件的波束中心轴线与从入射点引出的工件表面法线之间的夹角(或折射角正切值)

2.性能测试方法

按《A 型脉冲反射式超声探伤仪通用技术条件》(JB/T 10061—1999)规定,仪器和探头的基本性能测试方法如下。

1) 时基线性(水平线性)的测定:将频率为 5 MHz 的纵波直探头置于 CSK－ⅠA 试块上,探测厚度为 25 mm 的底面,使底面产生 5 次回波,并使第 1 次底面回波幅度为示波屏满幅度的 80%,波的前沿对准刻度"2"处,第 5 次底面回波对准刻度"10"处,如图 5－27 所示。然后将第 2、3、4 次底面反射回波幅度逐次调节至示波屏满幅度的 80%,依次读出刻度的最大偏差。时基线性按下式计算:

$$\Delta L = \frac{|a_{\max}|}{0.8A} \times 100\% \text{(不具有延迟扫描功能的探伤仪)}$$

$$\Delta L = \frac{|a_{\max}|}{A} \times 100\% \text{(具有延迟扫描功能的探伤仪)}$$

式中:$a_{\max}$——刻度最大偏差值,mm;

A——时基线全刻度值,mm。

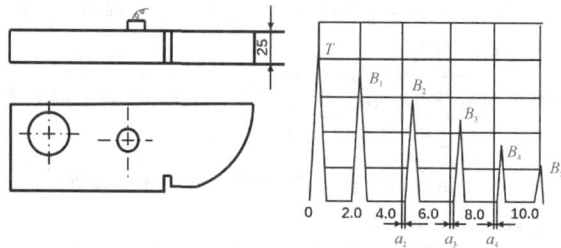

图 5－27　水平线性的测试

2) 垂直线性测定:探头探测位置与时基线性测定时相同,调节仪器使第 1 次底面反射回波幅度为示波屏满幅度的 100%,衰减器上至少保留 30 dB,调节衰减器依次记下每衰减 2 dB 时的回波高度直至 26 dB,然后将测得的回波高度与表 5－10 中的理论值比较,取最大正偏差或最大负偏差的绝对值之和的百分比作为垂直线性误差。

表 5－10　理论回波高度与衰减量的关系

衰减量/dB	0	2	4	6	8	10	12	14	16	18	20	22	24	26
理论波高/%	100	79.4	63.1	50.1	39.8	31.6	25.1	20.0	15.8	12.5	10	7.9	6.3	5.0

3）动态范围测定：探头探测位置与时基线性测定相同。读取第 1 次底面反射回波幅度从垂直刻度的 100％下降至能辨认的最小幅度时，衰减器的调节量 dB 值，确定为探伤仪在该探头所给定的工作频率下的动态范围。

4）检测灵敏度余量测定：探伤仪与探头组合以后的灵敏度常用检测灵敏度余量表示。测定方法如下：

A.被测试探伤仪（发射强度）置于产品标准所规定的刻度上。

B.连接石英标定探头（基准探头），使仪器电噪声电平＜10％，并记下此时（衰减器）的读数 dB_0。

C.使用石英标定探头探测声程为 100 mm 的大平底，使其第 1 次回波幅度最大，调节衰减器使第 1 次回波幅度为示波屏满幅度的 50％，记下此时衰减器的读数 dB_1。检测灵敏度余量为

$$dB_2 = dB_1 - dB_0 \qquad (5-27)$$

式中：dB_2——石英标定探头的检测灵敏度余量，dB。

5）连接检测：使用的直探头，探测声程为 200 mm，$\phi 2$ mm（或 $\phi 4$ mm）平底孔，使孔反射回波幅度最大，调节衰减器使孔反射回波幅度为示波屏满幅度的 50％，记下此时衰减器读数 dB_3。检测灵敏度余量为

$$dB_4 = dB_3 - dB_0 \qquad (5-28)$$

式中：dB_4——检测用直探头的检测灵敏度余量，dB。

计算的 dB 值越大，表示仪器和探头组合的灵敏度越高。灵敏度余量应满足相应的探伤技术标准规定的检测灵敏度要求。

6）斜探头入射点及前沿距离的测定：将探头置于 CSK-ⅠA 试块上，探测 $R100$ mm 曲底面，前后移动探头测得底面最大反射回波。曲面圆心对应的探头侧面上的点即为斜探头的声束入射点，并测得探头前端至试块的水平距离，如图 5-28 所示。则斜探头前沿距离 L_0 为

$$L_0 = 100 - L（测量值）\text{ (mm)} \qquad (5-29)$$

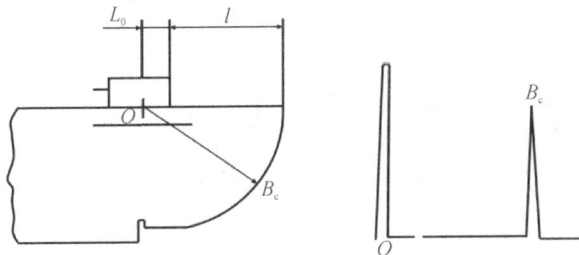

图 5-28　斜探头入射点前沿长度测定

7）盲区测定：探伤仪与探头组合以后，按相应的有关超声波探伤标准规定，校验检测灵敏度达到标准规定的探伤灵敏度要求。然后擦干净探头上的耦合剂，始脉冲占宽所代表的距离即为盲区，如图 5-29，以"W_0"表示。

8）回波频率测定：按图 5-30 接通探伤仪、示波器及探头，探测 CSK-ⅠA 厚度为 25 mm 的底面，调节探伤仪和示波器，在示波器上显示不经检波的反射回波的正弦波形，读

取三个正弦周期的时间读数,按下式计算回波频率:

$$f_e = \frac{3}{T_3} \qquad (5-30)$$

式中:f_e——回波频率,MHz;

T_3——时间,μs。

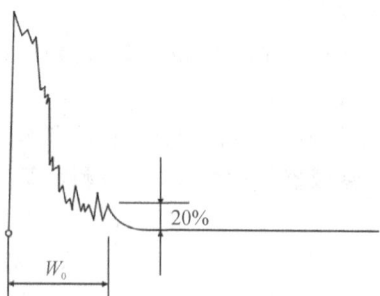

图 5-29 盲区占宽测定

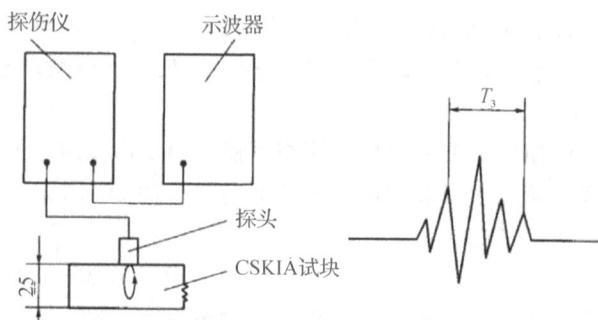

图 5-30 回波频率测定

9) 波束中心轴线偏斜角测定:直探头波束中心轴线偏斜角测定如图 5-31(a)所示。探测试块中 $\phi 2$ mm 的平底孔,获得最大反射回波,测出此时探头中心轴与平底孔中心轴偏斜的距离,然后计算出偏斜角(θ)。

斜探头波束中心轴线偏斜角测定如图 5-31(b)所示,探测 CSK-ⅠA 试块端面的直角(或 $\phi 1.5$ mm 竖孔),获得最大反射回波,然后测出此时探头中心轴与试块边缘之夹角(θ)。

10) 斜探头 K 值测定:将探头置于 CSK-ⅠA 试块上,当 $K \leqslant 1.5$ 时,在图 5-32 所示位置 a 测定;当 $1.5 < K \leqslant 2.5$ 时,在图 5-32 中所示位置 b 测定;当 $K > 2.5$ 时,在图 5-32 中所示位置 c 测定。探测得到相应孔的最大反射回波,探头入射点所对应试块侧面 K 值刻度即为该探头 K 值。斜探头 K 值测定精度为 ± 0.1。

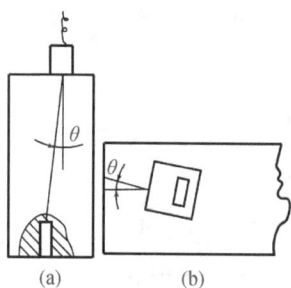

图 5-31 波束中心轴线偏斜角测定

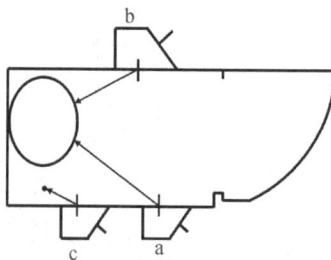

图 5-32 斜探头 K 值测定

5.4 设 备 应 用

实际生产中的工件种类繁多,形状各异,检测方法也不同。下面以几种常见的典型零部件,如钢板、复合钢板为例,来说明超声波检测在这些部件检测中的应用。

5.4.1 板材超声波检测

表 5-11 板材超声波检测钢板中的分层主要由板坯中的缩孔残余、气泡和夹杂物等在轧制过程中形成。当钢板受到垂直于表面的拉力时,分层会严重影响板材的强度。若焊接坡口处有分层存在,则它会促使焊缝产生缺陷。如果焊接应力与分层的平面垂直,即使分层并不在坡口处开口,也会在焊接过程中被撕裂。

表 5-11　板材超声波检测

典型零部件	常见缺陷	图示	缺陷名称	缺陷特点
钢板	表面缺陷:裂缝、重皮、折叠; 内部缺陷:分层和白点(白点仅在厚板中)	分层　折叠　白点	分层	主要由板坯中的缩孔残余、气泡和夹杂物等在轧制过程中形成
			折叠	钢板表面局部形成互相折合的双层金属
			白点	钢板在轧制后的冷却过程中氢原子来不及扩散而形成的微小裂纹,其裂纹呈白色,多出现在厚度大于40 mm的钢板中

根据钢板的不同厚度,将钢板分为薄板和中厚板。一般薄板厚度 $T<6$ mm,中厚板 T 为 $6\sim40$ mm,厚板 $T>40$ mm。由于板材成型过程经受巨大的压延而变形,钢板中的缺陷大都是平行于表面的片状缺陷。所以在钢板超声波检测中通常都是采用纵波直探头(单晶片或双晶片探头)在钢板的表面进行探测的。对于厚板,也有用斜探头以探测非分层缺陷。由于较常用到中厚板,因此钢板检测流程以中厚板检测为例。

按《厚钢板超声检测方法》(GB/T 2970—2016)规定,中厚钢板超声波检测工艺规定如下。

1) 声耦合:声耦合方法有直接接触法耦合和冲水法(低水层和高水层)耦合。

A.当采用纵波直探头检测时,使用机油为耦合剂,以直接接触法耦合在钢板表面进行探测。

B.当采用加有水套的纵波直探头(单晶片或双晶片探头)检测时,将水作为耦合剂,向水套内充水以填满探头与钢板表面之间的间隙进行探测。

2) 探头及耦合水层,中厚板的检测见表 5-12。

3) 检测灵敏度及检测频率:检测灵敏度采用图 5-24 及表 5-8 所示标准试块进行校验,第 1 次(厚度小于 20 mm 的钢板采用直探头检测时为第 2 次)平底孔反射回波的幅度为示波屏满幅度的 50%。检测频率范围为 $2\sim5$ MHz,一般选用 2.5 MHz。

4) 扫查方式:按 GB/T 2970—2016 及 NB/T 47013.4—2015 标准规定,检测时探头扫查方式如下。

A.全面扫查:探头在钢板表面移动进行全面积(100%)的扫查,每两个相邻的扫查应有10%的重叠扫查区,扫查速度为12 m/min。

B.列线扫查:在钢板检测面上,探头沿垂直于钢板压延方向做间距约为100 mm的平行线扫查,若发现缺陷后在其周围探测以确定缺陷面积。

表 5－12 中厚板检测

探 头	耦合水层	水层调节	无缺陷时检测图形
冲水纵波单晶片直探头	高水层耦合	若钢板厚度在30 mm以下,采用第3次底面回波;大于30 mm时采用第2次底面回波	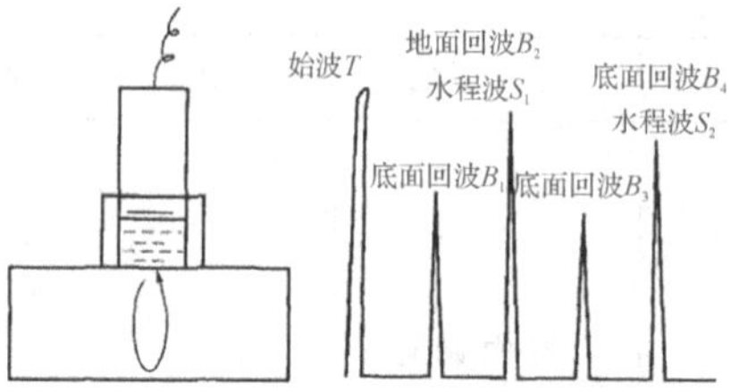
冲水纵波双晶片直探头	低水层耦合	以钢板底面第1次底面回波幅度最高时为最佳,水层一般为1 mm左右	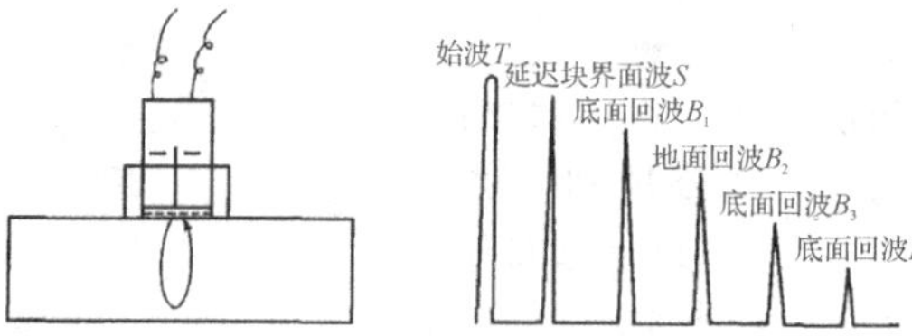

5)缺陷判断。

6)缺陷面积测定:采用半波高度法(6dB 法)测定缺陷面积。当既无底波又无缺陷波时,将底波消失区作为缺陷区域。

7)质量等级评定:钢板质量分级按表 5－13 规定执行。

表 5－13 钢板质量分级(NB/T 47013.4—2015)

级 别	不允许存在的单个面积/cm	在任何 1 m×1 m 的检测面内不允许存在的缺陷面积百分比/%	以下缺陷面积不计/cm²
Ⅰ	≥25	>3	<9
Ⅱ	≥100	>5	<25

5.4.2 复合钢板的超声波检测

复合钢板超声波检测中常见的缺陷、图示及缺陷特点如图 5－14 所示。

表 5－14 复合钢板的超声波检测

典型零部件	常见缺陷	图 示	缺陷名称	缺陷特点
复合钢板	完全脱层与不完全脱层	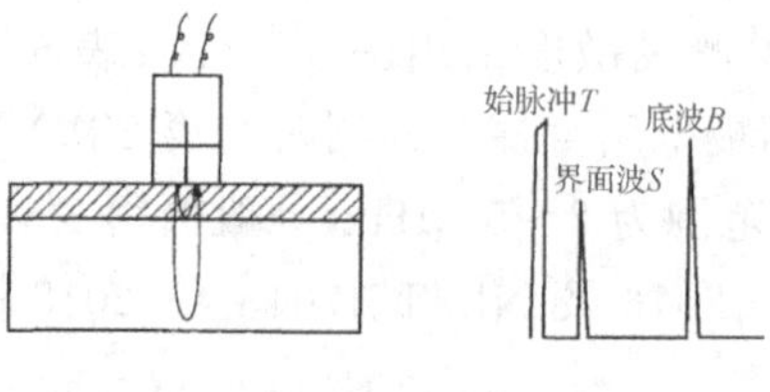	完全脱层	基材与复合材料间结合不良。由于脱层内部介质一般为气体,所以界面反射回波幅度将升高,底波会减弱或消失
			不完全脱层	

一般情况下,复合钢板中允许存在一定面积的局部脱层,大面积连续分布的脱层则不允许存在。不允许存在的脱层部位应予以剔除。

复合钢板的复合层材料和基材声阻抗不同,因此当对复合钢板进行纵波直探头检测时,在结合界面处会产生反射回波,如图 5-33 所示。若以界面反射回波幅度与底面反射回波幅度之比作为一个衡量指标,则

$$\frac{I}{B} = \frac{R_i}{1 - R_i^2} \qquad (5-31)$$

式中:R_i——界面反射率;

$\quad I$——界面回波高度,dB;

$\quad B$——底面回波高度,dB。

$$dB = 20\lg \frac{I}{B} = 20\lg \frac{R_i}{1 - R_i^2} \qquad (5-32)$$

式中符号意义与式(5-31)相同。

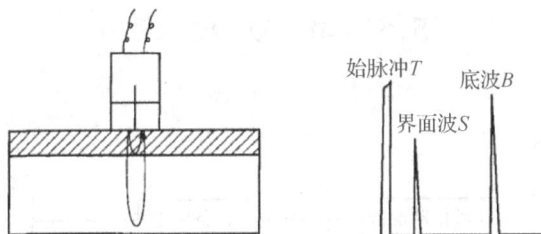

图 5-33　复合钢板的超声波检测

常见复合层材料与钢材所组成的复合钢板界面反射率见表 5-15。

表 5-15　常见复合钢板界面反射率

复合层材料	$Z_1/(10\ \mathrm{MPa \cdot s^{-1}})$	Z_1/Z_2	R_i	$\dfrac{I}{B}$/dB
镍	53.5	1.163	0.075	−22.5
18-8 钢	45.7	0.993	0.003 5	49
铜	44.6	0.970	0.015 4	−36
钛	27.4	0.596	0.253	−12.5

注:$Z_2 = 420\ \mathrm{MPa/s}$。

1)检测频率及探头:复合钢板超声波检测时频率通常采用 2.5 MHz,探头形式为双晶片纵波冲水直探头,采用低水层耦合,耦合层厚度约为 1 mm。也可采用频率为 2.5 MHz 的纵波直探头,机油耦合采用直接接触法进行检测。

2)检测灵敏度:完全结合部位的底面第 1 次反射回波幅度为示波屏满幅度的80%～100%。

3)探测面选择:检测时一般以复合层一侧作为探测面。

4)缺陷判断:若复合钢板中不存在脱层时,则在探伤仪示波屏上只显示一定高度的界

面反射回波和底波信号(见图5-34),两波幅高度差值符合式(5-31)的计算结果。

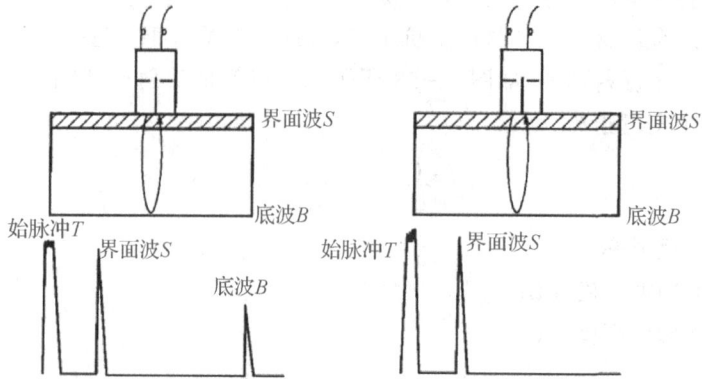

图5-34 复合钢板脱层探伤图形

5.5 本章总结

本章总结如下。

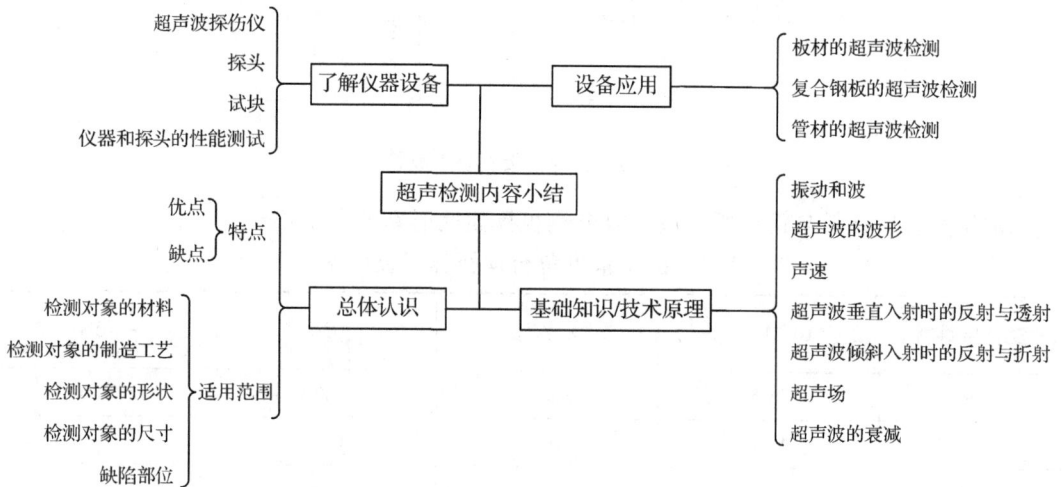

第二篇 无损检测实践操作指导

在本部分主要结合几种常规的无损检测方法,详细介绍无损检测的实际操作过程。在实际的工程实践中,无损检测的一般程序包括:①编制工艺文件;②确定检测人员;③检测设备和器材的准备;④检测场所和环境条件的检查;⑤安全防护的准备;⑥检测对象的准备;⑦检测操作;⑧检测设备复核(有要求时);⑨检测结果的评定;⑩填写检测记录;⑪出具检测报告。其中编制工艺文件是对具体工程对象实施无损检测的重要环节。因此,在本部分内容中,除了介绍具体检测过程的操作步骤外,还增加了工艺卡编制的相关案例分析,以帮助读者更好地理解无损检测的全过程。

第6章 渗透探伤实践操作案例

6.1 金属焊接接头的渗透探伤

1. 检测准备

检查渗透检测试剂（渗透剂、清洗剂、显像剂）（见图6-1）、灵敏度试块（见图6-2）、渗透缺陷钢板（见图6-3），记录渗透剂型号、检测剂型号、灵敏度试块型号、试板编号（在试板左上角）。

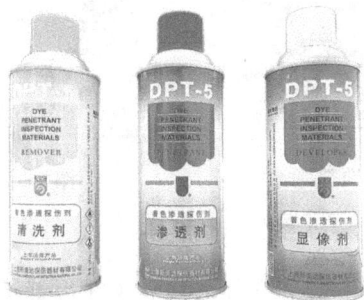

图6-1 渗透检测试剂（渗透剂、清洗剂、显像剂）

图6-2 灵敏度试块

图 6-3　渗透缺陷钢板

2. 试件检测区域清洗

用清洗剂喷罐在焊缝试件和灵敏度试块表面喷清洗剂,操作如图 6-4 所示(要求喷涂区域覆盖整个焊缝和热影响区,焊缝和试块正面要完全浸润清洗剂),然后用干净的纸巾将试件和灵敏度试块表面擦干净,操作如图 6-5 所示。

图 6-4　喷涂清洗剂

图 6-5　纸巾清除表面杂物

3. 施加渗透剂

试件表面清洗干净并自然干燥后,用渗透剂喷罐在焊缝试件和灵敏度试块表面喷渗透剂,渗透剂要喷涂均匀,且覆盖所有被检表面,确保焊缝及周边都充分浸润渗透剂(见图 6-6);喷涂完成后,需要静置 5~10 min(需要根据现场通风、温度、空气湿度等环境因素调整渗透时间,渗透剂需要充分渗入焊缝,但又不能渗透时间过长,导致渗透剂水分蒸发,渗透剂变干,必要时可补喷渗透剂),如图 6-7 所示。

图 6-6　喷涂渗透剂

图 6-7　渗透 10 min 后

4. 去除多余渗透剂

先用纸巾将试件表面大多数渗透剂擦除，然后将清洗剂喷在干净的卫生纸上，彻底擦除试件表面多余的渗透剂。（操作要点：不得直接往试件表面喷清洗剂；用纸巾擦拭时，只能朝一个方向擦拭，不得往复擦拭，注意将焊缝表面沟槽和咬边处多余渗透剂擦干净。）

5. 喷涂显像剂

用显像剂喷罐将显像剂喷涂到试件被检区域，显像剂涂层应薄而均匀。（操作要点：喷前要将喷罐充分摇匀；喷撒时喷嘴距工件表面 300～400 mm，喷射方向与表面夹角为 30°～40°，朝一个方向一次喷撒完成，见图 6-8。）

图 6-8 喷涂显像剂

6. 灵敏度检查

B 型试块上三个区位的裂纹缺陷均能清晰显示（见图 6-9）。

图 6-9 B 型试块缺陷显示

如图 6-9 所示，渗透探伤 B 型试块上有三处淬火缺陷，左侧最小裂纹对应检测灵敏度为 0.5 mm，中间部位代表的检测裂纹灵敏度为 1 mm，右侧部位代表的检测裂纹灵敏度为 2 mm，如果三个都能显示，代表该检测方法的灵敏度可以达到 0.5 mm。

7. 渗透显示的观察、分析

排除伪显示和非相关显示,确定缺陷显示,如图 6-10 所示。

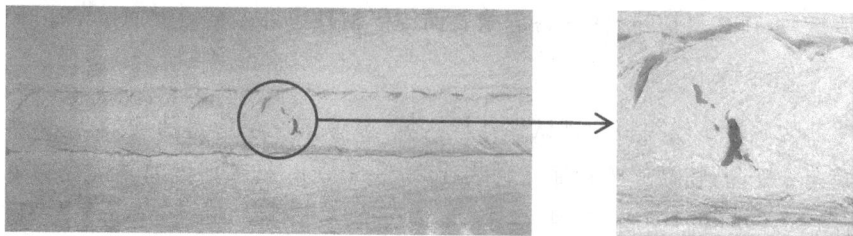

图 6-10　金属试件缺陷显示

8. 缺陷测量和记录

以试板编号在左上角为基准,如图 6-11 所示。

1)测量并记录一组缺陷最左端至试板左端的距离 S_1;

2)测量并记录一组缺陷最右端至试板左端的距离 S_2;

3)测量并记录一组缺陷中最长缺陷中心至试板左端的距离 S_3;

4)测量一组缺陷中最长缺陷的长度 L;

5)数并记录一组缺陷中缺陷显示的条数 n。

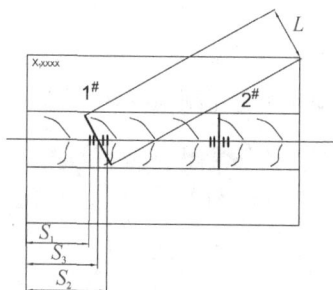

图 6-11　缺陷测量和记录图示

9. 后清洗

将试板和试块擦拭干净。

10. 缺陷评级和报告填写

缺陷评级依据 NB/T 47013.4—2015,Ⅰ级人员可不评级。

报告填写格式如下。

渗透探伤报告

编号:×××

主体材质	1Cr18Ni9	试件编号		表面状况	焊接
探伤方法	ⅡC-d	对比试块	B型	观察方式	白光
渗透剂型号	DPT-5	清洗剂型号	DPT-5	显像剂型号	DPT-5
渗透时间(分)	≥10	清洗时间(分)	—	显像时间(分)	≥7
执行标准		JB/T 4730.4—2005		环境温度/℃		常温

缺陷序号	$\dfrac{S_1}{\text{mm}}$	$\dfrac{S_2}{\text{mm}}$	$\dfrac{S_3}{\text{mm}}$	$\dfrac{L_1}{\text{mm}}$	$\dfrac{n_1}{\text{条}}$	评定级别	备注
1	50	60	55	8	5	不允许	裂纹

示意图:

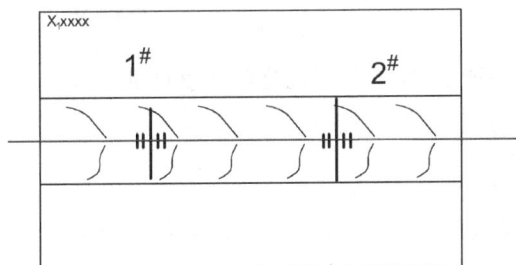

注:S_1—迹痕最左端到试板左端距离;

S_2—迹痕最右端到试板左端距离;

S_3—最长迹痕到试板左端距离;

L_1—$1^\#$缺陷中最长迹痕长度;

n_1—$1^\#$缺陷中迹痕条数。

结　　论	—		
探　伤　员	××(考号)	日　　期	××年××月××日

6.2 渗透探伤工艺卡编制案例

一批镍基合金锻件如图 6-12 所示;规格为 $\Phi150$ mm×45 mm,设计要求进行 100% 表面渗透检测。表面未加工,比较粗糙,检测环境温度为 40 ℃。执行标准为 JB/T 4730—2005,检测灵敏度等级为 2 级,质量要求 I 级合格。

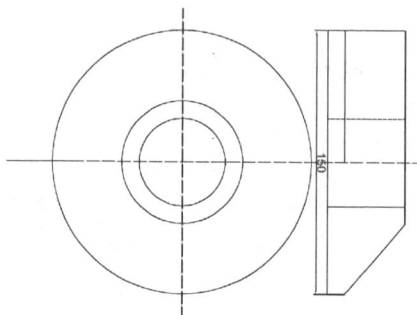

图 6-12 镍基合金锻件视图

针对该检测对象编制渗透检测工艺卡,具体要求如下:

1)操作步骤应按顺序逐项填写。

2)现有渗透检测剂:

渗透剂:水洗荧光型渗透剂 ZB-2、后乳化荧光渗透剂 985P12。

乳化剂:乳化剂 9PR。

清洗剂:20~30 ℃、0.2~0.3 MPa。

显像剂:溶剂悬浮型显像剂(DPT-5),干粉型显像剂(氧化镁粉)。

3)现有检测设备及设施:水源、电源、干燥箱、便携式渗透检测设备、固定式渗透检测设备、浸槽、黑光灯、黑光辐照计、照度计、铝合金试块(A 型)、镀铬试块(B 型)等,电动钢丝刷、钢丝刷、压缩空气、红外线测温仪、角向磨光机、喷砂设备、干净不脱毛棉布等。

4)已具备的渗透探伤设备及设施:水源、电源、便携式渗透探伤设备、固定式渗透探伤装备、紫外灯、黑光辐照计、荧光亮度计、照度计、铝合金试块、镀铬试块等。

5)工件示意草图:可不画,但应注明。

6)请在说明栏内填写工艺质量控制及安全措施等有关说明。

7)在工艺卡内"编制""审核"和"批准"栏中填写其资格等级、日期。

渗透检测工艺卡

编号:FS02

工件名称	锻件	规格	Φ150×45	编号	—	工序安排	锻造后
表面状况	锻造表面	材料牌号	镍基合金	检测部位	内外表面	检测比例	100%
检测方法	ⅠA-a（3分）	检测温度	40 ℃	对比试块	A型 B型	检测方法标准	JB/T4730
观察方法	目视	渗透剂型号	ZB-2	乳化剂型号	—	去除剂型号	水
显像剂型号	氧化镁粉	渗透时间	≥10 min	干燥时间	5~10 min	显像时间	≥7 min
乳化时间	—	检测设备	黑光灯	黑光照度	≥1 000 μW/cm²	可见光照度	暗室不大于20 lx
渗透剂施加方法	浸涂	乳化剂施加方法	—	去除方法	水洗	显像剂施加方法	喷粉
示意图	略(以上每格0.5分共14分)			质量验收标准	JB/T 4730	合格级别	Ⅰ级
检测剂有害元素控制要求	一定量渗透检测剂蒸发后残渣中的硫元素含量的质量分数不得超过1%(2分)						
灵敏度验证	时机:检测前或渗透检测操作条件发生变化时进行校验(1分) 方法:用B型试块按工艺进行(1分)						
安全注意事项	通风、用电安全、防火、防尘(2分)						

工序号	工序名称	操作要求及主要工作参数	注意事项
1	表面准备	喷砂去除氧化皮	
2	预清洗	用温水清洗剂将受检面冲洗干净	
3	干燥	热空气吹干,干燥时间为5 min。	受检面温度不大于50 ℃
4	渗透	渗透时间应不少于10 min	
5	去除	用水去除。冲洗时,水射束与被检面的夹角以30°为宜,水温为10~40 ℃,如无特殊规定,冲洗装置喷嘴处的水压应不超过0.34 MPa	外表面防止过度的清洗,内表面局部防止清洗不足
6	干燥	用热风进行干燥或进行自然干燥。干燥时,被检面的温度不得大于50 ℃。自然干燥,时间5~10 min	
7	显像	将显像剂均匀地喷洒在整个被检表面上,并至少保持7 min	

续表

8	观 察	显像剂施加后 7～60 min 内进行观察，工件表面的辐照度不小于 1 000 μW/cm²，暗室或暗处白光照度应不大于 20 lx。必要时可用 5～10 倍放大镜观察	检测人员进入暗区，至少经过 3 min 的黑暗适应后，才能进行荧光渗透检测。检测人员不能戴对检测有影响的眼镜 （以上每格 2 分共 16 分）
9	复 验	按 NB/T 47013.4—2015 进行	应将被检面彻底清洗（1 分）
10	后处理	用水洗净工件表面	（1 分）
11	评定与验收	根据缺陷显示尺寸及性质，按 NB/T 47013.4—2015 进行等级评定，Ⅰ级为合格	（1 分）
12	报 告	出具报告至少应包括 NB/T 47013.4—2015 规定的内容	（1 分）
编制	PT-Ⅱ	审核	PT-Ⅲ	批准	×××
日 期	×××	日期	×××	日期	×××

第7章　磁粉探伤实践操作案例

7.1　金属焊缝的磁粉探伤

1.检测准备

1)检查磁粉探伤仪(见图7-1)、磁悬液(见图7-2)、灵敏度试片(见图7-3)、焊接钢板(见图7-4),记录仪器型号、灵敏度试片型号、试板编号(试板左上角)。

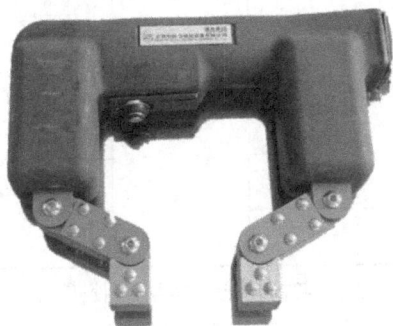

图7-1　磁粉探伤仪

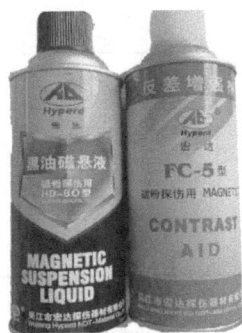

图7-2　磁悬液

图7-3　灵敏度试片(磁探标准片 A1 型)

2)用棉纱或纸巾将焊缝及焊缝两侧热影响区擦洗干净,并晾干。

图 7-4　焊接钢板

2. 喷涂反差增强剂

A1 型标准试片共有 6 种规格,分别代表了不同的灵敏度,见表 7-1。

表 7-1　A1 型标准试片规格

类　型	规格:缺陷槽深(μm)/试片厚度(μm)	图形和尺寸/mm
A1 型	A1-7/50	
	A1-15/50	
	A1-30/50	
	A1-15/100	
	A1-30/100	
	A1-60/100	

本案例中使用 A1-60/100 和 A1-15/50 试片来检测灵敏度,用胶带将磁粉探伤 A1 型标准试片贴在板件上(见图 7-5),然后将反差剂喷涂到被检测板件的焊缝和磁粉探伤 A1 型标准试片上,涂层应薄而均匀(见图 7-6)。(操作要点:喷前要将喷罐充分摇匀;喷撒时喷嘴距离工件表面 300~400 mm,喷射方向与表面夹角为 30°~40°,朝一个方向一次喷涂完成,喷涂以后的效果图如图 7-7 所示。)

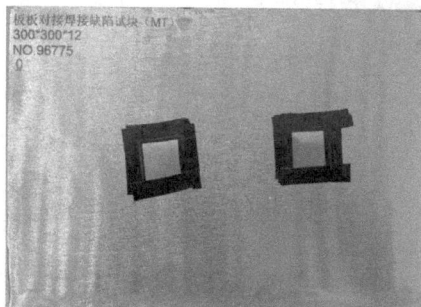

图 7-5　固定磁粉探伤 A1 型标准试片

图 7-6　喷涂反差剂

3. 磁悬液水断试验(润湿性检查)

待反差剂干燥后,将磁悬液摇匀并均匀地喷撒在焊缝和两侧区域,以及磁粉探伤 A1 型标准试片上。磁悬液液膜应是均匀连续的,无断开现象,如图 7-8 所示。

图 7-7　在磁粉探伤 A1 型标准试片上喷涂反差剂

图 7-8　润湿性检查

4. 磁化、施加磁悬液

在磁化的同时施加磁悬液,通电时间为 1~3 s,每个部位至少磁化两次,磁化重叠区不小于 15 mm。焊缝至少进行接近垂直的两次磁化,操作步骤如图 7-9 所示(连续法磁化操作顺序为浇磁悬液—通电—停止浇磁悬液—断电,磁悬液要搅拌均匀)。

5. 灵敏度检查

磁粉探伤 A1 型标准试片上圆环和十字人工缺陷应能够清晰显示,结果如图 7-10 所示,图中的标准片型号为 60 号,说明此次试验至少可以检验 60 号的缺陷类型。

图 7-9　磁化操作步骤

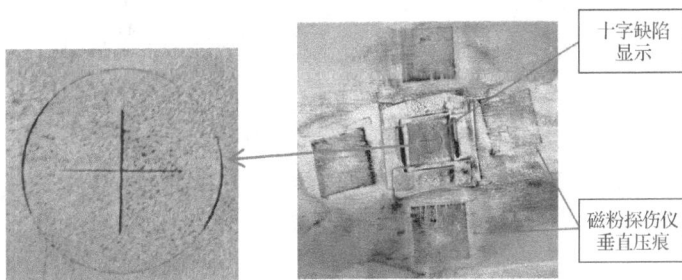

十字缺陷
显示

磁粉探伤仪
垂直压痕

图 7-10　磁探标准片结果显示

6. 磁痕显示的观察、分析

排除伪显示和非相关显示,确定缺陷显示,焊缝缺陷结果显示如图 7-11 所示。

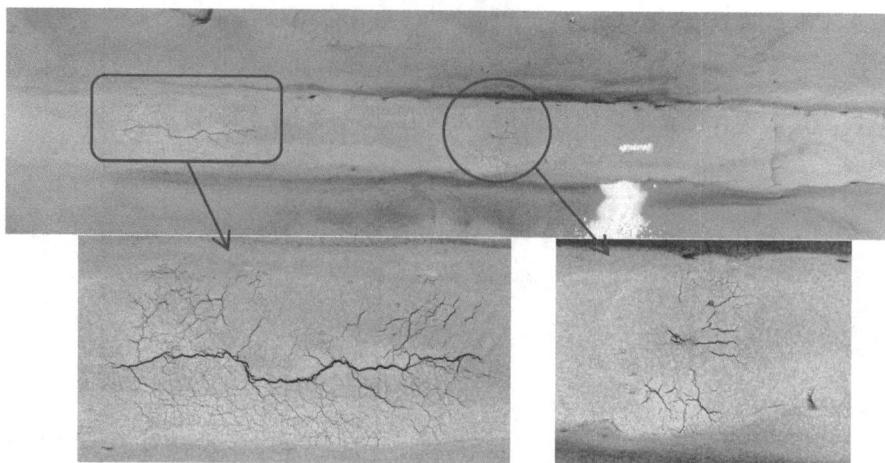

图 7-11 焊缝缺陷结果显示

7. 缺陷测量和记录

以试板编号在左上角为基准,如图 7-12 所示。

1)测量并记录一组缺陷最左端至试板左端的距离 S_1;

2)测量并记录一组缺陷最右端至试板左端的距离 S_2;

3)测量并记录一组缺陷中最长缺陷中心至试板左端的距离 S_3;

4)测量一组缺陷中最长缺陷的长度 L;

5)统计并记录一组缺陷中缺陷显示的条数 n。

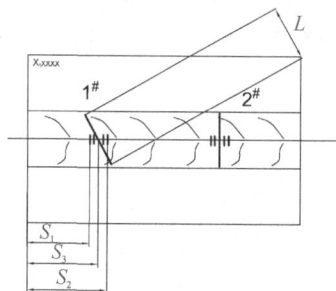

图 7-12 缺陷样板示意图

8. 后处理

将试板表面擦拭干净,将操作台整理好。

9. 缺陷评级和报告填写

缺陷评级依据 NB/T47013.4—2015 进行。

报告填写格式如下。

磁粉检测报告

编号：××××

主体材质	—	板厚/mm	—	试件编号	××
仪器型号	CJX-220E	磁粉种类	黑磁粉	表面状况	焊后修磨
磁悬液类型及浓度：水悬液,10～25 g/L				标准试块	A130/100
磁化时间/s	1～3 s	磁化方法	磁轭法	喷洒方式	喷施
执行标准	JB/T 4730.4—2005		提升力(磁轭法)/N		≥45 N
支杆间距(支杆法)	—		磁化电流(支杆法)/A		—

缺陷序号	S_1/mm	S_2/mm	S_3/mm	L_1/mm	n_1/条	评定级别	备注
1	50	60	55	8	5	不允许	裂纹

示意图：

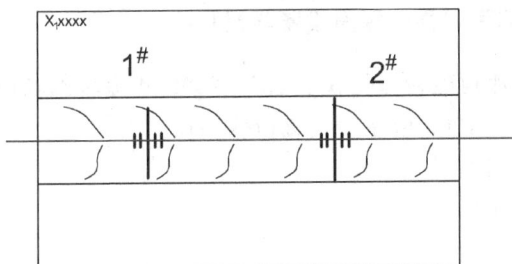

注：S_1—磁痕最左端到试板左端距离；

S_2—磁痕最右端到试板左端距离；

S_3—最长磁痕到试板左端距离；

L_1—$1^\#$缺陷中最长磁痕长度；

n_1—$1^\#$缺陷中磁痕条数。

结　　论	—		
探　伤　员	××(考号)	日　期	××年××月××日

7.2 磁粉探伤工艺卡编制案例

一低温容器用甲型平焊法兰,精车表面,其结构形式及几何尺寸如图 7-13 所示,材料牌号为 09MnNiD(剩磁 $B_r=0.76$ T,矫顽力 $H_c=940$ A/m)。法兰公称压力为 1.6 MPa,工作温度为 -20 ℃。要求采用磁粉检测方法检验螺栓孔内壁表面的纵向不连续性,以高等级灵敏度进行探伤,检测标准为 NB/T 47013.4—2015,质量验收等级为Ⅰ级。请根据工件特点选择最适宜的方法、编制磁粉检测工艺卡并填写操作要求及主要工艺参数。

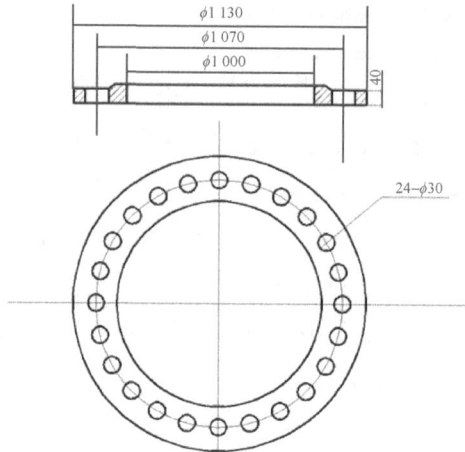

图 7-13 平焊法兰

7.2.1 磁粉渗透检测可提供的探伤设备与器材

1)EE-1000 型单磁轭角磁粉探伤仪、CXE-2000 型旋转磁场磁粉探伤仪、CJX-1000 型交流磁粉探伤仪、CEW-4000 型移动式磁粉探伤仪。

2)GD-3 型毫特斯拉计。

3)ST-80(C)型照度计。

4)UV-A 型紫外辐照度计。

5)黑光灯。

6)YC2 型荧光磁粉、黑磁粉、BW-1 型黑磁膏、水、煤油、LPW-3 号油基载液。

7)A1、C、D 型试片。

8)磁悬液浓度测定管。

9)2～10 倍放大镜。

10)Φ10 mm 铜棒。

11)其他需要的辅助器材。

7.2.2 编制工艺卡的要求

1)在"计算依据"栏中应填写采用检测标准的磁化电流计算公式,以及与确定工艺参数相关的其他计算公式和计算过程。

2）在"操作要求及主要工艺参数"栏中应按检测顺序及工艺卡所要求的内容逐项填写。

3）在工艺卡"编制""审核""批准"栏中填写其资格等级、职务和日期。

7.2.3　磁粉探伤工艺卡编制

<h2 style="text-align:center">磁粉探伤工艺卡（参考答案）</h2>

工件名称	平焊法兰	工件规格	Φ1 130/1 070 mm/1 000 mm×40 mm	材料牌号	09MnNiD
检测部位	螺栓孔内壁表面	表面状况	精车	探伤设备	CJX－1000 型或CEW－4000 型（2.0 分）
检验方法	湿法连续法交流电（或直流电）（3.0 分）	紫外光照度或工件表面光照度	黑光灯辐照度≥1 000 $\mu W/cm^2$ 或工件表面光照度≥1 000 lx（1.0 分）	标准试片	C－15/50（1.0 分）
磁化方法	中心导体法（3.0 分）	磁粉、载液及磁悬液配制浓度	YC2 荧光磁粉 LPW－3 号油基载液 0.5～3.0 g/L 或非荧光磁粉水载液 10～25 g/L（1.0 分）	磁悬液施加方法	喷洒（0.5 分）
磁化规范	I＝240～450 A（交流电）；I＝360～960 A（直流电）并根据标准试片实测结果确定（3.0 分）	检测方法标准	JB/T4730.4—2005（0.5 分）	质量验收等级	Ⅰ级（0.5 分）
不允许缺陷	1.任何裂纹和白点。2.任何线性缺陷磁痕。3.在评定框内，单个圆形缺陷磁痕 d＞2.0 mm 或 d≤2.0 mm 的，超过一个。4.综合评级超标的缺陷磁痕。（2.0 分）				
计算依据	1.按 NB/T 47013.4—2015 表 3 交流电连续法、中心导体法磁化规范 I＝(8～15)D 计算，D＝30 mm，则 I＝240～450 A；直流电 I＝(12～32)D，则 I＝360～960 A。 2.对 Φ10 mm 铜棒进行中心导体法磁化，选取的磁化电流值应保证灵敏度试片上人工缺陷磁痕清晰显示。 3.24 个螺栓孔分别进行磁化、检测。（1.5 分）				
示意草图	中心导体法磁化示意图（1.0 分）				
工序号	工序名称	操作要求及主要工艺参数（10 分）			

续表

1	预处理		清除工件表面油脂或其他黏附磁粉的物质。（0.5分）			
2	磁化	磁化顺序	采用中心导体法（通电铜棒置于孔中心）磁化被检测法兰螺栓孔内壁表面纵向缺陷。（1.0分）			
		试片校核	1、应将C型试片弯成与Φ30 mm螺栓孔曲率相同的状态，贴在孔内壁。（0.5分） 2、磁化时，先按NB/T 47013.4—2015标准中表3公式计算出的磁化电流磁化。（0.5分） 3、再采用C-8/50试片验证磁化电流，以试片上人工缺陷清晰显示时的电流为最终磁化规范。（0.5分）			
		磁化次数	同一螺栓孔至少磁化两次。24个孔分别磁化。（0.5分）			
		磁化时间	采用连续法磁化，磁化、施加磁悬液及观察必须在通电时间内完成，通电1~3 s，停施磁悬液1 s后才停止磁化。（0.5分）			
3	检验与复验	观察时机	检验在磁痕形成后立即进行。（0.5分）			
		检验环境	荧光法：紫外光≥1 000 μW/cm²，暗室可见光照度≤20 lx。或非荧光法：可见光下工件表面光照度≥1 000 lx。（0.5）			
		缺陷观察	磁痕观察需采用相关辅助器材和措施，如内窥镜、反光镜、多角度观察等。（0.5分）			
		超标缺陷处理	发现超标缺陷后认真记录，然后清除至肉眼不可见，再用MT复验，直至缺陷被完全清除。（0.5分）			
4	记录	记录方式	采用照相、录像和可剥性塑料薄膜等方式记录缺陷，同时应用草图标示。（0.5分）			
		记录内容	记录缺陷形状、数量、尺寸和部位。（0.5分）			
5	退磁		无特殊要求时无需退磁。（0.5分）			
6	后处理		清除工件表面多余的磁悬液和磁粉。（0.5分）			
7	报告		按NB/T 47013.4—2015第9.1条要求签发MT报告。（0.5分）			
编制	MT-Ⅲ（或MT-Ⅱ）（0.5分） 年　月　日		审核	MT-Ⅲ（或责任师）（0.5分） 年　月　日	批准	单位技术负责人（0.5分） 年　月　日

第8章 射线探伤实践操作案例

8.1 底片评定的基本要求

底片评定是射线检测的重要内容,其基本要求包括底片质量要求、评定环境要求、设备要求、评定人员条件要求等。

8.1.1 底片质量要求

(1) 灵敏度

灵敏度从定量方面而言,是指在射线底片上可以观察到的最小缺陷尺寸或最小细节尺寸;从定性方面而言,是指发现和识别细小影像的难易程度。在射线底片上所能发现的沿射线穿透方向上的最小尺寸,称为绝对灵敏度,此最小缺陷尺寸与透照厚度的百分比称为相对灵敏度。用人工孔槽、金属丝尺寸(像质计)作为底片影像质量的监测工具而得到的灵敏度又称为像质计灵敏度。

要求:底片上可识别的像质计影像、型号、规格、摆放位置,可观察的像质指数(Z)是否达到标准规定要求等,满足标准规定为合格。

(2) 黑度

为保证底片具有足够的对比度,黑度不能太小,但因受到观片灯亮度的限制,底片黑度也不能过大。《承压设备无损检测 第 2 部分:射线检测》(NB/T 47013.2—2015)规定,国内观片灯亮度必须满足观察底片黑度 $D_{min} \geqslant 2.0$。底片黑度测定要求:按标准规定,其下限黑度是指底片两端焊缝余高中心位置的黑度,其上限黑度是指底片中部焊缝两侧热影响区(母材)位置的黑度。只有当有效评定区内各点的黑度均在规定的范围内方为合格。底片评定范围内的黑度应符合下列规定:A 级(≥1.5),AB 级(≥2.0),B 级(≥2.3),经各同各方同意,AB 级最低黑度可降低至 1.7,B 级最低黑度可降低至 2.0。透照小径管或其他截面厚度变化大的工件时,AB 级最低黑度允许降低至 1.5。

采用多胶片技术时,单片观察时单片的黑度应符合以上要求,多片叠加观察时单片黑度应不低于 1.3。

(3) 标记

底片上标记的种类和数量应符合有关标准和工艺规定,标记影像应显示完整、位置正确。常用标记分为：识别标记(如工件编号、焊缝编号及部位片号、透照日期)，定位标记(如中心定位标记、搭接标记和标距带等)，返修标记(如 R1，…，RN)。上述标记应放置在距焊趾不少于 5 mm 的地方。

（4）伪缺陷

因透照操作或暗室操作不当，或由于胶片、增感屏质量不好，在底片上留下的缺陷影像，如划痕、折痕、水迹、斑纹、静电感光、指纹、霉点、药皮脱落、污染等。上述伪缺陷均会影响评片的正确性，造成漏判和误判，因此底片上有效评定区域内不允许有伪缺陷影像。

（5）散射

照相时，暗袋背面应贴附一个"B"铅字标记，评片时若发现在较黑背景上出现"B"字较淡影像(浅白色)，则说明背散射较严重，应采取防护措施，重新拍照，若未见"B"字，或在较淡背景出现较黑的"B"字，则表示合格。

8.1.2 评片环境、设备等要求

（1）环境

要求评片室独立、通风和卫生，室温不宜过高(应备有空调)，室内光线应柔和偏暗，室内亮度应在 30 cd/m² 为宜。室内噪声应控制在＜40 dB 为佳。在评片前，进入评片室之后应适应评片室内亮度至少 5～10 min；从暗室进入评片室之后应适应评片室内亮度至少 30 s。

（2）设备

1)观片灯：应有足够的光强度，确保透过黑度为≤2.5 的底片后可见光度应为 30 cd/m²；透过黑度为＞2.5 的底片后可见光度应为 10 cd/m²。亮度应可调，性能稳定，安全可靠，且噪声应＜30 dB。观片时用遮光板应能保证底片边缘不产生亮光的眩晕而影响评片。

2)黑度计：应读数准确，稳定性好，能准确测量 4.0 以内的透射样品密度，其稳定性分辨力为+0.02，测量值误差应≤±0.05，光孔径要求＜1.0 mm 为佳，黑度计至少每 6 个月校验 1 次，标准黑度片至少应 3 年送法定计量单位检定 1 次。

3)评片用工具：放大镜应为 3～5 倍，应有 0～2 cm 长刻度标尺。评片人可借助放大镜对底片上的缺陷进行细节辨认和微观定性分析，高倍易产生影像畸变而不采用。评片尺应有读数准确的刻度，尺中心为"0"刻度，两端刻槽至少应有 200 mm，尺上应有 10 mm×10 mm、10 mm×20 mm、10 mm×30 mm 的评定框线。

8.1.3 评片人员要求

评片人员要求：经过系统的专业培训，并通过法定部门考核确认具有承担此项工作的能力与资格，一般要求具有 RT-Ⅱ 级资格证书，具有一定的评片实际工作和经验，并能经常到现场参加缺陷返修解剖工作；具有一定的焊接及热处理等相关专业知识，熟悉有关规范、标准，并能正确理解和严格按标准进行评定，具有良好的职业道德、高度的工作责任心；评片前应充分了解被评定的工件材质、焊接工艺、接头坡口形式、焊接缺陷可能产生的种类、部位及射线透照工艺情况；具有良好的视力，矫正视力不低于 1.0，并能读出距离 400 mm、高

0.5 mm、间隔 0.5 mm 的一组印刷字母。

8.1.4　相关知识

(1)人的视觉特性

人在较暗的环境中对黄光最敏感,其次是白色、橙色或黄绿色,而对红光、蓝紫色光都不敏感。人眼难以适应光强不断变化的环境,光强不断变化会使人视觉敏感度下降,人眼极易疲劳。通常情况下,人眼的目视分辨率:点状为 0.25 mm,线状为 0.025 mm。目视分辨率太小则要借助放大镜观察。

(2)表观对比度与观片条件

1)表观对比。对显示缺陷不起作用的所有光线(L_s),如室内环境光线、底片上缺陷周围的透过光线等,进入眼体,会使人眼辨别影像黑度差的能力下降,这种下降的黑度差值 ΔD_a 称为表观对比度,从 $\Delta D_a \approx 0.434[\Delta D/(1+N')]$(式中 $N'=L_s/L$)中看出,L_s 越大,N' 就越大,即 ΔD_a 越小。因此应尽量避免那些对显示缺陷不起作用的光线进入眼中。

2)观片条件对识别度的影响:

A.底片黑度与识别度的关系:在低黑度区域。识别度 ΔD_{min} 变化不大,在标准黑度(1.5~3.5)区域内,识别度 ΔD_{min} 随着底片黑度的增大而提高,在高黑度($\geqslant 4.0$)区域 ΔD_{min} 随底片黑度增大而降低,即高黑度底片对细小金属丝观察不利。所以底片黑度过高或过低都不利于金属丝影像的识别。

B.观片灯亮度与识别度的关系:通过增大观片灯亮度能增大可识别金属丝影像的黑度范围。

C.环境亮度对识别度的关系:周围光线使人眼感觉到的底片对比度变小,从而使得可识别的黑度范围减小,识别度下降。

8.1.5　评片的基本条件与工作质量关系

1)从底片上所获得的质量信息:

A.从底片上获得缺陷的有无、性质、数量及分布情况等。

B.获得缺陷的二维尺寸(长、宽)信息,沿板厚方向可用黑度大小表示。

C.能预测缺陷可能扩展和张口位移的趋向。

D.能依据标准、规范对被检工件的质量作出合格与否的评价。

E.能为安全质量事故及材料失效提供可靠的分析凭证。

2)正确评判底片的意义:

A.预防不可靠工件转入下道工序,防止材料和工时的浪费。

B.能指导和改进被检工件的生产制造工艺。

C.能消除质量事故隐患,防止事故发生。

3)良好的评判条件,是底片评判工作质量保证的基础:

A.评片人的技术素质是评判工作质量保证的关键。

B.先进的观片仪器设备是评判工作质量保证的基础。

C.良好的评片环境是评判人员技术素质充分发挥的必要条件。

8.2 底片各类缺陷影像的评判分析方法

8.2.1 底片上焊缝轮廓成像的分析

（1）焊接方法

1）手工电弧焊：影像中明显可见焊条摆动时的运条波纹，表面不光滑。

2）手工钨极氩弧焊：又称非熔化极氩弧焊，采用光丝焊，焊丝摆动速度低于手工电弧焊，表面光滑，运条波纹明显少于电弧焊。

3）自动埋弧焊（含自动钨氩弧焊）：影像成形规整、表面光滑，无手工电弧焊的运条波纹，但下坡焊有熔敷金属的铁水流线纹。如图8-1所示。

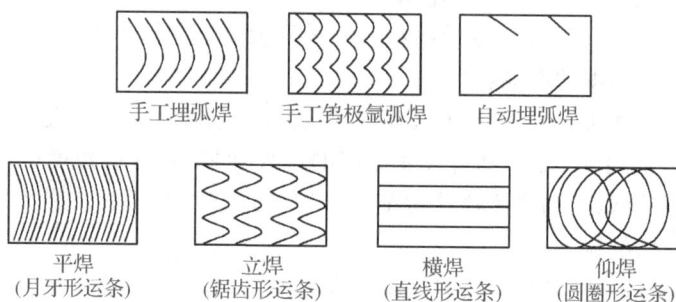

手工埋弧焊　　　手工钨极氩弧焊　　　自动埋弧焊

平焊　　　　　　立焊　　　　　　横焊　　　　　　仰焊
（月牙形运条）　（锯齿形运条）　（直线形运条）　（圆圈形运条）

图8-1　焊接方法和焊接位置

（2）焊接位置

板分为平焊、立焊、横焊和仰焊。管环缝可分为水平转动焊，水平固定焊和垂直固定焊。水平固定焊又称为全位置焊。

1）平焊：手工平焊影像明显可见的均匀细长的焊条运行波纹，成形较规整，其波纹图形如同水的波纹一样，如图8-1所示。

2）立焊：手工立焊影像明显可见鱼鳞状三角波纹，有时呈三角沟槽，成形较规整。

3）横焊：手工横焊影像明显可见焊道与焊道之间的沟槽，横焊时，焊条不上下摆动，故无焊条的波纹。

4）仰焊：手工仰焊，焊条摆动方式与平、立、横均不相同，其影像无平、立、横的运条波纹，如同许多个圆饼形纹组成的焊缝影像，黑度不均匀，若其背面为平焊缝，则还可见不太明显的平焊波纹。

5）水平转动焊工：其影像明显可见平焊水波纹特征。

6）水平固定焊：又称全位置焊，其影像既具有平焊特征，又有立焊和仰焊影像特征，表面成形不太规整。

7）垂直固定焊：该焊缝全部为横焊，故其影像具有横焊影像特征。

（3）焊接形式

焊接分为双面焊、单面焊、加垫板的单面焊。

（4）确定评定区范围

评定区长度为两搭接标记（或有效区段标记）之间的距离，宽度是焊缝本身加上焊缝两侧 5 mm 的区域。因结构或焊接方法等原因需要增大焊缝两侧评定的宽度，评定范围的宽度由合同各方商定。

（5）确定焊接方向和焊缝成像的投影状态

依据焊缝波纹判断焊接走向和结晶方向，查出起弧和收弧位置。依据焊线的位置确定焊缝成像的投影状态，即垂直透照和倾斜透照。依据焊线间距来分清焊缝的表面和背面（或根部）的位置。

8.2.2　缺陷影像的定性分析

（1）观察影像的特征

1）观察影像的位置：依据影像的位置，依据坡口形式及尺寸，并按照投影状态（垂直透照、倾斜透照），作图分析和推测缺陷在焊缝中所处的位置（如在根部、坡口上，还是在表面等），以此确定性质。

2）研究影像的走向（延伸方向）：根据焊接工艺因素和冶金因素，可知缺陷的走向（延伸方向）是有一定规律的，如未熔合、未焊透是沿焊缝成形方向（即纵向）延伸的，热裂纹、虫状气孔总是沿焊缝结晶方向延伸的，针孔总是在焊缝中间并垂直轴线（即处在柱状结晶晶界缩孔），咬边总是在焊线上，并中断焊线，等等。

3）影像形态细节特征分析：如裂纹的尖端和锯齿特征，未焊透线两侧面的直边具有钝边加工痕迹特征，坡口未熔合靠母材侧具有直线状（钝边加工痕迹）特征等，并常采用下列方法进行细节分析：

A.调节观片灯亮度；

B.遮挡细节部位邻近区域透过的光线；

C.使用放大镜；

D.移动底片，不断改变观察距离和角度等。

（2）焊接缺陷在底片上的影像特征的辨认

焊接缺陷从宏观上看可分为裂纹、未熔合、未焊透、夹渣、气孔及形状缺陷（又称焊缝金属表面缺陷，或称接头的几何尺寸缺陷，如咬边、焊瘤等），在底片上还常见机械损伤（磨痕），以及飞溅、腐蚀麻点等其他非焊接缺陷。从微观上看，焊接缺陷可分为晶体空间和间隙原子的点缺陷、位错性的线缺陷，以及晶界的面缺陷。微观缺陷是发展为宏观缺陷的隐患。

按缺陷形态分：

1）体积状缺陷（又称三维缺陷），如气孔、夹渣、未焊透、咬边、内凹等。

2）平面形状缺陷（又称二维缺陷），如未熔合、裂纹、白点等。

按缺陷所含成分的密度分：

1）密度大于焊缝金属的缺陷，如夹钨、夹铜、夹珠等在底片上呈白色影。

2）密度小于焊缝金属的缺陷，如气孔、夹渣等在底片上呈黑色影像。

8.2.3 宏观六类缺陷在底片上成像的基本特征

在底片上常见的焊接缺陷有六种,即气孔、夹渣、未焊透、未熔合、裂纹和形状缺陷(如咬边等)。

1.基本特征

(1)气孔

在焊缝中常见的气孔可分为球状气孔、条状气孔和缩孔。

1)球状气孔:按其分布状态可分为均布气孔、密集气孔、链状气孔、表面气孔。球孔,在底片上多呈现为黑色小圆形斑点,外形较规则,黑度中心深,沿边缘渐淡,轮廓清晰可见。单个分散出现,且黑度淡、轮廓欠清晰的多为表面气孔;密度成群(>5 个/cm²)叫密集气孔,大多在焊缝近表面,是空气中氮气进入熔池造成的;平行于焊缝轴线呈链状分布(通常在1 cm长线上有 4 个以上,其间距均不大于最小的孔径)称为链状气孔;一群均匀分布在整个焊缝中的气孔,叫均布气孔。球状气孔如图 8-2 所示。

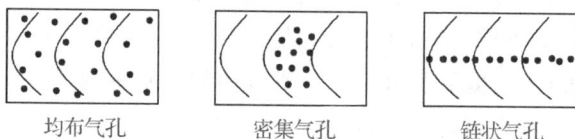

均布气孔　　　　　　密集气孔　　　　　　链状气孔

图 8-2　球状气孔

2)条状气孔:按其形状可分为条状气孔、斜针状气孔(蛇孔、虫孔、螺孔等)。

A.条状气孔:在底片上,多平行于焊缝轴线,黑度均匀较淡,轮廓清晰,起点多呈圆形(胎生圆),并沿焊接方向逐渐均匀变细,终端呈尖形。这种气孔多因焊剂或药皮烘烤不够,造成沿焊条运行方向发展,内含 CO 和 CO_2,如图 8-3 所示,大多出现在打底焊道熔敷金属中。

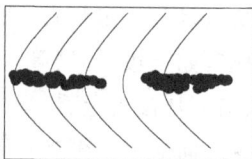

图 8-3　条状气孔

B.斜针状气孔:在底片上多呈现为各种条虫状的影像,一端保持着气孔的胎生圆(或半圆形),一端呈尖细状,其宽窄变化是均匀逐渐变窄(细),黑度淡而均匀,轮廓尚清晰,这种气孔多沿结晶方向呈长条状,其外貌取决于焊缝金属的凝固方式和气体的来源。一般多呈人字形分布(CO),少数呈蝌蚪状(氢气孔),如图 8-4 所示。

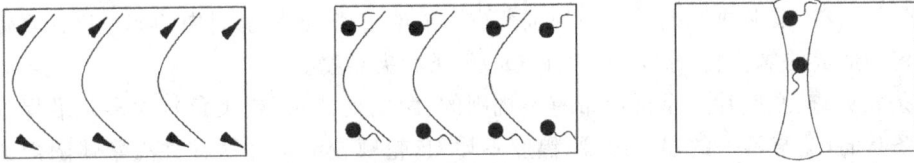

图 8-4　斜针状气孔

3) 缩孔：按其成因可分为晶间缩孔和弧坑缩孔。

A. 晶间缩孔：又称枝晶间缩孔，焊缝金属在冷却过程中，残留气体在枝晶间形成长条形缩孔，这种气孔垂直焊缝表面，在底片上多呈现为有较大的黑度、轮廓清晰、外形不规正的圆形影像，并出现在焊缝的轴线上或附近区域，又称针孔，如图 8-5 所示。

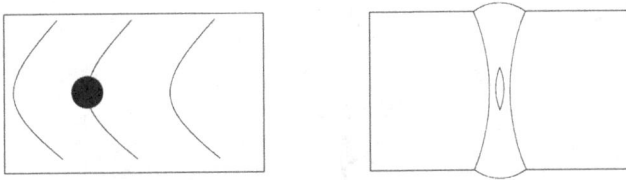

图 8-5　晶间缩孔

B. 弧坑缩孔：又称火口缩孔，焊缝的末端未填满，而在后面的焊接焊道又未消除而形成。在底片上的焊缝凹坑（或弧坑）黑色浅淡的影像中，有一黑度明显大于周围黑度的块状影像。其黑度均匀，轮廓欠清晰，外形不正规，有收缩的线纹，如图 8-6 所示。

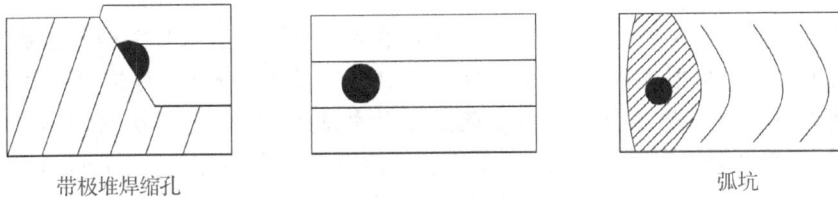

带极堆焊缩孔　　　　　　　　　　　　　　　　弧坑

图 8-6　弧坑缩孔

(2) 夹渣

夹渣按形状可分为点状（块状）和条状，按其成分可分为金属夹渣和非金属夹渣。

1) 点状（块状）：

A. 点（块）状非金属夹渣：在底片上呈现为外形不规则，轮廓清晰，有棱角、黑度淡而均匀的点（块）状影像。点状（块状）夹渣有密集（群集）、链状的，也有单个分散出现的，主要成因是焊剂或药皮残留在焊道与母材（坡口）或焊道与焊道之间，如图 8-7 所示。

B. 点状金属夹渣：如钨夹渣、铜夹渣。钨夹渣在底片上多呈现为淡白色的点块状亮点。轮廓清晰、大多群集成块，在 5 倍放大镜下观察有棱角。铜夹渣在底片上多呈灰白不规整的影像，轮廓清晰，无棱角，多为单个出现。夹珠在底片上多为圆形的灰白色影像，在白色的影像周围有黑度略大于焊缝金属的黑色圆圈，如同句号"。"或"C"。其成因主要是大的飞溅或断弧后焊条(丝)头剪断后埋藏在焊缝金属之中,周围一圈黑色影像为未熔合。

2)条状夹渣:按形成原因可分为焊剂药皮形成的熔渣,金属材料内的非金属元素偏析在焊接过程中形成的氧化物(SiO_2、SO_2、P_2O_3)等条状夹杂物。

A.条状夹渣:在底片上呈现出带有不规则的、两端呈棱角(或尖角),大多是沿焊缝方向延伸成条状的,宽窄不一的黑色影像,黑度不均匀,轮廓较清晰。这种夹渣常伴随焊道之间和焊道与母材之间的未熔合同生,如图8-8所示。

B.条状夹杂物:在底片上,其形态和条渣相似,但黑度淡而均匀,轮廓欠清晰,无棱角,两端呈尖细状。条状夹杂物多残存在焊缝金属内部,分布在焊缝中心部位(最后结晶区)和弧坑内,局部过热区残存更明显,如图8-9所示。

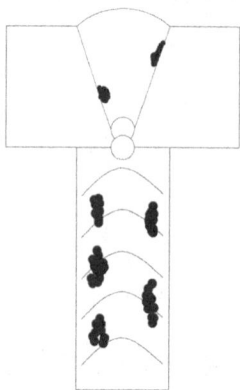

图8-7　点状非金属夹渣　　　　图8-8　条状夹渣　　　　图8-9　条状夹杂物

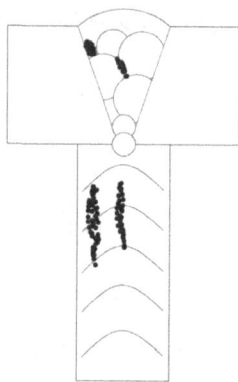

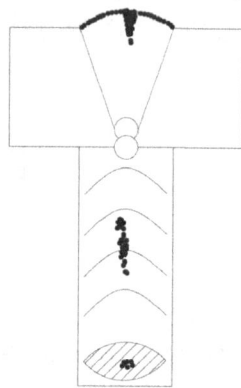

(3)未焊透

未焊透主要是母材金属之间没有熔化,焊缝熔敷金属没有进入接头根部造成的。其按焊接方法可分为单面焊根部未焊透、双面焊坡口中心根部未焊透和带衬垫的焊根未焊透。

1)单面焊根部未焊透:在底片上多呈现为规则的、轮廓清晰的、黑度均匀的直线状黑线条,有连续和断续之分。垂直透照时,其多位于焊缝影像的中心位置,线条两侧在5倍放大镜下观察可见保留钝边加工痕迹。其宽度是依据焊根间隙而定的,两端无尖角(在用容器未焊透两端若出现尖角,则表示未焊透已扩展成裂纹)。它常伴随根部内凹、错口影像,如图8-10所示。

2)双面焊坡口中心根部未焊透:在底片上多呈现为规则的、轮廓清晰、黑度均匀的直线性黑色线条,垂直透照时,位于焊缝影像的中心部位,在5倍放大镜下观察明显可见两侧保留原钝边加工痕迹。它常伴有链孔和点状或条状夹渣,有断续和连续之分,宽度也取决于焊根间隙,一般多为较细的(有时如细黑线)黑色直线纹,如图8-11所示。

3)带垫板(衬环)的焊根未焊透:在底片上常出现在钝边的一侧或两侧,外形较规则,靠钝边侧保留原加工痕迹(直线状),靠焊缝中心侧不规则,呈曲齿(或曲弧)状,黑度均匀,轮廓清晰。其根部间隙过小、钝边高度过大而引起的未焊透,采用缩口边做衬垫,以及用机械加工法在厚板边区加工成垫环的未焊透,和双面焊未焊透影像相似,如图8-12~图8-14所示。

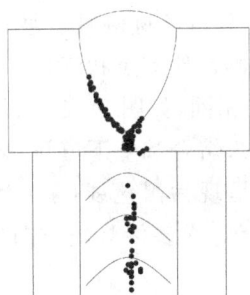

图 8-10　单面焊根部未焊透　　图 8-11　双面焊坡口中心根部未焊透

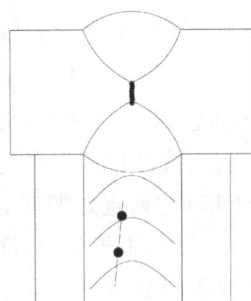

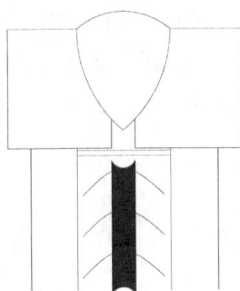

图 8-12　带垫板(衬环)的焊根未焊透(一)　　图 8-13　带垫板(衬环)的焊根未焊透(二)

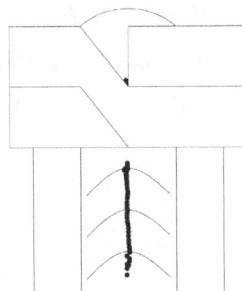

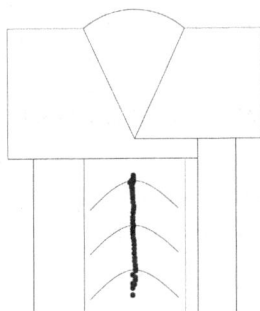

图 8-14　带垫板(衬环)的焊根未焊透(三)

(4)未熔合

未熔合按其位置可分为坡口未熔合、焊道之间未熔合、单面焊根部未熔合。

1)坡口未熔合:按坡口形式可分为 V 形(X 形)坡口和 U 形坡口未熔合。

A.V 形坡口未熔合:常出现在底片焊缝影像两侧边缘区域,呈黑色条状,靠母材侧呈直线状(保留坡口加工痕迹),靠焊缝中心侧多为弯曲状(有时为曲齿状)。垂直透照时,黑度较淡,靠焊缝中心侧轮廓欠清晰。沿坡口面方向透照时,会获得黑度大、轮廓清晰、近似于线状细夹渣的影像。在 5 倍放大镜下观察仍可见靠母材侧具有坡口加工痕迹(直线状),靠焊缝中心侧仍是弯曲状。该缺陷多伴随夹渣同生,故称黑色未熔合,不含夹渣的气隙称为白色未熔合。垂直透照时,白色未熔合是很难检出的,如图 8-15 所示。

B.U 形坡口未熔合:垂直透照时,出现在底片焊缝影像两侧的边缘区域内,呈直线状的黑线条,如同未焊透影像,在 5 倍放大镜下观察仍可见靠母材侧具有坡口加工痕迹(直线状),而靠焊缝中心侧可见有曲齿状(或弧状),并在此侧常伴有点状气孔。其黑度均匀,轮廓清晰,也常伴有夹渣同生,倾斜透照时,形态和 V 形的相同,如图 8-16 所示。

2)焊道之间未熔合:按其位置可分为并排焊道间未熔合和上下道间(又称层间)未熔合。

A.并排焊道间未熔合:垂直透照时,在底片上多呈现为黑色线(条)状,黑度不均匀,轮廓不清晰,两端无尖角,外形不规整,与细条状夹渣相似,大多沿焊缝方向伸长,在 5 倍放大镜下观察时,轮廓边界不明显,如图 8-17 所示。

B.层间未熔合:垂直透照时,在底片上多呈现为黑色的不规则的块状影像。其黑度淡而不均匀,一般中心黑度偏大,轮廓不清晰,与内凹和凹坑影像相似,如图 8-18 所示。

3)单面焊根部未熔合:垂直透照时,在底片焊缝根部焊趾线上出现的呈直线型的黑色细线,长度为 5~15 mm,黑度较大,细而均匀,轮廓清晰,在 5 倍放大镜下观察可见靠母材侧保留钝边加工痕迹,靠焊缝中心侧呈曲齿状,大多与根部焊瘤同生,如图 8-19 所示。

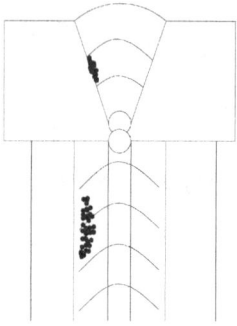

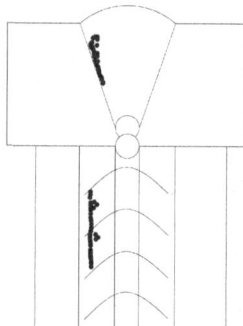

图 8-15　V 形(X 形)坡口未熔合　　图 8-16　U 形坡口未熔合　　图 8-17　并排焊道之间未熔合

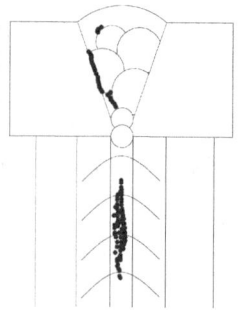

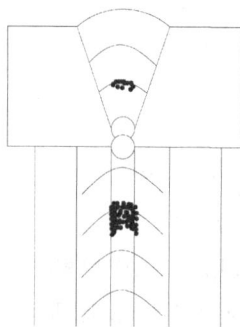

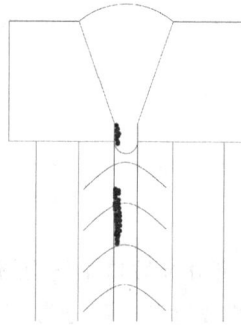

图 8-18　层间未熔合　　图 8-19　单面焊根部未熔合

(5)裂纹

裂纹按其形态可分为纵向裂纹、横向裂纹、弧坑裂纹和放射裂纹(星形裂纹)。

1)纵向裂纹:裂纹平行于焊缝的轴线,出现在焊缝影像中心部位、焊趾线上(熔合线上)和热影响区的母材部位,在底片裂纹的影像多为略带曲齿或略有波纹的黑色线纹。其黑度均匀,轮廓清晰,用 5 倍放大镜观察,轮廓边界仍清晰可见。两端尖细,无分枝现象,中段较宽,黑度较大,一般多为热裂纹。在底片焊缝影像的根部或热影响区出现直线性,且有从同一裂缝上引起的一组分散(分叉)的裂纹,影像清晰,边界无弥散现象,这种影像多为冷裂纹图像,如图 8-20 所示。

2)横向裂纹:裂纹垂直于焊缝轴线,一般是沿柱状晶界发生,并与母材的晶界相连,或是因母材的晶界上的低熔共晶杂质,在加热过程中产生的液化裂纹,并沿焊缝柱状结晶晶界扩展。在底片上,焊缝影像的热影响区和根部常见垂直于焊缝的微细黑色线纹,它两端尖细、略有弯曲,有分枝,轮廓清晰,黑度大而均匀,一般均不太长,很少穿过焊缝,如图 8-21所示。

3)弧坑裂纹:又称火口裂纹,一般多是焊缝最后的收弧坑内产生的低熔共晶体造成的,在底片的弧坑影像中出现"一"字纹和星形纹,影像黑度较淡,轮廓清晰,如图 8-22 所示。

4)放射裂纹:又称星形裂纹,由一共同点辐射出去,大多出现在底片焊缝影像的中心部位,很少出现在热影响区及母材部位。其主要是低熔共晶造成的,辐射出去的都是短小的、黑度较小、均匀、轮廓清晰的影像,形貌如同星形,如图 8-23 所示。

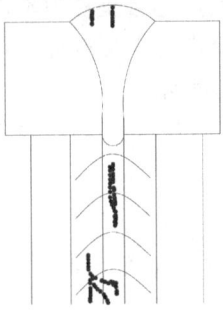

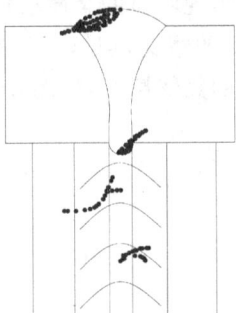

图 8-20　纵向裂纹　　图 8-21　横向裂纹　　图 8-22　弧坑裂纹　　图 8-23　放射裂纹

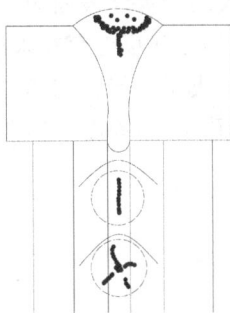

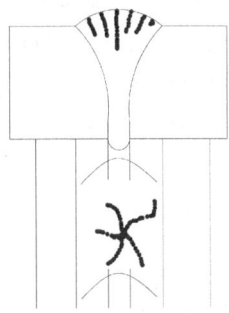

(6)形状缺陷

形状缺陷属于焊缝金属表面缺陷或接头几何尺寸的缺陷。

1)咬边。沿焊趾的母材部位被电弧熔化时所成的沟槽或凹陷,称咬边,它有连续和断续之分。在底片的焊缝边缘(焊趾处),靠母材侧呈现出粗短的黑色条状影像。黑度不均匀,轮廓不明显,形状不规则,两端无尖角。咬边可为焊趾咬边和根部(包含带垫板的焊根内咬边)咬边,如图 8-24 所示。

2)凹坑(内凹)。焊后焊缝表面或背面(根部)所形成低于母材的局部低洼部分,称为凹坑(根部称内凹),在底片上的焊缝影像中多呈现为不规则的圆形黑化区域,黑度是由边缘向中心逐渐增大的,轮廓不清晰,如图 8-25 所示。

3)收缩沟(含缩根)。焊缝金属在收缩过程中,沿背面焊道的两侧或中间形成的根部收缩沟槽或缩根。在底片焊缝根部焊道影像两侧或焊道中间出现的,黑度不均匀,轮廓欠清晰,外形呈米粒状的黑色影像,如图 8-26 所示。

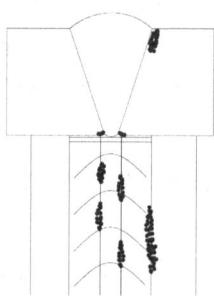 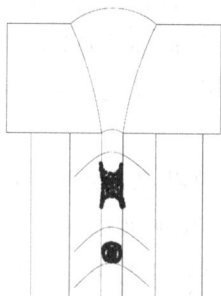 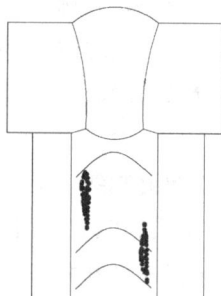

图 8-24　咬边　　　　　图 8-25　凹坑(内凹)　　　　　图 8-26　收缩沟(含缩根)

4)烧穿。焊接过程中,熔化金属由焊缝背面流出后所形成的空洞,称烧穿,可分为完全烧穿(背面可见洞穴)和不完全烧穿(背面仅能见凸起的鼓疱),在底片的焊缝焊接影像中,其形貌多为不规整的圆形,黑度大而不均匀,轮廓清晰,烧穿大多伴随塌漏同生,如图 8-27 和图 8-28 所示。

5)焊瘤。在焊接过程中,焊接参数不当或操作不当,导致焊缝金属过多堆积在焊缝表面而形成的多余金属凸起。焊瘤通常出现在焊缝的外表面,而不是错口引起的内部缺陷。在射线底片上,焊瘤的特征表现为焊缝表面的一侧出现明显的金属堆积影像,通常呈现为不规则的白色区域。焊瘤与母材之间可能存在未熔合的情况,但这并不是焊瘤的定义特征。焊瘤中可能伴有气孔,但这取决于焊接工艺和材料的具体情况,如图 8-29 所示。

6)错口。边蚀效应导致错口,如图 8-30 所示。

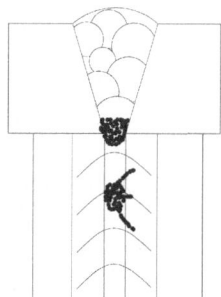 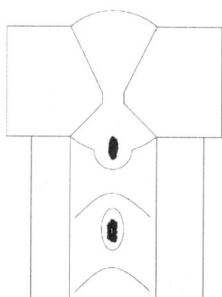 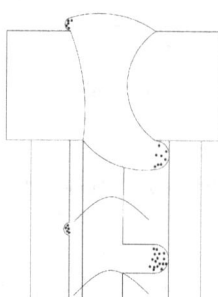 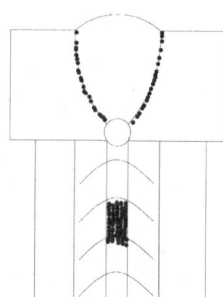

图 8-27　烧穿(一)　　　图 8-28　烧穿(二)　　　图 8-29　焊瘤　　　图 8-30　错口

2.宏观六类缺陷的形态及产生机理

1)气孔:焊接时,熔池中的气泡在凝固时未能溢出而残留下来所形成的空穴。气孔可分为条虫状气孔、针孔、柱孔,按分布可分为密集气孔、链孔等。气孔的生成有工艺因素,也有冶金因素。工艺因素主要是焊接规范、电流种类、电弧长短和操作技巧。冶金因素包括在凝固界面上排出的氮、氢、氧、一氧化碳和水蒸气等。

2)夹渣:焊后残留在焊缝中的熔渣,有点状和条状之分。其产生原因是熔池中熔化金属的凝固速度大于熔渣的流动速度,当熔化金属凝固时,熔渣未能及时浮出熔池。它主要存于焊道之间和焊道与母材之间。

3)未熔合:熔焊时,焊道与母材之间或焊道与焊道之间未完全熔化结合的部分;点焊时母材与母材之间未完全熔化结合的部分,称为未融合。未熔合可分为坡口未熔合、焊道之间未熔合(包括层间未熔合)、焊缝根部未熔合。按其间成分不同,可分为白色未熔合(纯气隙、不含夹渣)、黑色未熔合(含夹渣的)。

产生机理:①电流太小或焊速过快(线能量不够);②电流太大,使焊条大半根发红而熔化太快,母材还未到熔化温度便覆盖上去;③坡口有油污、锈蚀;④焊件散热速度太快,或起焊处温度低;⑤操作不当或磁偏吹、焊条偏弧等。

4)未焊透:焊接时接头根部未完全熔透的现象,也就是焊件的间隙或钝边未被熔化而留下的间隙,或是母材金属之间没有熔化,焊缝熔敷金属没有进入接头的根部造成的缺陷。

产生原因:焊接电流太小,速度过快;坡口角度太小,根部钝边尺寸太大,间隙太小;焊接时焊条摆动角度不当,电弧太长或偏吹(偏弧)。

5)裂纹(焊接裂纹):在焊接应力及其他致脆因素共同作用下,焊接接头中局部地区的金属原子结合力遭到破坏形成新界面而产生缝隙。它具有尖锐的缺口和大的长宽比。其按方向可分为纵向裂纹、横向裂纹、辐射状(星状)裂纹;按发生的部位可分为根部裂纹、弧坑裂纹、熔合区裂纹、焊趾裂纹及热响裂纹;按产生的温度可分为热裂纹(如结晶裂纹、液化裂纹等)、冷裂纹(如氢致裂纹、层状撕裂等)以及再热裂纹。

产生机理:一是冶金因素,二是力学因素。冶金因素是焊缝产生不同程度的物理与化学状态的不均匀,如低熔共晶组成元素 S、P、Si 等发生偏析、富集导致的热裂纹。此外,在热影响区金属中,快速加热和冷却使金属中的空位浓度增加,同时材料的淬硬倾向,降低了材料的抗裂性能,在一定的力学因素下,这些都是生成裂纹的冶金因素。力学因素是快热快冷产生了不均匀的组织区域,热应变不均匀导致不同区域产生不同的应力联系,造成焊接接头金属处于复杂的应力-应变状态。内在的热应力、组织应力和外加的拘束应力,以及应力集中相叠加构成了导致接头金属开裂的力学条件。

6)形状缺陷:焊缝表面形状可以反映出来的不良状态,如咬边、焊瘤、烧穿、凹坑(内凹)、未焊满、塌漏等。

产生原因:焊接参数选择不当,操作工艺不正确,人员焊接技能差。

8.2.4　焊接缺陷对焊接接头机械性能的影响

1)气孔:削弱了焊缝的有效工作面积,破坏了焊缝金属的致密性和结构的连续性,它使焊缝的塑性降低 $40\%\sim50\%$,并显著降低焊缝弯曲和冲击韧性以及疲劳强度,接头机械能明显不良。

2)夹渣:呈棱角(夹渣的主要特征)的不规则夹渣,容易引起应力集中,是脆性断裂扩展的疲劳源,它同样也能减小焊缝工作面积,破坏焊缝金属结构的连续性,明显降低接头的机械性能。焊缝中存在夹杂物(又称夹渣)是十分有害的,它不仅降低了焊缝金属的塑性,提高了低温脆性,同时也增加了产生裂纹的倾向和导致了厚板结构层状撕裂。焊缝中的金属夹渣(夹钨等)如同气孔一样,也会降低焊缝机械性能。

3)未焊透:在焊缝中,未焊透会导致焊缝机械强度大大降低,易延伸为裂纹缺陷,导致构件破坏,连续未焊透更是一种危险缺陷。

4)未熔合:一种类似于裂纹的极其危险的缺陷。未熔合本身就是一种虚焊,在交变载荷工作状态下,应力集中,极易开裂,是最危险的缺陷之一。

5)裂纹:焊缝中最危险的缺陷,大部分焊接构件的破坏由此产生。

6)形状缺陷:主要是造成焊缝表面的不连续性,有的会造成应力集中,产生裂纹(如咬边),有的致使焊缝截面积减小(如凹坑、内凹坑等),有的缺陷是不允许的(如烧穿,因为烧穿能致使焊缝接头完全破坏,机械强度下降)。

8.3 底片上各种非缺陷影像的识别

8.3.1 伪缺陷的识别

1)底片表面的机械损伤和表面附着污物(如划痕、擦伤、指纹、折痕、压痕、水迹等),特征是底片表面有明显可见的损伤和污物。

2)化学作用引起的,如漏光、受曲静电、药物沾染、银粒子流动、霉点等,特征是底片上未显示分布与缺陷有明显的不同。

8.3.2 底片上焊缝区域黑色圆形影像的分析

(1) 可能性分类

1)气孔和点状夹渣。

2)弧坑(凹坑、内凹)。

3)显影液飞溅斑。

4)压痕。

5)水迹。

6)银粒子流动。

7)霉点。

(2) 主要特征和区分方法

1)气孔、点渣。

2)弧坑(凹坑、内凹)。

3)显液飞溅斑:主要特征是圆形圆点外侧有一个黑度偏淡的圆圈。

4)压痕:黑度大、形态不规则,底片表面黑影处局部变形明显可见。

5)水迹:外貌如同水滴,轮廓模糊,边界黑度淡而可见,向中心逐渐减小(有时会增大),表面明显可见污物(水垢)堆积。

6)银粒子流动:呈弥散状的细小而均匀的黑点,分布面广,并出现在多张底片上。

7)霉点:分散范围广,影像细小,黑度均匀,底片表面有霉烂开花现象。

(3) 底片上焊缝区域黑线的分析

1)可能性分析:

A.裂纹。

B.未熔合。

C.未焊透。

D.错口。

E.线状气孔。

F.咬边。

G.擦伤、划痕。

H.金属增感屏折裂。

2)主要特征和区分方法:

A.裂纹、未熔合、未焊透、线状气孔、错边、咬边等。

B.擦伤划痕:多为细而光滑的黑线,底片表面开口痕迹明显可见。

C.增感屏折裂:在底片上多为宽窄变化较大的黑色线纹,大多出现在底片的端部和边缘,重现性大,可能在数张底片上出现同一形态的影像。

(4)底片上出现白色的影像分析

1)可能性分类:

A.夹钨、夹铜和夹珠。

B.焊瘤和塌漏。

C.金属飞溅。

D.垫板与母材之间的熔渣。

E.潜影受挤压衰退。

F.定影液飞溅或显影液中气泡所致斑。

G.金属增感屏断裂和缺损。

H 金属增感屏凹凸不平。

2)主要特征和区分方法:

A.夹钨、夹铜、夹珠、金属飞溅、焊瘤和塌漏等。

B.垫板与母材之间的熔渣:在根部焊趾线与垫板影像中出现的白色云块状的影像。

C.潜影受挤压衰退:在底片常见的指甲弧状的白色影像或铁锚状白色影像,表面有明显可见的挤压痕迹(如指甲印)。

D.定影液飞溅或显影液中气泡斑:显影前定影液飞溅在底片表面或显影液中气泡吸浮在底片表面,均会形成白色圆形影像,定影液飞溅所致白色斑周围黑度更为偏淡,如同白色"句号",而显影液气泡所致的白色斑周围黑度略偏高。

E.金属增感屏断裂和缺损:在底片上出现增感不足的白色线纹和块状影像,大多出现在底片端头和边缘,重现性大。

F.金属增感屏凹凸不平:底片上黑度明显不均,如同天空中云层的黑白相嵌状态。

(5)工件几何尺寸及表面机械损伤在底片上影像识别

1)分类:

A.试件结构及几何尺寸变化的影像,如母材厚度变化、焊缝衬环、内部构件(外部不可见)等投影造成的影像。

B.焊缝成形影像:如余高、根部形状、表面焊条运条波纹、立焊的鱼鳞状三角沟槽及横焊焊道之间的沟槽等生成的影像。

C.焊缝表面缺陷的影像:如咬边、内凹(凹坑)、弧坑、收缩沟槽、焊瘤、未填满、搭接不良等造成的影像。

D.表面机械损伤影像:如机械划痕、压痕、电弧烧伤、砂轮打磨沟槽、榔头锤击痕迹,表面腐蚀坑和麻点等生成的影像。

2)识别方法:

A.了解焊件的接头形式及坡口几何尺寸和结构特征。

B.了解焊缝外观检查结果,注重焊缝表面质量状况。

C.观察焊条摆动波纹及焊趾等特征在底片上成像的位置。

D.注意影像的特征和轮廓线的状态与焊件表面实物对照。

8.4 底片的缺陷影像定性、定量规定和级别评定

8.4.1 底片上缺陷影像的定性、定量规定

(1)定性规定

根据《焊缝无损检测 射线检测》(GB/T 3323—2019)、《承压设备无损检测 第2部分:射线检测》(NB/T 47013.2—2015)规定,底片上评定区域内仅对气孔、夹渣、未焊透、未熔合、裂纹五种缺陷影像进行定性、定量、定位和定级,气孔、夹渣又按其长、宽尺寸比(L/W)分为圆形缺陷($L/W \leqslant 3$)和条状缺陷($L/W > 3$),并依据缺陷危害安全的程度对缺陷性质进行分级限定。

(2)定量规定

1)标准 GB/T 3323—2019、NB/T 47013.2—2015 仅对缺陷影像的单个长度、直径及其总量进行分级限定,未对缺陷自身高度(沿板厚方向)即黑度大小进行限定。

2)《在用压力容器检验规程》不仅对条状缺陷的长度进行限定,而且也对缺陷自身高度尺寸进行等级限定。

8.4.2 底片上缺陷影像的级别规定

1.锅炉压力容器焊接接头射线照相缺陷影像的分级:

GB/T 3323—2019、NB/T 47013.2—2015 均依据缺陷,根据安全性能危害程度,将其缺陷性质和数量分为四个等级,即:

1)Ⅰ级焊接接头中不允许存在裂纹(E)、未熔合(C)、未焊透(D)、条状夹渣(Bb)和条状气孔(Ab)。

2)Ⅱ级和Ⅲ级焊接接头中不允许存在裂纹(E)、未熔合(C)和未焊透(D)。

3)焊接接头中缺陷超过Ⅲ级者评为Ⅳ级。

4)当各类缺陷评定的质量级别不同时,以质量最差的级别作为焊接接头的质量级别。

2.锅炉压力容器焊接接头射线照相缺陷影像的评级方法

(1) 圆形缺陷的等级评定(即 Ba、Aa、$L/W \leqslant 3$)

1) 圆形缺陷规定用圆形评定区进行质量分级评定。

2) 评定区范围按焊缝母材壁厚分为三个评定区,即:$T \leqslant 25$ mm 评定区为 10 mm× 10 mm,25 mm$<T \leqslant 100$ mm 评定区为 10 mm×20 mm,$T >100$ mm 评定区为 10 mm× 30 mm,T 为母材厚度(最薄者)。

3) 评定区应选在缺陷最严重的部位。

4) 评定区内缺陷的计量方法:

A.框线内必须完整包含最严重区域内的主要缺陷,与框线相割计入全部量,与框线外切的不计。

B.由于材质或结构等原因,进行返修可能会产生不利后果的焊接接头,经合同各方同意,各级别的圆形缺陷点数可放宽 1~2 点。

C.框线内的点状缺陷应按换算系数进行修正,大小以长径计算。

D.对致密性要求高的焊接接头,经合同各方商定,可将圆形缺陷的黑度作为评级的依据。黑度大的圆形缺陷定义为深孔缺陷,当焊接接头存在深孔缺陷时,接头质量评为Ⅳ级。

E.Ⅰ级接头和母材厚度$\leqslant$5mm 的Ⅱ级接头,不计点数在评定区内不得于 10 点,超过时接头质量应降低一级。

5) 评定区内若有条状缺(Bb、Ab),则需要综合评级,方法是:点状级别+条状级别-1 =综合评定级别,且不应大于 4 级。

(2) 条状缺陷(BB、AB、$L/W >3$)的等级评定

1) 单个条状缺陷(BB、AB)的等级评定:

A.单个条状夹渣(条孔)长度的测定:无断离的长度为单个条渣(条孔)的计量长度。在一直线上,相邻条渣(条孔)间距不大于较小条渣长度时,应作为单个连续条渣,其间距也应计入条渣长度。

B.单个条状缺陷占板厚的比值规定(L 为单个条状缺陷长度):12 mm $<T \leqslant 60$ mm, $L/T \leqslant T/3$ 为Ⅱ级;9 mm $<T \leqslant 45$ mm,$T/3 <L/T \leqslant 2T/3$ 为Ⅲ级。

C.条状缺陷最小允量(对薄板而言)规定:$T \leqslant 12$ mm 时,Ⅱ级 $L_{min} \leqslant 4$ mm;$T \leqslant 9$ mm 时,Ⅲ级 $L_{min} \leqslant 6$ mm。

D.单个条状缺陷最大允量(对厚板而言)规定:$T \geqslant 60$ mm 时,Ⅱ级 $L_{max} \leqslant 20$ mm;$T \geqslant 45$ mm 时,Ⅲ级 $L_{max} \leqslant 30$ mm。

2) 条状缺陷总量的等级评定:

条状缺陷总量规定用组夹渣总量来计量定级。组夹渣必须在一平行焊缝方向的条形缺陷评定区内,其相邻间距必须满足 $3L_{max}$ 或 $6L_{max}$(L_{max} 为相邻夹渣较大者的长度),才能成为一组夹渣。条形缺陷评定区规定:$T \leqslant 25$ mm 时,宽为 4 mm;25 mm$<T \leqslant 100$ mm 时,宽为 6 mm;$T >100$ mm 时,宽为 8 mm。

A.先对组夹渣中最大的单个条状缺陷进行定级。

B.对组夹渣总量($L_{总}$)进行定级。

Ⅱ级：在评定范围 $12T$ 内，缺陷间距 $\leqslant 6L_{max}$，则 $L_{总}\leqslant T$，但最小可为 4 mm。

Ⅲ级：在评定范围 $6T$ 内，缺陷间距 $\leqslant 3L_{max}$，则 $L_{总}\leqslant T$，但最小可为 6 mm。

评定范围(焊缝长)不足 $6T$ 或 $12T$ 时，应按长度比例折算，即

$$12T(6T):焊缝长=T \quad 或 \quad L_x=焊缝长/12(6)$$

式中：L_x 为折算后允许组夹渣总量，且 L_x 不小于单个条状缺陷长度的允量。

3) 对 100% 透照检验焊缝，当底片端部有条状缺陷时，还应与相邻底片接触观察其单个条状缺陷的长度和组夹渣总量评级。

3.压力管道对接环焊缝底片上缺陷影像的等级评定

(1) 缺陷类型和分级依据

1) 压力管道焊接接头缺陷按性质区分为裂纹、未熔合、未焊透、条形缺陷、根部内凹、根部咬边等；

2) 按缺陷性质、数量和密集程度分为 4 个等级。

(2) JB 4730—1994 规定

1) Ⅰ级不得有裂纹、未熔合、未焊透、条形缺陷。

2) Ⅱ级和Ⅲ级不得有裂纹、未熔合、双面焊以及加垫板单面焊中的未焊透。

3) 焊接接头中缺陷超过Ⅲ级者为Ⅳ级。

4) 圆形缺陷的分级规定：按锅炉压力容器对接接头圆形缺陷分级规定方法分级，但对小径管对接焊缝缺陷评定区取 10 mm×10 mm。

5) 条形缺陷的分级规定：

A.加垫板的对接接头条形缺陷(包括未焊透)按锅炉压力容器对接接头条形缺陷分级规定方法分级。

B.不加垫板单面焊的未焊透缺陷：管外径 $D_e>100$ mm 时，按表 21(标准 JB 4730—1994 中)的规定进行分级评定；管外径 $D_e\leqslant 100$ mm 时按表 22(标准 JB 4730—1994 中)的规定进行分级评定。未焊透深度(沿壁厚方向的自身高度)应采用附录规定的未焊透专用对比试块进行测定，专用试块应置于管源测表面、靠近被测未焊透缺陷附近部位。

单个未焊透缺陷占板厚的比值规定(L 为单个未焊透缺陷长度)：12 mm<T≤60 mm 时，$L/T\leqslant T/3$ 为Ⅱ级；9 mm<T≤45 mm，$T/3<L/T\leqslant 2T/3$ 为Ⅲ级。未焊透缺陷最小允量(对薄板而言)规定：$T\leqslant 12$ mm 时，Ⅱ级 $L_{min}\leqslant 4$ mm；$T\leqslant 9$ mm 时，Ⅲ级 $L_{min}\leqslant 6$ mm。

单个条状缺陷最大允量(对厚板而言)规定：$T\geqslant 60$ mm 时，Ⅱ级 $L_{max}\leqslant 20$ mm，$T\geqslant 45$ mm 时，Ⅲ级 $L_{max}\leqslant 30$ mm。

底片中未焊透缺陷累计长度的分级：Ⅱ级评定范围为 $6T$ 内，则 $L_{总}\leqslant T$，但最大为 30 mm；Ⅲ级评定范围 $3T$ 内，则 $L_{总}\leqslant T$，但最大应为 40 mm。

C.根部内凹和根部咬边的分级评定。

管外径 $D_e>100$ mm 时，按表 23(标准 JB 4730—1994 中)的规定进行分级评定；管外径 $D_e\leqslant 100$ mm 时，按表 24(标准 JB 4730—1994 中)的规定进行分级评定。

根部内凹和根部咬边深度(沿壁厚方向的自身高度)，应采用附录规定的沟槽对比试块

进行测定,沟槽对比试块应置于管源测表面、靠近被测根部内凹和根部咬边缺陷附近部位。

4.实例评级

有一液化气钢瓶,壁厚为 4 mm,在一条直线上发现有两个条形缺陷(条形夹渣),其长度分别为 3 mm 和 2 mm,间距为 4 mm,该底片评为几级?

1)单个条状夹渣 $L=3$ mm,$L>T/3$,但 $L<4$ mm(L_{min})故评为Ⅱ级。

2)组夹渣总量:间距 4 mm$<6L$(18 mm),$L_总=3+2>T$,$L_总>L_{min}$,故不能评为Ⅱ级。间距 4 mm$<3L$(9 mm),$L_总=5$ mm$>T$,但 $L_总<L_{min}$(6 mm),故评Ⅲ级。

该片应评为Ⅲ级。

8.5　评片规律及要领

8.5.1　焊缝评片口诀

依据无损检测相关评片规则,周林在"焊缝评片口诀"中总结如下规律:

1)评片人员应注意,适用标准要熟记。观片像质放在先,所有标记要齐全。

2)识别伪像第二件,仔细区分也不难。气孔图像最易看,圆形浓黑边缘淡。

3)非金点状夹渣物,形状不定有棱边。夹珠通常很少见,白色影像有黑边。

4)咬边成线或成点,似断似续常出现。这种缺陷很好评,位置就在熔合线。

5)未熔合的深度浅,射线照相难发现。位置就在钝合线,线状一面呈直线。

6)未焊透是大缺陷,影像大都呈直线。间隙过小钝边厚,位置就在缝中间。

7)内凹就在仰焊面,间隙太大是关键。横裂纵裂最危险,纵向裂纹常相见。

8)有的直线有的弯,中间稍宽两端尖。裂纹未熔不允许,若要发现评四级。

9)单面出现未焊透,应以长深来区分。未熔条渣区分难,评定两者细心看。

10)夹渣评定测长短,不能评为一级片。一直线上条渣组,测量间距是关键。

11)缺陷评级按板厚,缺陷数量按条款。气孔条渣在一起,孔渣各自先评级。

12)级别之和再减一,成为最终评定级。评片综合技能高,标准规范最重要。

13)定性定量和评级,最终结论不能少。

8.5.2　底片评片考核表填写注意事项

(1)射线评片一次性规定要求

1)每袋底片 10 张,每张底片上的编号应与评定考核表上的序号相对应。

2)考核时间为 60 min(包括填写评片记录时间)。

3)按 NB/T 47013.2—2015 评定(管子环焊缝未焊透评Ⅳ级,内凹不评级)。

4)对每张底片都必须进行评定,即使底片质量不符合要求,也要进行评定。

5)底片评定范围:有搭接标记的两搭接标记之间,无搭接标记的整张底片,宽度为焊缝加热影响区。

6)带丁字焊缝的底片,纵环焊缝上的缺陷均应进行评定。

7）当一张底片上存在两种或两种以上不同性质的缺陷时，每种缺陷均应予以标识，按最严重的进行评定。

8）当底片上存在同一性质的多处缺陷，而其性质属裂纹、未熔合、未焊透三类缺陷时应对上述缺陷全部予以标识。

9）当底片上存在多处圆形缺陷时，最严重的部位必须详细标识（位置及换算点数），其他部位的圆形缺陷只标识位置，不换算点数。

10）单个条形缺陷和条形缺陷组的评定按有关规定进行。

11）评片记录中应注明所有线性缺陷的长度和最严重部位的圆形缺陷点数。当圆形缺陷尺寸大于 1/2 板厚时，应注明其直径。

12）缺陷标识应按考核表背面的"填写示例"执行。

射线底片评定考核表

底片组编号（袋号）：_____　　考核时间：_____　　成绩：_____　　考号：

序号	板厚或规格	材质	焊接方法			施焊位置					焊接形式		缺陷的定性、定量、定位（图示）	评级	备注
			手工焊	埋弧焊	氩弧焊	平焊	横焊	立焊	仰焊	全位置	单面	双面			
1															
2															
3															
4															
5															
6															
7															
8															
9															
10															

（2）底片考核评定表填写说明

1）"序号"栏：按底片上所标注的 1～10 的序号依次评定。

2）"板厚或规格"栏：按底片上所给数据填写。

3）"焊接方法""施焊位置""焊接形式"按所选结果在相应栏内画钩。

4）"缺陷定性、定量、定位"栏：须标注出缺陷性质代号、大致缺陷图形及长度、点数，其位置与缺陷在底片上的位置相对应。缺陷性质代号如下：A—裂纹；B—未熔合；C—未焊透；D—条形缺陷；E—圆形缺陷；G—内凹。

5）"评级"栏：填写按规定标准评定出的底片级别。

6）在备注栏中注明母材缺陷及表面缺陷。

7）综合评级应在备注栏中注明。

（3）填写示例

某底片上有一裂纹，长 8 mm，位于底片左端 1/3 处，未熔合，长 6 mm，位于底片中部，有一圆形缺陷，位于右端 1/3 处。

射线底片评定考核表

底片组编号(袋号):　　　　　考核时间:　　　　　成绩:　　　　　考号:

序号	板厚或规格	材质	焊接方法			施焊位置					焊接形式		缺陷的定性、定量、定位(图示)	评级	备注
			手工焊	埋弧焊	氢弧焊	平焊	横焊	立焊	仰焊	全位置	单面	双面			
1	20	20 g	✓			✓						✓	A8　　B6　　E6 ∞	Ⅳ	
2															
3															
10	φ76×3.5	20	✓			✓						✓	F2 mm>7/2 ↑	Ⅳ	

8.6　射线探伤工艺卡编制案例

8.6.1　射线探伤工艺卡编制的基本要求

射线探伤工艺卡是针对某一具体产品或产品上的某一部件、某一部位,依据通用工艺规程和图样要求,特意制定的有关透照技术的细节和具体参数条件,此卡应包括以下四方面内容:

1)必须交代的内容。

A.工件情况,包括产品名称、材质、规格、壁厚、焊接种类、坡口形式、检查比例、执行标准、技术等级、合格级别等。

B.透照条件、参数,应包括机型、焦点尺寸 d_f、透照方式、焦距 F、一次透照长度 L_3、环缝分段透照次数 n、管电压、管电流、胶片种类、胶片规格、增感屏种类、增感屏厚度、像质要求(黑度范围、像质计型号、应显示的最小钢丝线径、像质计位置)等。

C.注意点或辅助措施(如消除边蚀、防背散射、补厚、滤波、双胶片技术)。

2)必须绘出的示意图。

A.布片位置图。

B.特殊的透照布置,透照方向示意图(如 T 形接头、封头拼缝等)。

3)探伤时机。

4)工艺卡编制人员及资格,审核人员及资格、日期。

8.6.2　射线探伤工艺卡编制典型案例

某化工机械厂在制压力容器,产品编号为 RQ2008 - 001,产品名称为氯气储罐,封头、筒体材质为 16MnR,公称厚度为 8 mm,其余尺寸如图 8 - 31 所示。设计压力 2.0 MPa,使用介质为氯气(该气体为高度危害介质),介质温度 50 ℃。焊接方法:B1 对接焊接头为双面自动焊,B3 为最后焊接的对接焊接头,采用单面焊双面成型,请按有关规程和 NB/T

47013.2—2015 标准的规定,编制 B1 和 B3 对接焊接接头的射线检测工艺。

可提供的检测设备和材料有:RF300EG‑S3 定向 X 射线机、Ir‑192γ 射线探伤机(现有活度 50 Ci);天津Ⅲ型、Ⅴ型胶片(胶片规格为 360 mm×80 mm)。曝光曲线如图 8‑32、图 8‑33 所示。

将射线检测工艺参数填写在提供的工艺卡中(见表 8‑1),并将射源放置、散射线屏蔽和像质计使用、标记摆放等技术要求填写在工艺卡说明栏中。

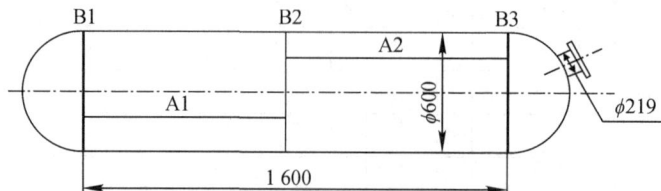

图 8‑31　氯气储罐(单位:mm)

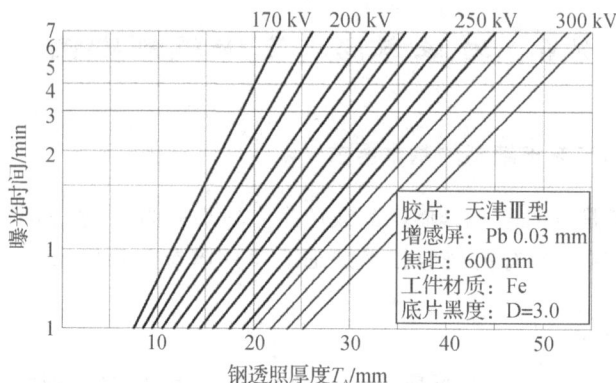

图 8‑32　RF300EG‑S3　X 射线机曝光曲线(焦点尺寸:2.5 mm×2.5 mm)

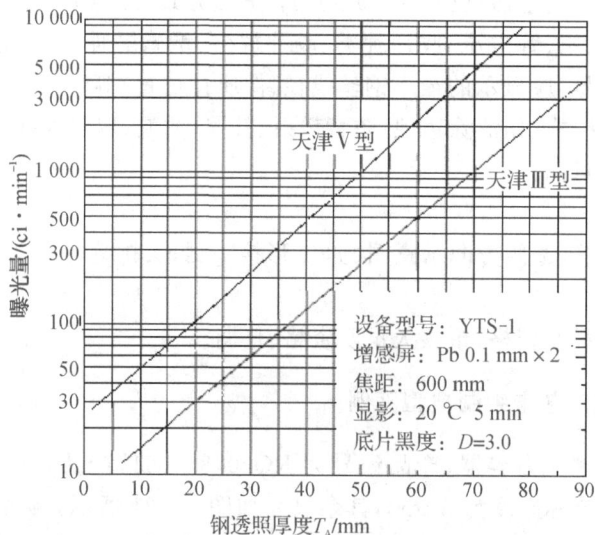

图 8‑33　Ir‑192 曝光曲线

表 8 - 1　对接焊缝 B1 射线照相工艺卡

产品编号	R2008 - 001	产品名称	氯气储罐		
产品规格	Φ600×8 mm	产品材质	16MnR	焊接方法	自动焊/手工电弧焊
执行标准	NB/T 47013.2—2015	照相技术级别	AB	验收等级	Ⅱ
探伤机型号	RF300EG - S3	焦点尺寸/mm	2.5×2.5	检测时机	焊接完成后
胶片牌号	天津Ⅲ型	胶片规格/mm	360×80 mm	增感屏/mm	0.03 mm(前/后)
像质计型号	Fe10 - Fe16	像质计灵敏度值	13 源侧/12 胶片侧	底片黑度	2.0≤D≤4.0
显影液配方	天津Ⅲ型配方	显影时间	5~10 min	显影温度	(20±2) ℃

焊缝编号	焊缝长度/mm	检测比例/%	透照厚度 W/mm	透照方式	焦距 F/mm	一次透照长度/mm	透照次数 N	管电压/kV 或源活度/Ci	曝光时间/min
B1	1 984.5	100	8	单壁透照	800	176	11	170	1.5
B3	1 984.5	100	16	双壁单影	700	300	7(6)	170/180	2.9/2.0

透照布置示意图:

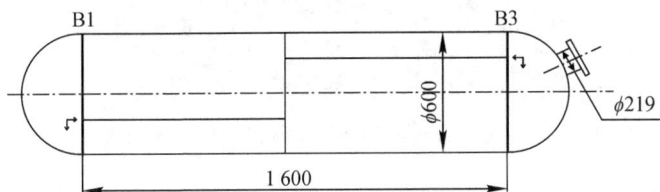

技术要求及说明	1.B1 使用 X 射线机单臂源在外透照 11 次,B3 采用 X 射线机双壁单影透照 7 次。 2.像质计摆放在源侧(或胶片侧)工件表面,金属丝横跨焊缝。 3.标记摆放:①中心标记;②识别标记,至少包括产品编号、焊接接头编号和片位号、透照日期;③当像质计置于胶片侧工件表面时,应在像质计适当位置放置"F"标记,"F"标记应与像质计的标记同时出现在底片上,且应在检测报告中注明。 4.暗盒背面衬铅板屏蔽侧面及背散射。

编制(资格):×××(Ⅱ)×年×月×日　　　　　　审核(资格):×××　　　　　×年×月×日

第9章 超声探伤实践操作案例

9.1 金属板焊缝的超声探伤

本次金属板焊缝超声探伤案例使用的为 HS700 型超声探伤仪,使用的探头为 2.5P13X13K2,使用的试块为 CSK-ⅠA 试块和 CSK-ⅡA-1 试块,使用的耦合剂为机油,使用的探伤评定标准为《承压设备无损检测 第3部分:超声检测》(NB/T 47013.3—2015)。所用试验设备、试块、试验件如图9-1所示。

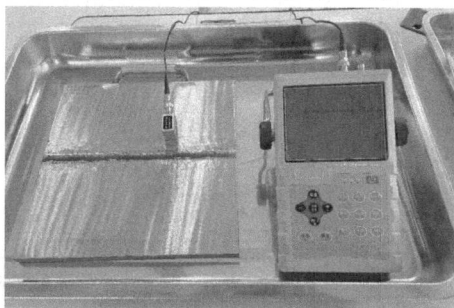

图9-1 金属板焊缝探伤设备及试验件总体示意图

1. 调校仪器(斜探头前沿和 K 值测定)

(1) 启动仪器

打开超声探测仪电源按钮,开机进入初始的启动界面(见图9-2)。

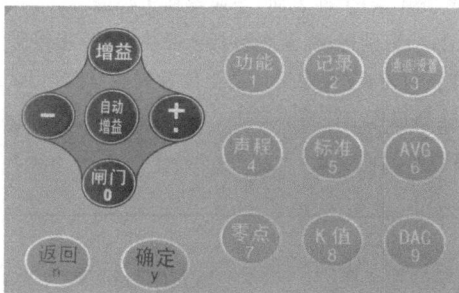

图9-2 超声探测仪初始启动界面

（2）通道初始化

按界面中的"功能"键，按"闸门 0"键，选择"0 初始化"，如图 9-3（a）所示，按"确认"键后进入初始化界面，如图 9-3（b）所示，按"功能 1"键，选择"1 当前通道"，完成通道清零。

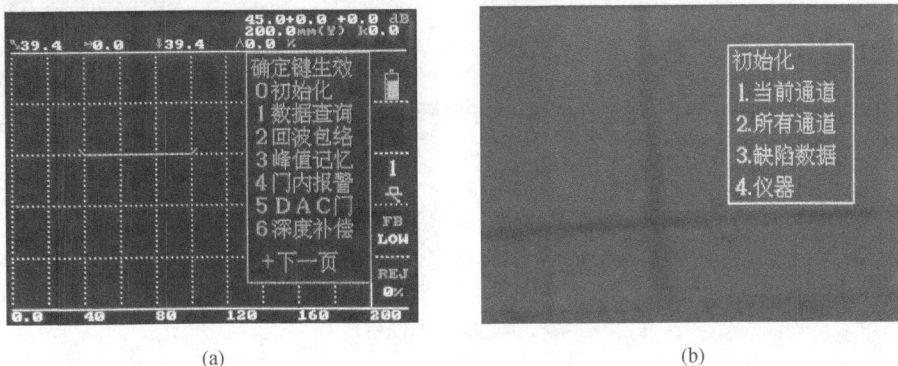

(a)　　　　　　　　　　　　　(b)

图 9-3　进行通道清零操作

（3）探头参数设置

按"通道/设置"键，仪器屏幕显示如图 9-4 所示，按"功能 1"选择探头类型为"斜探头"，按"记录 2"设置探头频率为 2.5 MHz，晶片尺寸选择 13 mm×13 mm。（工件声速和探头前沿距离可不更改，待下一步"零点"设置时进行校准。）

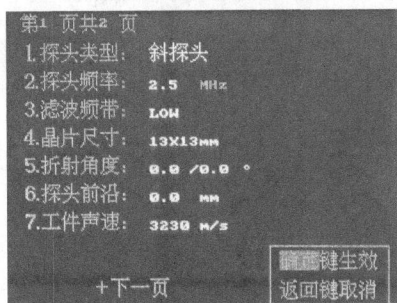

图 9-4　探头参数设置

（4）探头零点设置

按仪器面板"零点 7"键（见图 9-5），按面板上的"功能 1"键，选择"自动测试"。

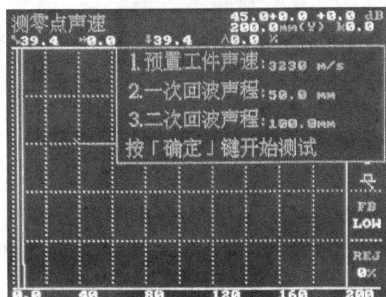

图 9-5　自动测试

在该界面设置预置工件声速为 3 230 m/s，一次回波声程为 50 mm，二次回波声程为 100 mm，点击"确定"按钮，进入图 9-6 所示界面。

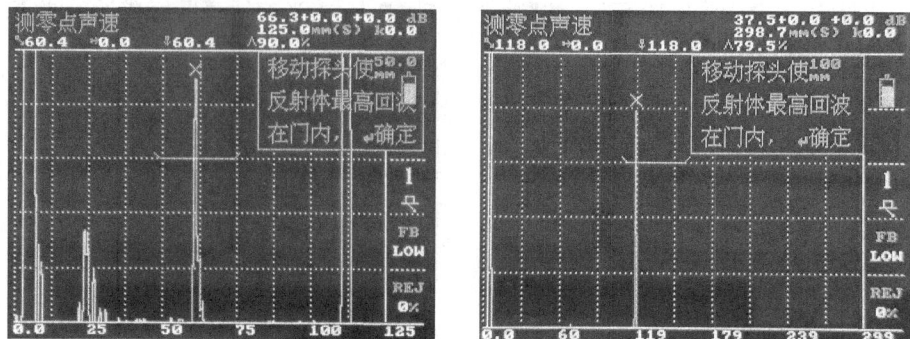

图 9-6 设置工件声速

此时需要将探头放在 CSK-IA 试块 $R100$、$R50$ 同圆心处，紧贴 $R50$ 一侧，如图 9-7 所示。平行移动探头，寻找该处最高波，然后点击"确定"按钮，探头不动，选择 100 处二次回波的最高波，然后点击"确定"按钮完成自动声速调校。

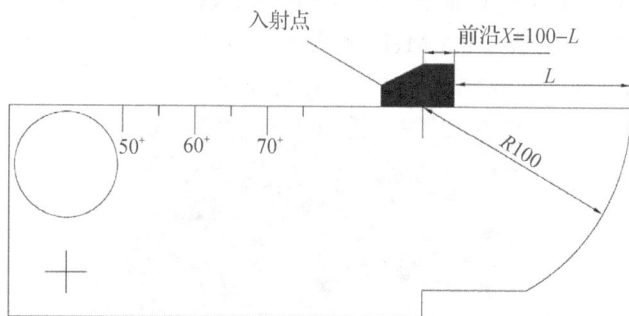

图 9-7 自动校准界面

此时，还需要用钢尺测量探头前缘距离试块顶端的距离 L（见图 9-8），并计算探头前沿距离，为 $100-L$。

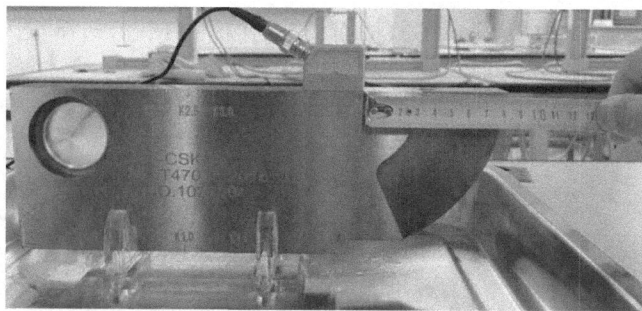

图 9-8 测量前沿距离

（5）探头前沿距离设置

100 mm－L 即为探头前沿,得到探头前沿距离后,点击"通道/设置"按钮,在探头前沿位置输入 15 mm,如图 9－9 所示。

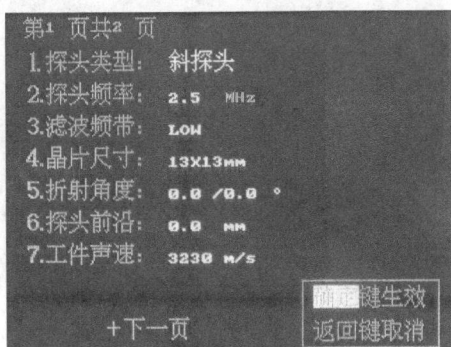

图 9－9　输入探头前沿距离

(6) 探头 K 值测试

点击仪器面板"K 值"仪器自动进入 K 值测试。将探头入射点放在试块刻度相应 K 值附近,探头放置位置示意图如图 9－10 所示,仪器界面如图 9－11 所示。

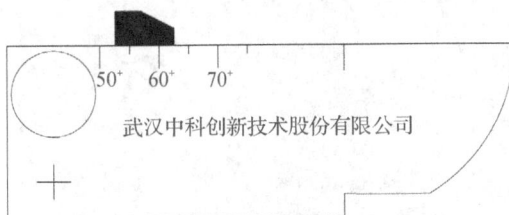

图 9－10　探头放置位置示意图

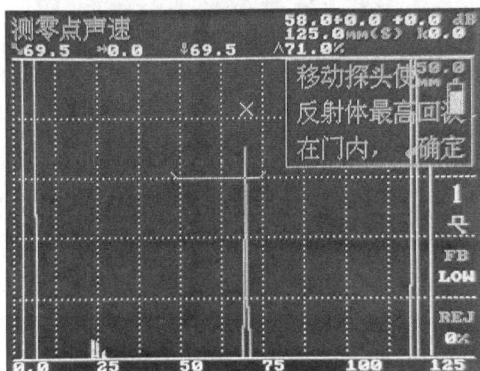

图 9－11　K 值测试界面

在波形界面上寻找到最高波后,探头保持不动,按"确认"键,屏幕出现图 9－12 所示界面,要求输入探头至一次反射体的水平距离,用尺子测量水平距离后,在界面上输入所测的距离 37 mm。

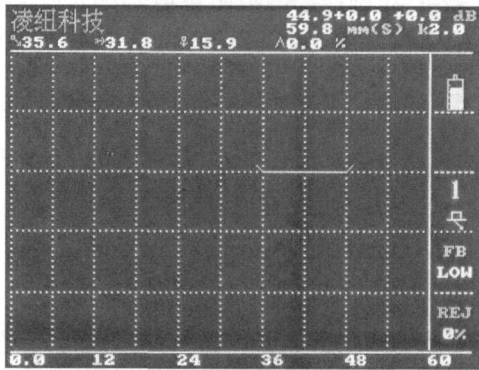

图 9-12 输入水平距离

系统将会自动计算并显示 K 值,校准结束,系统将反馈的 K 值显示于屏幕上。

2.制作距离波幅曲线(DAC)(CSK-ⅡA-1#试块)

1) 在仪器面板上按"DAC"键,进入图 9-13 所示界面,在该界面上设置最大深度(80 mm),反射体直径(2.0 mm),反射体长度(40 mm);点击"确定"键。

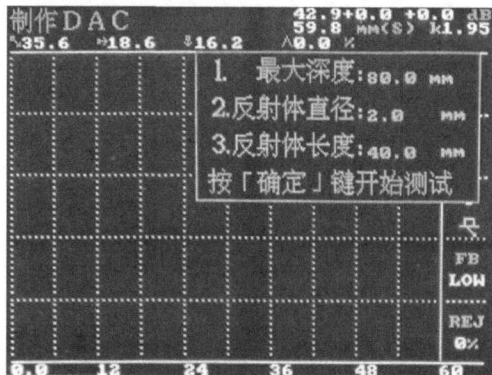

图 9-13 设置最大深度

2) 将探头放在 CSK-ⅡA 试块上,并放置距离顶面 10 mm 深度处通孔的斜上方,采集第一点,将探头放在 10 mm 反射回波处,并寻找 10 mm 孔最高反射波,如图 9-14 所示。

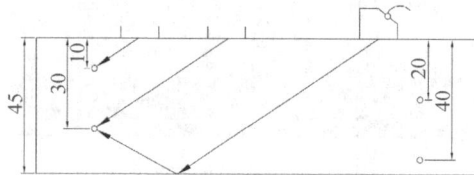

图 9-14 CSK-ⅡA 检测示意图

寻找最高波,按"+"键选择目标回波,按"确认"键结束曲线的第一点的制作,如图 9-15 所示。(制作过程中可按"-"键删除上一个点。)

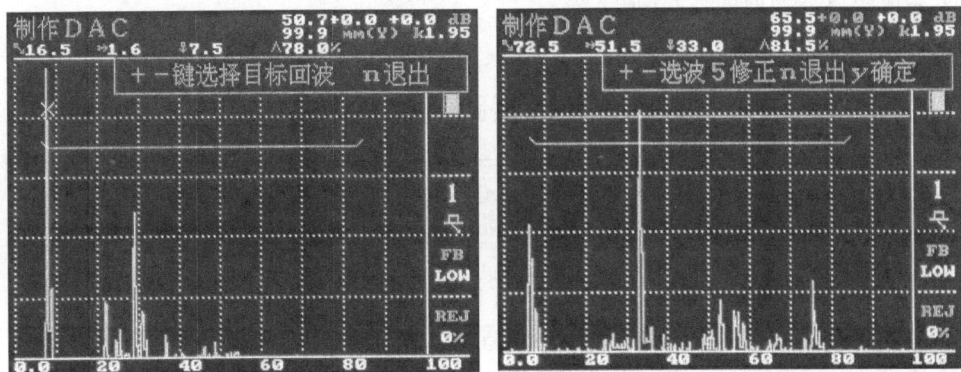

图 9-15　输入曲线

3) 第二、三、四点以此类推，分别制作 20 mm、30 mm、60 mm 深度处曲线，按"确认"键结束制作。

4) 点击"确认"后仪器进入图 9-16 所示界面，仪器提示"表面补偿"输入＋4 dB，"工件厚度"对应的输入焊缝的实际厚度为 16 mm，点击"确认"。

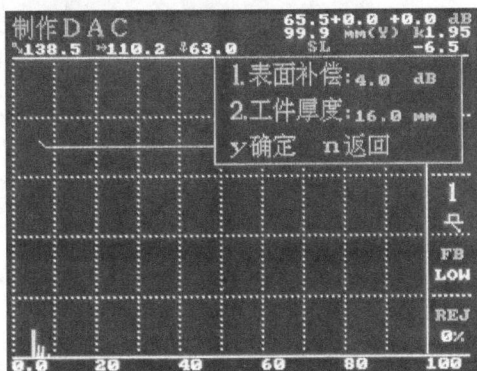

图 9-16　输入补偿

5) 按"确认"键完成曲线制作，如图 9-17 所示。

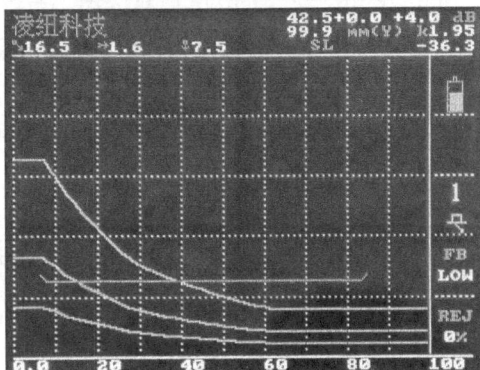

图 9-17　制作 DAC 曲线

6）完成距离波幅曲线后，完成下表。

焊缝超声检测距离波幅曲线

试件编号	××	试块材质	—	板厚/mm	××
仪器型号	HS700	探头型号	2.5P13X13K2	试块	CSK-ⅠA CSK-ⅡA—1
耦合剂	机油	耦合补偿	＋4 dB	探伤比例	100％
探伤标准	NB/T 47013.3—2015		扫查灵敏度		$\Phi 2 \times 40 - 18$ dB

探头前沿测量：$L_0 = 12$

K 值测量：$K_{平均} = 1.95$

距离-波幅曲线绘制

孔深/mm	10	20	30	40	50	60	70	80
dB 值	50	53	56	59	62			
补偿 4 dB	54	57	60	63	65			

焊 缝 超 声 检 测 报 告

试板材质			板厚	××	试件编号	××
仪器型号	HS700		探头型号	2.5P13X13K2	试块	CSK-ⅠA CSK-ⅡA-1
耦合剂	机油		耦合补偿	+4 dB	探伤比例	100%
探伤标准	NB/T 47013.3—2015			扫查灵敏度		$\Phi2×40-18$ dB

缺陷编号	始点位置 S_1 mm	始点位置 S_2 mm	缺陷指示长度 S_1-S_2 mm	缺陷波幅最大时					评定级别	备注
				最大波幅位置 S_3 mm	缺陷深度 H	偏离焊缝中心 $q/±$mm	缺陷波幅值 A_{max} /dB	缺陷所在区域		
1	46	85	39	55	5	−2	+1	Ⅲ	Ⅲ	
2	203	243	40	210	7	+2	+13	Ⅲ	Ⅲ	

示意图:

结论	
探伤员	××(考号)	日期 ××年××月××日

备注	1)S_1 是缺陷左端至试板左端的距离; 2)S_2 是缺陷右端至试板左端的距离; 3)S_3 是缺陷最大反射点至试板左端的距离; 4)H 为缺陷至探测面的距离; 5)q 是缺陷距焊缝中心线的距离,上方为正,下方为负; 6)A_{max} 是缺陷最大反射波幅,以定量线为基准表示。

9.2 锻件的超声探伤案例

1. 调校仪器（其他试块、直探头）

1）开机选择"直探头通道"，按"参数"键，向上调节光标，找到"通道清零"，按"确认"键，完成通道清零，将参数中"标准试块"改为"其他试块"。

2）将直探头放置在 CS-2-4 试块无缺陷处，按"自动调校"键。

3）仪器提示"请输入材料声速：5 940 m/s"，直接按"确认"键，仪器又提示"请输入 起始距离：50 mm"，调节旋钮或按上下键将其改为 75，按"确认"键，采用同样方法将终止距离改为 150，按"确认"键。

4）屏幕上波形稳定后，按"确认"键等待仪器提示"自动校准完毕"即可。

2. AVG 曲线制作

1）绘制一条 Φ2 的 AVG 曲线。按 曲线 键，点击"制作"，根据仪器提示依次选择"平底孔""Φ2""多点法"开始制作。

2）将探头放在 CS-2-1 试块上寻找深度 25 mm 的 Φ2 平底孔，移动闸门套住孔波，自动增益，波峰记忆寻找最高波后取点，并记录右上角增益值。接着依次取 CS-2-4/ CS-2-10/ CS-2-16 试块深度分别为 50 mm/100 mm/150 mm 的平底孔，并记录每个点的增益值用于后续画曲线。取完后按 确认 键，曲线制作完毕。

3）按 参数 键进入参数菜单，"读数选择"栏设定为"相对当量"。

4）退出，曲线设定完成，即可开始探伤。

缺陷序号	X/mm	Y/mm	H/mm			(BG/BF)/dB	A_{max} ($\phi 4 \pm$dB)	评定级别	备注
1			—	—	—				
2			—	—	—				
备注	1）X 是缺陷至左端面的距离； 2）Y 是缺陷至后端面的距离； 3）H 是缺陷至探测面的距离； 4）BG/BF 为缺陷引起的底波降低量； 5）A_{max} 为缺陷最大反射波幅度。								

锻件超声检测距离波幅曲线

考号：

试件编号	××	试块材质	—	板厚/mm	××
仪器型号	HS700	探头型号	2.5P20Z	试块	CS - 2
耦 合 剂	机油	耦合补偿	4 dB	探伤比例	100％
探伤标准	NB/T 47013.3—2015				
基准灵敏度		Φ2		扫查灵敏度	Φ2 - 6 dB

距离波幅曲线绘制								
孔深/mm	25	50	100	150				
增益 dB 值	40	44	56	64				
补偿 4 dB	44	48	60	68				

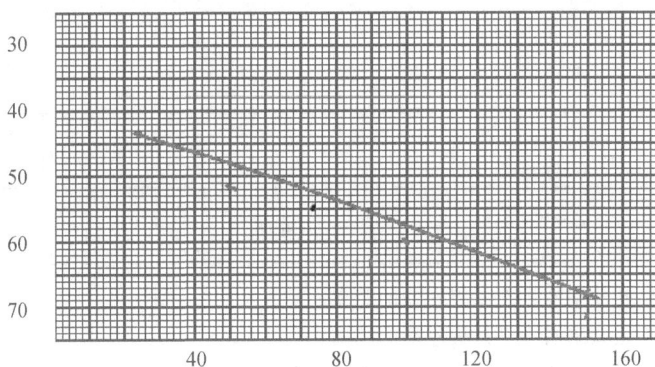

焊缝超声检测报告

考号：×××

试板材质		板厚	××	试件编号	××
仪器型号	HS700	探头型号	2.5P13X13K2	试块	CSK-ⅠA CSK-ⅡA-1
耦合剂	机油	耦合补偿	+4 dB	探伤比例	100%
探伤标准	NB/T 47013.3—2015		扫查灵敏度		$\Phi2\times40-18$ dB

缺陷编号	始点位置 S_1 mm	始点位置 S_2 mm	缺陷指示长度 S_1-S_2 mm	缺陷波幅最大时					评定级别	备注
				最大波幅位置 S_3 mm	缺陷深度 H	偏离焊缝中心 q/mm	缺陷波幅值 A_{max} /dB	缺陷所在区域		
1	46	85	39	55	5	−2	+1	Ⅲ	Ⅲ	
2	203	243	40	210	7	+2	+13	Ⅲ	Ⅲ	

示意图：

结论	
探伤员	××(考号)

日期	××年××月××日

备注	1）S_1 是缺陷左端至试板左端的距离； 2）S_2 是缺陷右端至试板左端的距离； 3）S_3 是缺陷最大反射点至试板左端的距离； 4）H 为缺陷至探测面的距离； 5）q 是缺陷距焊缝中心线的距离，上方为正，下方为负； 6）A_{max} 是缺陷最大反射波幅，以定量线为基准表示。

9.3　超声波检测工艺卡编制案例

例:有一圆柱体锻件(见图 9-18,工件编号为 D001)需进行入厂验收,直径为 $\Phi400$ mm,高度为 600 mm,材质为 16Mn。要求对其进行超声检测,若无对比试块可用,请按 NB/T 47013.3—2015(Ⅱ级合格),填写超声检测操作指导书。

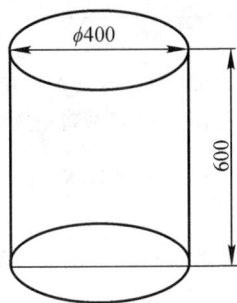

图 9-18　某圆柱体锻件

超声检测操作指导书

工艺卡编制示例:

工艺规程版本号:××××　　　　　　　　　　　　　　　　编号:××××

检测技术要求	执行标准	NB/T 47013.3—2015	检测技术等级	—
	合格级别	Ⅱ级	检测比例	100%
检测对象	工件名称	圆柱形锻件	工件编号	D001
	规格	$\Phi400$ mm×600 mm	材料牌号	16Mn
	表面状态	机加工后 ($Ra \leqslant 6.3$ μm)	检测时机	热处理后
检测设备器材	仪器型号	××××	耦合剂	机油
	探头型号	2.5P20Z(√)2.5P14X16K1( )5P13X13K2( )		
	标准试块	CSK-ⅠA(用于调节扫描速度)	对比试块	圆柱曲底面(用于圆周面检测)/大平底(用于两端面检测)
检测工艺参数	检测面	圆周面、两端面 ($T > 400$ mm),做 100%扫查	检测波形	纵波检测
	扫查速度	$\leqslant150$ mm/S	表面补偿	0 dB
	基准灵敏度	圆周:φ2/400;两端面:φ2/600	扫查覆盖	大于 15%探头直径

续表

检测设备器材的检查	检查仪器设备器材外观、线缆连接及开机信号显示是否正常
扫描线调整及说明	在 CSK-ⅠA 试块上调节,圆周面按声程 1∶5,两端面按声程 1∶7 进行
灵敏度校准及说明	1)由于所用直探头 2.5P20Z 的近场长 $N=42.37$ mm,圆柱面和两端面探测厚度 T 分别为 400 mm 和 600 mm,$T>3N$,故可用底波调节灵敏度。 N 的计算:$N = \dfrac{D^2}{4\lambda} = \dfrac{20^2}{4 \times \dfrac{5.9}{2.5}} = 42.37$(mm) 2)分别计算出圆柱曲底面和大平底面与同声程 $\Phi2$ 平底孔反射波的分贝差:$\Delta_{圆周面}=43.5$ dB,$\Delta_{大平底面}=48.2$ dB。 计算:$\Delta_{圆周面} = 20\lg \dfrac{2\lambda x}{\pi \varphi^2} = 20\lg \dfrac{2 \times 2.36 \times 400}{3.14 \times 2^2} = 43.5$ (dB) $\Delta_{大平底面} = 20\lg \dfrac{2\lambda x}{\pi \varphi^2} = 20\lg \dfrac{2 \times 2.36 \times 600}{3.14 \times 2^2} = 48.2$ (dB) 3)圆周面,将圆柱曲底面 400 mm 无缺陷处底波调节到示波屏满刻度的 80%,再增益 43.5 dB,作为圆周面检测的基准灵敏度; 4)两端面:将大平底面 600 mm 无缺陷处底波调节到示波屏满刻度的 80%,再增益 48.2 dB,作为两端面检测的基准灵敏度
扫查方式及说明	将基准灵敏度提高 6 dB 作为扫查灵敏度,分别在锻件的圆周面和两端面上做 100% 的扫查
缺陷的记录	缺陷的记录: 1)记录当量直径大于 $\phi4$ mm 的单个缺陷的波幅和位置; 2)记录密集区缺陷中当量直径大于 $\phi2$ mm 缺陷的波幅和位置; 3)记录当量直径大于 $\phi2$ mm 的缺陷密集区的面积; 4)记录深度大于近场长的缺陷引起的底波降低量 BG/BF
不允许的缺陷	不允许的缺陷: 1)白点裂纹等危害性缺陷; 2)底波降低量 BG/BF>18 dB; 3)单个缺陷当量直径>$\phi4$+12 dB; 4)密集区缺陷当量直径>$\phi4$; 5)密集区缺陷占检测总面积的百分比>10%

续表

扫查示意图	
编制人(资格):UTⅡ ××××年××月××日	审核人(资格):UTⅢ ××××年××月××日

第10章　超声相控阵探伤实践操作案例

10.1　金属焊缝超声相控阵探伤案例

10.1.1　超声相控阵试验设备介绍

本次进行的超声相控阵焊接金属板焊接缺陷检测试验,所用设备及器材有 TOPAZ 16型超声相控阵主机设备(见图 10 - 1)、带直楔块的相控阵探头(见图 10 - 2)、含缺陷的焊接金属板(见图 10 - 3)。

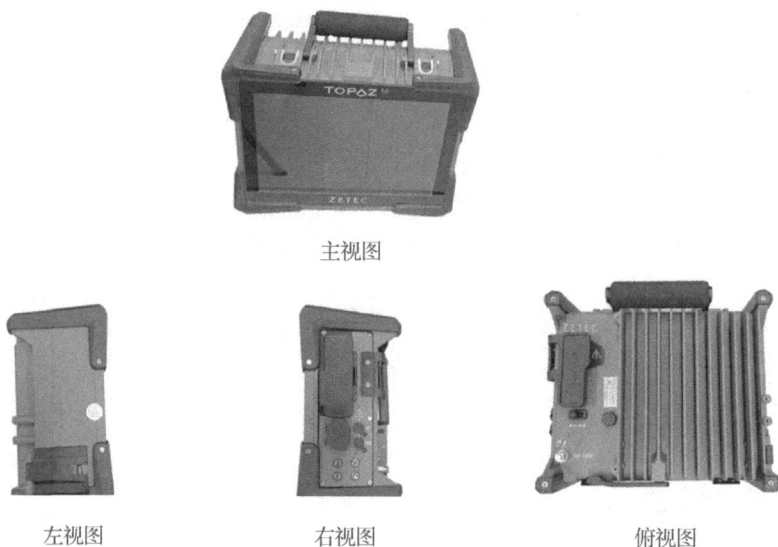

主视图

左视图　　　　　　　右视图　　　　　　　俯视图

图 10 - 1　TOPAZ 16 型超声相控阵主机设备

如图 10 - 1 所示,本次案例所用超声相控阵设备为美国 ZETEC 研发的便携式高性能超声相控阵检测系统 TOPAZ 16,其屏幕为 10.4 in(1 in＝2.54 cm)多点触控高清显示屏,设备支持常规超声 UT、声时差衍射法(TOFD)、超声相控阵(PAUT),该设备集成了目前世界上前沿的超声检测技术,并具有丰富的相关接口,如图 10 - 4 所示。

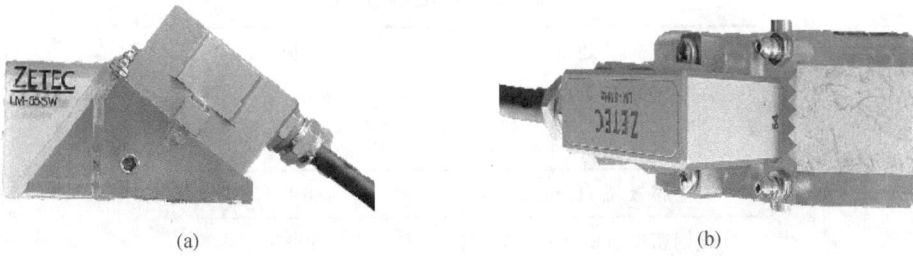

图 10-2　LM-5 MHz 直楔块探头

(a)主视图；　(b)俯视图

图 10-3　焊接缺陷金属板

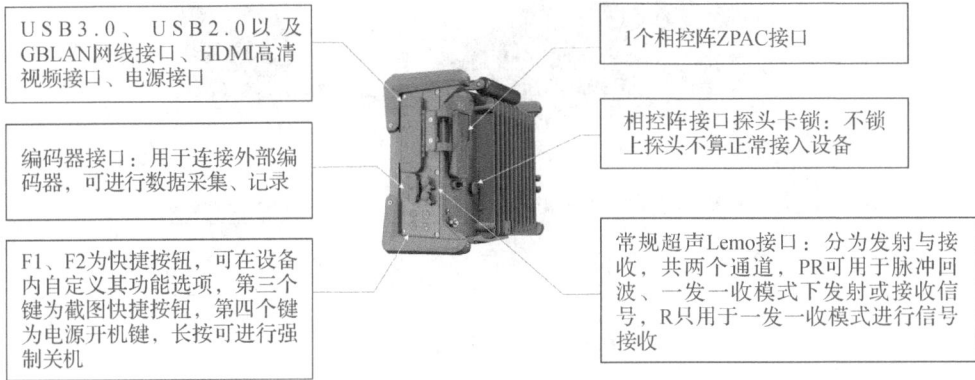

USB3.0、USB2.0以及GBLAN网线接口、HDMI高清视频接口、电源接口

1个相控阵ZPAC接口

编码器接口：用于连接外部编码器，可进行数据采集、记录

相控阵接口探头卡锁：不锁上探头不算正常接入设备

F1、F2为快捷按钮，可在设备内自定义其功能选项，第三个键为截图快捷按钮，第四个键为电源开机键，长按可进行强制关机

常规超声Lemo接口：分为发射与接收，共两个通道，PR可用于脉冲回波、一发一收模式下发射或接收信号，R只用于一发一收模式进行信号接收

图 10-4　TOPAZ 16 超声相控阵检测系统接口示意图

目前相控阵探头有 3 种主要阵列类型：线形(线阵列)、面形(二维矩形阵列)和环形(圆形阵列)探头,本次试验采用 LM-5 MHz 探头,其主要技术参数见表 10-1,探头实物如图 10-2 所示。

表 10-1　LM-5 MHz 探头的主要技术参数

型　号	频率/MHz	晶片数/个	主轴孔径/mm	晶片宽度/mm	长/mm	宽/mm	高/mm
LM-5 MHz	5.0	64	38.4	10.0	43.0	28.0	25.0

本次研究对象为焊接缺陷金属板,如图 10-3 所示,其检测试件相关参数见表 10-2。

表 10 - 2 金属板参数

描　述	数　值
金属板长 L/mm	300
金属板宽 W/mm	300
金属板高 H/mm	16
碳钢密度/$(kg \cdot m^{-3})$	7 800
纵波声速/$(m \cdot s^{-1})$	5 920
横波声速/$(m \cdot s^{-1})$	3 230

10.1.2 主机界面介绍

超声无损检测设备功能较多,界面较为复杂,图 10 - 5 介绍了主机界面区域的名称与作用。

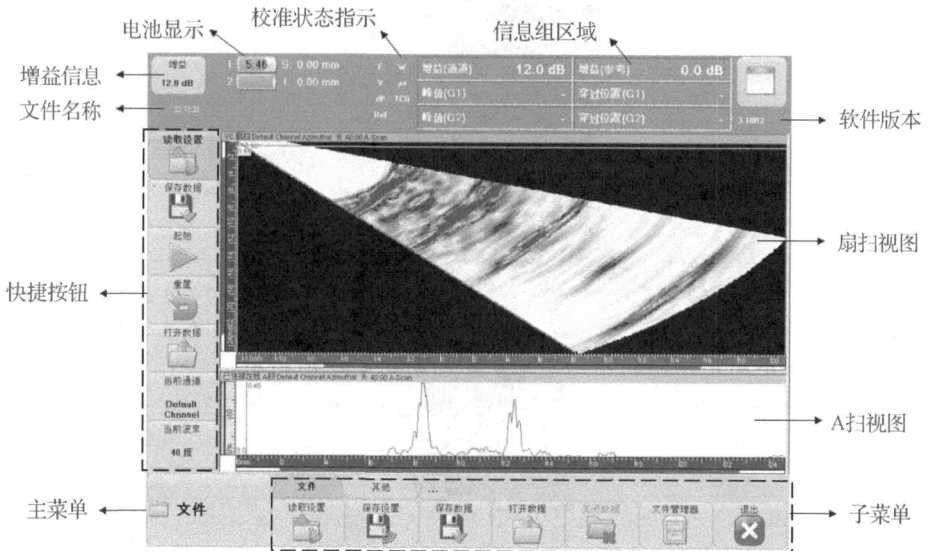

图 10 - 5 主机界面介绍

设备主菜单顺序如图 10 - 6 所示,其也为超声检测的一般步骤。

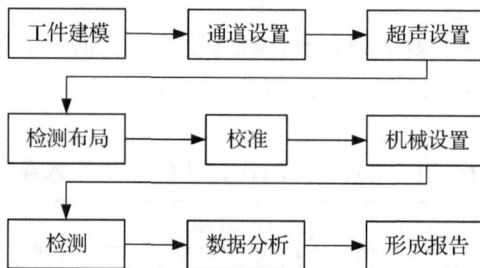

图 10 - 6 超声检测一般步骤

10.1.3　案例指导

1) 对主机设备、探头进行安装,接线图如图 10-7 所示。

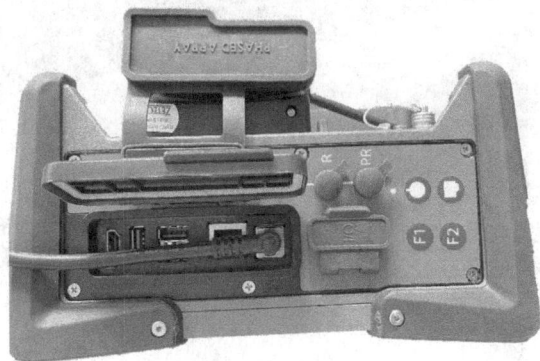

图 10-7　主机接线图

2) 打开主机,进入初始界面,如图 10-8 所示。

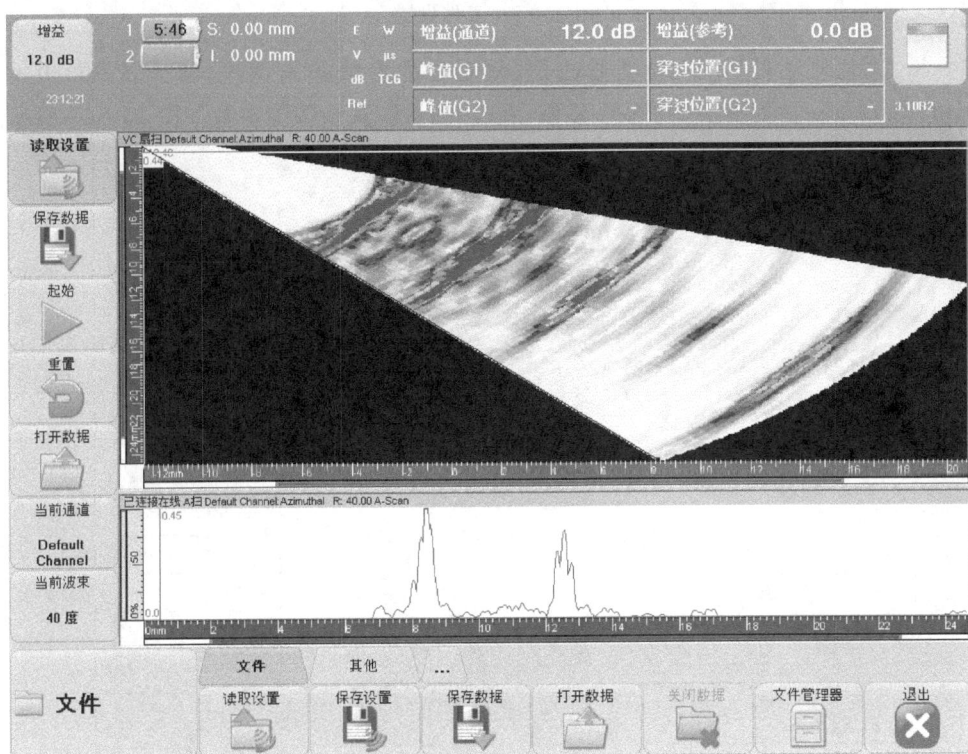

图 10-8　初始界面

3) 打开主菜单,点击"工件"选项,如图 10-9 所示。

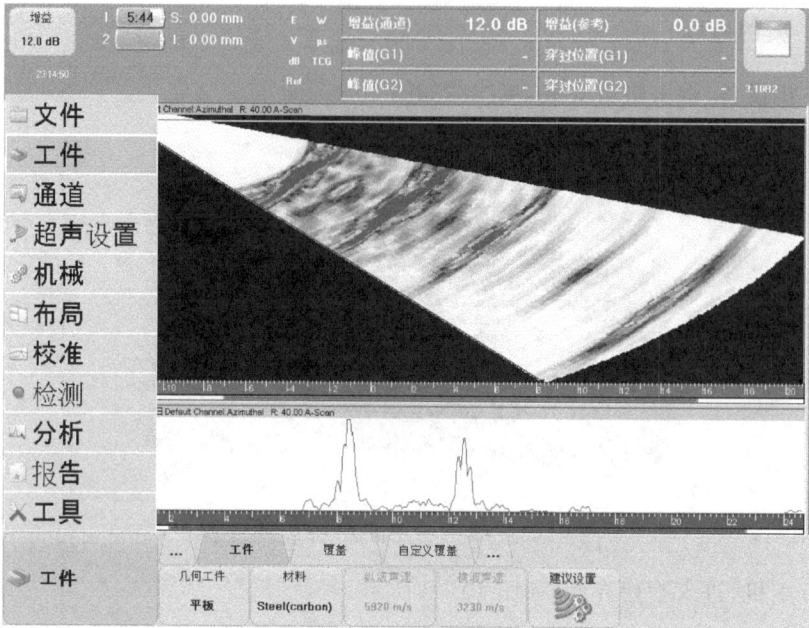

图 10-9　工件设置

4）点击"几何工件"进入模型修改器，将工件的参数输入系统，输入长 300 mm、宽 300 mm、高 16 mm，"焊缝类型"选择 X 型，点击"确认"，其余焊缝参数如图 10-10 所示。

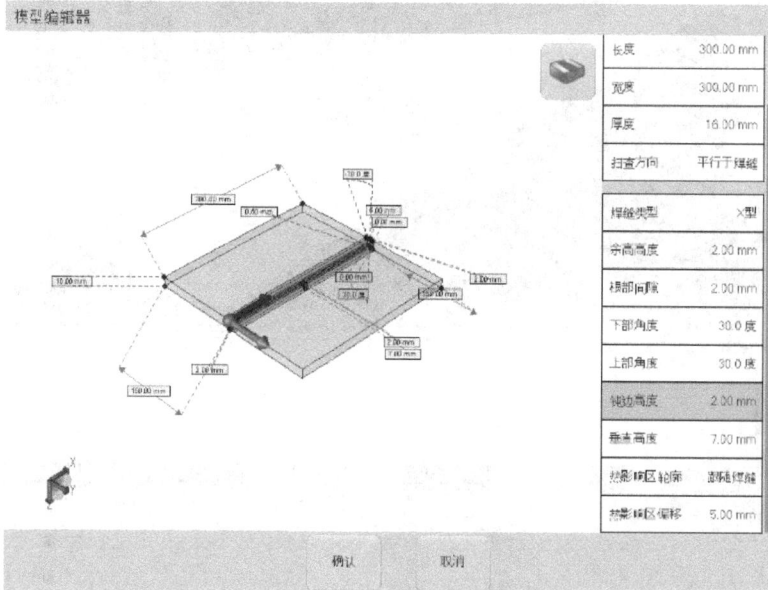

图 10-10　几何模型设置

5）点击"材料"，进入数据库，对检测样件的材料进行选择定义，材料选择"碳钢"，如图 10-11 所示。

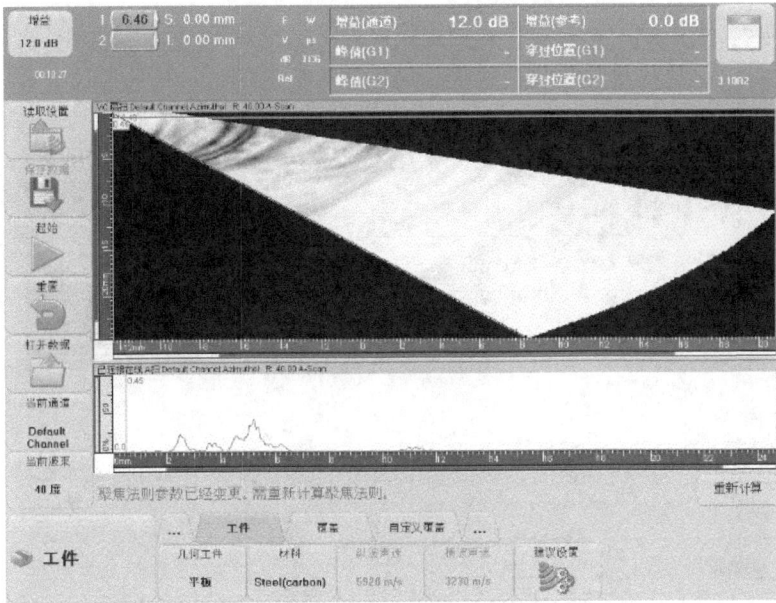

图 10 - 11　材料设置

6）点击"覆盖"，覆盖数量选择"2"（覆盖功能可以将焊缝位置直观地显示在屏幕上，便于查找缺陷），如图 10 - 12 所示。

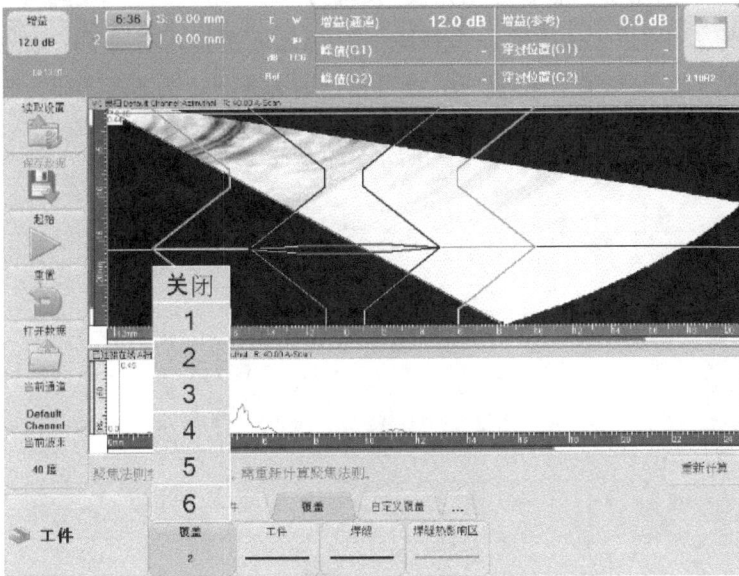

图 10 - 12　工件覆盖设置

7）其余参数默认，在主菜单中点击"通道"，在"激发方式"栏选择图 10 - 13 所示参数、探头和楔块。

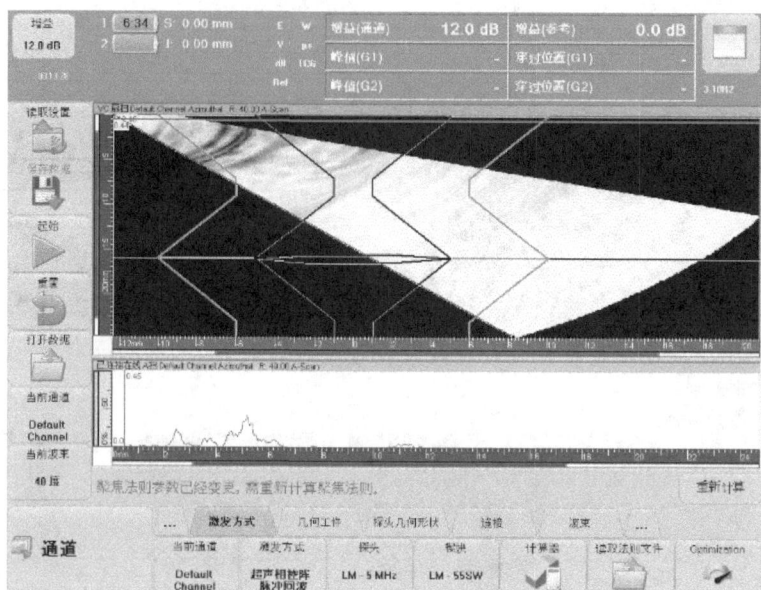

图 10-13 激发方式设置

8)点击"计算器",对超声通道的参数进行设置。"步进参考"设置为-13 mm,"波形"选择横波,"扫查方式"为扇形扫查;"起始角度"设置为 52°,"结束角度"设置为 75°,"分辨率"设置为 1.0°(板厚大于 10 mm 选择 1.0°,板厚小于 10 mm 选择 0.5°);"第一晶片"设置为 16;"焦点"选择为真实深度聚焦,"位置"为 32 mm;"时基类型"为真实深度,"时基起始"为 0 mm,"时基范围"为 32 mm;其他参数默认,点击"确认",如图 10-14 所示。

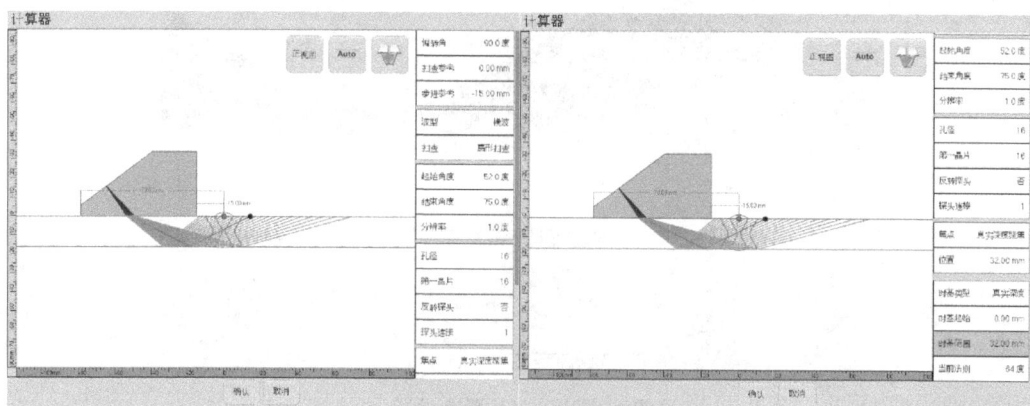

图 10-14 计算器设置

9)超声标准试块试验。在标准试块上涂抹耦合剂,将探头楔块前端置于试块上孔缺陷水平距离 13 mm 处,得到缺陷波的位置,已校核探测深度是否真实,如图 10-15 所示。

图 10 - 15　标准试块检测

10) 在通道设置中,点击"波束",将"当前波束"调整为 65°,如图 10 - 16 所示。

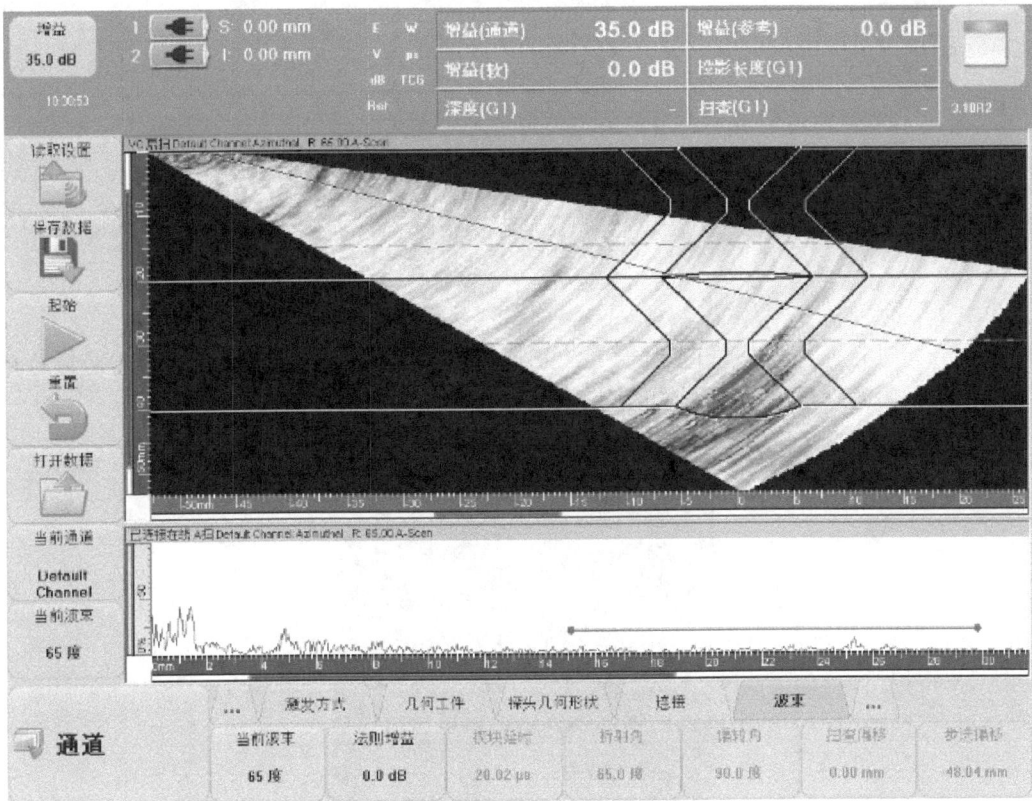

图 10 - 16　当前波束设置

11) 在"主菜单"中选择超声设置,根据探测图形调整"增益"参数,本试验调整为 36.0 dB,"时基范围"调整为 40 mm,"时基模式"改为真实深度,其余参数设置为默认,即可进行超声检测,如图 10 - 17 所示。

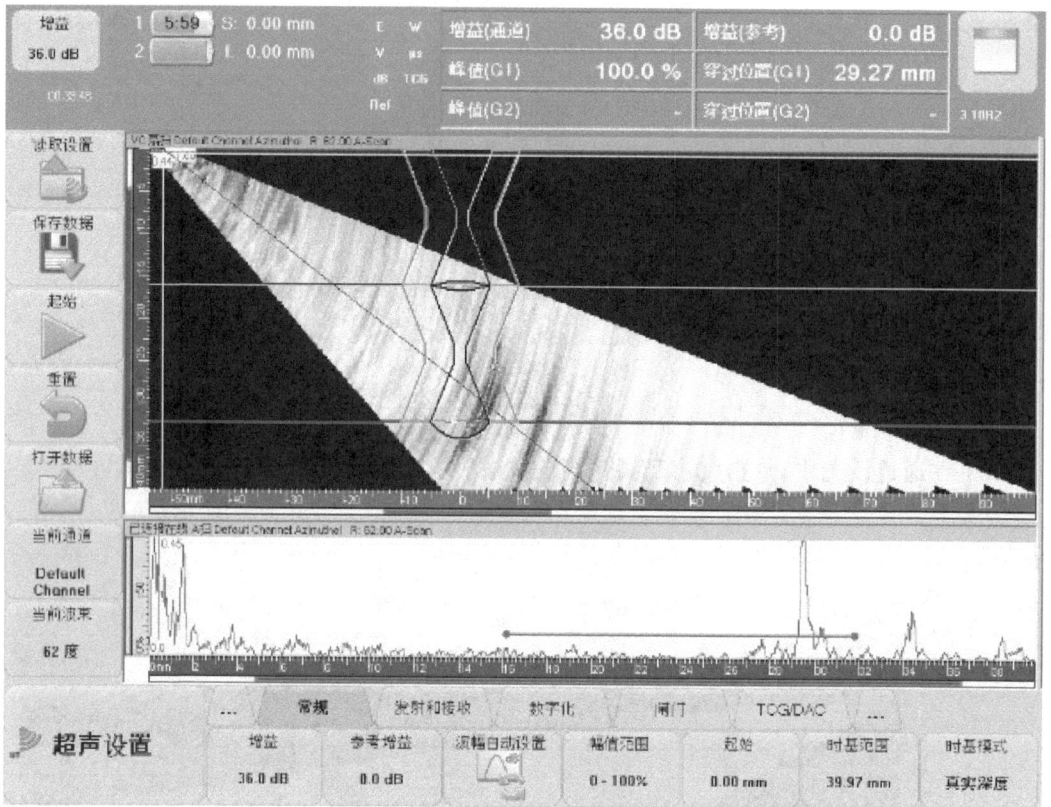

图 10-17 超声参数设置

12）开始进行探头扫查,扫查时需要注意探头前端与焊缝中心的水平位置始终保持在13 mm 左右,匀速缓慢移动探头,如图 10-18 所示。

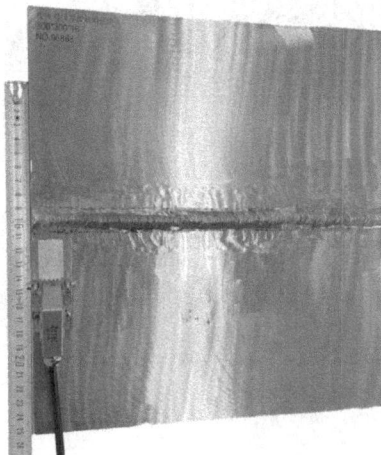

图 10-18 探头扫查方式

13）通过扫查,发现金属板上含有两处缺陷,位置如图 10-19 所示。

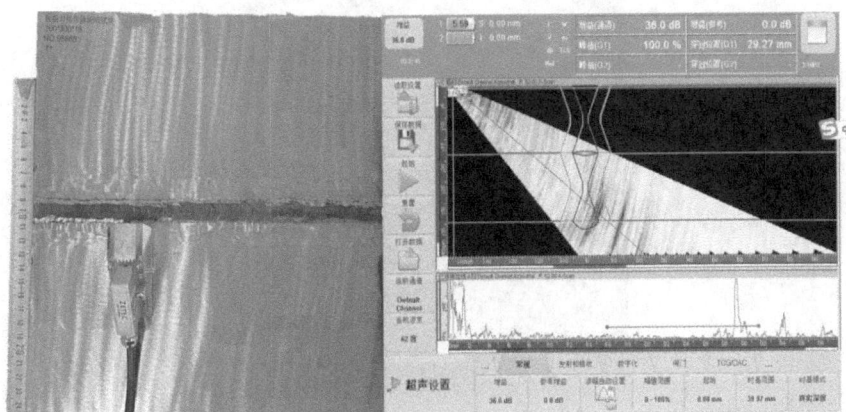

(a)

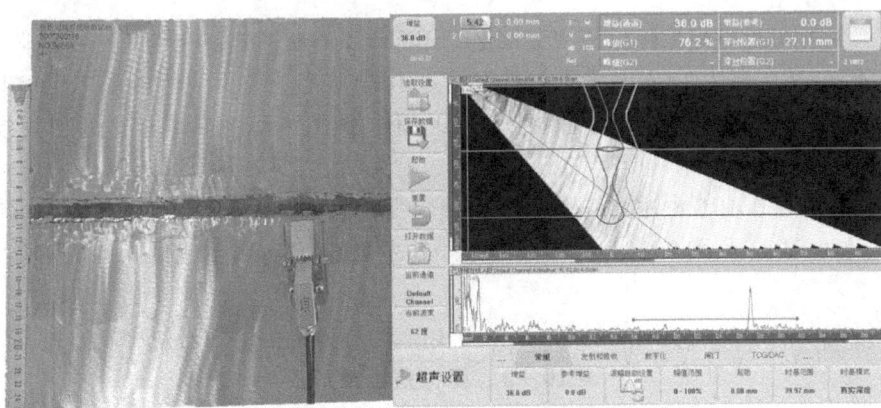

(b)

图 10-19　焊接金属板缺陷位置

(a)缺陷 1；　(b)缺陷 2

10.1.4　常见问题

1) 超声无损检测中耦合剂(水等)是必不可少的,常用于两种介质之间(如在探头和楔块、楔块和工件之间),当发现屏幕中反馈信号微弱时,检查是否使用耦合剂。

2) 实验结束后,需要将主机接口用盖子密封关闭。

10.2　复合材料壁板的超声相控阵探伤案例指导

10.2.1　超声相控阵试验设备介绍

本次进行的超声相控阵复合材料壁板初始缺陷检测试验,所用设备及器材有 TOPAZ 16 型超声相控阵主机设备(见图 10-1)、带直楔块的相控阵探头(见图 10-2)、含缺陷复材壁板(见图 10-20)。

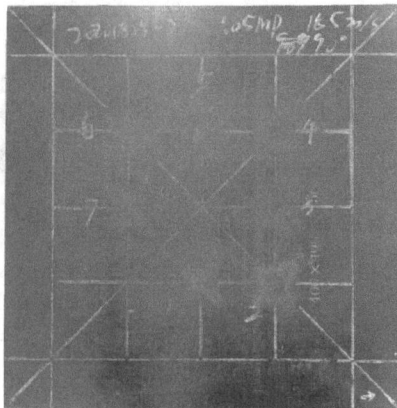

图 10 - 20　含缺陷复材壁板

本次案例所用超声相控阵设备为美国 ZETEC 研发的便携式高性能超声相控阵检测系统 TOPAZ 16,其屏幕为 10.4 in 多点触控高清显示屏,设备支持常规超声 UT、TOFD、超声相控阵 PAUT,该设备集成了目前世界上前沿的超声检测技术,并具有丰富的相关接口,见图 10 - 4。

目前相控阵探头有 3 种主要阵列类型:线形(线阵列)、面形(二维矩形阵列)和环形(圆形阵列)。本次试验采用 LM - 5 MHz 探头,其主要技术参数见表 10 - 1,探头实物见图10 - 2。

本次研究对象为某含缺陷复材壁板(见图 10 - 20),其检测试件相关参数见表 10 - 3。

表 10 - 3　复材壁板参数

描　述	数　值
复材壁板长 L/mm	400
复材壁板宽 W/mm	400
复材壁板高 H/mm	5
密度 A/(kg · m^{-3})	1 400
弹性模量 E_1/GPa	130.05
弹性模量 E_2/GPa	11.55
剪切模量 G/GPa	6
泊松比 U	0.312

10.2.2　主机界面介绍

超声无损检测设备功能较多,界面较为复杂,主机界面区域的名称与作用见图 10 - 5。设备主菜单顺序见图 10 - 6,其也为超声检测的一般步骤。

10.2.3　案例指导

1) 对主机设备、探头进行安装,见图 10 - 7。

2）打开主机，进入初始页面，见图 10-8。

3）打开主菜单，点击"工件"选项，见图 10-9 所示。

4）点击几何工件进入模型修改器，将工件的参数输入系统，本次只需要修改厚度为 5 mm，点击"确认"，如图 10-21 所示。

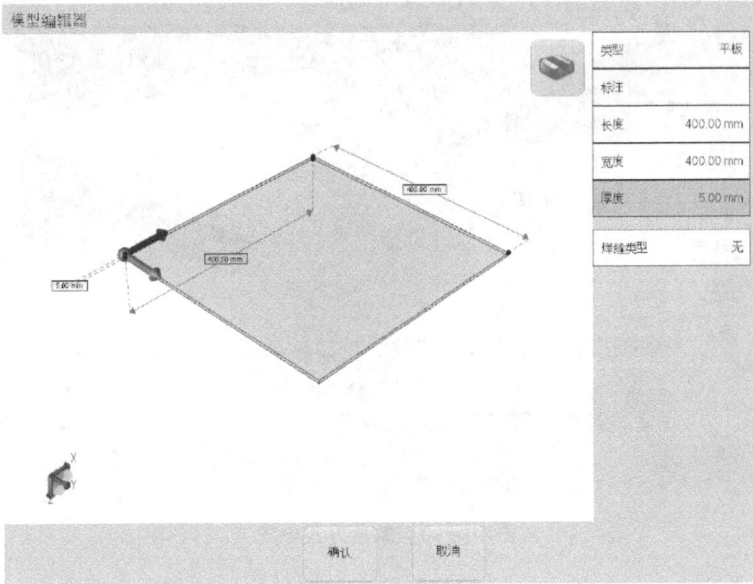

图 10-21　几何模型设置

5）点击"材料"，进入数据库，对检测样件的材料进行选择定义，本次选择 CFRP 碳纤维复合材料，如图 10-22 所示。

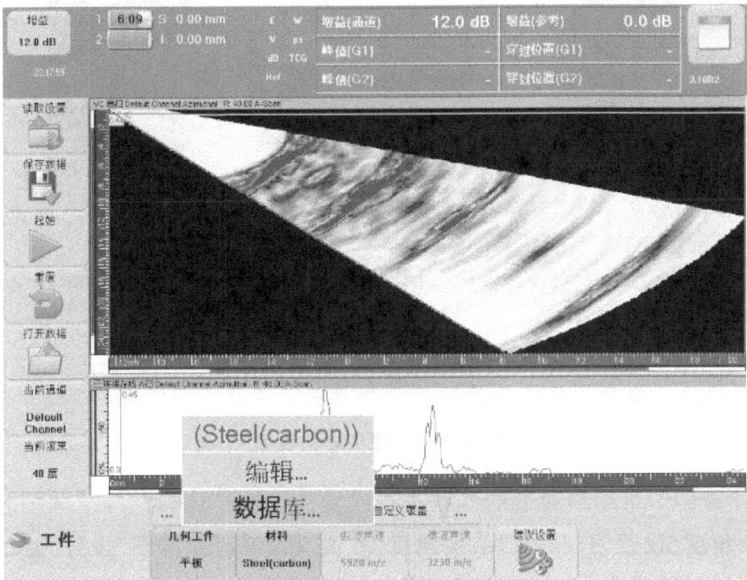

图 10-22　材料设置

6）其余参数默认，在主菜单中点击"通道"，在"激发方式"中选择"超声相控阵-脉冲回波"，如图 10 - 23 所示。

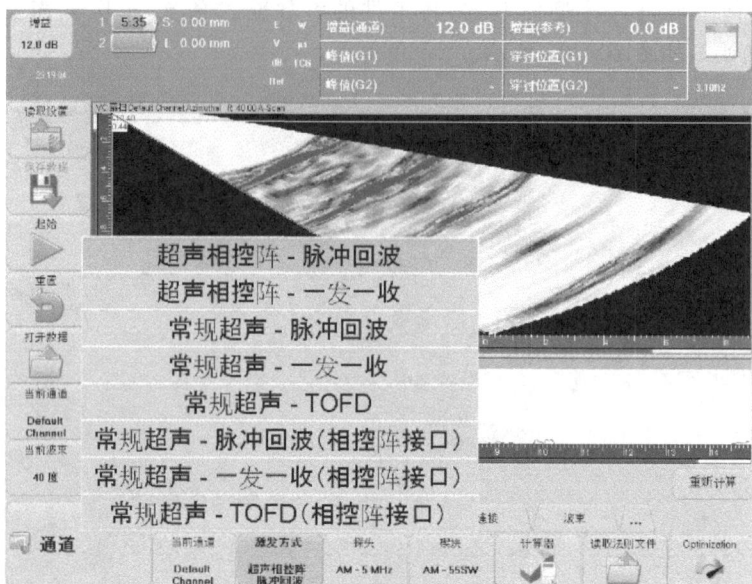

图 10 - 23　激发方式设置

7）探头选择"LM - 5 MHz"，楔块选择"LM - 0LW Low Profile"，如图 10 - 24 所示。

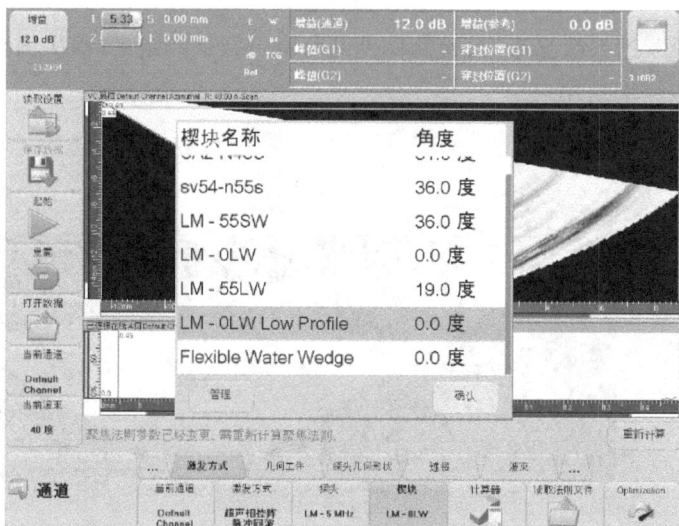

图 10 - 24　探头楔块设置

8）点击"计算器"，对超声通道的参数进行设置。"波形"选择"纵波"，"扫查方式"为"扇形扫查"；"起始角度"设置为 -20°，"结束角度"设置为 20°，"分辨率"设置为 0.5°；"焦点"选择为"半声程"，"位置"为 5 mm；"时基类型"为"半声程"，"时基起始"为 1 mm，"时基范围"为 4 mm；其他参数默认，点击"确认"，如图 10 - 25 所示。

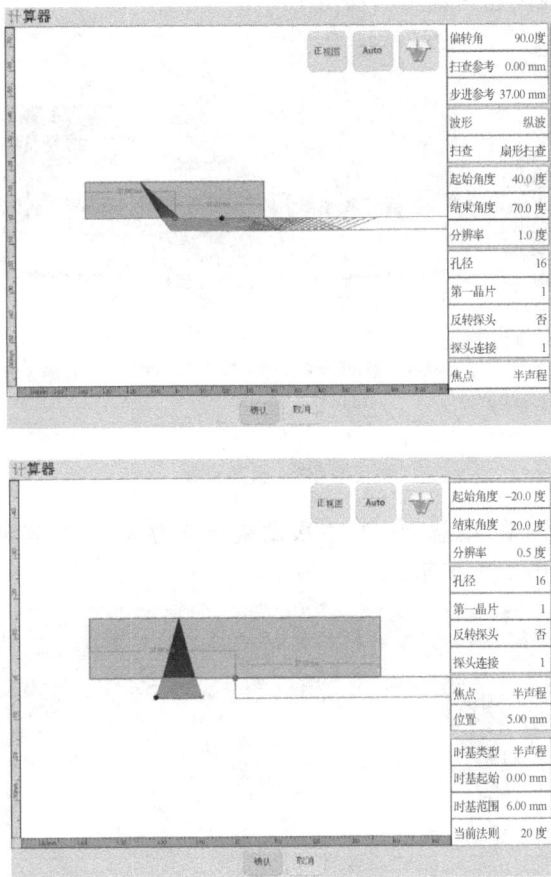

图 10-25　计算器设置

9）在"通道设置"中，点击"波束"，将"当前波束"调整为 0°，如图 10-26 所示。

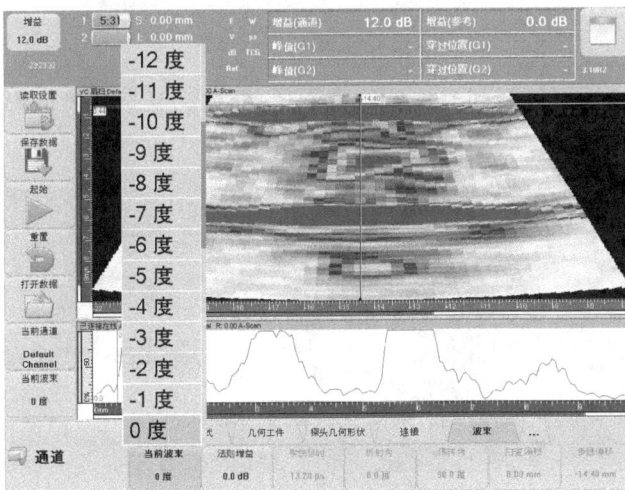

图 10-26　当前波束设置

10）在主菜单中选择"超声设置"，如图 10 - 27 所示。

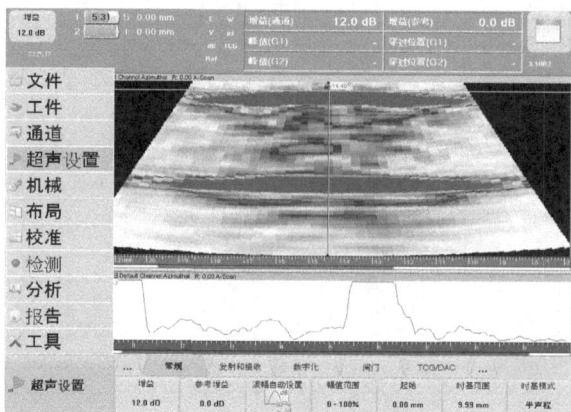

图 10 - 27　超声设置

11）根据探测图形调整"增益"参数，本次试验调整为 6.0 dB，其余参数设置为默认，即可进行超声检测，如图 10 - 28 所示。

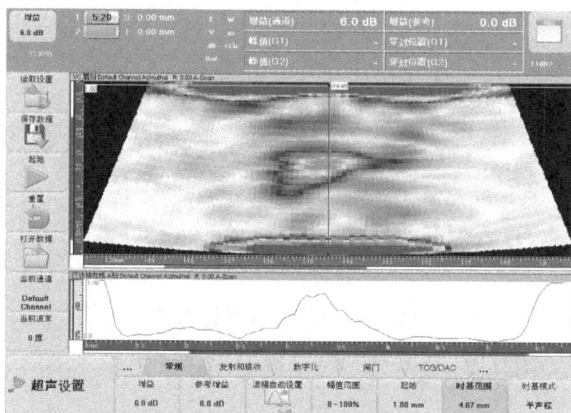

图 10 - 28　超声参数设置

12）在图 10 - 29 中可以看到有一处异常图像，经过反复扫描可以确定，扫描位置复材内部存在缺陷。

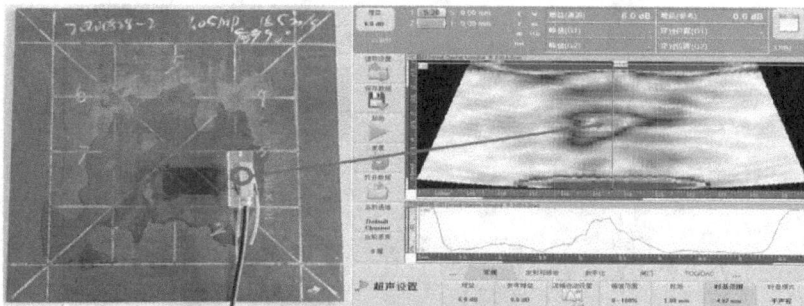

图 10 - 29　复材壁板缺陷位置

10.2.4　常见问题

1)超声无损检测中耦合剂(水等)是必不可少的,常用于两种介质之间(如在探头和楔块、楔块和工件之间),当发现屏幕中反馈信号微弱时,检查是否使用耦合剂。

2)实验结束后,需要将主机接口用盖子密封关闭。

10.3　相控阵探伤工艺卡编制案例

(1) 接头基本情况

平板对接焊接接头坡口形式及尺寸、角度见图 10 - 30,材质为 20R,板厚为 15 mm,接头热影响区宽度为 5 mm。

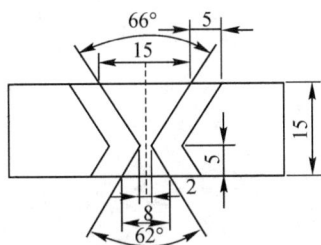

图 10 - 30　工件厚度为 15 mm 接头坡口形式

(2) 纵向垂直扫查探头及楔块工艺参数选择

具体探头及楔块工艺参数选择见表 10 - 4。

表 10 - 4　厚度 15 mm 平板对接接头检测探头及楔块工艺参数

工艺参数	取　值	工艺参数	取　值
探头型号	5L32 - A11	扫描类型	扇扫
探头频率/MHz	5	激发孔径/mm	16/9.51
晶片数量/个	32	起始晶片	17
孔径尺寸/mm	19.11	楔块高度 2/前沿	30.3/9.58
阵元间距/mm	0.6	探头位置/mm	−33
阵元间隙/mm	0.09	扫查轴偏移/mm	0
阵元长度/mm	10	聚焦类型及位置/mm	深度 30
楔块型号	SA11 - N55S	角度范围/(°)	40~75
楔块角度/(°)	36.2	上角度出射偏移/mm	12.34
折射角/(°)	54.26	下角度出射偏移/mm	1.03
楔块声速/(m · s⁻¹)	2 350	覆盖深度区域/mm	0~15
楔块高度 1/前沿	26.81/15.53	工件声速/(m · s⁻¹)	3 230

注:①探头位置为楔块(此处相对于整个探头的)自然声束出射点到焊缝中心或工件某参考点的距离(下同),当然也可以使用探头前端距作为探头位置;②表中楔块高度为 Po 值(以下同);③楔块高度 1 指全部阵元激发时的 Po 值,楔块高度 2 指 17~32 阵元激发时的 Po 值;④由于已经设定为 32 阵元探头,所以当激发孔径改变时,楔块的自然声束出射点的 0 点位置不变。

（3）纵向垂直扫查覆盖的验证

关于扫查覆盖的验证计算，可以在仪器上进行，也可以用 AUTOCAD 作图或者用仿真软件进行。图 10-31 就是用 AUTOCAD 方式来验证扫查覆盖的。按 NB/T 47013.15 的规定，对 15 mm 厚的焊接接头，可以用一次波和一次反射波对焊接接头检测区域进行扫描覆盖。图 10-31(a) 显示的是检测面一侧的一次波声束覆盖示意图，图 10-31(b) 显示的是该侧的二次波声束覆盖示意图。

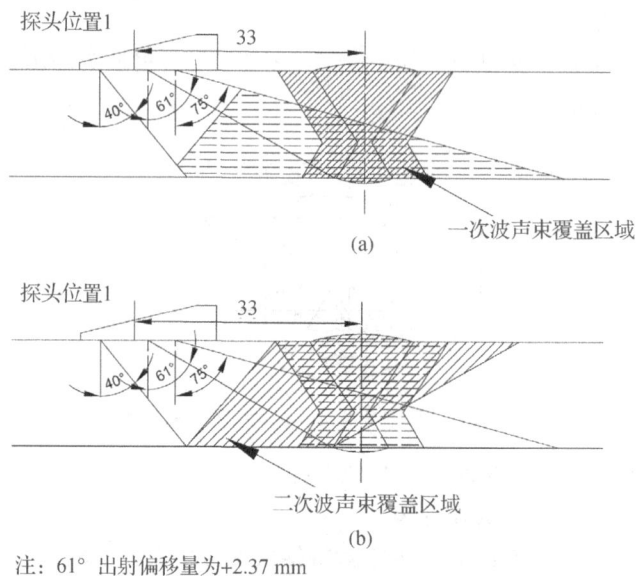

注：61° 出射偏移量为+2.37 mm

图 10-31　声束覆盖验证示意图(一侧)

(a)焊接接头一次波声束覆盖区域(一侧)；　(b)焊接接头二次波声束覆盖区域(一侧)

（4）纵向垂直扫查覆盖的设置要点

1）应保证相控阵声束对检测区域实现至少二次全覆盖。

2）扇扫起始角角度线经底面反射后与检测面交点要在近侧热影响区内侧，这样就决定了探头(楔块)声束出射点离焊缝中心的最近距离，即

$$X \geqslant p(40°)+1/2W+5+2t \times \tan40°=32.79 \text{ mm}$$

式中：$p(40°)$——40°折射角出射偏移量，即—4.88 mm；

　　　　W——上焊缝宽度，mm；

　　　　5——热影响区宽度，mm；

　　　　t——工件厚度，mm。

3）从探头出发落在焊缝底面近侧边缘的角度线（允许利用热影响区母材面反射，因为对于较薄的工件，热影响区宽度 5 mm 是一个很大的数值），经底面反射后：①与检测面的交点

要在远侧热影响区之外；②在工件内部与远侧热影响区线的交点的深度（离检测面）要大于扇扫终止角角度线与远侧热影响区线的交点的深度（离检测面），以保证 2 次或 2 次以上全覆盖。这样也就决定了探头声束出射点离焊缝中心的最远距离。

4）如果不考虑不同扇扫角度在楔块上出射点的偏移，即简化为从楔块折射角一点出射形成的扇扫，显然和实际扇扫声场不符。

5）扇扫角度最大为 35°，由于整个检测范围声程不大，所以对 TCG/ACG 的校准影响不大。

6）可使用频率大于 5 MHz 的探头，但应注意探头（楔块）前沿。

（5）纵向倾斜扫查

为检测焊接接头中的横向缺陷，对于焊缝余高未磨平的情况，一般采用纵向倾斜扫查方式解决这个问题。常规超声检测一般采用与焊缝方向成不大于 10°的斜平行扫查，这样规定主要考虑尽可能使声束方向与横向缺陷垂直。TOFD 检测时一般采用与焊缝方向成 30°～60°的斜平行扫查，倾斜角度比常规超声要大得多，主要原因是 TOFD 检测采用的是端点衍射法，而且角度太小，PCS 无法调整。

用相控阵超声来检测横向缺陷，原则上如采用纵向倾斜扫查方式，其倾斜角度应与常规超声检测差不多，比如 10°，此时用手工扫查，只要声程足够也还可以，但用机械扫查在设置上就有一定难度。图 10 - 32 是倾斜 20°时焊缝坡口形式示意图（如设置倾斜 10°，工艺实现难度更大），可以看到与纵向垂直扫查相比较，斜向焊缝坡口尺寸及角度（见图 10 - 32）发生了很大的变化。

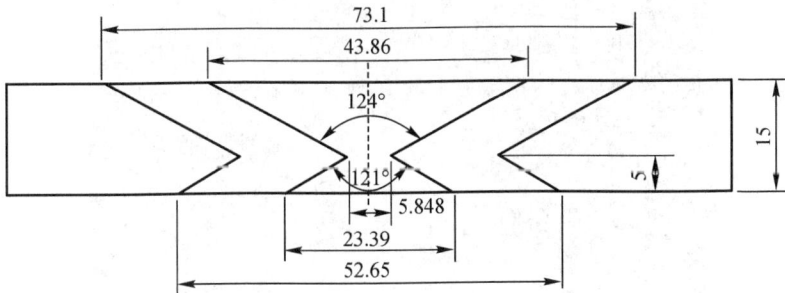

图 10 - 32　声束与焊缝方向成 20°时的焊缝坡口尺寸及角度（单位：mm）

对于图 10 - 32 所示的坡口尺寸及角度，采用的工艺参数见表 10 - 5，声束覆盖设置如图 10 - 33 所示。从图 10 - 33 可以看到，单侧倾斜扫查时，用一次波和二次波同时检测时无法覆盖整个焊接接头，因此要完成对工件的横向缺陷检测，应在双侧且在来回两个方向进行扫查才能达到相关要求。

表 10 - 5　厚度 15 mm 平板对接接头倾斜 20°扫查时的探头及楔块工艺参数

工艺参数	取　值	工艺参数	取　值
探头型号	5L32 - A11	扫描类型	扇扫
探头频率/MHz	5	激发孔径/mm	32
晶片数量	32	起始晶片	1
孔径尺寸/mm	19.11	楔块高度/mm	15.53
阵元间距/mm	0.6	探头位置/mm	57
阵元间隙/mm	0.09	扫查轴偏移/mm	0
阵元长度/mm	10	聚焦类型及位置/mm	深度 30
楔块型号	SA11 - N55S	角度范围/(°)	40～75
楔块角度/(°)	36.2	上角度出射偏移/mm	5.93
折射角/(°)	54.26	下角度出射偏移/mm	−4.29
楔块声速/(m·s⁻¹)	2 350	覆盖深度区域/mm	0～15
楔块高度 1/前沿	26.81/15.53	工件声速/(m·s⁻¹)	3 230

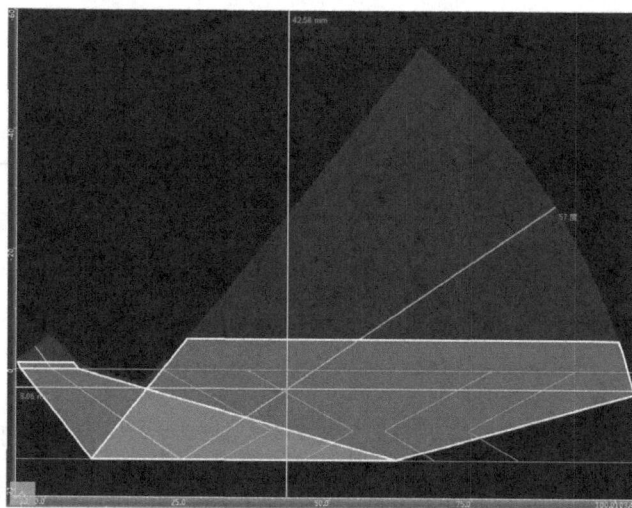

图 10 - 33　声束与焊缝方向呈 20°纵向倾斜扫查声束覆盖示意图

(6)编制该接头相控阵超声检测操作指导书

根据以上初步设置,编制的该焊接接头操作指导书(示意)见表 10 - 6。

表 10-6　焊接接头相控阵超声检测操作指导书(示意)

PAUT 操作指导书		操作指导书编号	
		工艺规程版本号	

委托单		—	项目名称		—

	设备名称	—	设备编号	—	设备类别	××××
被检设备	材质	20R	设备规格	—	设备状态	在制
	工件名称	—	工件编号	—	焊接方法	埋弧自动焊
	接头型式	对接接头	坡口形式	X	焊缝宽度/mm	外表面:15 内表面:8
	热处理状态	—	工件厚度/mm	15	检测区域/mm	外表面:25 内表面:18

	仪器型号		仪器编号		扫查装置	手动扫查器
检测设备	对比试块型号	PRB-I	对比试块编号	—	耦合剂	机油

	执行标准/合格级别	NB/T47013.15-2020/I	检测技术等级	B 级	检测比例	100%
被测技术要求	扫查方式	单面双侧纵向垂直+倾斜扫查,直接接触法	表面状态	$Ra \leqslant$ 12.5 μm	每侧母材最小打磨宽度/mm	100
	检测温度/℃	20	基准灵敏度	$\varphi2-18$ dB	表面耦合补偿/dB	4
	扫查步进/mm	1	角度步进/(°)	1	扫查速度/(mm·s^{-1})	<150
	扫查面	外壁	采样频率/MHz	50		

所用探头及楔块	探头位置	探头型号	探头频率/MHz	晶片数量	孔径尺寸/mm	阵元间距/mm	阵元间隙/mm	阵元长度/mm	楔块型号	楔块角度/(°)	折射角/(°)	楔块高度/mm	楔块声速 m·s^{-1}	楔块前沿
	1、2	5L32-A11	5	32	19.11	0.6	0.09	10	SA11-N55S	36.2	54.26	26.81	2 350	15.53

续表

	探头位置	扫描类型	激发孔径/mm	起始晶片	探头位置/mm	扫查轴偏移/(°)	聚焦类型/位置	角度范围/(°)	上角度出射偏移/(°)	下角度出射偏移/(°)	脉冲重复频率/kHz	覆盖深度区域/mm	对比试块型号	扫查灵敏度
工艺参数	1	扇扫	16	17	−33	0	深度/30	40~75	6.33	−4.88	5	0~15	PRB-I	$\varphi2$-18 dB
	2	扇扫	32	1	−57	0	深度/30	40~75	5.93	−4.29	5	0~15	PRB-I	$\varphi2$-18 dB

注:当激发孔径为 16 晶片(孔径大小为 9.51 mm,首晶片为 17)时,楔块高度和前沿为 30.3 mm 和 9.58 mm。

探头位置及声束覆盖示意图	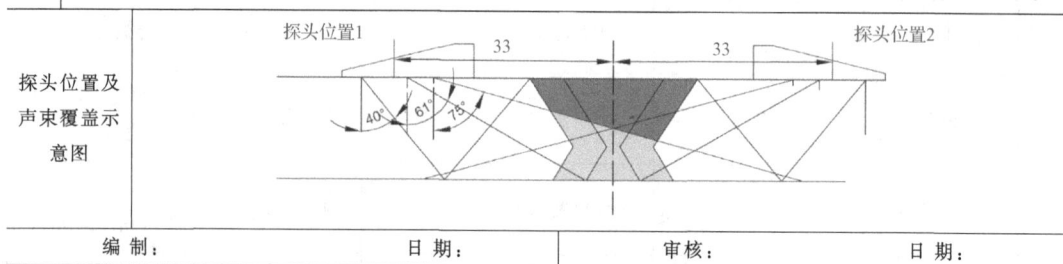

编 制:	日 期:	审 核:	日 期:

(7)操作指导书在模拟试块上的试检测(纵向垂直扫查)

根据操作指导书,在工件厚度为 15 mm 的模拟试块上进行验证,图 10-34(a)(b)分别为该接头单面双侧的检测图像。

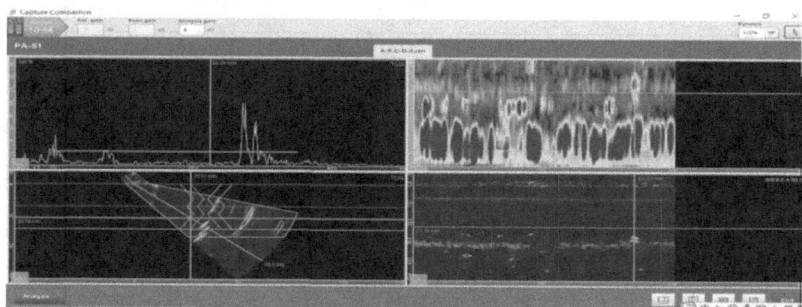

坡口未熔合缺陷的检测

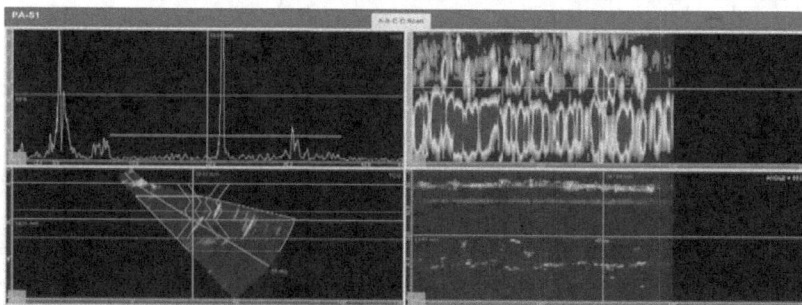

检测面裂纹的检测

(a)

图 10-34 工件厚度为 15 mm 的焊接接头纵向垂直扫查单面双侧检测图像

(a)工件厚度为 15 mm 的焊接接头一侧检测图像

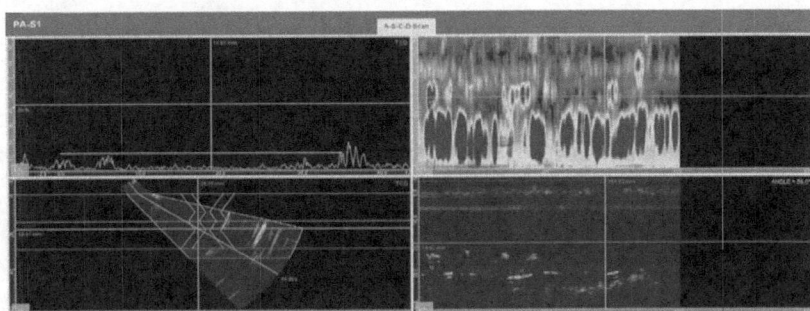

该部位坡口未熔合缺陷未出现在图像上

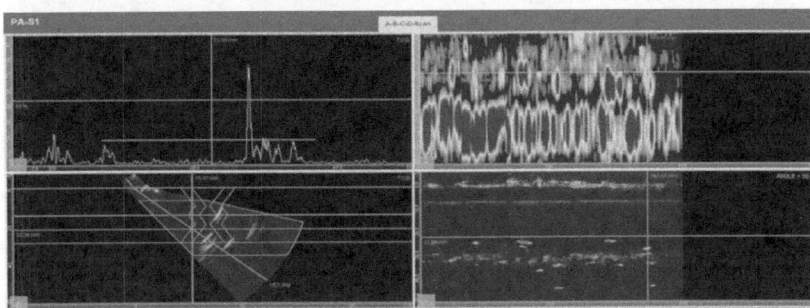

检测面裂纹的检测

(b)

续图 10-34　工件厚度为 15 mm 的焊接接头纵向垂直扫查单面双侧检测图像

(b)工件厚度为 15 mm 的焊接接头另一侧检测图像

(8)小结

1)编制焊接接头相控阵超声检测工艺时,应根据接头的工艺参数及现有仪器、探头、楔块等按相关标准拟定操作指导书;

2)对拟定的操作指导书进行声束覆盖、TCG/ACG 校准等进一步验证;

3)如果声束覆盖不能满足相关要求,或者很难进行 TCG/ACG 校准等,那么应对拟定的部分工艺参数进行修改,如改变扇扫角度范围、声程范围、增益、聚焦深度或声程、激发孔径,甚至增加探头位置或增加探头等;

4)在模拟试块上对操作指导书进行验证;

5)在具体工件上进行试检测。

第三篇 无损检测虚拟仿真案例指导

本部分主要介绍无损检测的基础理论,并在介绍每个检测方法后,通过选择题、判断题、计算题的形式,对磁粉、渗透、超声、射线、涡流检测等相关的基础理论知识进行综合练习和测试,从而帮助读者建立起系统的无损检测方法知识体系,并通过测试题对学习效果进行自我测验。

第 11 章　基于 COMSOL 的超声和涡流无损检测虚拟仿真

11.1　COMSOL 软件简介

COMSOL 是一款诞生于瑞典的大型多物理场商业化仿真软件。仿真技术诞生于 1953 年,它是利用计算机对物理现实的演化情况进行模拟的。世界首款完整的仿真软件 Nastran 诞生于 1966 年的美国航空航天局(NASA)。仿真软件作为工业软件的一个类别,得到了实体工业巨头从技术到数据上的大力帮助。到了 20 世纪末期,仿真软件蓬勃发展,各软件巨头都在为了扩充自己的业务范围进行着激烈的竞争。此时 Svante Littmarck 和 FarhadSaeidi 敏锐地发现用计算科学研究科学现象和产品工程,靠单一的物理过程是很难诠释的,而当时市面上的有限元软件都可以对某个物理场进行深入研究,而无法将多个同时发生且有相互影响的物理过程进行联合计算。有了这个想法,COMSOL 公司于 1986 年在瑞典斯德哥尔摩创立,在技术沉淀了 9 年后,推出了自己的第一款商业化产品 PDEToolbox 1.0,这款产品是以工具包 PDE toolbox 的形式依附在 MATLAB 产品下的,虽然只是一个偏微分方程工具包,但已经在有限元建模上颇具特色。1999 年,COMSOL 公司发布了 FEMLAB 1.0 版本,正式进入仿真计算软件的行列。FEMLAB 这个名字,一直沿用到了 FEMLAB 3.0 版本,这个版本的功能得到了极大的飞跃,也彻底摆脱了 MATLAB 的架构。2005 年,这款软件更名为 COMSOL Multiphysics,并发布了 COMSOL Multiphysics 3.2 版本,它已经成长为一个完整的科学建模与多物理场耦合计算软件包。此后的 COMSOL 在不断的更新和商业化应用中,已经形成了很完善的仿真体系。

COMSOL 可以看作是一个大型物理计算器,其本质是大量的数学建模程序高度集成所形成的商业化仿真程序。COMSOL 的建模思路是按照物理理论的类型划分为不同的计算模块[共 34 个(comsol6.0 版本)]来进行建模。主攻古典力学的模块有声学模块、计算流体力学(CFD)模块、疲劳模块、复合材料模块、岩土力学模块、多体动力学模块、管道流模块、转子动力学模块、结构力学模块、地下水流模块、非线性结构材料模块、机械加工模块、搅拌器模块、聚合物流动模块,主攻电磁学的模块有 AC/DC 模块,主攻电动力学的模块有射频模块,主攻光学的模块有波动光学模块、射线光学模块,主攻热力学的模块有传热模块、气液属性模块、微流体模块、聚合物流动模块、分子流模块,主攻化学模块的有电池模块、化学反应工程模块、腐蚀模块、电化学模块、电镀模块、燃料电池和电解槽模块,主攻固体物理的模块有半导体模块、微机电系统模块,主攻粒子物理的模块有粒子追踪模块、等离子体模块。

关于 COMSOL 模块主要功能的说明可以在 COMSOL 的官方网站上查询,也可以在软件自带的说明文档里获得答案。

面对一个工程对象,首先要明确所讨论的问题,对问题进行数学建模,再根据支配工程对象的物理定律类型来选择上述对应的物理场,然后画出几何图形,使用刚刚确定的物理场,并定义边界条件和计算逻辑,之后选择合理的求解算法即可进行计算。这是使用 COMSOL 建模的核心逻辑,也是软件 UI 操作的核心逻辑。

COMSOL 可以对解进行后处理,即让计算得到的解可视化或与实验值进行对比,可以直接将常用计算机辅助设计(CAD)软件中的几何模型导入,也可以导入电子设计自动化(ECAD)模型,还可以与 Excel、MATLAB 等常用数学建模软件实时共享数据,以大大提高开发效率。

COMSOL 另一个非常独特且有用的功能——应用(APP)开发,可以利用已有的案例导出其中一般化的模型,通过修改参数,快速计算表象变化但本质不变的工程对象。这使得仿真可以成为真正的协同工作,小组的成员可以通过 APP 来传递自己的模型和数据,在实际工作中非常有用。

优秀的仿真需要工程师在熟悉工程对象的物理原理和实际情况的基础上,建立有效的数学模型,利用算法能力和编程能力来完成。对于仿真工程师而言,COMSOL 只是一款仿真软件,它减轻了工程师的负担,加快了仿真工作的速度,降低了仿真工作的门槛,但是不能代替仿真工程师的思考。

COMSOL 对初学者是很友好的,简单的算例可以很快实现。本章将介绍各种不同的仿真算例,读者依照步骤指导完全可以独立完成这些算例。在学会使用 COMSOL 对无损检测过程进行仿真的同时,也体会到自己完成算例的成就感。这也是选择这款软件作为仿真软件的原因之一。

必须强调的是,COMSOL 计算的物理尺度是工程尺度,所用物理公式的适用范围为从微观到宏观。COMSOL 不能从微观角度来计算材料,COMSOL 也不能解决大尺度的物理问题,比如星系和宇宙的演化。正确认识仿真软件的功能是开发软件潜力的第一步。

COMSOL 几乎涵盖了所有常用尺度物理过程的计算,而无损检测也利用了各种物理过程,所以,将 COMSOL 和无损检测相结合进行无损检测的学习和研究是非常自然的事情。在无损检测工艺的优化过程和算法发明上,仿真都起着关键的作用。

比如要仿真相控阵超声无损检测的过程,可以利用声学模块模拟超声传播的过程,利用结构力学模块模拟应力波在工件中的传播,利用交流/直流(AC/DC)模块定义换能器,即压电晶体,在完成一组数据的相控阵超声仿真后,还可以通过 APP 功能实现类似于真实仪器的探头控制。如果要仿真涡流检测的过程,可以使用 AC/DC 模块中的磁场接口来虚拟涡流。

总之,对于工程尺度的无损检测,都可以利用 COMSOL 来进行仿真。读者如果决定自己研究无损检测过程的仿真,可以借鉴前人的经验,查阅关于无损检测仿真的论文,以得到更多的帮助。但是,仿真对象的性质是首要的,当进行无损检测的仿真时,材料、缺陷、疲劳过程对仿真手段有决定性意义,在之后的仿真案例中,读者会逐渐体会到这一点。

1.COMSOL 基本操作

首先介绍该软件的基本操作界面特点及构成。在完成 COMSOL 软件的安装后,在其安装文件夹的 COMSOL Lauchers 文件夹中能够找到 COMSOL Multiphysics 6.0 快捷方式,双击打开即启动程序。

安装并打开 COMSOL Multiphysics 后,即进入以下界面(见图 11-1)。

图 11-1　初始界面

初学者最好使用模型向导来新建一个算例:点击模型向导 ，进入"选择空间维度"界面,如图 11-2 所示。

图 11-2　"选择空间维度"界面

我们可以选择研究对象的空间维度,以三维空间为例,点击三维,如图 11-3 所示,进入物理场选择,可以根据不同的研究对象选择相应的模块,如射频、AC/DC、传热、电化学等,以电路为例,点击 AC/DC → 电路 (cir) ,点击"添加",如图 11-4 所示。

图 11 - 3　AC/DC 选择界面

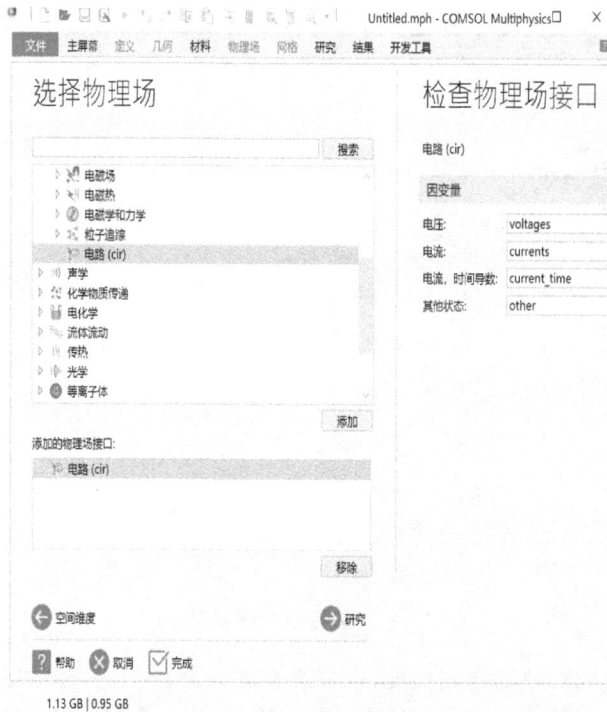

图 11 - 4　电路选择界面

点击"研究",进入研究界面,如图 11-5 所示。

图 11-5　研究界面

点击"一般研究"→"瞬态",点击"完成",进入主界面,如图 11-6 所示。

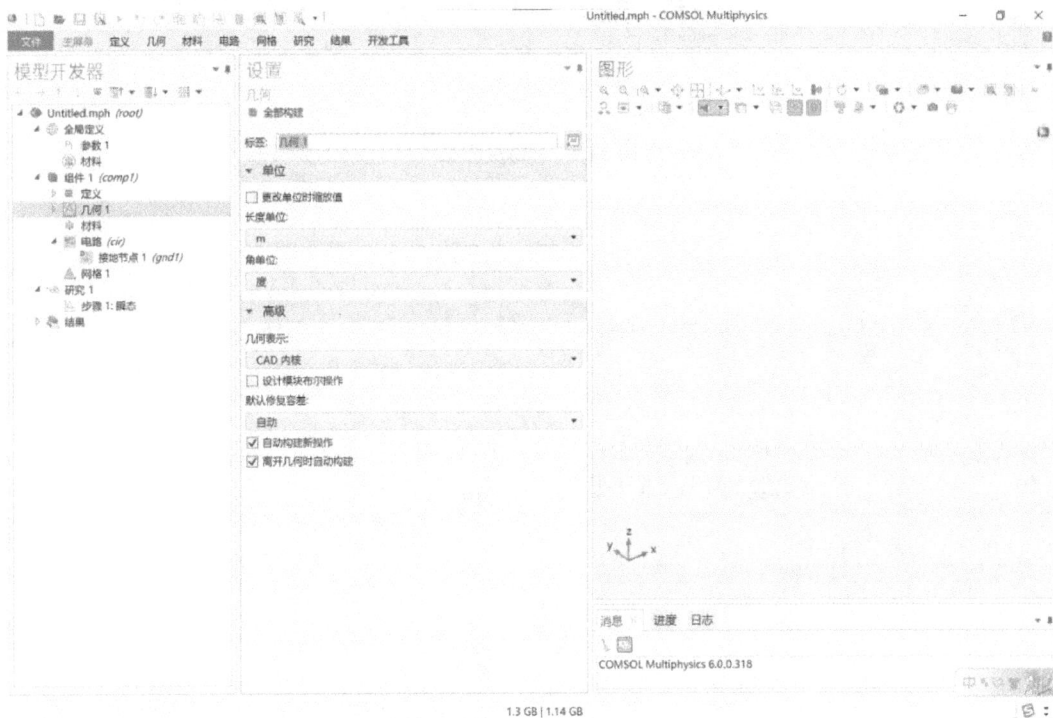

图 11-6　瞬态选择界面

此时,点击左上角"保存"按钮就可以保存该文件了,如果需要仿真涉及大尺度或者复杂多物理场的算例,就可以将文件保存在大容量的存储位置,以保证计算空间。

2.COMSOL 的主界面

COMSOL 主界面包含了 COMSOL Multiphysics 的全部功能,为物理场建模和仿真以及 APP 设计提供完整的集成环境,当需要为模型构建用户界面时,便可在模块界面(见图 11-7)访问所需的各种工具,窗口界面如图 11-8 所示。

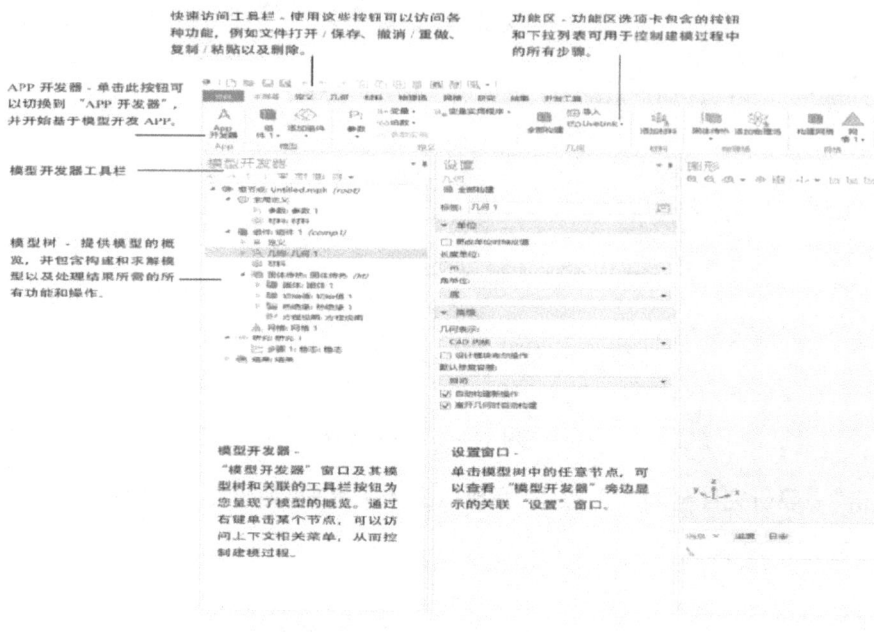

图 11-7　模块界面

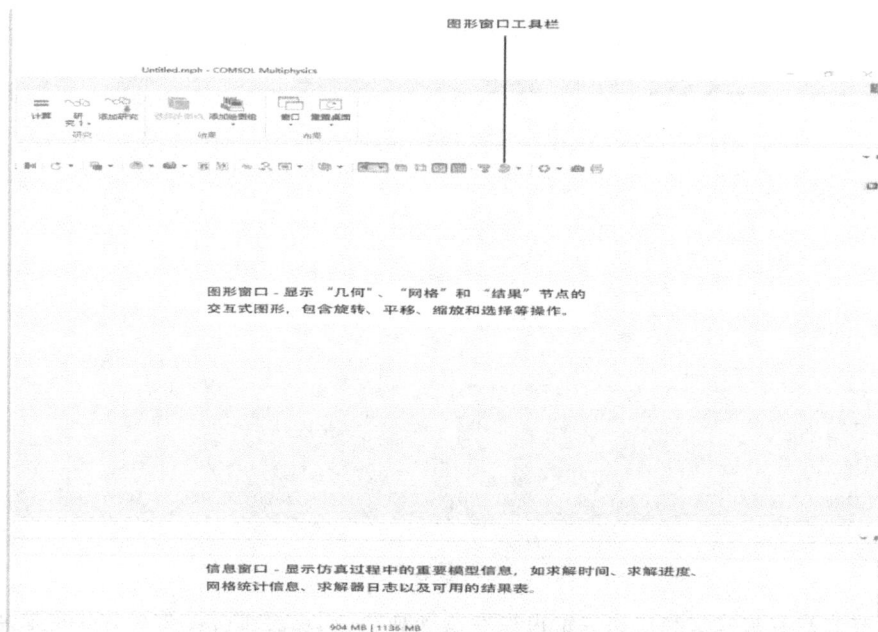

图 11-8　窗口界面

可用的窗口和用户界面组件介绍：

1)模型开发器:屏幕最左侧的竖条,展示了建模的基本流程和"目录",该窗口及其模型树和关联的工具栏按钮可以为用户呈现模型的概览。通过右键单击某个节点,可以访问相关菜单,从而控制建模过程。修改参数后,程序会自动检查输入参数是否规范。

2)快速访问工具栏:屏幕最顶端的一栏按钮,可以访问各种功能,例如打开、保存、撤销、重置、复制、粘贴以及删除。可以从定制快速访问工具栏列表(工具栏右侧的向下箭头)中定制其内容。

3)功能区:桌面顶部的功能区可访问用于完成大多数建模任务的命令。功能区仅在Windows 版本的软件环境中可用,在 OSX 和 Linux 版本中,则由菜单和工具栏代替。

4)设置窗口:这是用于输入所有模型明细信息的主窗口,包括几何尺寸、材料属性、边界条件、初始条件以及执行仿真时求解器所需的任何其他信息。

5)图形窗口:显示"几何""网格"和"结果"节点的交互式图形,包含旋转、平移、缩放和选择等操作。

6)信息窗口:包括消息子窗口、进度子窗口和日志子窗口。消息子窗口显示有关当前COMSOL Multiphysics 会话的各种信息。进度子窗口显示求解器中的进度信息和停止按钮。日志子窗口显示求解器中的信息,例如自由度数、求解时间以及求解器迭代数据。显示仿真过程中的重要模型信息,如求解时间、求解进度、网格统计信息、求解器日志以及可用的结果表格。

7)绘图窗口:这些窗口用于图形输出。除图形窗口外,绘图窗口也用于对结果进行可视化。可以使用多个绘图窗口同时显示多个结果。收敛图窗口是一个特例,它是自动生成的绘图窗口,显示模型运行时求解过程收敛的图形表示。

3.COMSOL 的操作方法

进入主界面后,在除几何窗口之外的窗口中,鼠标的左键单击表示选中,左键双击表示执行,右键单击会弹出选中对象的子菜单;在几何窗口中,按住鼠标左键滑动可以转动几何体,按住鼠标中键滚动可以缩放几何体,鼠标右键按住拖动可以移动几何体。

在构建模型的过程中,软件会根据用户的具体操作显示相应的附加窗口和控件。用户可以根据需要定制桌面,还可以对窗口进行调整大小、移动、停靠及分离等操作。这里主要依靠鼠标左键的拖动和鼠标右键对选中对象的右击来完成。

值得注意的是,当关闭会话时,COMSOL Multiphysics 会自动保存用户对布局所做的任何更改,只要在退出前保存,当下次打开软件时,这些更改仍然有效。但需要注意,当模型处于求解计算过程中时,强制退出 COMSOL Multiphysics 不会自动保存,因此在求解计算前要养成手动保存的习惯。

除此之外,在建模或者计算的过程中,还有其他的显示组件,如外部进程面板、材料浏览器窗口、计算进度条和动态帮助窗口,这四个窗口都是主界面某一功能的从属菜单。

11.2 直探头半波法铁板内部缺陷超声无损检测虚拟仿真 （版本要求:COMSOL6.0）

1.创建文件与添加物理场

1)在工具栏中点击"文件→新建",选择"模型向导"（ 模型向导 ）→点击"二维"（ 二维 ）。

2)在选择物理场中点击"声学"→"弹性波"→双击"弹性波,时域显示(elte)"→点击"研究"→选择"瞬态"→点击"完成"。

3)在工具栏点击"添加物理场"（ 添加物理场 ）→"AC/DC"→"电场和电流"→双击"静电(es)"。

4)在工具栏点击"添加物理场"（ 添加物理场 ）→"AC/DC"→双击"电路(cir)"。

以上过程界面如图 11-9 所示。

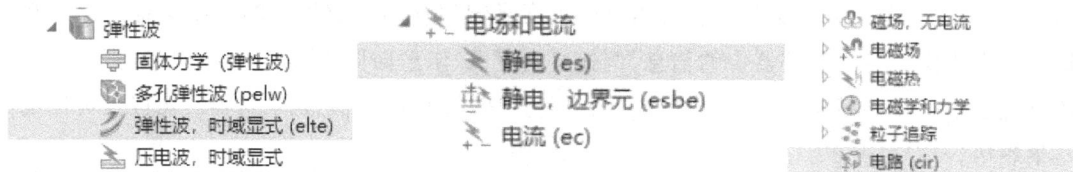

图 11-9　物理场操作界面

2.定义模型参数及坐标系

1)点击"模型开发器"→"全局定义"→点击"参数1",输入几何参数,如图 11-10 所示。右击"全局定义"→点击"参数",输入物理参数,如图 11-11 所示。

名称	表达式	值	描述
W	20[mm]	0.02 m	模块宽度
H	10[mm]	0.01 m	模块高度
L	20[mm]	0.02 m	模块侧边长度
D	9[mm]	0.009 m	换能器宽度
H_pzt	1.55[mm]	0.00155 m	压电晶体的高度
H_match	0.56[mm]	5.6E-4 m	匹配层高度
W_ts	450[mm]	0.45 m	检测样品宽度
H_ts	5[mm]	0.005 m	检测样品高度

图 11-10　几何参数示意图

名称	表达式	值	描述
f0	1.5[MHz]	1.5E6 Hz	信号中心频率
T0	1/f0	6.6667E-7 s	信号周期
cp_pzt	4620[m/s]	4620 m/s	换能器中的纵波波速
cs_pzt	1750[m/s]	1750 m/s	换能器中的横波波速
cp_damp	1500[m/s]	1500 m/s	阻尼块中的纵波波速
cs_damp	775[m/s]	775 m/s	阻尼块中的横波波速
rho_damp	6580[kg/m^3]	6580 kg/m³	阻尼块密度
cp_match	3400[m/s]	3400 m/s	匹配层中的纵波波速
cs_match	1920[m/s]	1920 m/s	匹配层中的横波波速
rho_match	2280[kg/m^3]	2280 kg/m³	匹配层密度
cp_steel	5900[m/s]	5900 m/s	钢中的纵波波速
cs_steel	3230[m/s]	3230 m/s	钢中的横波波速

图 11-11　物理参数示意图

2)点击"模型开发器"→"组件1"→右击"定义"→"坐标系"→选择"基矢坐标系",输入参数,如图 11-12 所示。

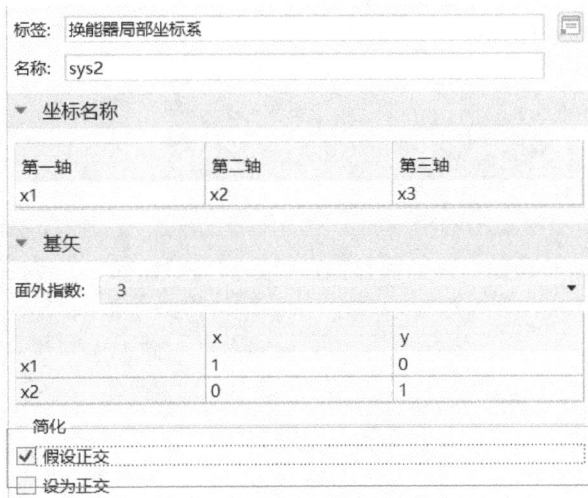

图 11 - 12　换能器局部坐标系操作界面

3）点击"模型开发器"→右击"全局定义"→点击"函数"→"解析"，在设置窗口中输入函数解析式和参数（见图 11 - 13）→点击"绘制"（ ▢▨ 绘制 ）获得函数图像。解析式定义及所获函数图像如图 11 - 13 所示。

解析函数表达式：$100 * \exp(-((t-2*T0)/(T0/2))^2) * \sin(2*pi*f0*t)$。

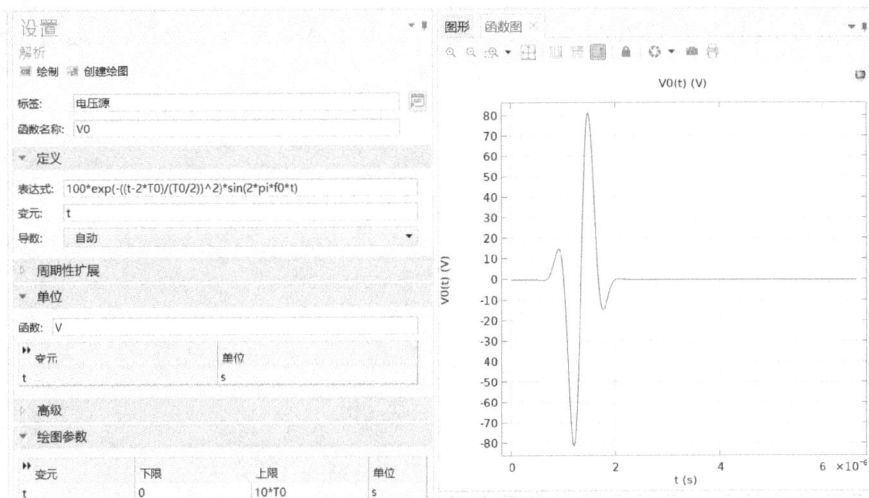

图 11 - 13　函数图像示意图

3.构建几何模型

1）点击"模型开发器"→"组件 1"→右击"几何 1"（ ◢ △ 几何 1）→"矩形"（ ▢ 矩形 1 *(r1)* ）→在矩形设置窗口输入参数（见图 11 - 14）→点击"构建选定对象"（ ▨ 构建选定对象 ▼）即可构建选定图形（注：矩形 1 需要分层，即进行层设置；且应同时勾选层在左侧和层在右侧）。

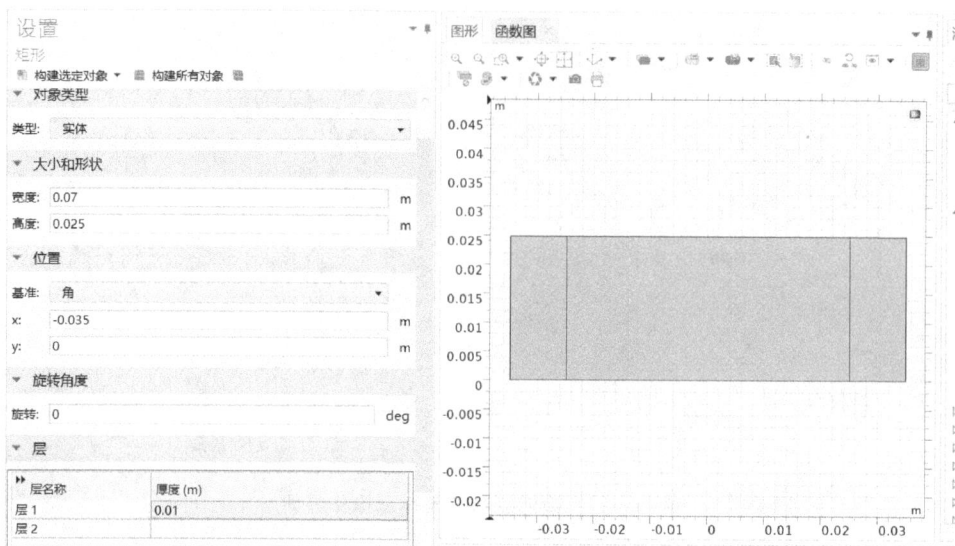

图 11 - 14　矩形 1 操作界面

2) 点击"模型开发器"→"组件 1"→右击"几何 1"(◢ △ 几何 1)→"矩形"→在矩形设置窗口输入参数(见图 11 - 15)→点击"构建选定对象"(▦ 构建选定对象 ▾)即可构建矩形 2;同理构建矩形 3,其参数如图 11 - 16 所示(注:矩形 2 需要进行层设置,勾选层在底面,矩形 3 不需要进行层设置)。

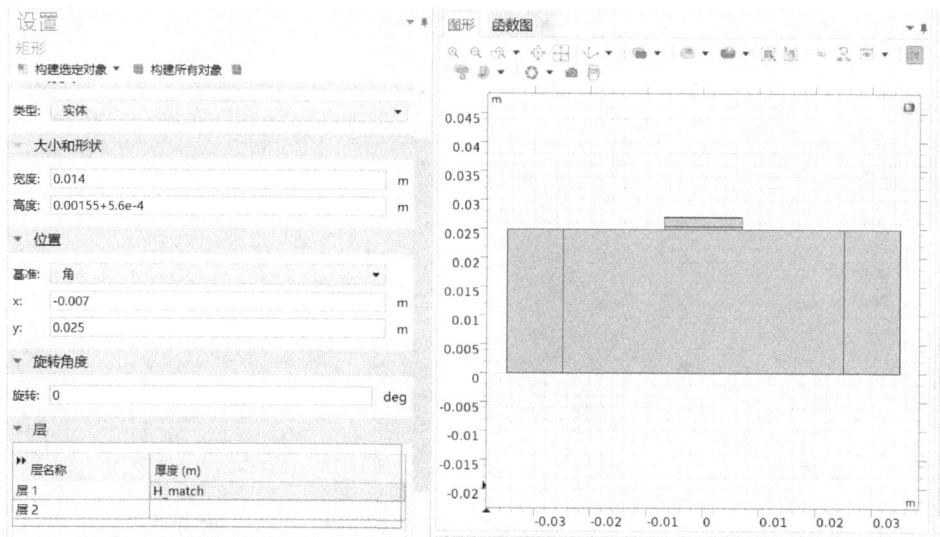

图 11 - 15　矩形 2 操作界面

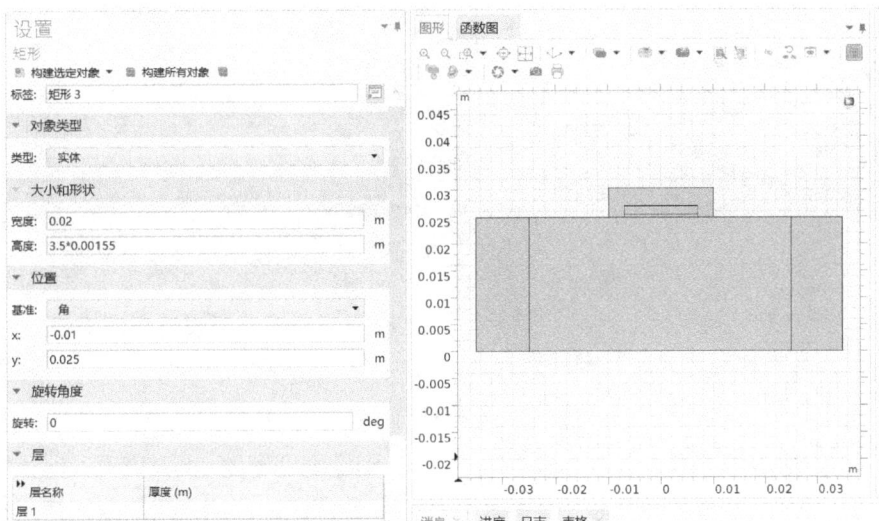

图 11-16　矩形 3 操作界面

3）点击"模型开发器"→"组件 1"→右击"几何 1"→"布尔操作和分割"→选择"差集"→在"差集 1"的设置窗口中选择矩形 3 作为"要添加的对象"→把矩形 2 设置为"要减去的对象"→勾选 ☑ 保留要减去的对象 最后点击"构建选定对象"，结果如图 11-17 所示。

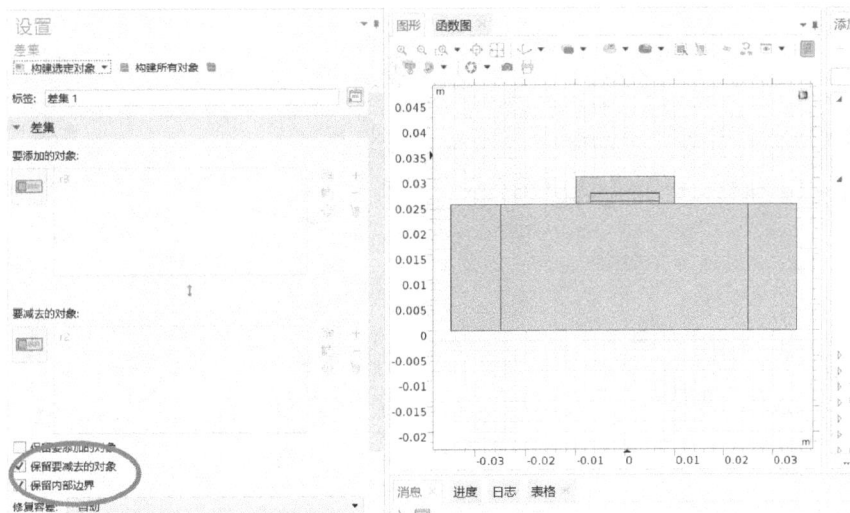

图 11-17　差集 1 操作界面

4）点击"模型开发器"→"组件 1"→右击"几何 1"→"转换"→选择"拆分"（ 拆分 1）→设置窗口选择"矩形 2"，最后点击"构建选定对象"，结果如图 11-18 所示。

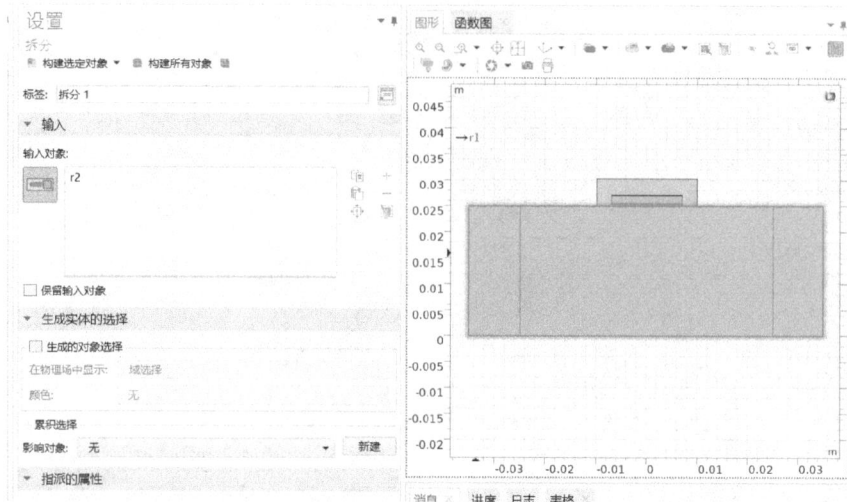

图 11-18　拆分 1 操作界面

5）点击"模型开发器"→"组件 1"→右击"几何 1"→"布尔操作和分割"→"分割边"，在设置窗口中的"要分割的边"部分通过在楔块斜边上滚动鼠标滚轮选择 r1|6，在"明细类型"中选择"顶点投影"，然后滚动鼠标滚轮选择 dif1|1/dif1|9/spl1(1)|1/spl1(1)|3 作为"要投影的顶点"，然后选择"构建选定对象"（此处之所以滚动鼠标滚轮，原因与前述相同），结果如图 11-19 所示。

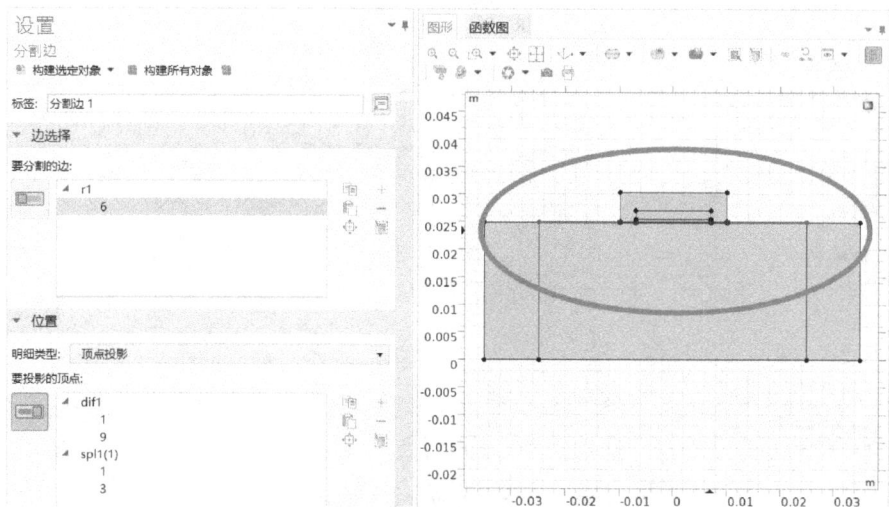

图 11-19　分割边操作界面

6）点击"模型开发器"→"组件 1"→右击"几何 1"→"矩形"→在矩形设置窗口输入参数（见图 11-20），点击"构建选定对象"构建矩形 4。

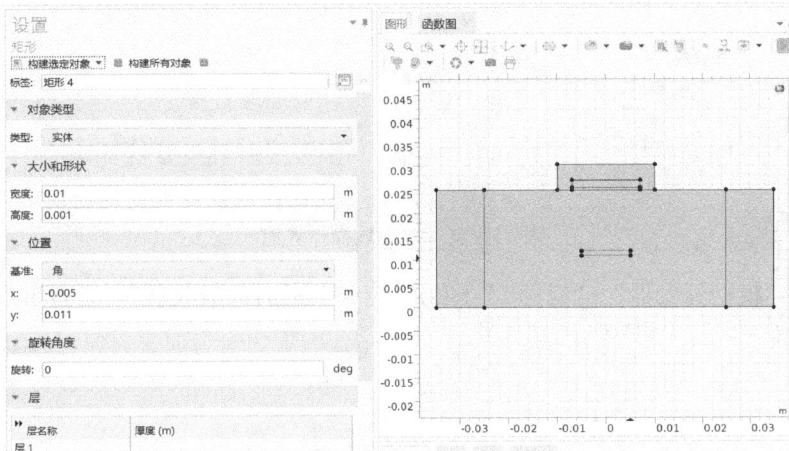

图 11 - 20　矩形 4 操作界面

7) 点击"模型开发器"→"组件 1"→右击"几何 1"→"布尔操作和分割"→"差集",创建差集 2,"要添加的对象"为分割边 pare1,"要减去的对象"为矩形 r4,此处不勾选"保留要减去的对象",如图 11 - 21 所示。点击"构建选定对象"。

8) 点击"模型开发器"→"组件 1"→右击"几何 1"→"形成联合器"→在设置窗口中,"动作"选择"形成装配"→勾选"创建压印"→点击"构建选定对象"(　构建选定对象 ▼),具体设置如图 11 - 22 所示。

9) 点击"模型开发器"→"组件 1"→右击"定义"→"选择"→点击"显示",依次定义域"6"为"换能器",定义域"5"为"匹配层",域"4"阻尼块,域"1)2)3"为"检测试样",如图 11 - 23所示。

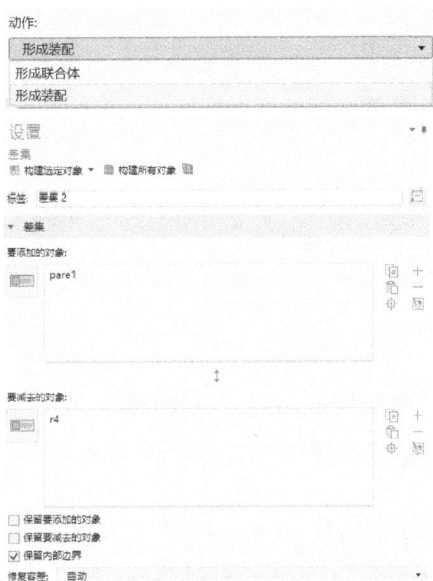

图 11 - 21　差集 2 操作界面

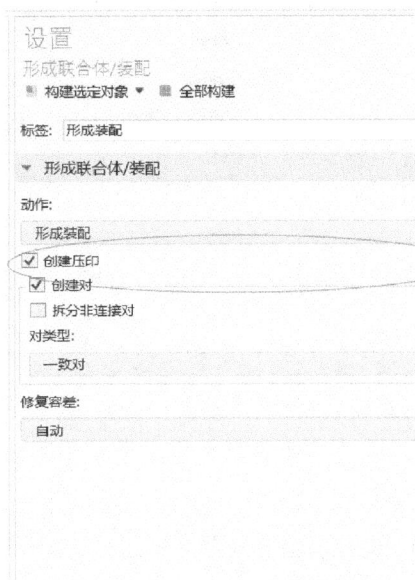

图 11 - 22　装配体操作界面

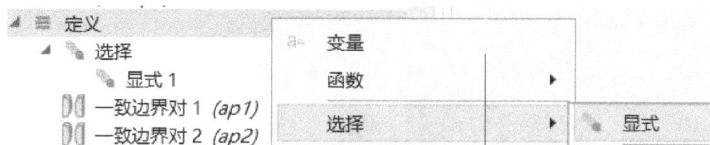

图 11 - 23　定义域操作界面

10）点击"模型开发器"→"组件 1"→右击"定义"→选择"吸收层"→设置窗口域选择，如图 11 - 24 所示。

图 11 - 24　吸收层操作界面

4.选择模型材料、添加边界条件

1）点击"模型开发器"→"组件 1"→"弹性波""时域显示（elte）"→"弹性波,时域显示模型"。其中,在线弹性材料定义模块中固体模型选择"各向同性",指定为"压力波和剪切波速度",结果如图 11 - 25 所示。

2）点击"模型开发器"→"组件 1"→右击"弹性波""时域显示（elte）"→"压电材料"→选择"换能器"→坐标系选为"换能器局部坐标系（sys2）",如图 11 - 26 所示。

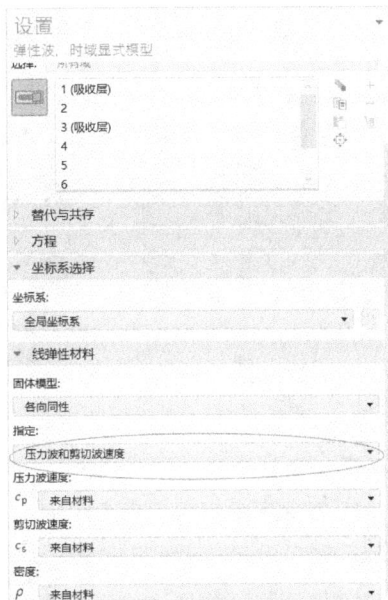

图 11-25　时域显示模型操作界面　　　　图 11-26　压电材料操作界面

3）点击"模型开发器"→"组件 1"→右击"弹性波，时域显示（elte）"→选择"低反射边界"→在设置窗口"边界选择"中选择 19、21、28，具体位置如图 11-27 所示。

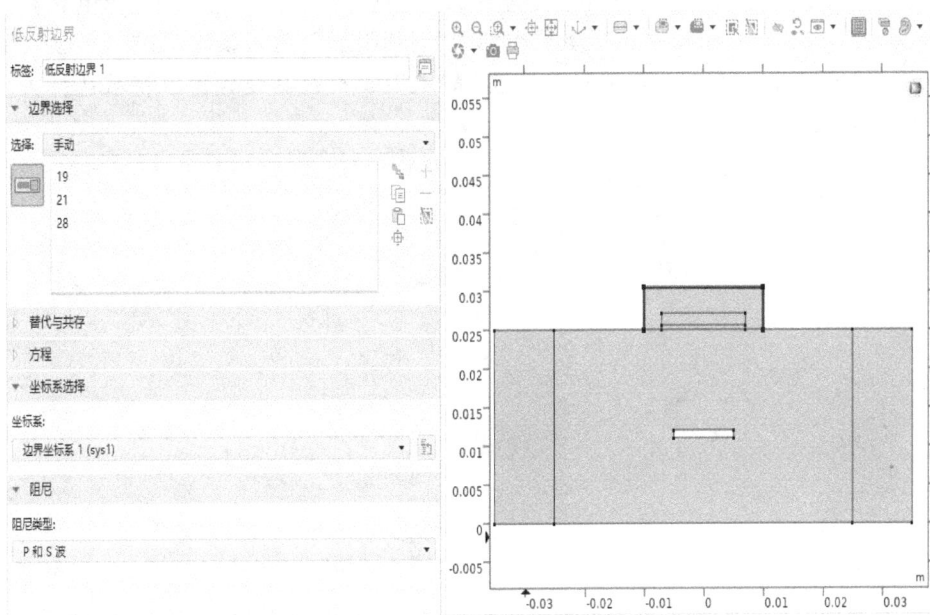

图 11-27　低反射边界操作界面

4）点击"模型开发器"→"组件 1"→"弹性波""时域显示（elte）"→右击"弹性波"时域显示模型 1→选择"阻尼"→设置窗口中将域选择为"匹配层"，输入参数，如图 11-28 所示。

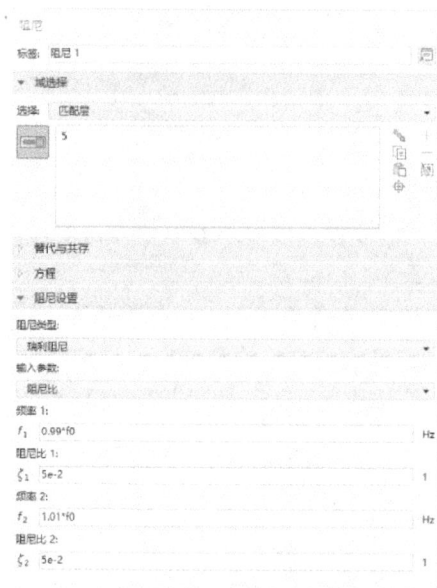

图 11-28 匹配层阻尼操作界面

5）点击"模型开发器"→"组件 1"→"弹性波，时域显示（elte）"→右击"弹性波，时域显示模型 1"→选择"阻尼"→设置窗口中将域选择为"阻尼块"，输入参数，如图 11-29 所示。

6）点击"模型开发器"→"组件 1"→"弹性波，时域显示（elte）"→右击"压电材料"→选择"机械阻尼"，在其设置窗口中选择阻尼类型为"瑞利阻尼"，输入参数，如图 11-30 所示。

7）点击"模型开发器"→"组件 1"→点击"静电"（es），在其设置窗口将域选择为"换能器"，如图 11-31 所示。

图 11-29 阻尼块阻尼操作界面　　　　图 11-30 机械阻尼操作界面

图 11 - 31　静电操作界面

8）点击"模型开发器"→"组件 1"→右击"静电"→"电荷守恒""压电 1"→在设置窗口中将域选择为"换能器"，如图 11 - 32 所示。

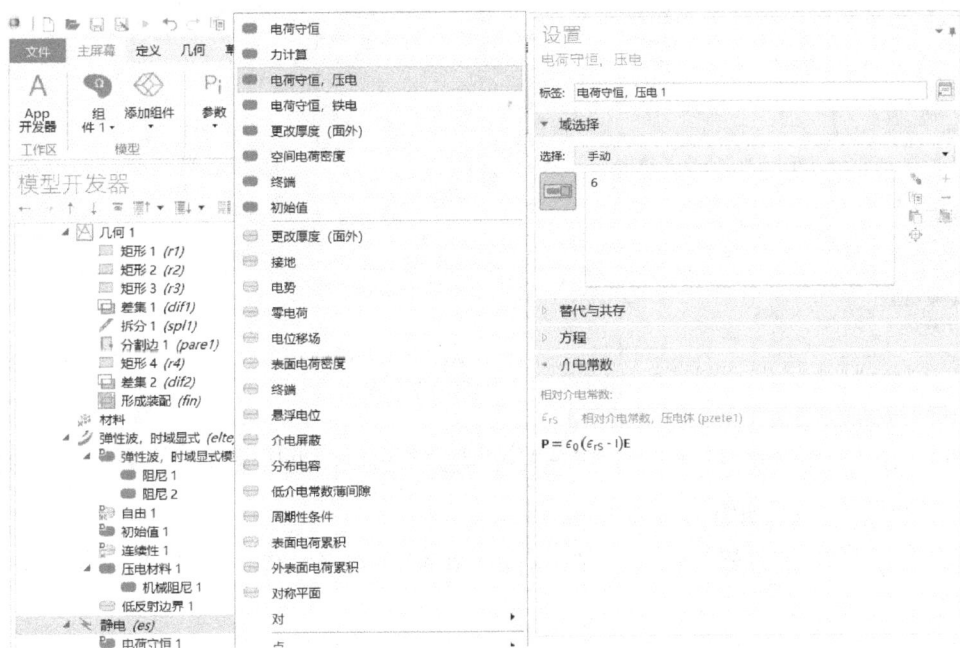

图 11 - 32　电荷守恒,压电操作界面

9）点击"模型开发器"→"组件 1"→右击"静电"→选择"接地"→点击"接地 1"→边界选择"34（换能器的下边界）"，如图 11 - 33 所示。

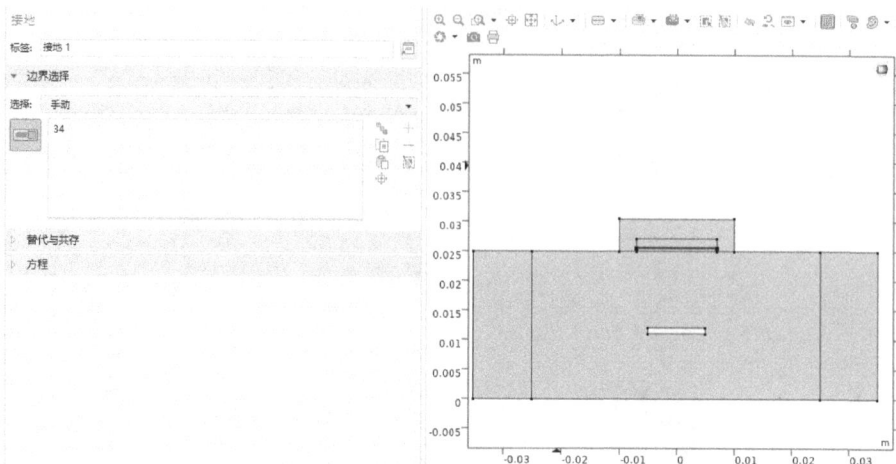

图 11-33 接地操作界面

10）点击"模型开发器"→"组件 1"→右击"静电"→选择"终端"→在设置窗口中边界选择"35"（换能器的上边界），将"终端类型"选择为"电路"，如图 11-34 所示。

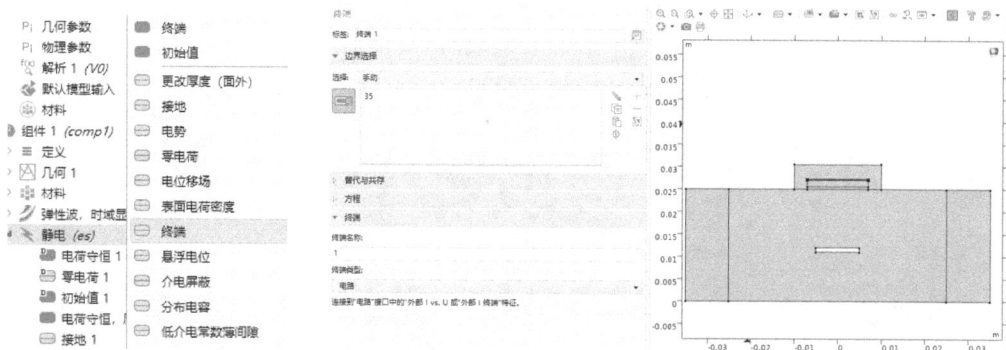

图 11-34 终端操作界面

11）点击"模型开发器"→"组件 1"→右击"电路"→选择"电压源"（ 电压源 1 (V1) ），在电压源设置窗口输入参数，如图 11-35 所示。

12）点击"模型开发器"→"组件 1"→右击"电路"→选择"电阻"，在设置窗口中输入参数，如图 11-36 所示。

13）点击"模型开发器"→"组件 1"→右击"电路"→"外部耦合"→选择"外部|终端 1"，如图 11-37 所示。

14）点击"模型开发器"→"组件 1"→ 多物理场"多物理场"→选择"压电波，时域显示"，如图 11-38 所示。

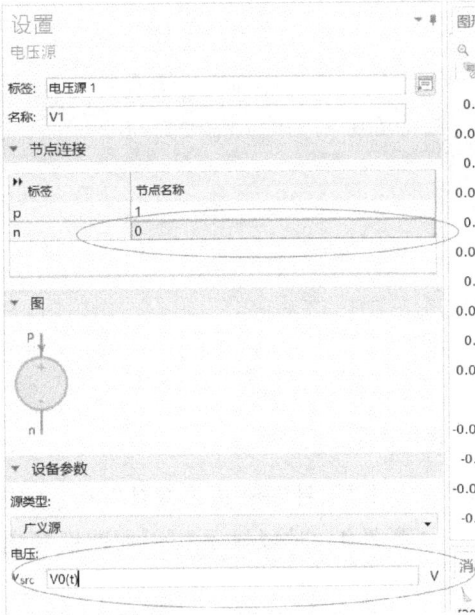

图 11-35　电路电压源操作界面

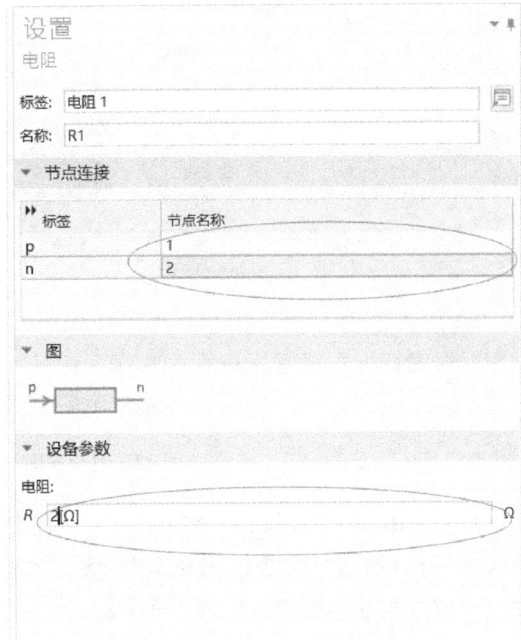

图 11-36　电路电阻操作界面

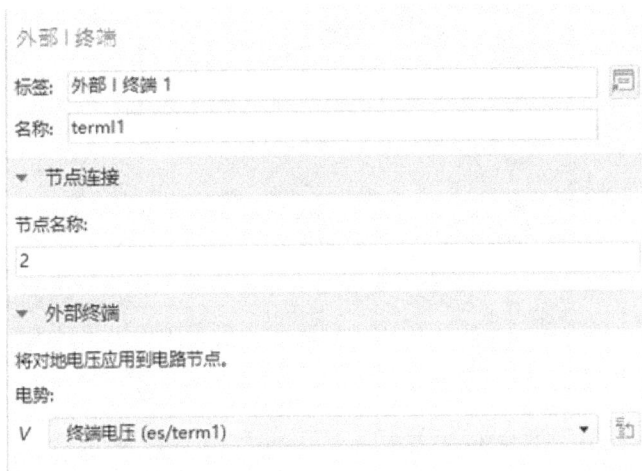

图 11-37　终端电压操作界面

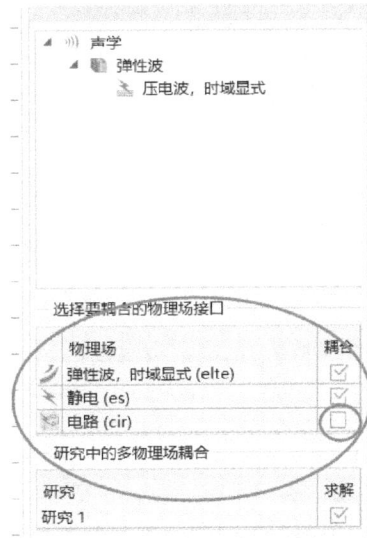

图 11-38　多物理场操作界面

15）点击"模型开发器"→"组件 1"→右击"定义"→"探针"→选择"全局变量探针"→设置窗口中的"变量名称"输入 V_with_defect→点击表达式标签栏最右侧的"替换表达式"→选择"组件 1"→"静电"→"终端"→"终端电压"，如图 11-39 所示。

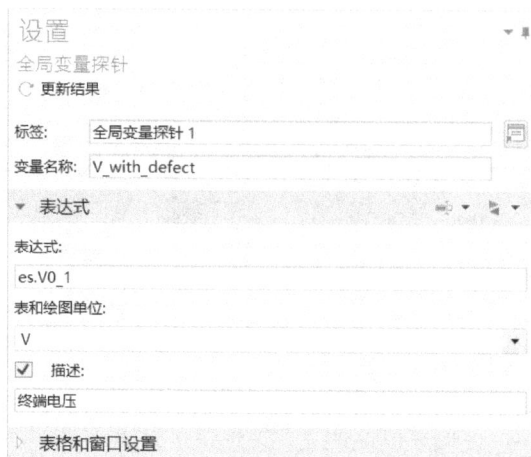

图 11 - 39　全局变量探针操作界面

16) 点击"模型开发器"→"组件 1"→右击"定义"→点击"探针"→"边界探针"→点击表达式标签栏最右侧的"替换表达式"→选择"组件 1"→"弹性波,时域显示"→"加速度和速度"→"速度大小",如图 11 - 40 所示。

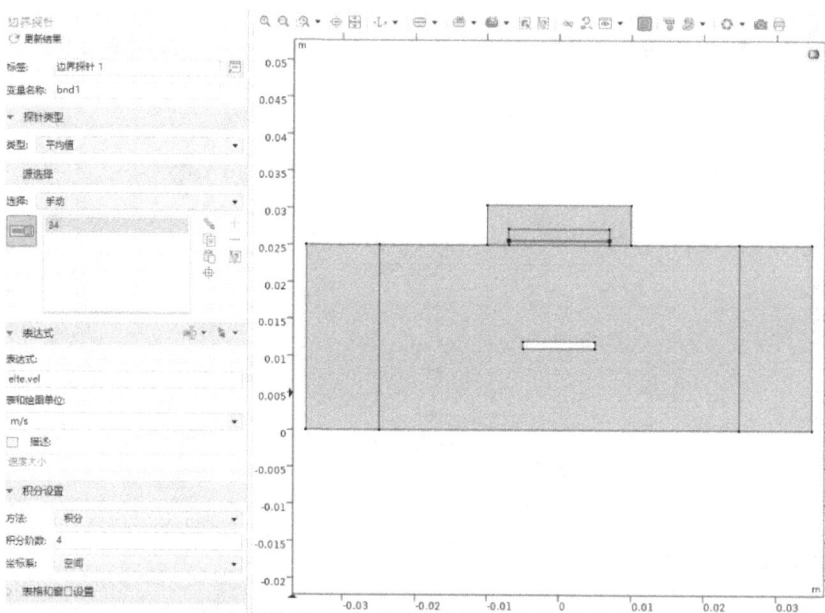

图 11 - 40　边界探针操作界面

17) 点击"模型开发器"→"组件 1"→右击"材料"→选择"从库中添加材料"→点击展开"内置材料"→双击添加"Structural steel→域选择为"检测试样",如图 11 - 41(a)所示。

18) 点击"模型开发器"→"组件 1"→右击"材料"→选择"从库中添加材料"→点击展开"内置材料"→双击添加"Lead Zirconate Titanate→域选择为"换能器",如图 11 - 41(b)所示。

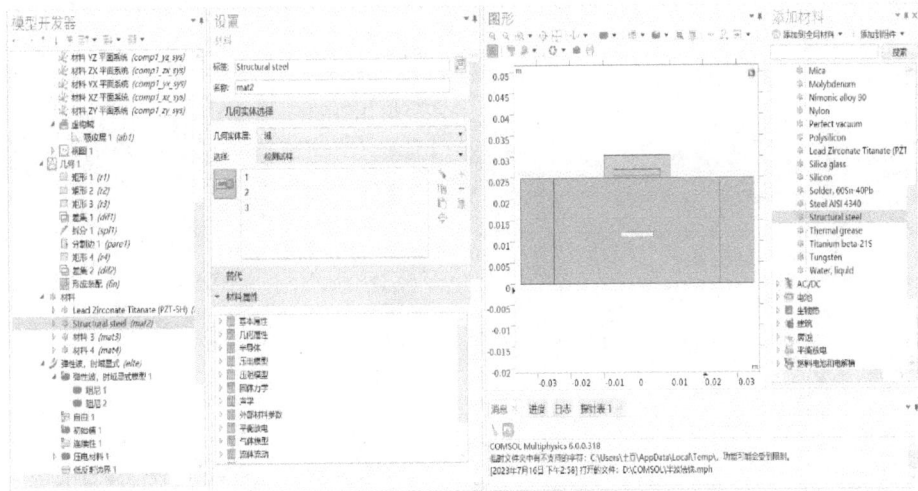

（a）

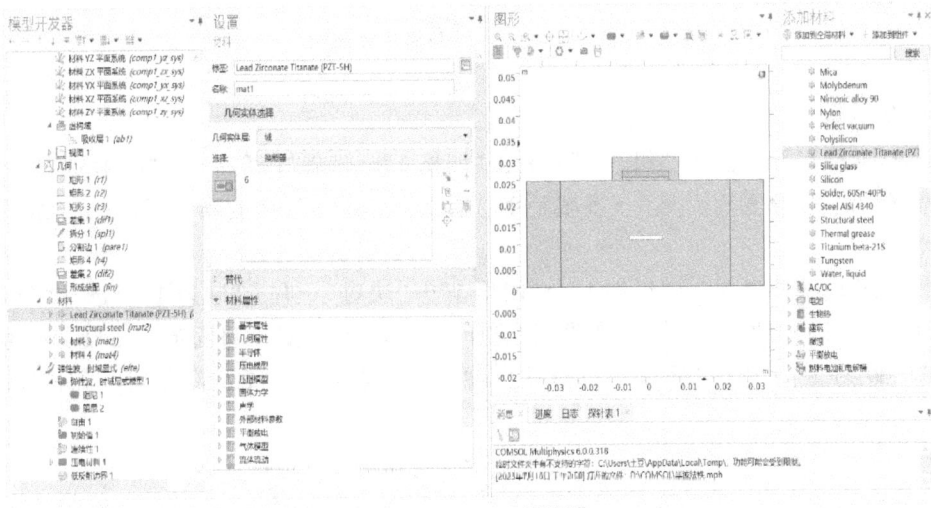

（b）

图 11 - 41　内置材料操作界面

19）点击"模型开发器"→"组件 1"→右击"材料"→选择"空材料"→域选择为"匹配层"→密度的表达式中输入"rho_match"，在"压力波和剪切波速度"中对应的输入"cp_match"和"cs_match"，如图 11 - 42（a）所示。

20）点击"模型开发器"→"组件 1"→右击"材料"→选择"空材料"→域选择为"阻尼块"→密度的表达式中输入"rho_damp"，在"压力波和剪切波速度"中对应的输入"cp_damp"和"cs_damp"，如图 11 - 42（b）所示。

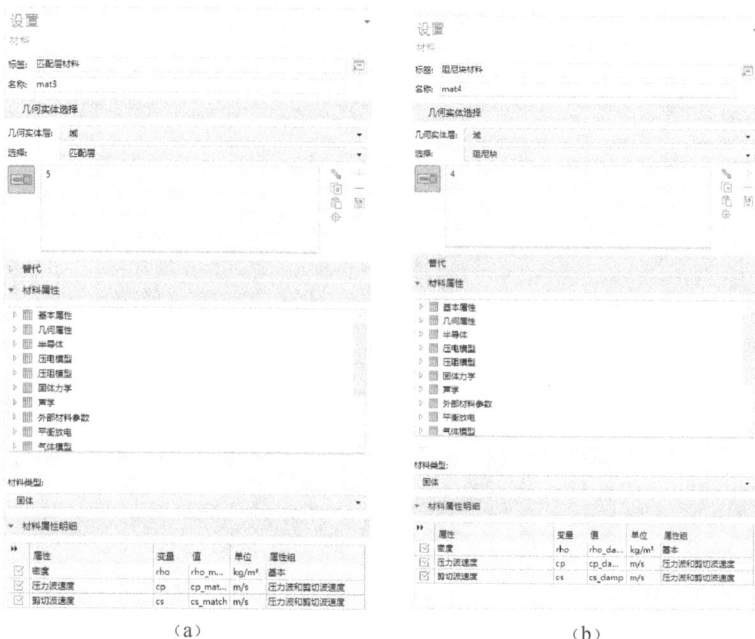

（a）　　　　　　　　　　　　　　（b）

图 11 - 42　空材料操作界面

5.划分网格

1）点击"模型开发器"→"组件 1"→右击"网格 1"→选择"映射"→在"映射 1"的设置窗口中,选择"几何实体层"为"域"→将域手动选择为域"5""6"(换能器和匹配层),如图 11 - 43 所示。

2）点击"模型开发器"→"组件 1"→"网格 1"→"映射"→右击"映射 1"→选择"分布"→设置窗口仅选择边界"36"→将"分布类型"选择为"固定单元数"→将固定单元数设置为"3";再次右击"映射 1"→选择"分布"→选择边界"32"→固定单元数设置为"2",如图 11 - 44 所示。

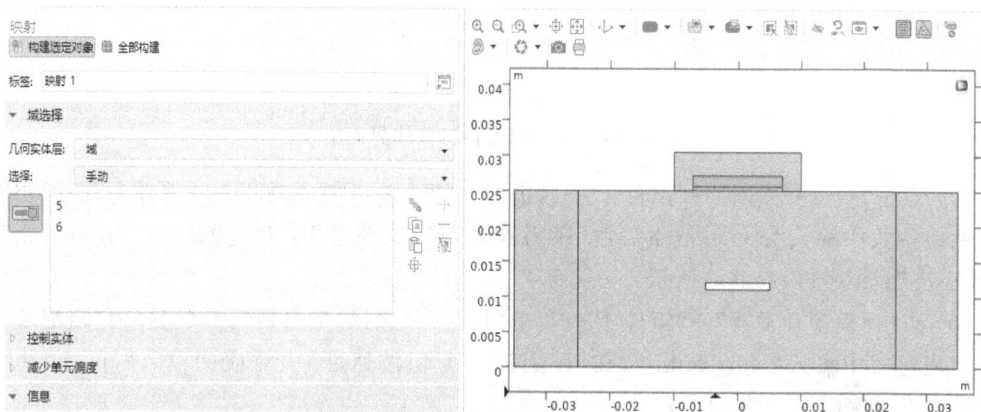

图 11 - 43　映射操作界面

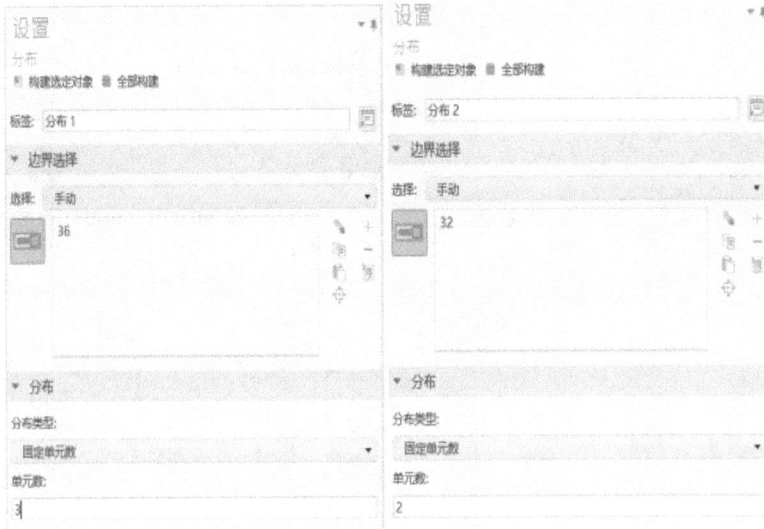

图 11-44　映射分布操作界面

3）点击"模型开发器"→"组件 1"→"网格 1"→"映射"→右击"映射 1"→"大小"→设置窗口中选择"几何实体层"为"域"→将域手动选择为"换能器"→在单元大小设置里选择"定制"→将"最大单元大小"设置为"cs_pzt/f0/1.5"；再次右击"映射 1"→"大小"→选择域为"匹配层"→在单元大小设置里选择"定制"→将"最大单元大小"设置为"cs_match/f0/1.5"，结果如图 11-45、图 11-46 所示。

图 11-45　映射大小 1 操作界面　　　图 11-46　映射大小 2 操作界面

4）点击"模型开发器"→"组件 1"→右击"网格 1"→选择"自由三角形网格"→右击"自由三角形网格"→选择"大小"→在"大小 1"的设置窗口的几何实体选择中选择域为"阻尼块"→设置最大单元大小为"cs_damp/f0/1.5"。

5）点击"模型开发器"→"组件 1"→"网格 1"→"自由三角形网格"→右击"自由三角形网格"→选择"大小"添加"大小 2"，域选择为"检测试样"，最大单元大小设置为"3230[m/s]/f0/1.5"，如图 11-47 所示。

图 11-47　自由三角形网格大小操作界面

6)点击"网格1",选择"全部构建",划分的网格属性如图11-48所示。

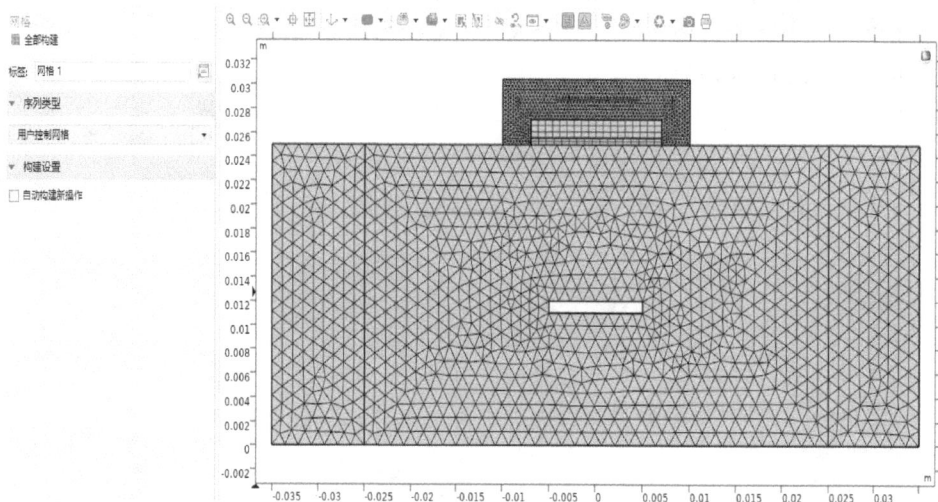

图 11-48　网格全部构建示意图

6.模型计算

1)在"主屏幕"中点击"添加研究",接着点击展开"一般研究"→双击选择"瞬态"。

2)在瞬态的设置窗口中,在"输出时步"删除原有设置并输入 range(0,T0/5,50 * T0)→单击"计算",如图11-49所示。

3)右键单击"导出"→选择动画→播放器→设置窗口中下拉选项→选择"速度大小"→点击"显示帧",即在右侧图形窗口播放速度传播的动画。

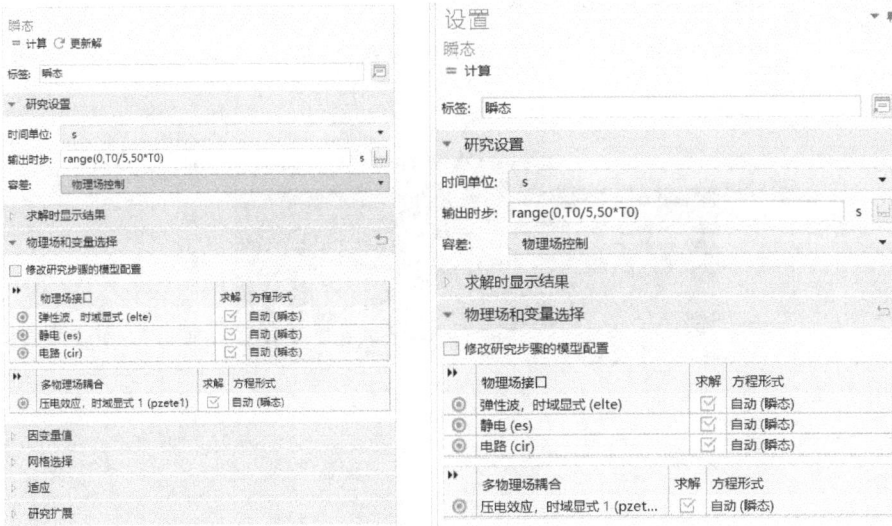

图 11-49　输出时序

7.结果分析

1)如图 11-50 所示,在动画的开始阶段,可以观察到超声波信号从探头发射并在金属内部传播。这些超声波信号以机械振动的形式传递,并沿着金属样品中的各个方向传播。通过仔细观察金属表面的速度分布,可以确定金属材料的整体状态良好,没有明显的缺陷或异常。这表明金属样品具备良好的均匀性和连续性。

然而,随着超声波信号在金属内部的传播,当它遇到金属内部的缺陷时,速度分布会发生变化。这是缺陷引起的声波传播阻尼效应。在动画中,我们可以清晰地观察到速度分布在缺陷区域呈现出明显的变化模式。缺陷处的速度相较于周围的金属有所降低,这是因为缺陷对声波的传播产生了阻碍作用。这种速度分布的变化可以帮助我们定位和识别缺陷的位置和尺寸。

通过进一步分析速度分布动画,可以观察到不同类型缺陷的特征。较大的缺陷通常会导致速度分布的明显变化,形成更大范围的速度异常区域。这是因为较大的缺陷在声波传播过程中产生了更强烈的阻碍效应,从而导致速度分布的显著变化。相反,较小的缺陷可能表现为速度分布中的局部异常区域,其影响范围相对较小。通过观察这些特征,我们可以初步评估缺陷的尺寸和形状。

此外,速度分布动画还可以帮助我们评估缺陷的深度。不同深度的缺陷会对声波传播产生不同程度的影响,进而导致速度分布的差异。通过仔细观察速度分布动画中的深度变化模式,我们可以推断出缺陷的相对深浅情况。这对于进一步评估缺陷的严重程度和影响范围非常重要。

综上所述,通过分析速度分布动画,能够有效地检测和识别金属内部的缺陷。速度分布的变化模式提供了关键信息,如缺陷位置、尺寸、形状和深度,为无损检测提供了可靠的辅助工具。这种分析方法在材料质量控制和结构安全评估方面具有重要意义,并为进一步研究和应用提供科学依据。通过不断改进和验证这一方法,可以更加准确地评估金属样品中的内部缺陷,并为相关领域的发展作出贡献。

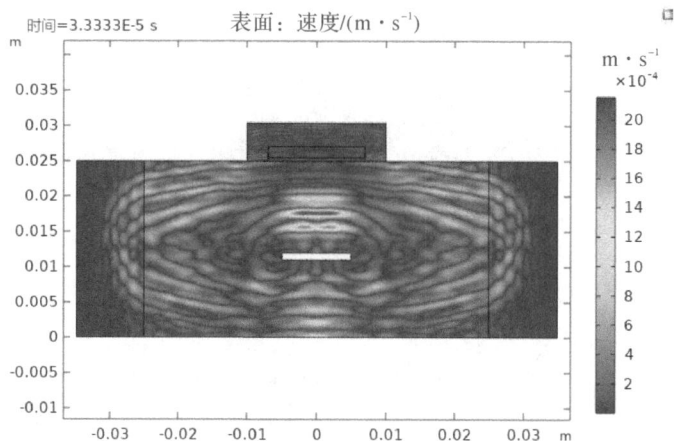

图 11-50 动画播放

2)点击"结果""探针绘图组 5",可以查看之前设置的探针结果。这些结果展示了接收到的速度波形,如图 11-51 所示。在图中,我们可以看到不同波形的范围和特征。

第一,0~5 范围显示了始波波形。这是超声波信号从探头发射后在金属样品中传播的初始波形。它代表了超声波信号的起始状态,没有受到任何缺陷的干扰。

第二,10~15 范围显示了经过缺陷后超声波由探头接收到的缺陷波形。这些波形反映了超声波与缺陷相互作用后的变化。缺陷波形的特征可以提供关于缺陷位置、尺寸和形状的信息。

第三,18~22 范围显示了缺陷波与底面反射波形成的一次底波。当缺陷波与底面反射波相遇时,它们会产生相互干涉和叠加效应,形成一次底波。这个波形可以帮助我们更准确地定位和评估缺陷。

第四,27~30 范围显示了二次底波。二次底波是缺陷波与底面反射波相互作用后形成的另一个波形。通过观察二次底波,可以进一步了解缺陷的特征和位置。

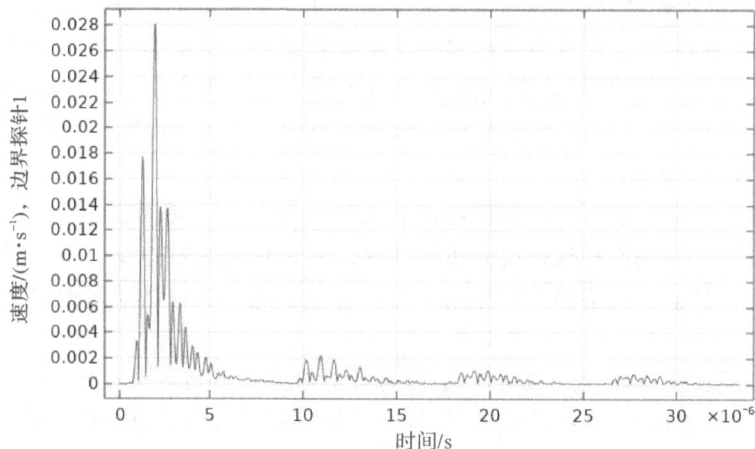

图 11-51 速度大小示意图

11.3　斜探头金属板材内部缺陷超声无损检测虚拟仿真（版本要求：COMSOL6.0）

1. 创建文件与添加物理场

1）在工具栏中点击"文件"→"新建"→选择"模型向导"（）→"二维"（　　）

2）在选择物理场中点击"声学"→"弹性波"→双击"弹性波，时域显示（elte）"→点击"研究"→选择"瞬态"→点击"完成"。

3）在工具栏点击"添加物理场"（）→"AC/DC"→"电场和电流"→"静电（es）"。

4）在工具栏点击"添加物理场"（）→"AC/DC"→"电路（cir）"。

以上物理场操作界面如图 11-52 所示。

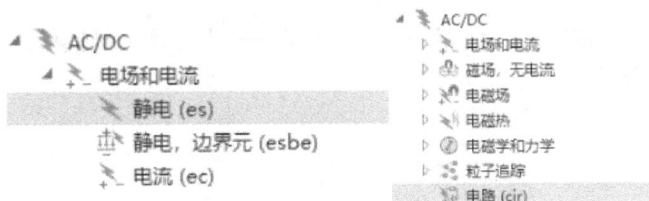

图 11-52　物理场操作界面

2. 定义模型参数及坐标系

1）点击"模型开发器"→"全局定义"→点击"参数 1"，输入几何参数，如图 11-53 所示。

2）点击"模型开发器"→右击"全局定义"→点击"参数"→在"参数 2"中输入物理参数，如图 11-54 所示。

名称	表达式	值	描述
alpha	28[deg]	0.48869 rad	换能器倾角
W	20[mm]	0.02 m	楔块宽度
H	10[mm]	0.01 m	楔块高度
L	12[mm]	0.012 m	楔块侧边长度
D	9[mm]	0.009 m	换能器宽度
H_pzt	1.55[mm]	0.00155 m	压电晶体的高度
H_match	0.56[mm]	5.6E-4 m	匹配层高度
W_ts	100[mm]	0.1 m	检测样品宽度
H_ts	15[mm]	0.015 m	检测样品高度

图 11-53　几何参数示意图

名称	表达式	值	描述
f0	1.5[MHz]	1.5E6 Hz	信号中心频率
T0	1/f0	6.6667E-7 s	信号周期
cp_plast	2080[m/s]	2080 m/s	楔块的纵波波速
cs_plast	1000[m/s]	1000 m/s	楔块中的横波波速
cp_pzt	4620[m/s]	4620 m/s	换能器中的纵波波速
cs_pzt	1750[m/s]	1750 m/s	换能器中的横波波速
cp_damp	1500[m/s]	1500 m/s	阻尼块的纵波波速
cs_damp	775[m/s]	775 m/s	阻尼块的横波波速
rho_damp	6580[kg/m^3]	6580 kg/m³	阻尼块密度
cp_match	3400[m/s]	3400 m/s	匹配层的纵波波速
cs_match	1920[m/s]	1920 m/s	匹配层的横波波速
rho_match	2280[kg/m^3]	2280 kg/m³	匹配层密度
cp_al	6200[m/s]	6200 m/s	检测试件纵波波速
cs_al	3120[m/s]	3120 m/s	检测试件横波波速
rho_sam...	2700[kg/m^3]	2700 kg/m³	检测试件密度

图 11-54　物理参数示意图

3）点击"模型开发器"→"组件1"→右击"定义"→"坐标系"→"边界坐标系"→输入参数，如图11-55所示。

图11-55　边界坐标系操作界面

4）点击"模型开发器"→"组件1"→右击"定义"→"坐标系"→选择"基矢坐标系"→输入参数，如图11-56所示。

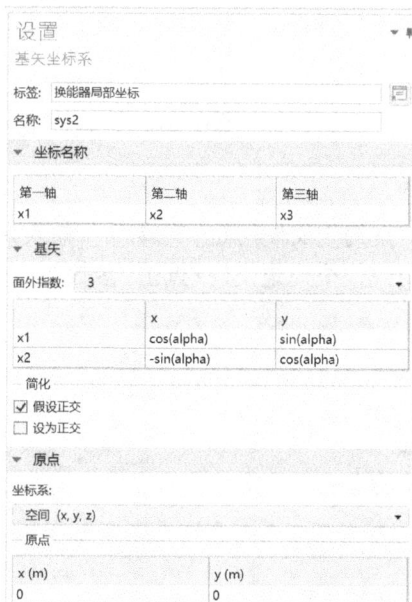

图11-56　换能器局部坐标系操作界面

5）点击"模型开发器"→右击"全局定义"→点击"函数"→"解析"，输入函数解析式和参数，如图11-57所示→点击上方"绘制"（　绘制），获得函数图像。

解析函数表达式：

$100 * \exp(-((t-2 * T0)/(T0/2))^2) * \sin(2 * pi * f0 * t)$

解析式定义及所获函数图像如图 11-57 所示。

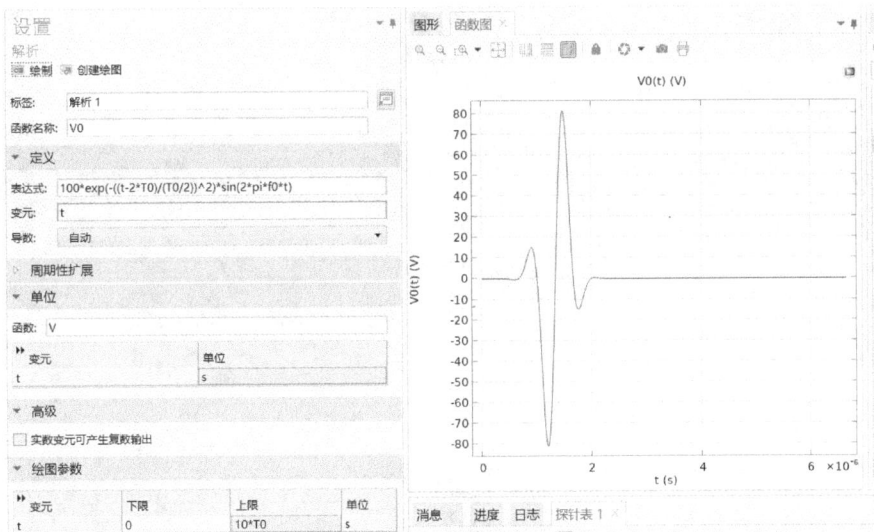

图 11-57　函数图像示意图

3.构建几何模型

1) 点击"模型开发器"→"组件 1"→右击"几何 1"→选择"矩形"→在矩形设置窗口输入参数(见图 11-58)→点击上方"构建选定对象"(▦ 构建选定对象 ▾)即可构建选定图形。

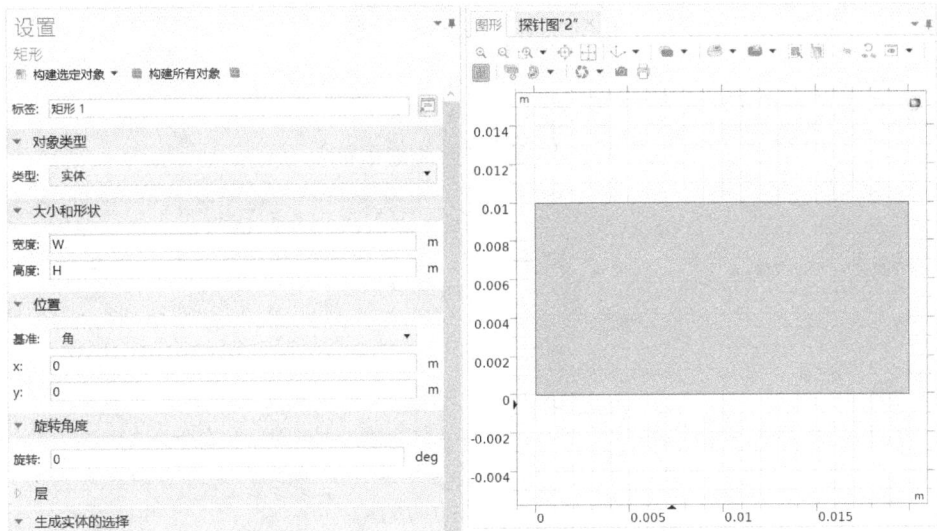

图 11-58　矩形 1 操作界面

2) 点击"模型开发器"→"组件 1"→右击"几何 1"→"更多体素"→选择"点"→在设置窗口输入参数(见图 11-59)→点击上方的"构建选定对象"生成点 1 点 2。

3) 点击"模型开发器"→"组件 1"→右击"几何 1"→"更多体素"→选择"线段"→指定点"1""2"分别为"起点"和"终点"→点击"构建选定对象",如图 11-60 所示。

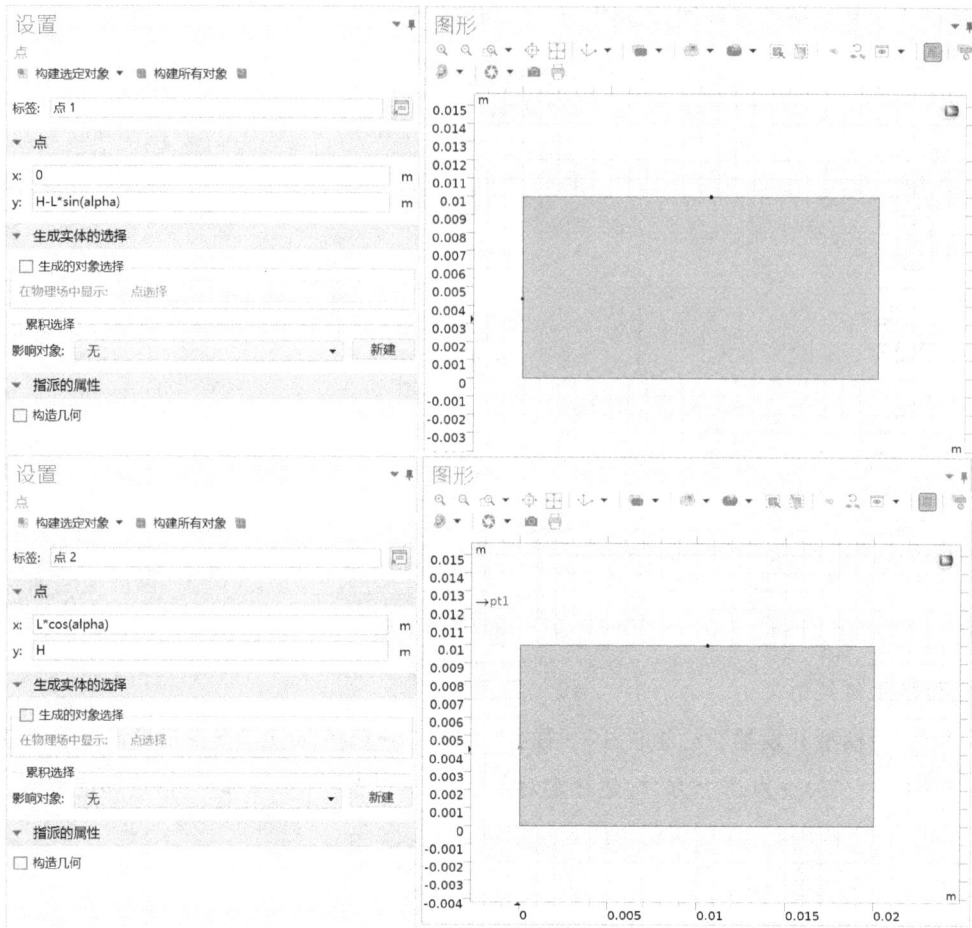

图 11-59　点 1 和 2 的操作界面

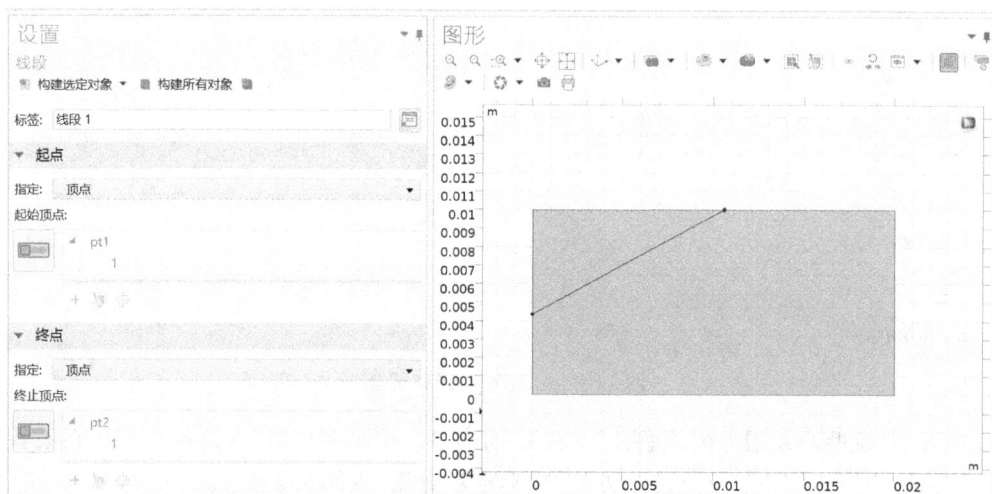

图 11-60　线段 1 操作界面

4）点击"模型开发器"→"组件 1"→右击"几何 1"→选择"布尔操作与分割"→"分割对象"→选择矩形 1 为"要分割对象"→选择线段 1 为"工具对象"→点击"构建选定对象",如图 11 - 61 所示。

5）点击"模型开发器"→"组件 1"→右击"几何 1"→选择"删除实体"→在"几何实体层"部分下拉菜单选择"域",然后选择线段 1 在矩形 1 切割出的三角形,最后点击"构建选定对象"(构建选定对象 ▼),如图 11 - 62 所示。

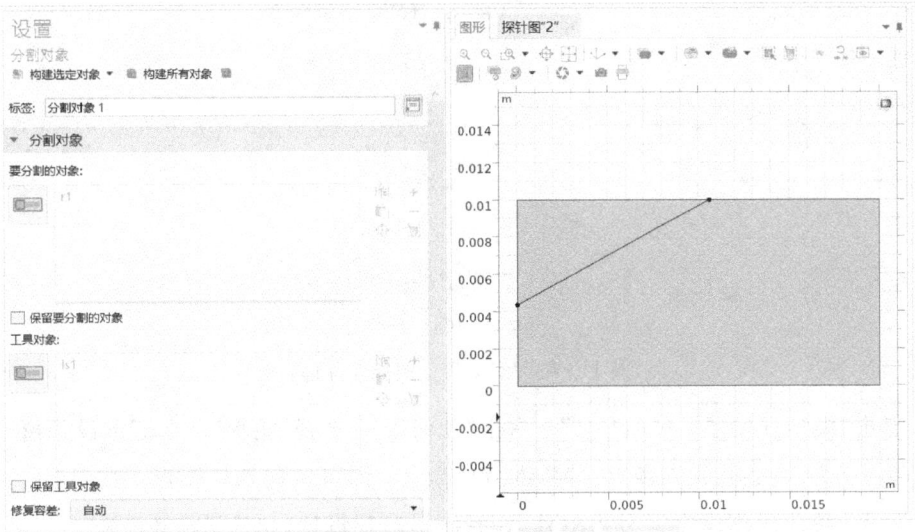

图 11 - 61　分割对象操作界面

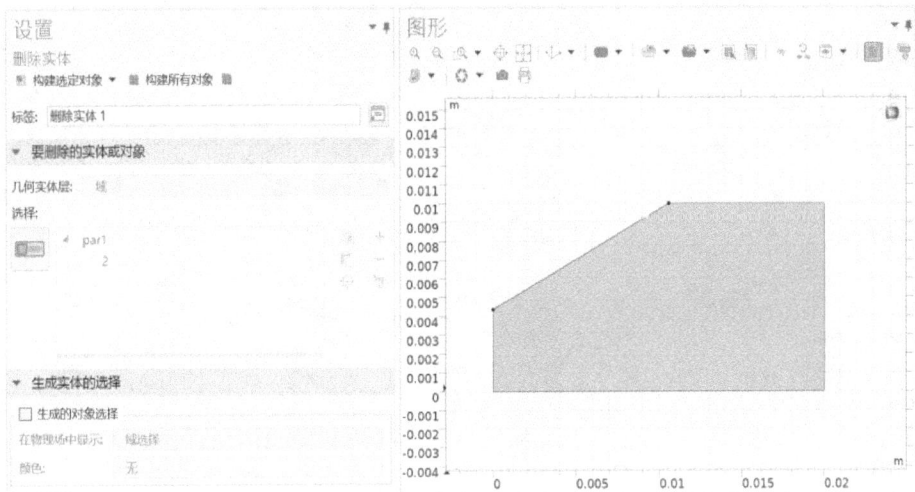

图 11 - 62　删除实体操作界面

6）用与上述同样的操作构建点 3 和点 4,输入参数,如图 11 - 63 所示。

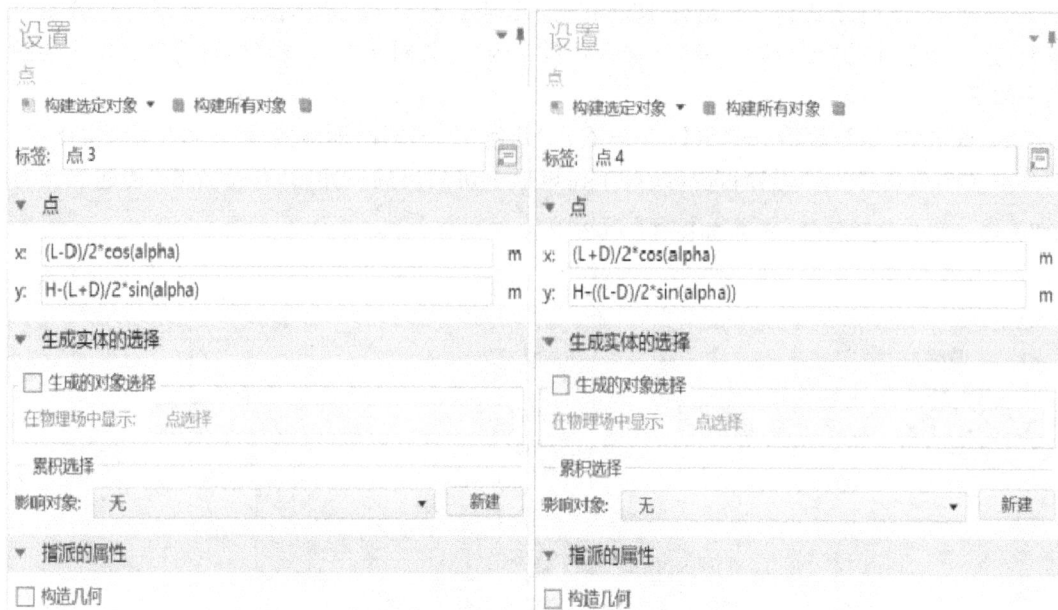

图 11-63 点 3 和 4 的操作界面

7) 点击"模型开发器"→"组件 1"→右击"几何 1"→选择"矩形"→在矩形设置窗口输入参数→点击上方"构建选定对象"(▦ 构建选定对象 ▾)即可构建选定图形。如图 11-64、图 11-65所示。按此操作构建矩形 2、3(注:矩形 2 进行层设置,勾选层在底面)。

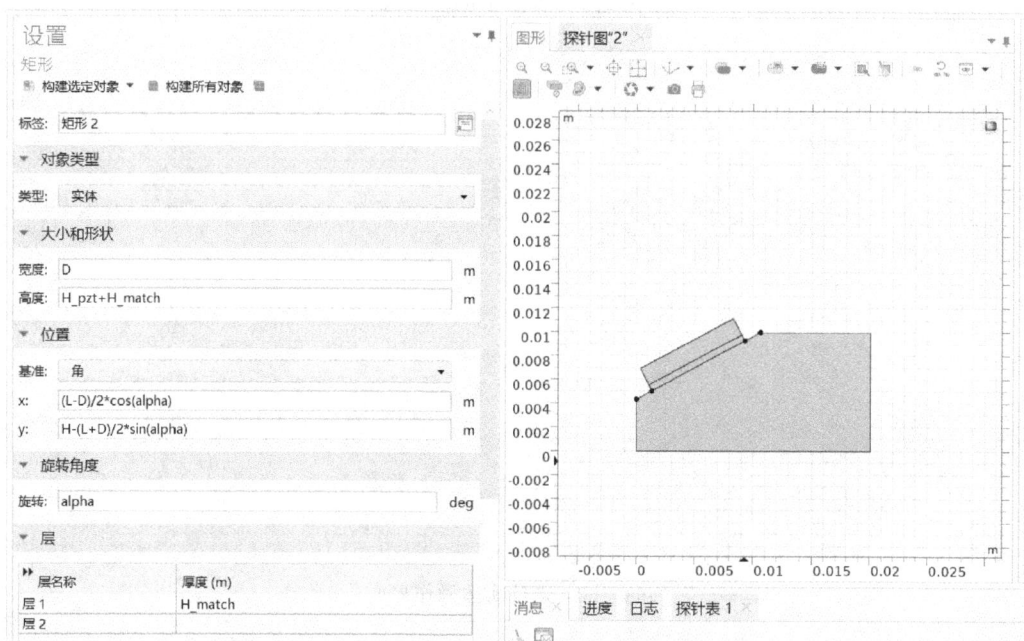

图 11-64 矩形 2 操作界面

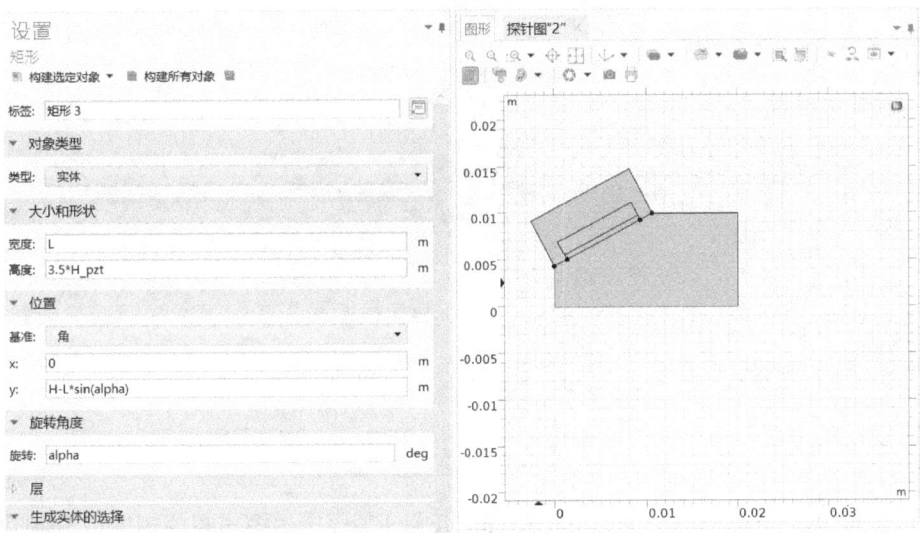

图 11 - 65　矩形 3 操作界面

8）点击"模型开发器"→"组件 1"→右击"几何 1"→"布尔操作和分割"→选择"差集"→"差集 1"的设置窗口中选择矩形 3 作为"要添加的对象"→把矩形 2 设置为"要减去的对象"→勾选 ☑ 保留要减去的对象 →点击"构建选定对象"，如图 11 - 66 所示。

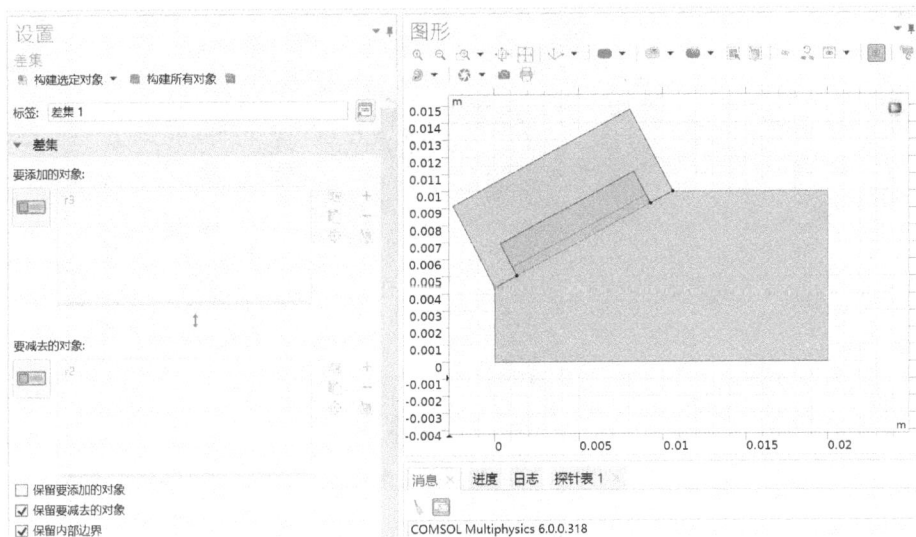

图 11 - 66　差集 1 操作界面

9）点击"模型开发器"→"组件 1"→右击"几何 1"→"转换"→"拆分"（ ✎ 拆分 1）→设置窗口选择"矩形 2"→点击"构建选定对象"，如图 11 - 67 所示。

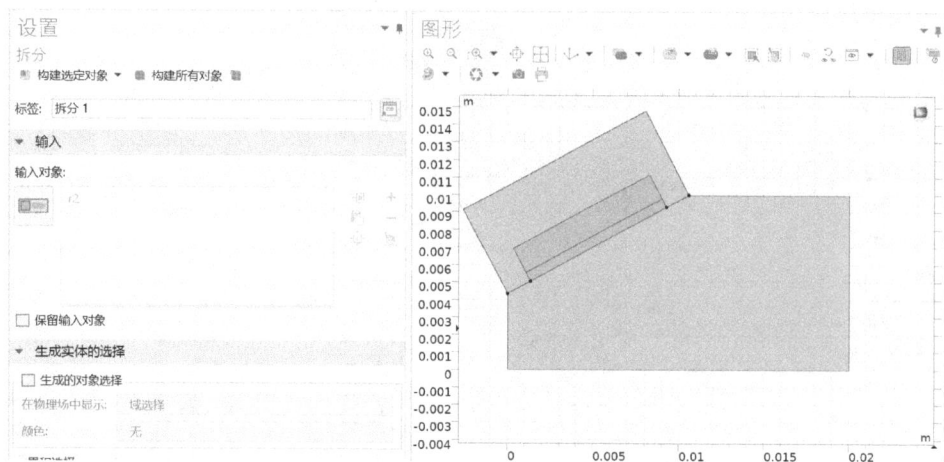

图 11-67　拆分操作界面

10）点击"模型开发器"→"组件 1"→右击"几何 1"→"布尔操作和分割"→"分割边"，在设置窗口中的"要分割的边"部分通过在楔块斜边上滚动鼠标滚轮选择"del1/3"，在"明细类型"中选择"顶点投影"，然后滚动鼠标滚轮选择 pt3/1 和 pt4/1 作为"要投影的顶点"，然后选择"构建选定对象"，如图 11-68 所示。

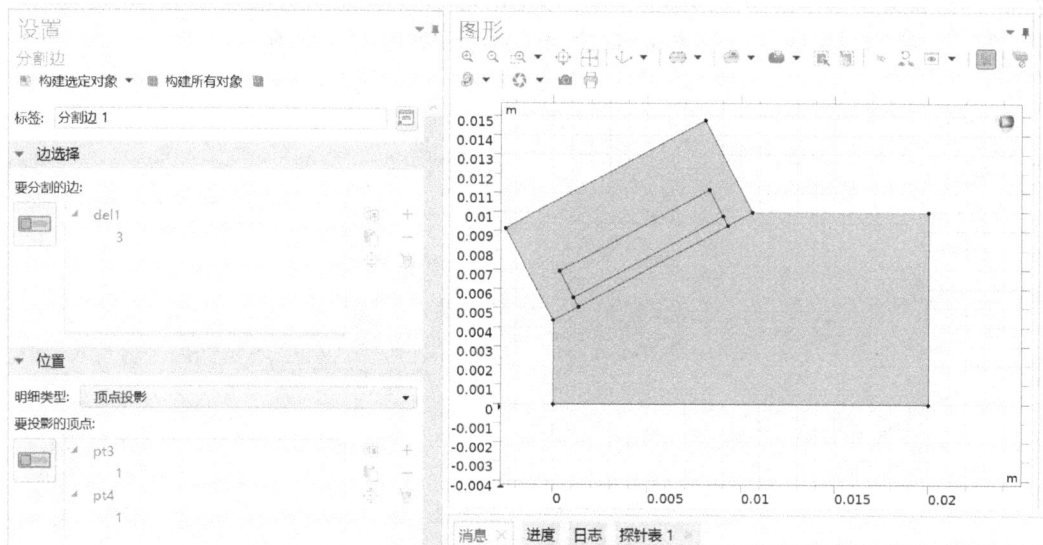

图 11-68　分割边操作界面

11）点击"模型开发器"→"组件 1"→右击"几何 1"→"矩形"　　矩形　→在矩形设置窗口输入参数，如图 11-69 所示→点击上方构建选定对象　构建选定对象　即可构建选定图形。按此操作构建矩形 4，注意进行层设置，此处应同时勾选"层在左侧"和"层在右侧"。

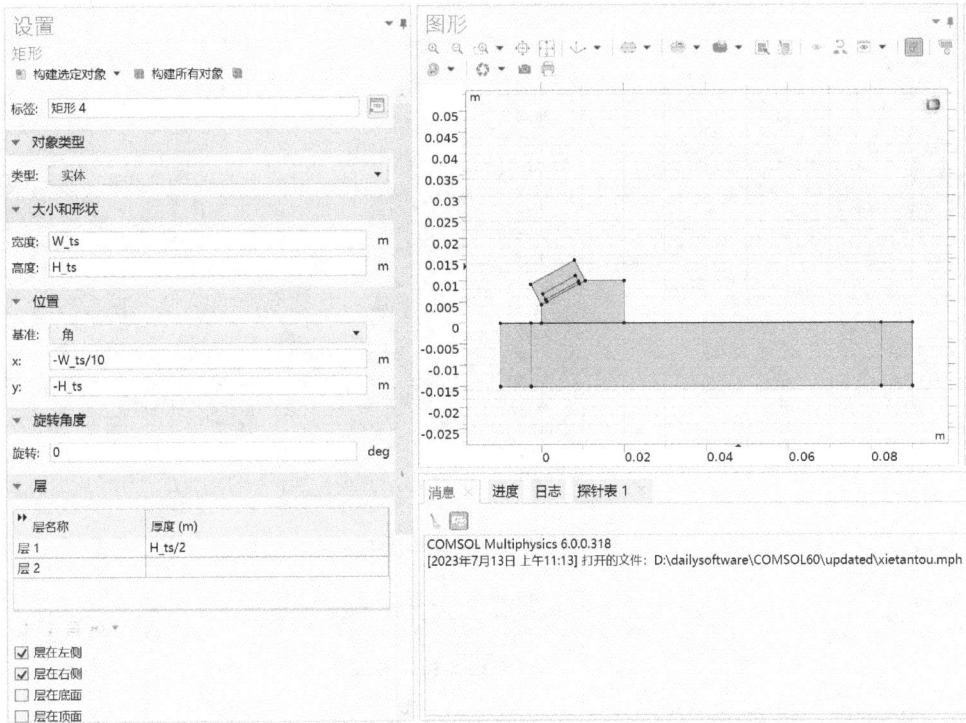

图 11-69　矩形 4 操作界面

12）点击"模型开发器"→"组件 1"→右击"几何 1"→"更多体素"→选择"多边形"→设置窗口输入参数，如图 11-70 所示→点击"构建选定对象"。

13）点击"模型开发器"→"组件 1"→右击"几何 1"→"布尔操作和分割"→选择"差集"→选择矩形 4 为"要添加的对象"→选择多边形 1 为"要减去的对象"→进行构建此处，不勾选"保留要减去的对象"（□保留要减去的对象 ），如图 11-71 所示。

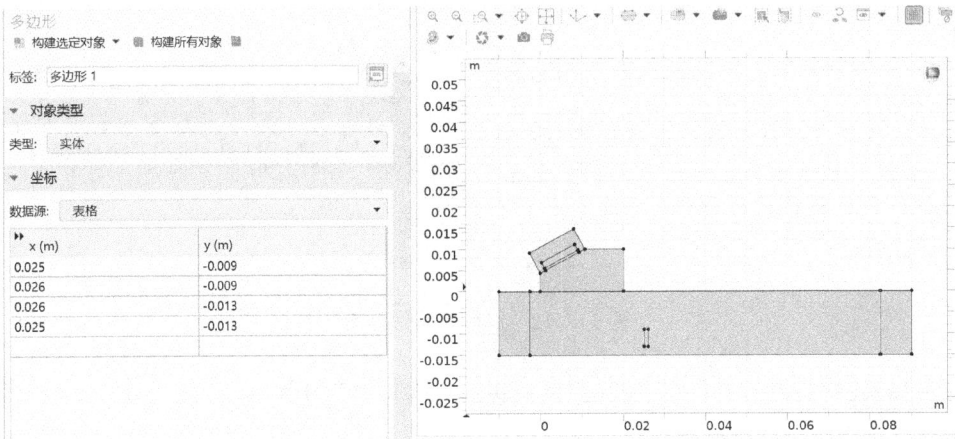

图 11-70　多边形操作界面

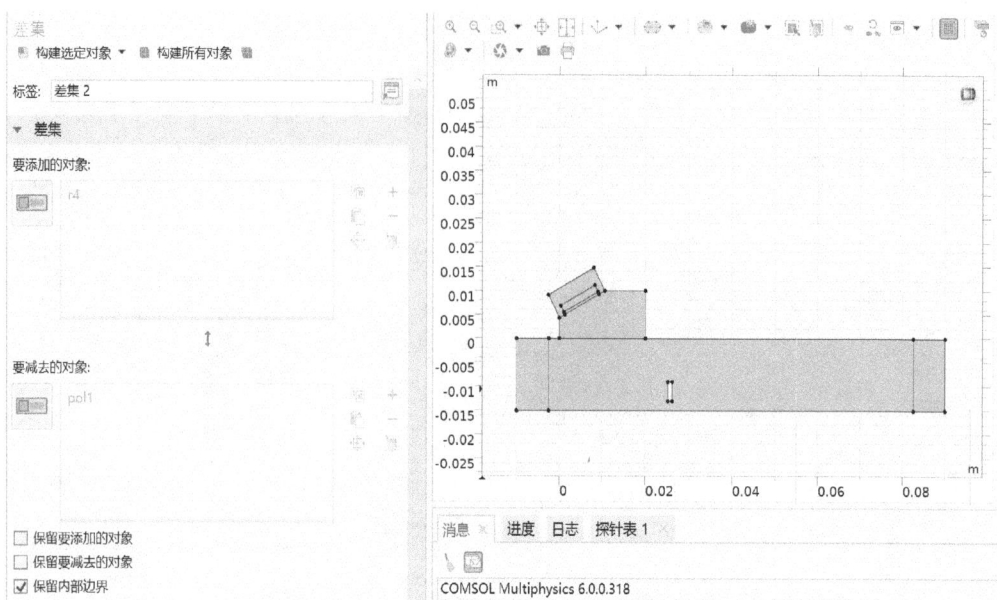

图 11 - 71　差集 2 操作界面

14）按图 11 - 72 所示构建矩形 5。

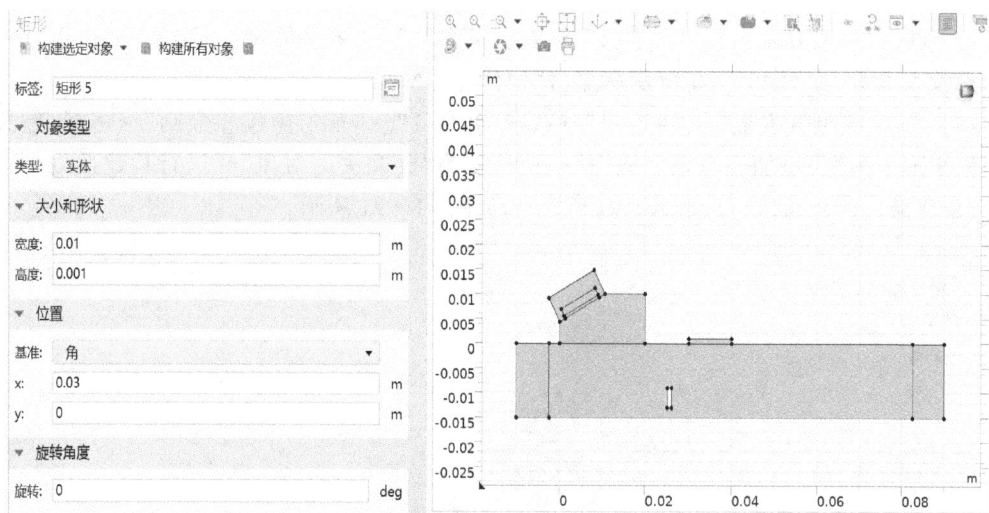

图 11 - 72　矩形 5 操作界面

15）点击"模型开发器"→"组件 1"→右击"几何 1"→"倒斜角"（ ▨ 倒斜角 ）→"构建选定对象"，如图 11 - 73 所示。

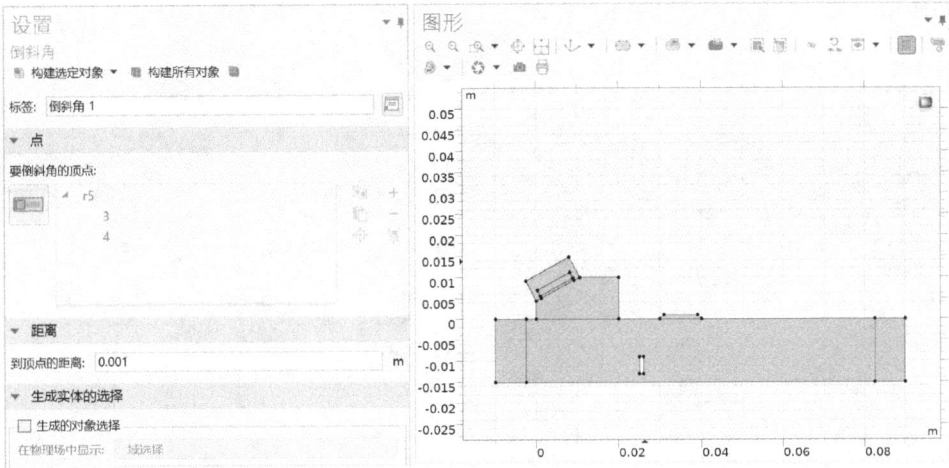

图 11-73　倒斜角操作界面

16) 点击"模型开发器"→"组件 1"→"几何 1"→"形成联合体"→在设置窗口中,"动作"选择"形成装配"→勾选"创建压印"→点击"构建选定对象"(▤ 构建选定对象 ▼),如图 11-74 所示。

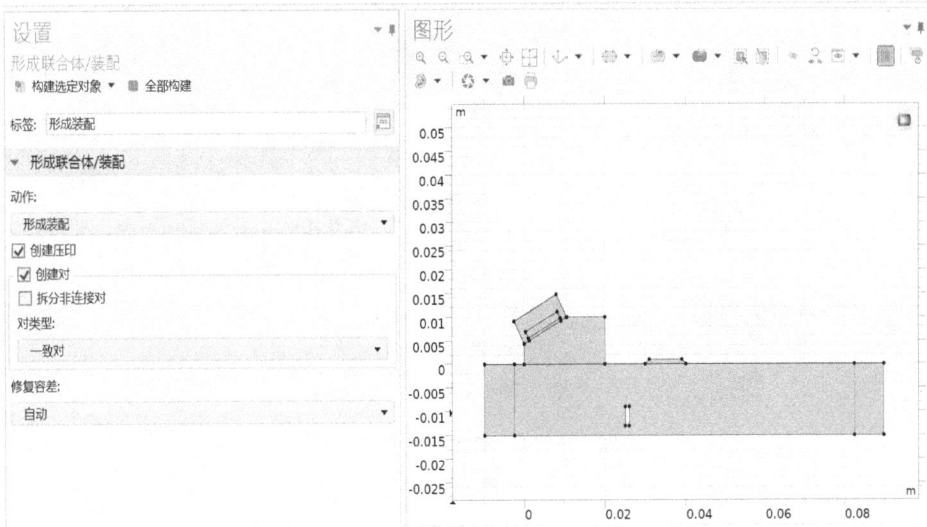

图 11-74　装配体示意图

17）点击"模型开发器"→"组件 1"→右击"定义"→"吸收层"→设置窗口输入，如图 11-75所示。

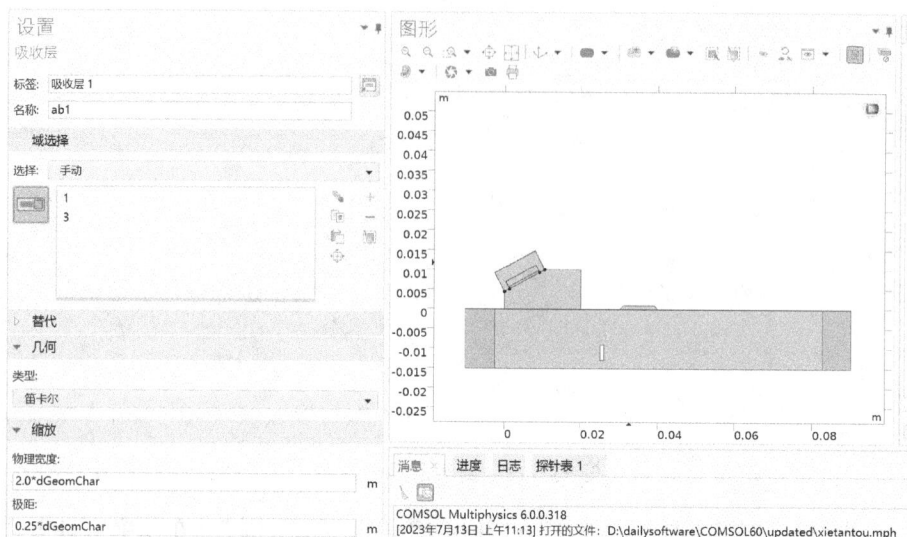

图 11-75　吸收层操作界面

18）点击"模型开发器"→"组件 1"→右击"定义"→"选择"→"显式"→依次定义域 6 为换能器，域 7 为匹配层，域 5 为楔块，域 4 为阻尼块，域 1、2、3、8 为检测试样，如图 11-76 所示。

图 11-76　定义域操作界面

4.选择模型材料、添加边界条件

1）点击"模型开发器"→"组件 1"→"弹性波，时域显式（elte）"→"弹性波，时域显式模型"　■　弹性波,时域显式模型　　,其中,在"线弹性材料"定义模块中"固体模型"选择"各向同性","指定"选择"压力波和剪切波速度",如图 11 - 77 所示。

图 11 - 77　材料操作界面

2) 点击"模型开发器"→"组件 1"→右击"弹性波,时域显式(elte)"→"压电材料"→域选择"换能器"→坐标系选为"换能器局部坐标",如图 11 - 78 所示。

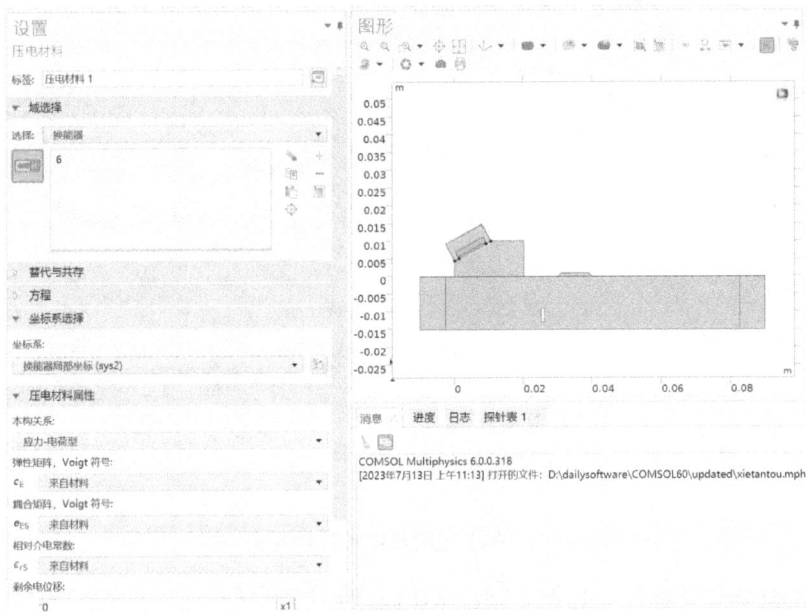

图 11 - 78　压电材料操作界面

3) 点击"模型开发器"→"组件 1"→右击"弹性波,时域显式(elte)"→"低反射边界"→在设置窗口,边界选择 1、18、20、34、35,具体位置如图 11-79 所示。

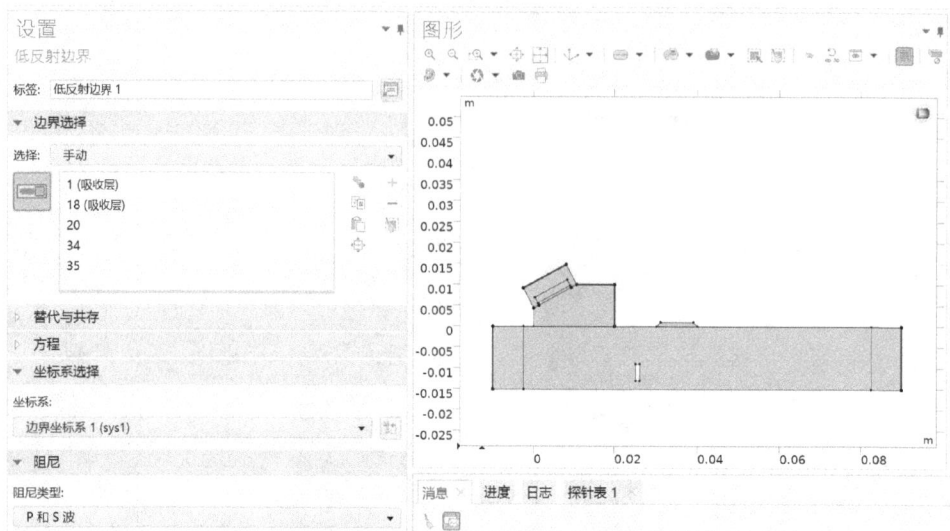

图 11-79　低反射边界操作界面

4) 点击"模型开发器"→"组件 1"→"弹性波,时域显式(elte)"→右击"弹性波,时域显式模型"→"阻尼"→设置窗口中将域选择为"匹配层"→输入参数,如图 11-80 所示。

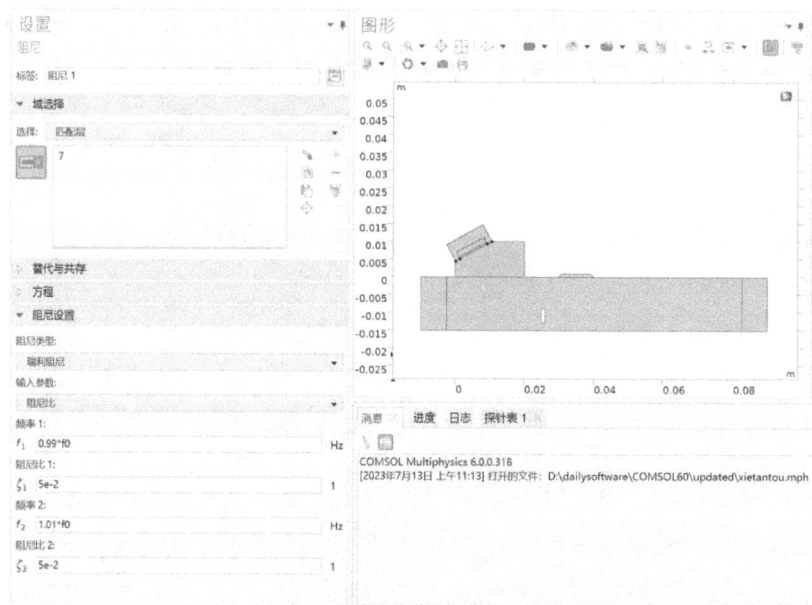

图 11-80　匹配层阻尼操作界面

5) 点击"模型开发器"→"组件 1"→"弹性波,时域显式(elte)"→右击"弹性波,时域显式模型"→分别创建阻尼 2、3、4→设置窗口中将域分别选择为"阻尼块""楔块"和"检测试样",输入参数,如图 11 - 81 所示。

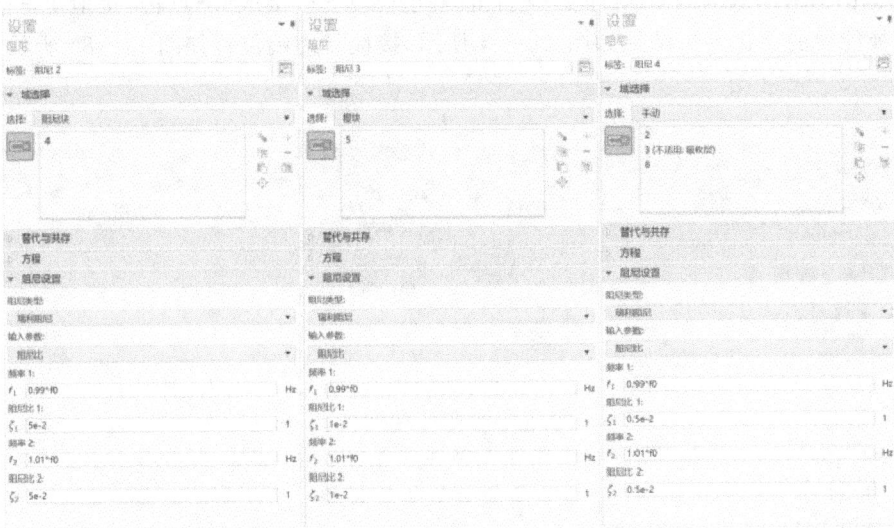

图 11 - 81　其余阻尼操作界面

6) 点击"模型开发器"→"组件 1"→"弹性波,时域显示(elte)"→右击"压电材料"→"机械阻尼",在其设置窗口中输入参数,如图 11 - 82 所示。

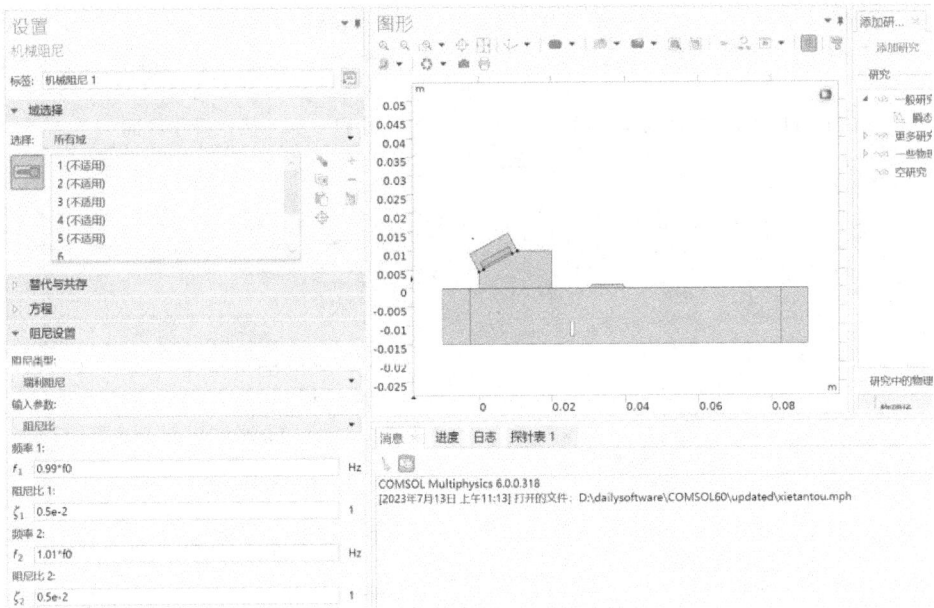

图 11 - 82　机械阻尼操作界面

7) 点击"模型开发器"→"组件 1"→"静电(es)"→在其设置窗口将域选择为"换能器",如图 11 - 83 所示。

8) 点击"模型开发器"→"组件 1"→右击"静电(es)"→"电荷守恒,压电 1"→设置窗口中，将域选择为"换能器"。

9）点击"模型开发器"→"组件1"→右击"静电（es）"→"接地"→点击"接地1"→选择边界"38"（换能器的下边界），结果如图11-84所示，接地与终端位置如图11-85所示。

图 11-83　静电操作界面

图 11-84　接地操作界面

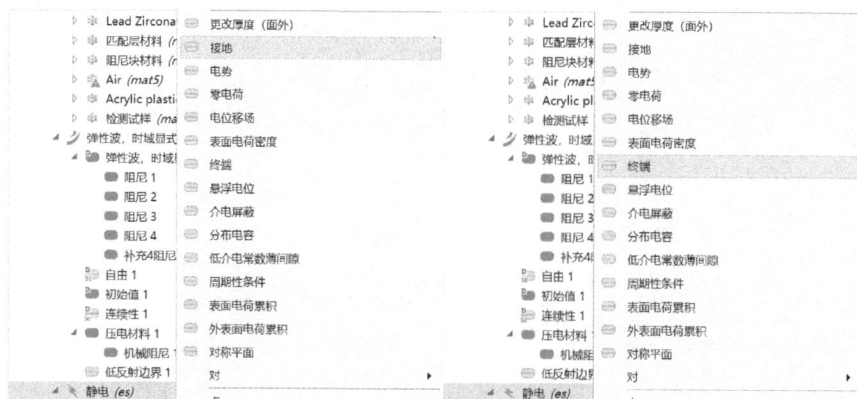

图 11-85　接地与终端位置示意图

10）点击"模型开发器"→"组件1"→右击"静电（es）"→"终端"→设置窗口中选择边界"37"（换能器的上边界），最后将"终端类型"选择为"电路"，如图11-86所示。

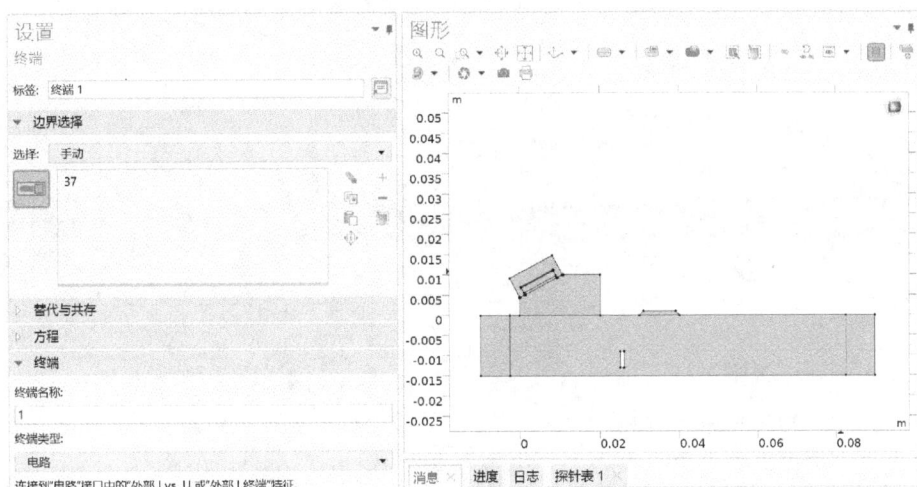

图 11-86　终端操作界面

11) 点击"模型开发器"→"组件 1"→右击"电路"→"电压源"（ ⊙ 电压源 1 *(V1)* ）设置窗口输入参数,如图 11-87 所示。

12) 点击"模型开发器"→"组件 1"→右击"电路"→"电阻",在设置窗口中输入参数,如图 11-88 所示。

13) 点击"模型开发器"→"组件 1"→右击"电路"→"外部耦合"→"外部|终端 1",在设置窗口中输入参数,如图 11-89 所示。

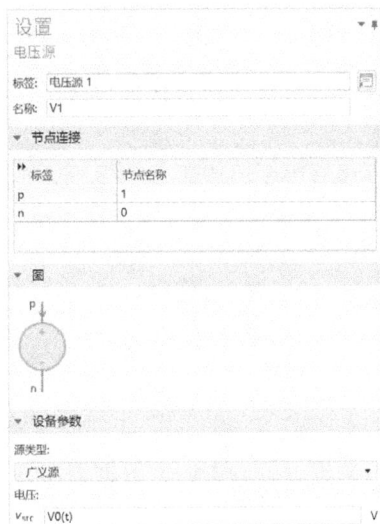

图 11-87　电压源操作界面

图 11-88　电路电阻操作界面

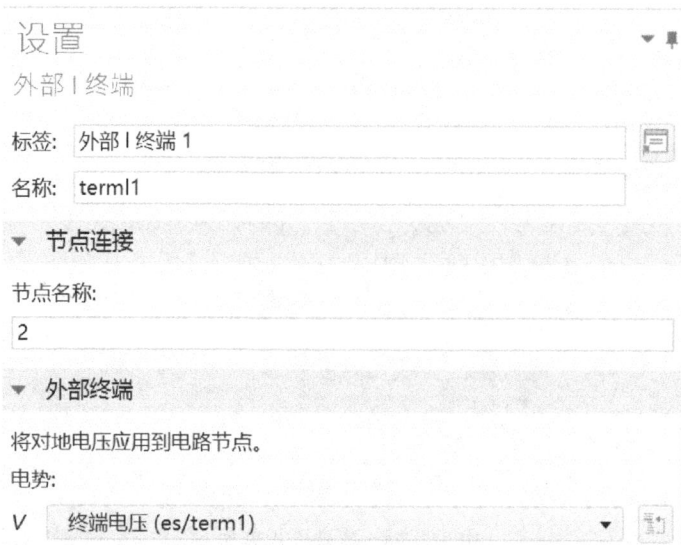

图 11 - 89　电路终端操作界面

14）点击"模型开发器"→右击"组件 1"→"添加多物理场"（ ⚙ 多物理场 ）"多物理场"→右击"多物理场"→选择"压电效应，时域显示"。

15）点击"模型开发器"→"组件 1"→右击"定义"→"探针"→"全局变量探针"，设置窗口中的"变量名称"输入"V_with_defect"→点击表达式标签栏最右侧的"替换表达式"→选择"组件 1"→"静电"→"终端"→"终端电压"，其他设置如图 11 - 90 所示。

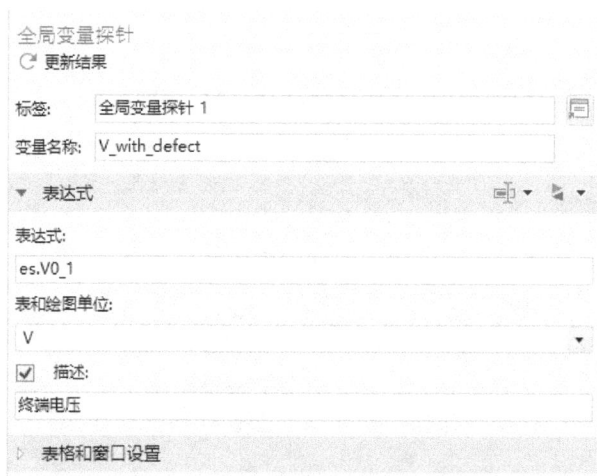

图 11 - 90　全局变量探针操作界面

16）点击"模型开发器"→"组件 1"→右击"材料"→"从库中添加材料"→点击展开"内置材料"→双击添加"Acrylic plastic→域选择为"楔块"，结果如图 11 - 91 所示。

17）点击"模型开发器"→"组件 1"→右击"材料"→"从库中添加材料"→点击展开"内置材料"→双击添加"Lead Zirconate Titanate→域选择为"换能器"，结果如图 11 - 91 所示。

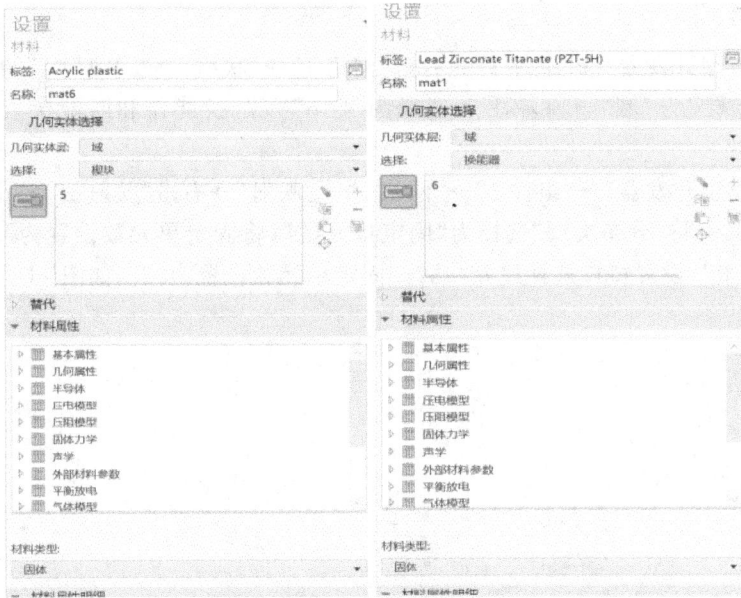

图 11-91　内置材料操作界面

18）点击"模型开发器"→"组件 1"→右击"材料"→"空材料"→域选择为"匹配层"→"密度"的表达式中输入"rho_match"，在"压力波和剪切波速度"中对应地输入"cp_match"和"cs_match"。

19）点击"模型开发器"→"组件 1"→右击"材料"→"空材料"→域分别选择"阻尼块"和"检测试块"。添加阻尼块的参数表达式来添加阻尼块材料属性，将检测试块的域赋予材料属性，如图 11-92 所示。（密度为 2 700，但是应改为物理参数名称 rho_al，也需要在二模块处进行定义。）

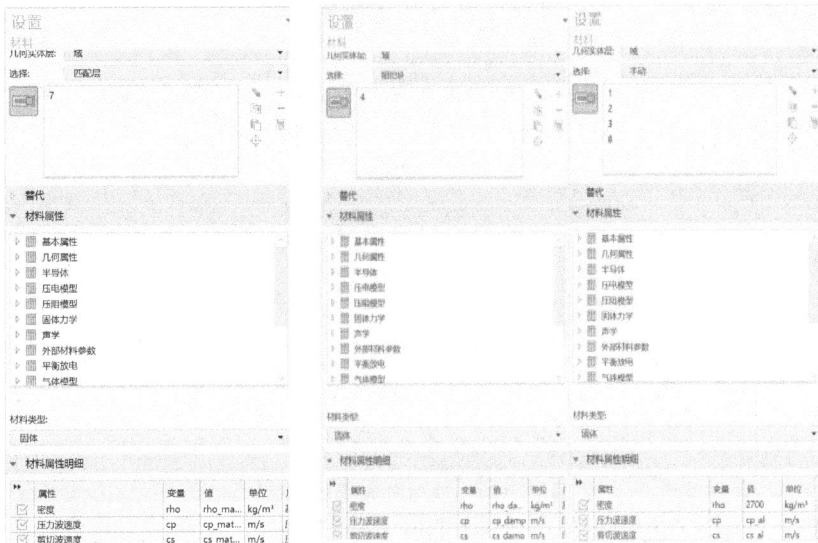

图 11-92　空材料操作界面

5.划分网格

1）点击"模型开发器"→"组件1"→右击"网格1"→"映射"→在"映射1"的设置窗口中，选择"几何实体层"为"域"→将域手动选择为域"6""7"（换能器和匹配层），如图11-93所示。

2）点击"模型开发器"→"组件1"→"网格1"→"映射"→右击"映射1"→"分布"，设置窗口选择边界"39"→将"分布类型"选择为"固定单元数"，将固定单元数设置为"3"；再次右击"映射1"→"分布"，设置窗口选择边界"43"→固定单元数设置为"2"，如图11-94所示。

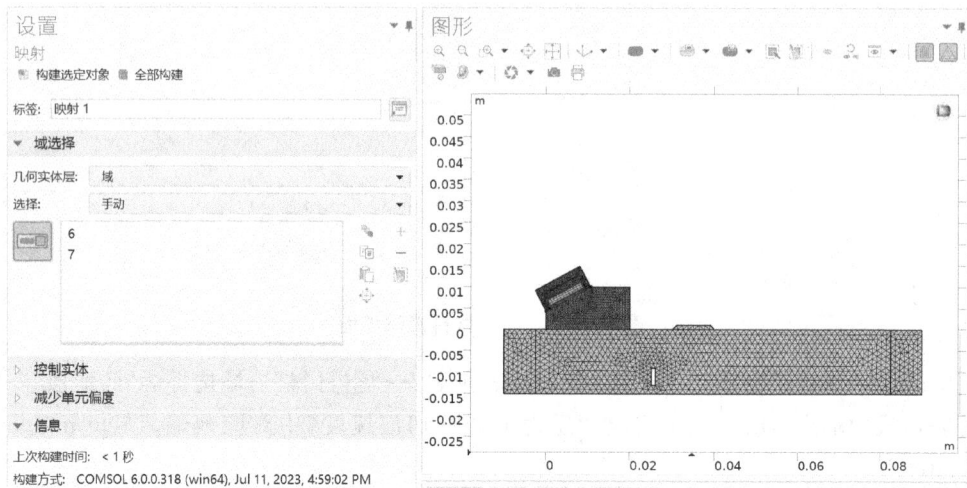

图11-93　映射操作界面

图11-94　映射分布操作界面

3）点击"模型开发器"→"组件1"→"网格1"→"映射"→右击"映射1"→"大小"，设置窗口中选择"几何实体层"为"域"→将域手动选择为换能器"域6"→点击"定制"→将"最大单元大小"设置为"cs_pzt/f0/1.5";再次右击"映射 1"→"大小"→选择域为"匹配层"→将"最大单元大小"设置为"cs_match/f0/1.5",如图 11-95 所示。

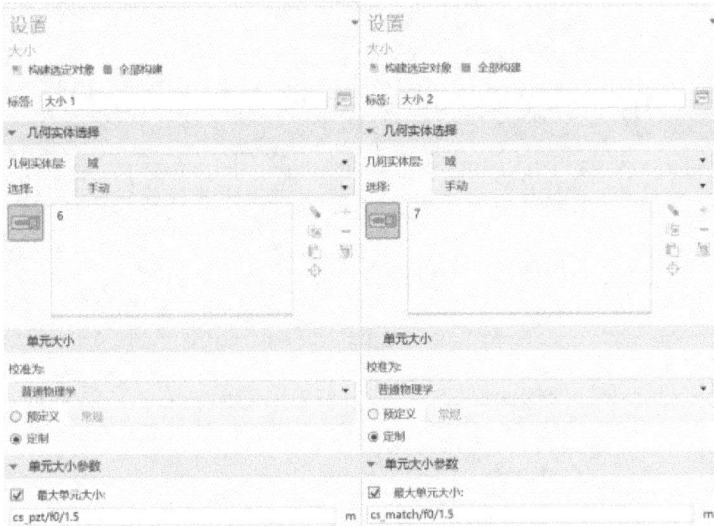

图 11-95　映射大小操作界面

4）点击"模型开发器"→"组件 1"→右击"网格 1"→点击"自由三角形网格"→右击"自由三角形网格"→"大小"→在"大小 1"的设置窗口中选择域为"阻尼块"→设置最大单元大小为"cs_damp/f0/1.5"。

5）点击"模型开发器"→"组件 1"→"网格 1"→"自由三角形网格"→选择"大小"分别添加"大小 2"和"大小 3"→域分别选择"楔块"和"检测试样",最大单元大小设置分别为"cs_plast/f0/1.5"和"cs_al/f0/1.5",如图 11-96、图 11-97 所示。

图 11-96　自由三角形网格大小操作界面 1

图 11 - 97　自由三角形网格大小操作界面 2

6）点击"模型开发器"→"组件 1"→点击"网格 1"，设置窗口选择"全部构建"，划分的网格属性如图 11 - 98 所示。

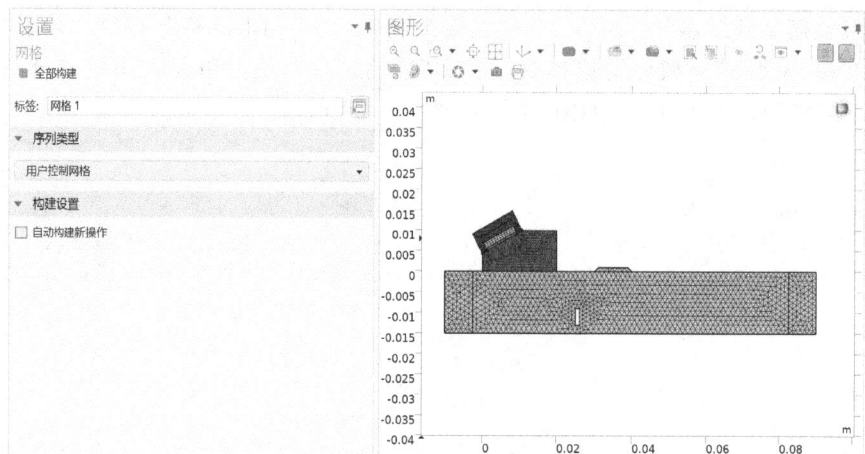

图 11 - 98　网格构建示意图

6.模型计算

1）在"主屏幕"中点击"添加研究"（ 添加研究 ），接着点击展开"一般研究"（ ◢ ∞ 一般研究 ）→双击选择"瞬态"（ ∟ 瞬态 ）。

2）在瞬态的设置窗口中→选择"输出时步"→删除原有设置并输入"range(0，T0/5，50 * T0)"。如图 11 - 99 所示。

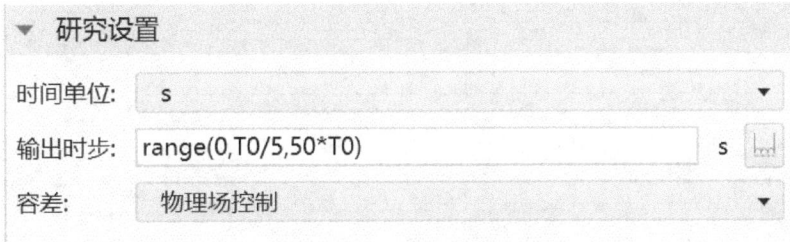

图 11 - 99　输出时步示意图

3)单击"计算"（ ＝ 计算 ）。

4)右键单击"导出"（ 导出 ）→选择"动画"→"播放器"→设置窗口中下拉选项→选择"速度大小"→点击"显示帧"（ 显示帧 ），即在右侧图形窗口播放速度传播的动画,如图11 - 100所示。

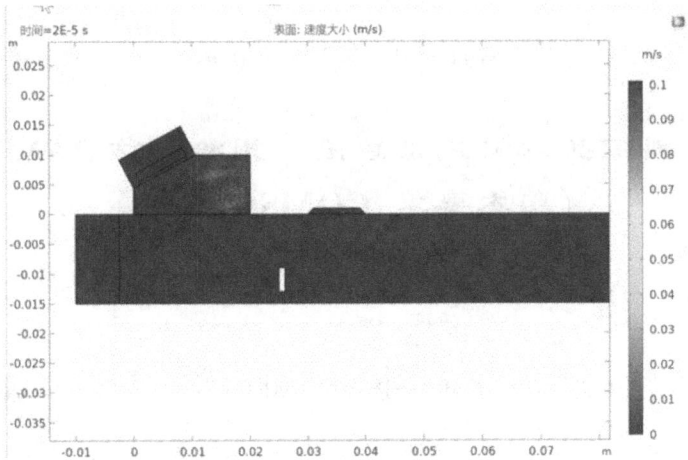

图 11 - 100　动画播放示意图

7.结果分析

这种仿真基于线性弹性波理论和有限元方法,利用超声波在材料中传播和反射的特性,从而模拟内部缺陷的检测。超声波传播速度云图分析:在仿真设计中,可以通过计算得到超声波在材料中的传播速度云图。缺陷部位通常会导致超声波传播速度的变化,这是因为缺陷可能会引起超声波的散射、反射或透射。在云图中,可以观察到传播速度异常的区域,这些区域可能表示存在缺陷的位置。较大的缺陷通常会导致更明显的速度变化。

终端电压信号分析:在超声波无损检测中,终端电压信号是被接收到的超声波信号的衡量指标。通过分析终端电压信号的幅值、波形和频谱等特征,可以判断是否存在缺陷。缺陷将会对超声波信号产生干涉、散射或反射,导致终端电压信号的变化。通常情况下,缺陷越大或越严重,终端电压信号的变化越大,如图 11 - 101 所示。

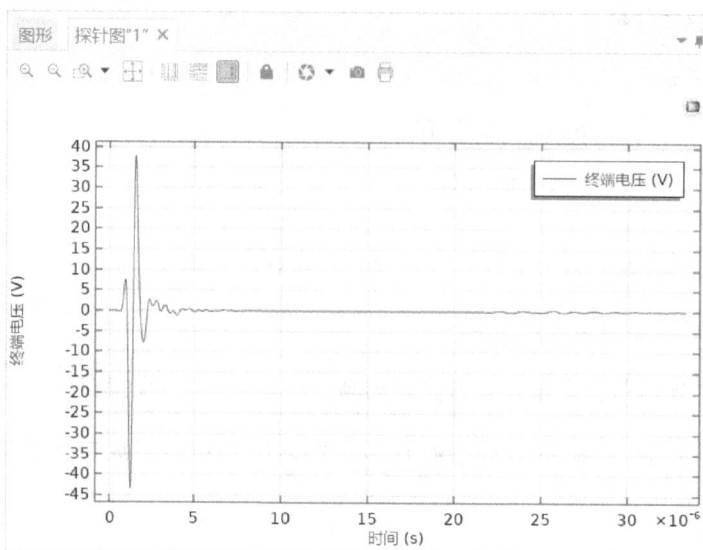

图 11-101 终端电压示意图

11.4 斜探头焊缝内部缺陷无损检测仿真模拟案例（版本要求：COMSOL6.0）

1.建立文件和物理场

1）在工具栏中点击"文件"→"新建"→选择"模型向导"（ 模型向导 ）→"二维"（ ）。

2）在选择物理场中点击"声学"→"弹性波"→双击"弹性波，时域显示（elte）"→点击"研究"→选择"瞬态"→点击"完成"。

3）在工具栏点击"添加物理场"（ 添加物理场 ）→"AC/DC"→"电场和电流"→"静电（es）"。

4）在工具栏点击"添加物理场"（ 添加物理场 ）→"AC/DC"→"电路（cir）"。

2.建立重要参数

1）点击"模型开发器"→"全局定义"→点击"参数1"→输入"几何参数"→右击"全局定义"→"参数"→输入"物理参数"，如图 11-102 所示。

图 11-102　参数设置

2) 点击"模型开发器"→右击"全局定义"→点击"函数"→"解析"→输入函数解析式和参数(见图 11-103)→点击上方"绘制"(绘制)获得函数图像。

解析函数表达式:

$100 * \exp(-((t-2*T0)/(T0/2))^2) * \sin(2*pi*f0*t)$

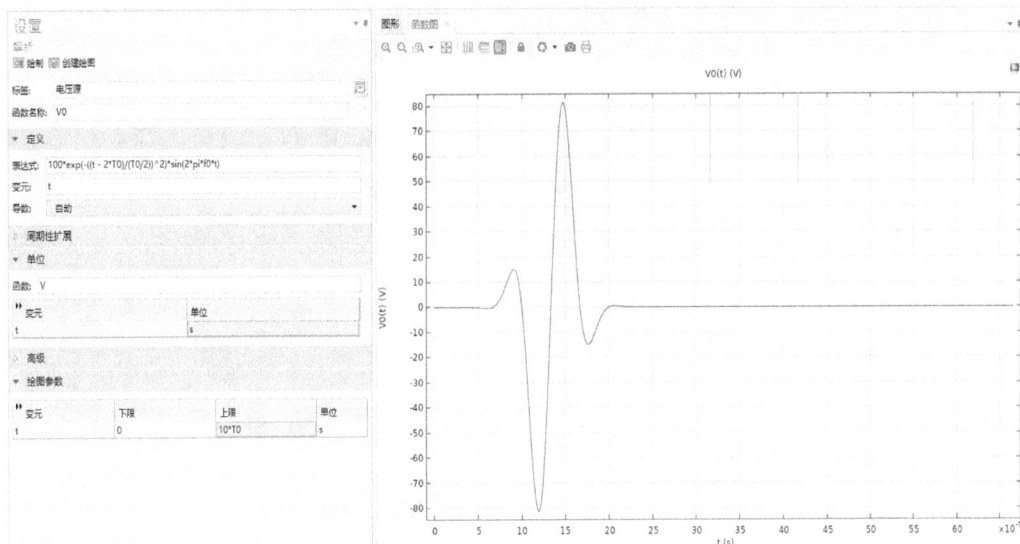

图 11-103　函数图像示意图

3) 点击"模型开发器"→"组件 1"→"定义"→"边界坐标系"→输入参数,如图 11-104所示。

图 11 - 104　边界坐标系建立界面

4) 点击"模型开发器"→"组件 1"→右击"定义"→"坐标系"→选择"基矢坐标系"→输入参数,如图 11 - 105 所示。

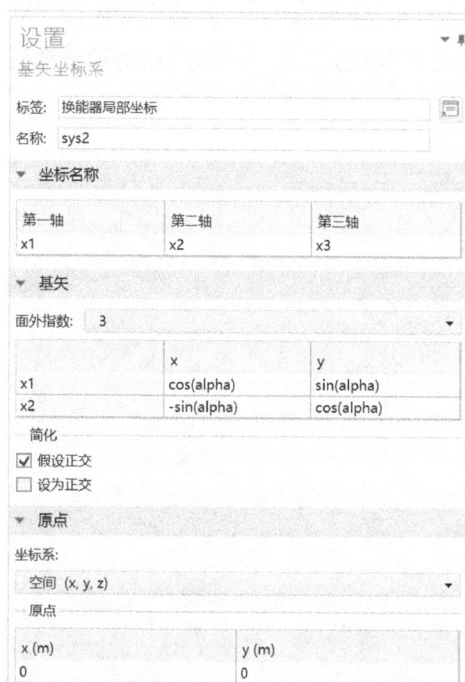

图 11 - 105　换能器局部坐标系建立界面

3.构建几何模型

1) 点击"模型开发器"→"组件 1"→右击"几何 1"(◢△几何 1)→"矩形"(□矩形 1 *(r1)*)→在矩形设置窗口输入参数→点击"构建选定对象"(构建选定对象 ▼),即可构建选定图形,如图 11 - 106 所示。

2）点击"模型开发器"→"组件 1"→右击"几何 1"→"更多体素"→选择"点"→在设置窗口输入图 11 - 107 所示参数→点击上方的"构建选定对象"生成点 1 和点 2，如图 11 - 107 所示。

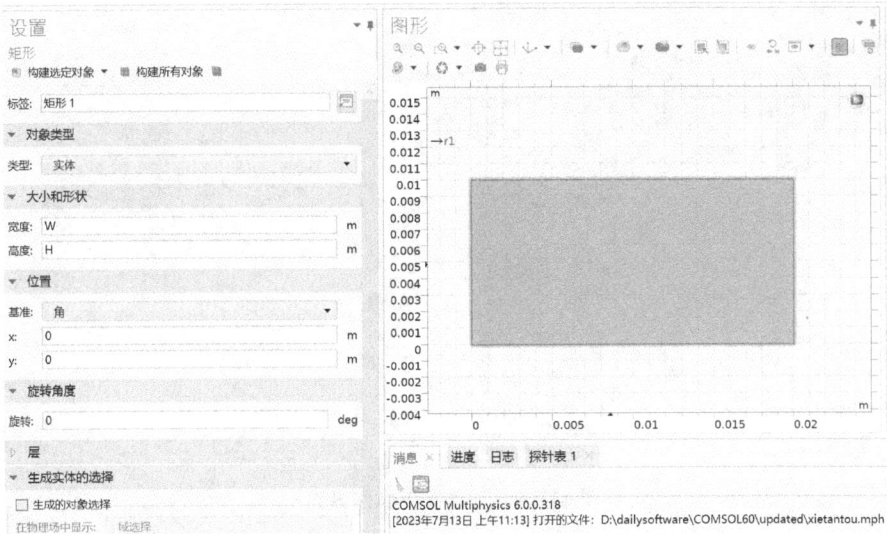

图 11 - 106　矩形 1 操作界面

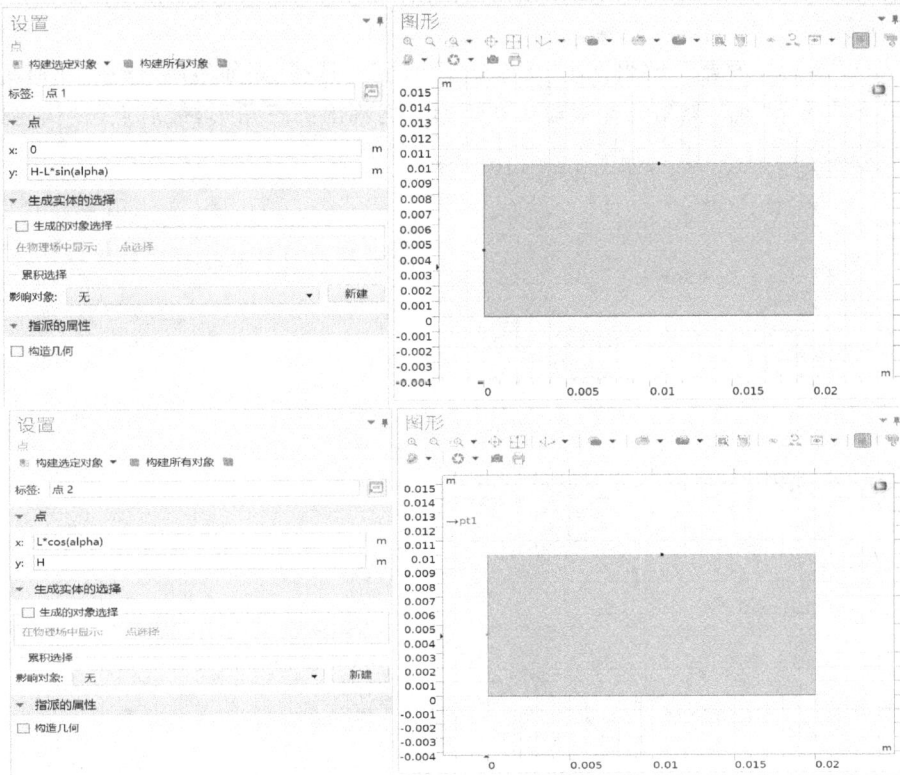

图 11 - 107　点 1 与点 2 操作界面

3）点击"模型开发器"→"组件 1"→右击"几何 1"→"更多体素"→选择"线段"→指定点 1 和点 2 分别为起点和终点→点击"构建选定对象"，如图 11 - 108 所示。

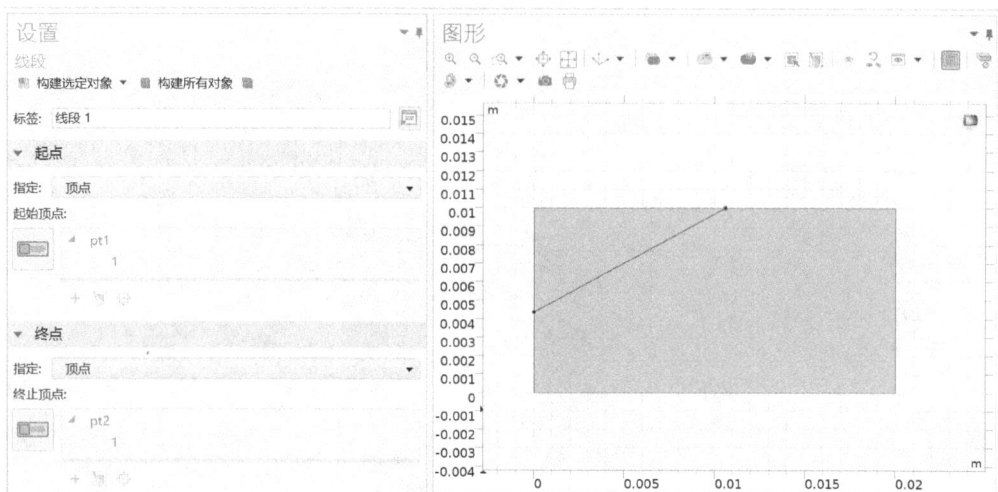

图 11 - 108　线段 1 操作界面

4）点击"模型开发器"→"组件 1"→右击"几何 1"→"布尔运算与分割"→"分割对象"→选择"矩形 1"为"要分割对象"→选择"线段 1"为"工具对象"→点击"构建选定对象"，如图 11 - 109 所示。

5）点击"模型开发器"→"组件 1"→右击"几何 1"→选择"删除实体"→在"几何实体层"部分下拉菜单选择"域"，然后选择线段 1 在矩形 1 切割出的三角形，最后点击"构建选定对象"（ 构建选定对象 ），如图 11 - 110 所示。

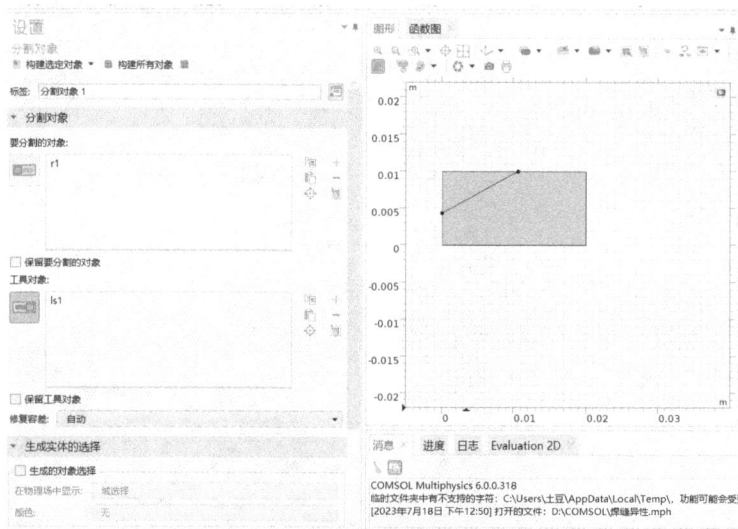

图 11 - 109　分割对象操作界面

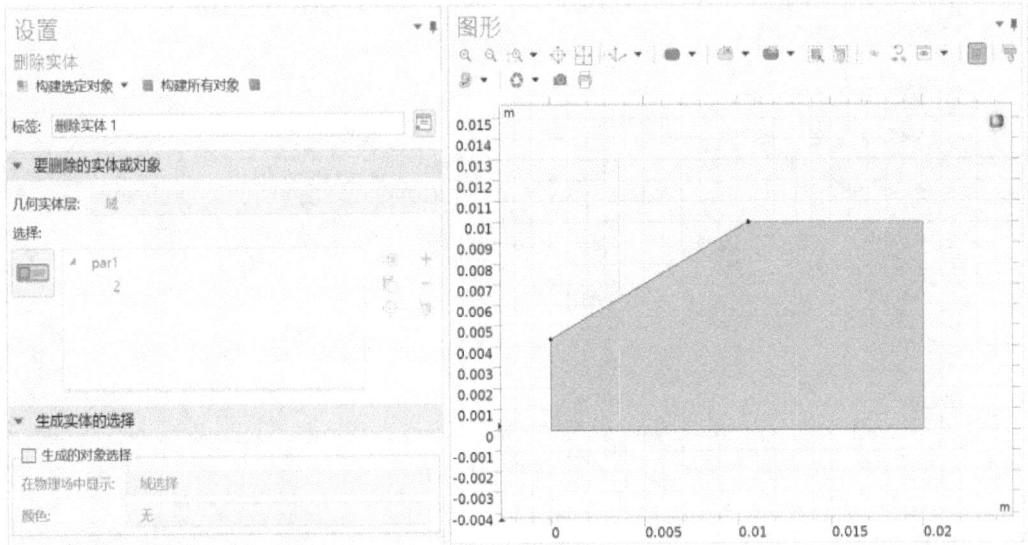

图 11-110　删除实体操作界面

6) 按照上述同样的操作构建点 3 和点 4,如图 11-111 所示。

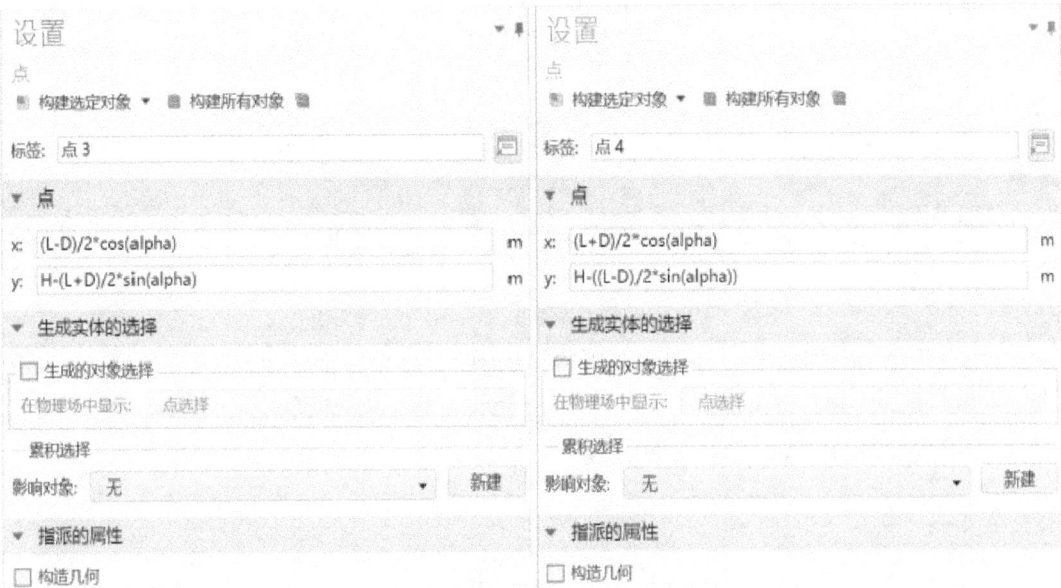

图 11-111　点 3 与点 4 操作界面

7) 点击"模型开发器"→"组件 1"→右击"几何 1"→"矩形"→在矩形设置窗口输入参数→点击上方"构建选定对象"(构建选定对象 ▼),即可构建选定图形。按此操作构建矩形 2、3(注意:矩形 2 要进行层设置),如图 11-112 和图 11-113 所示。

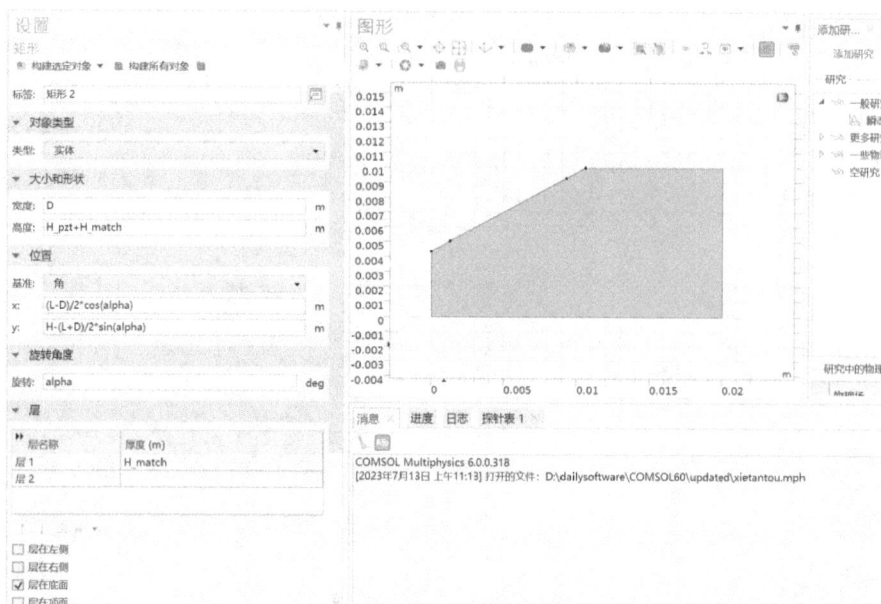

图 11-112　矩形 2 操作界面

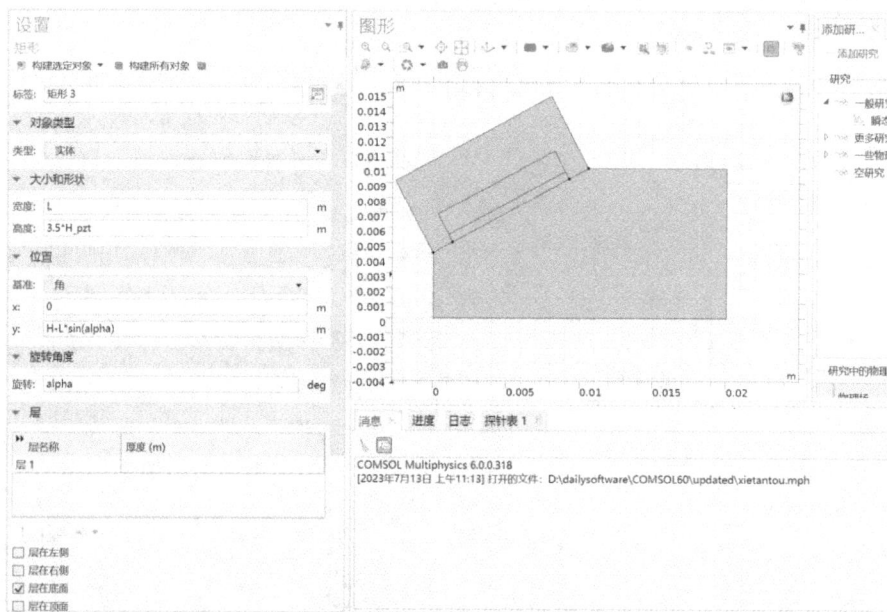

图 11-113　矩形 3 操作界面

8）点击"模型开发器"→"组件 1"→右击"几何 1"→"布尔操作和分割"→选择"差集"→"差集 1"的设置窗口中选择矩形 3 作为"要添加的对象"→把矩形 2 设置为"要减去的对象"→ ☑ 保留要减去的对象　，最后点击"构建选定对象"，如图 11-114 所示。

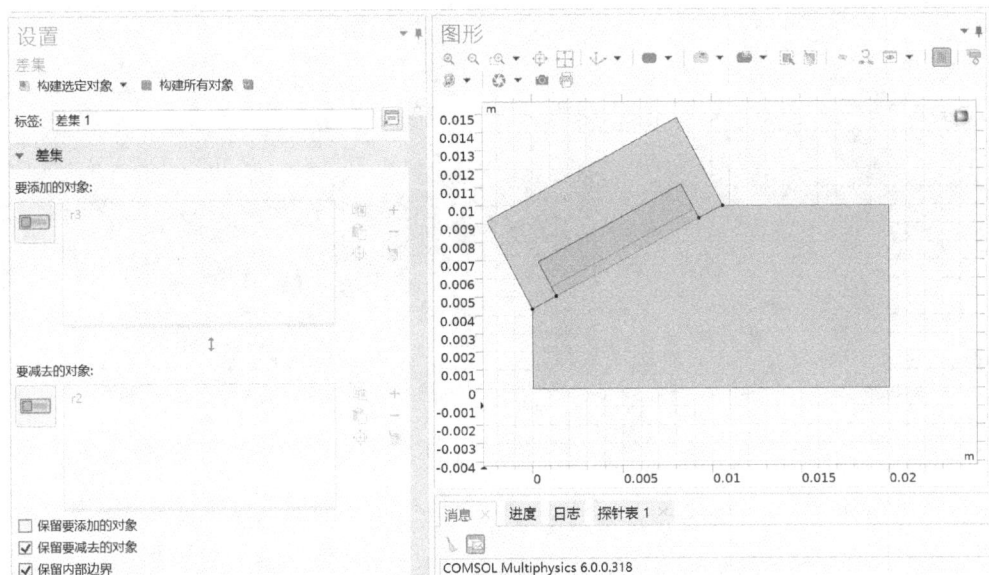

图 11-114　差集 1 操作界面

9）点击"模型开发器"→"组件 1"→右击"几何 1"→"转换"→选择"拆分"（ ✏ 拆分 1 ）
→设置窗口选择"矩形 2"→点击"构建选定对象"，如图 11-115 所示。

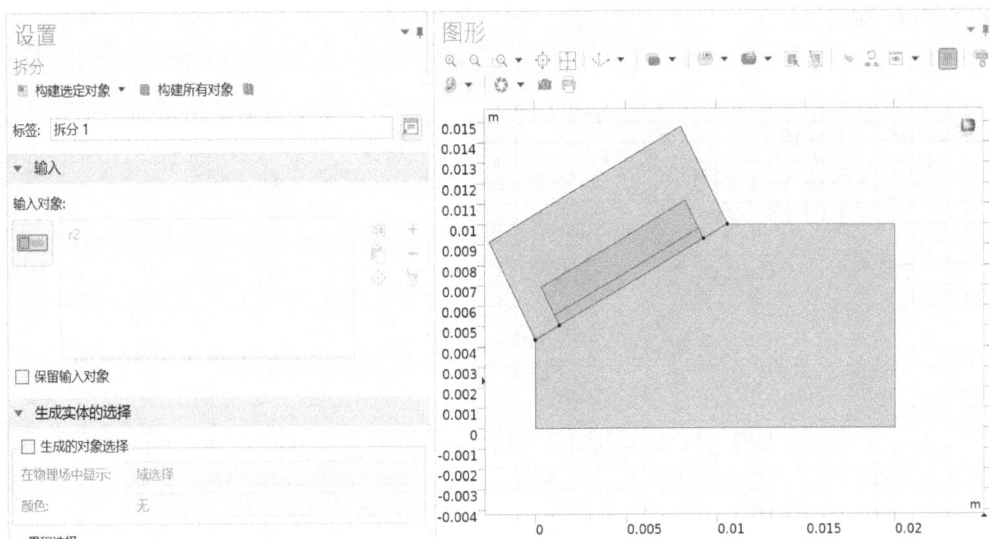

图 11-115　拆分 1 操作界面

10）点击"模型开发器"→"组件 1"→右击"几何 1"→"布尔操作和分割"→"分割边"→
在设置窗口中的"要分割的边"部分通过在楔块斜边上滚动鼠标滚轮选择"del/3"，在"明细
类型"中选择"顶点投影"，然后滚动鼠标滚轮选择 pt3/1 和 pt4/1 作为"要投影的顶点"→点
击"构建选定对象"，如图 11-116 所示。

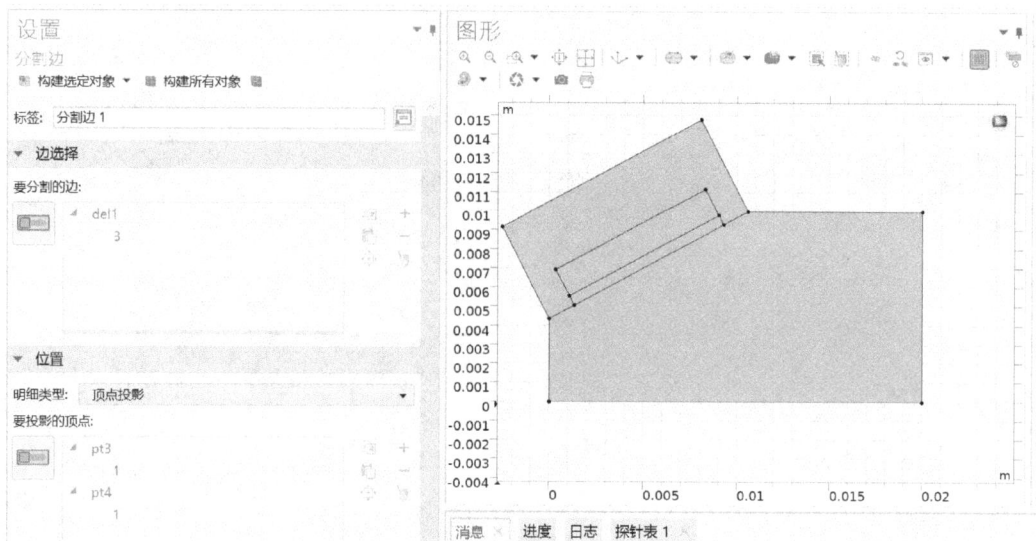

图 11-116　分割边 1 操作界面

11）点击"模型开发器"→"组件 1"→右击"几何 1"→"矩形"→在矩形设置窗口输入参数→点击上方"构建选定对象"（ 构建选定对象 ▾ ）即可构建选定图形。按此操作构建矩形 4 和矩形 5,（注意：进行层设置，此处应分别勾选"层在左侧"和"层在右侧"），如图 11-117 和图 11-118 所示。

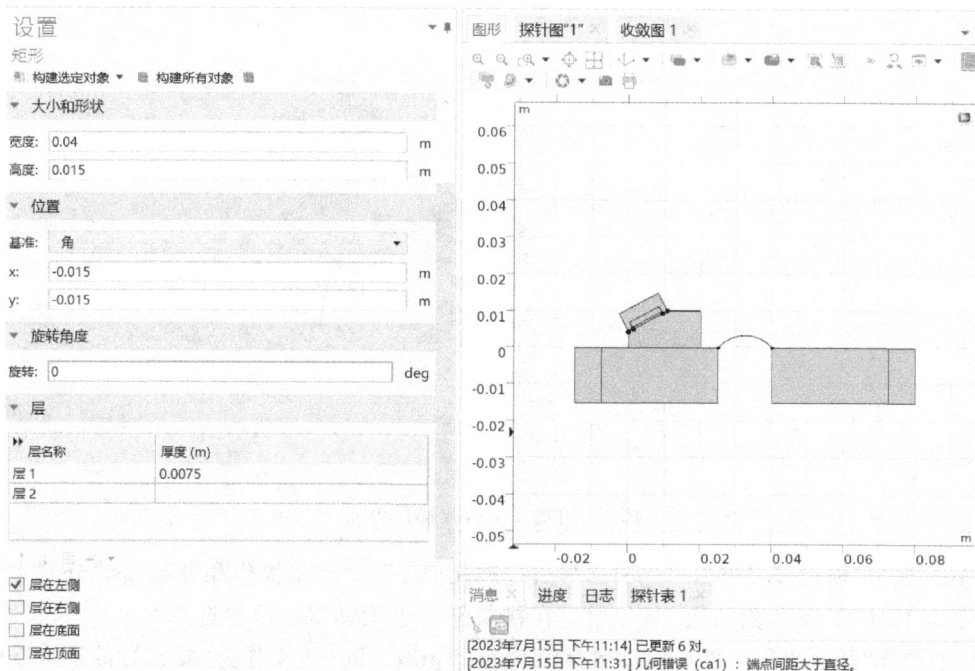

图 11-117　矩形 4 操作界面

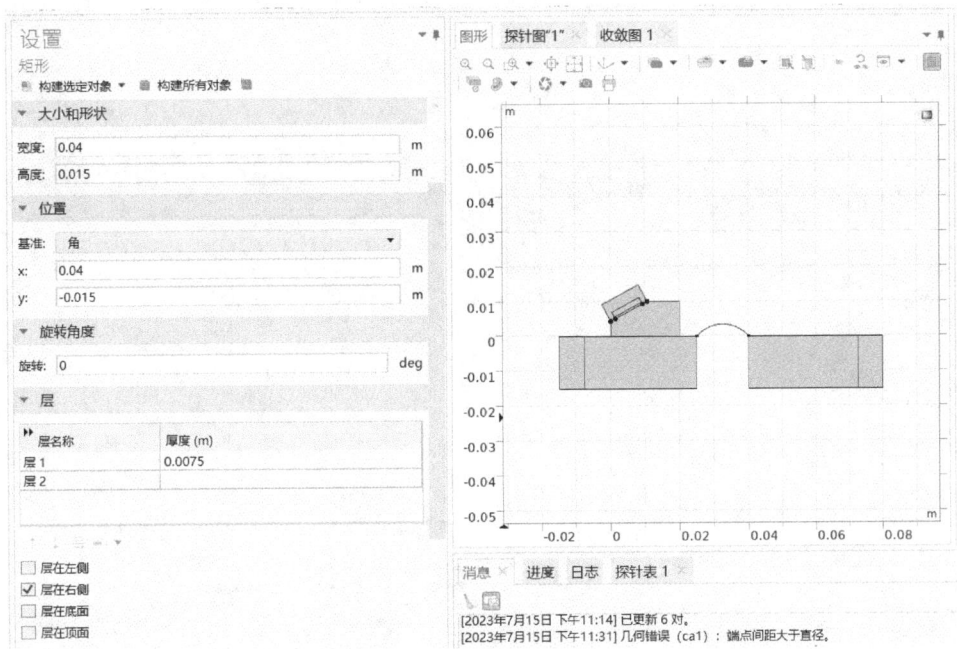

图 11-118　矩形 5 操作界面

12）点击"模型开发器"→"组件 1"→右击"几何 1"→"更多体素"→"圆弧"建立圆弧 1，输入圆弧 1 参数（见图 11-119）→点击构建选定对象（注意勾选角度中顺时针选项）。

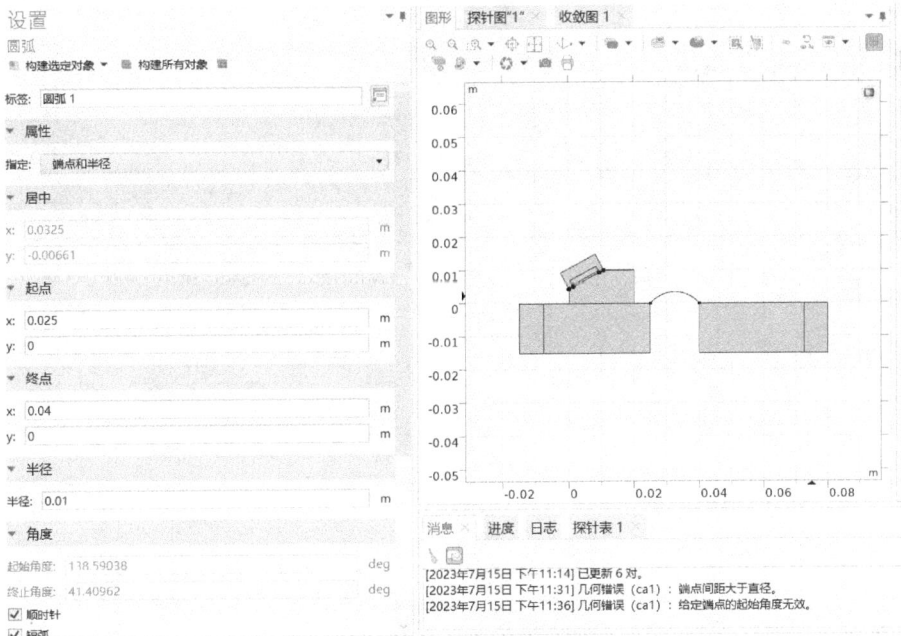

图 11-119　圆弧 1 操作界面

13）重复步骤 4），建立圆弧 2，如图 11-120 所示。

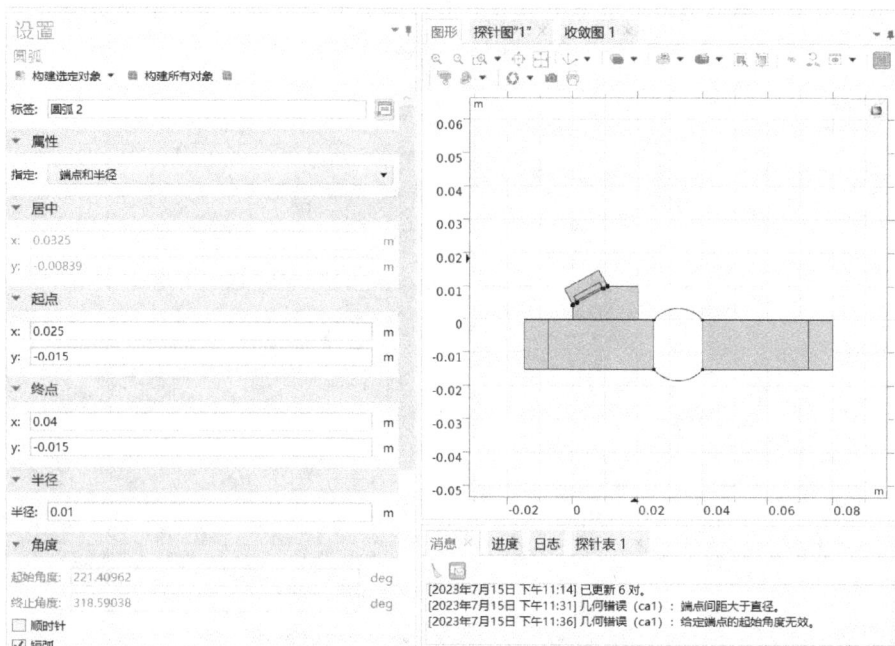

图 11-120　圆弧 2 操作界面

14) 点击"模型开发器"→"组件 1"→右击"几何 1"→"更多体素"→"多边形",建立多边形 1,输入多边形 1 的参数(见图 11-121);同样的操作,建立多边形 2。

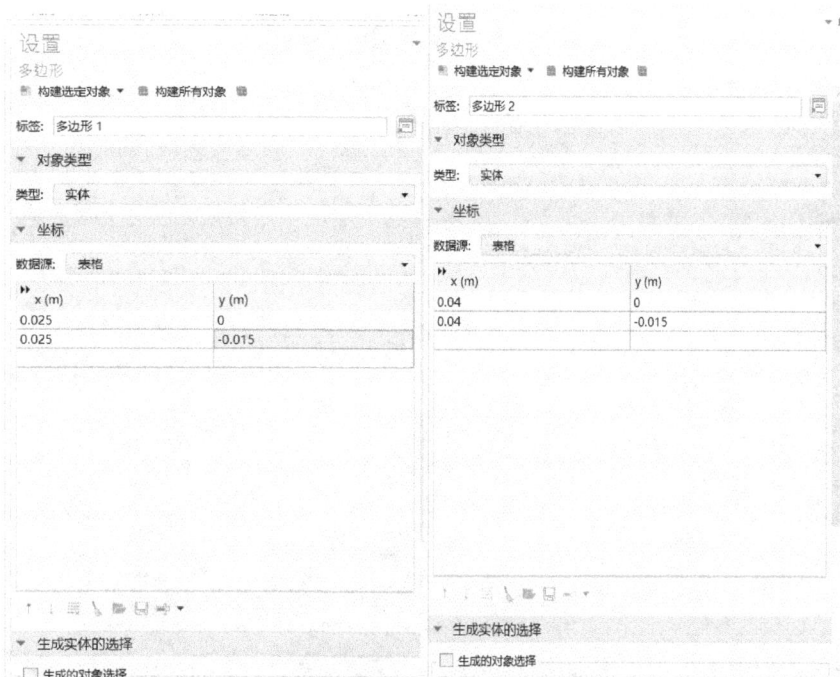

图 11-121　多边形 1 和 2 操作界面

15）点击"模型开发器"→"组件 1"→右击"几何 1"→"转换"→"转换为实体"
（ 　转换为实体 1 *(csol1)* ），选择创建的"弧线 1""弧线 2""多边形 1""多边形 2"，如图 11 -
122 所示。

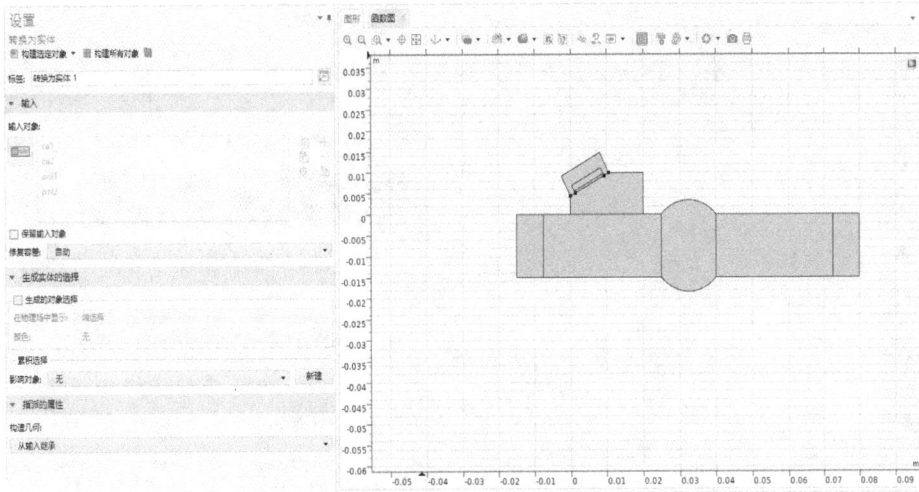

图 11 - 122　转化实体操作界面

16）点击"模型开发器"→"组件 1"→右击"几何 1"→"布尔操作和分割"→"并集"，创建
并集 1，如图 11 - 123 所示。

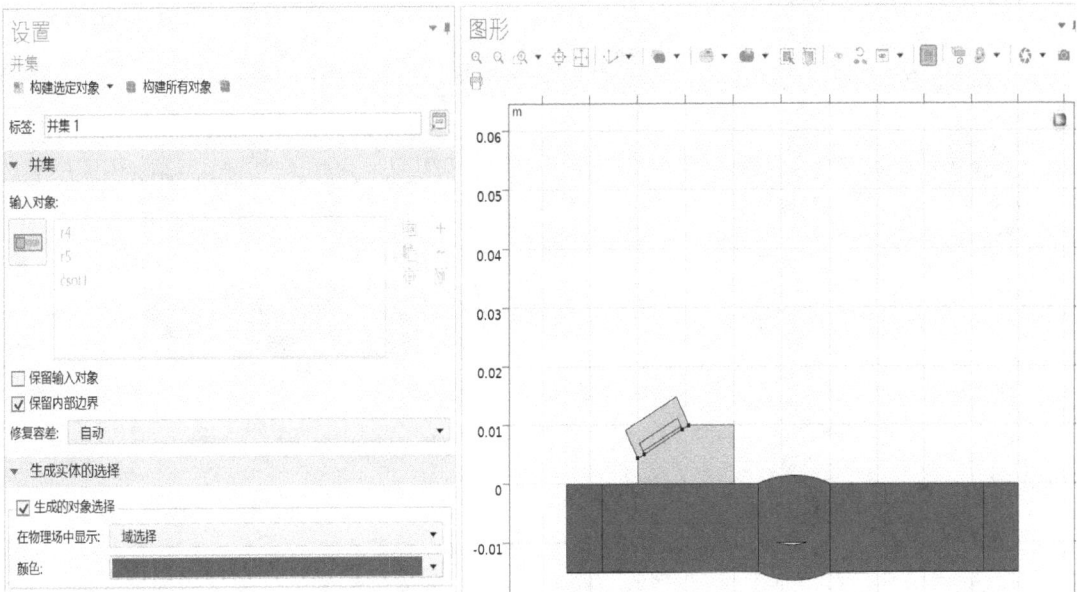

图 11 - 123　并集 1 操作界面

17）点击"模型开发器"→"组件 1"→右击"几何 1"→"更多体素"→"圆弧"建立圆弧 3，
如图 11 - 124 所示。

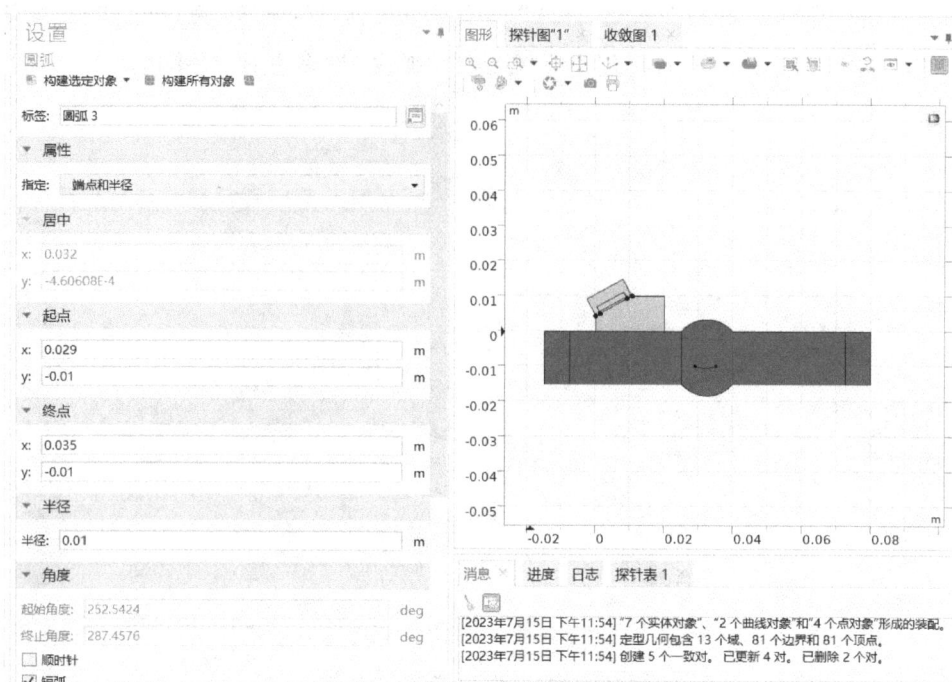

图 11-124 圆弧 3 操作界面

18）点击"模型开发器"→"组件 1"→右击"几何 1"→"更多体素"→"多边形"，建立多边形 3，如图 11-125 所示。

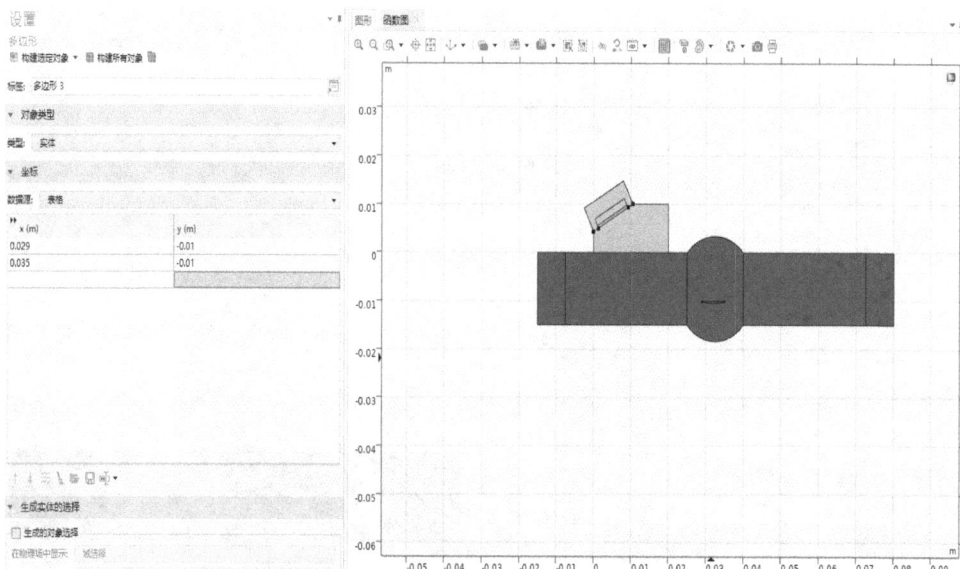

图 11-125 多边形 3 操作界面

19）点击"模型开发器"→"组件 1"→右击"几何 1"→"转换"→"转换为实体"→选择创

建的圆弧 3 和多边形 3,如图 11 - 126 所示。

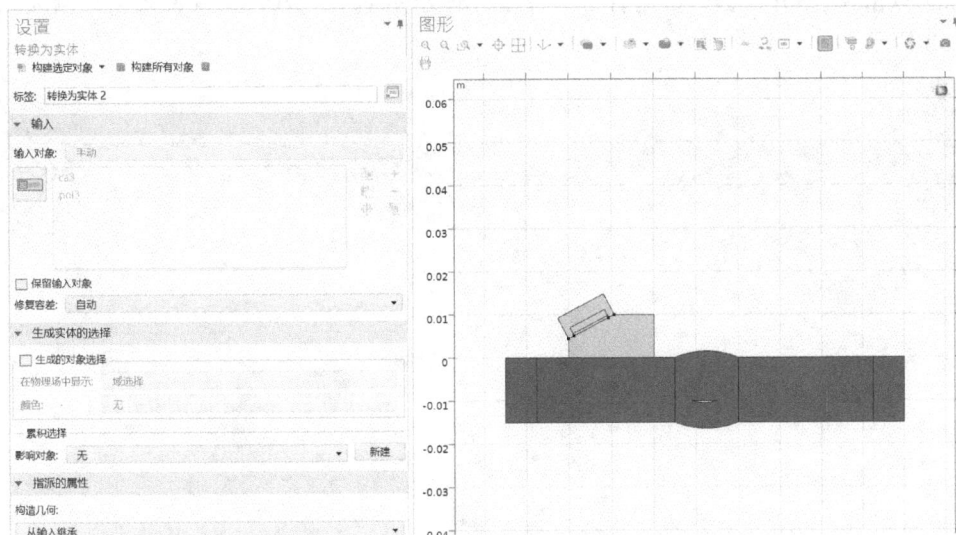

图 11 - 126　转化实体 2 操作界面

20)点击"模型开发器"→"组件 1"→右击"几何 1"→"布尔操作和分割"→"差集",进行图 11 - 127 所示操作创建差集 2。

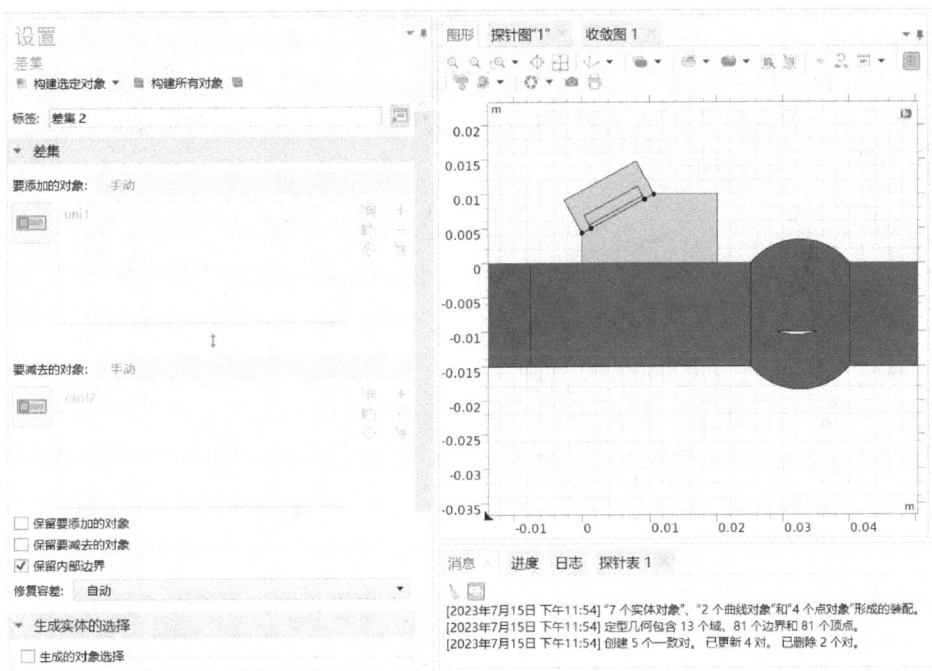

图 11 - 127　差集 2 操作界面

21)点击"模型开发器"→"组件 1"→"几何 1"→"形成联合体"→在设置窗口中,"动作"

选择"形成装配"→勾选"创建压印"→点击"构建选定对象"。

22）点击"模型开发器"→"组件1"→右击"定义"→选择"吸收层"→设置窗口输入，如图 11-128所示。

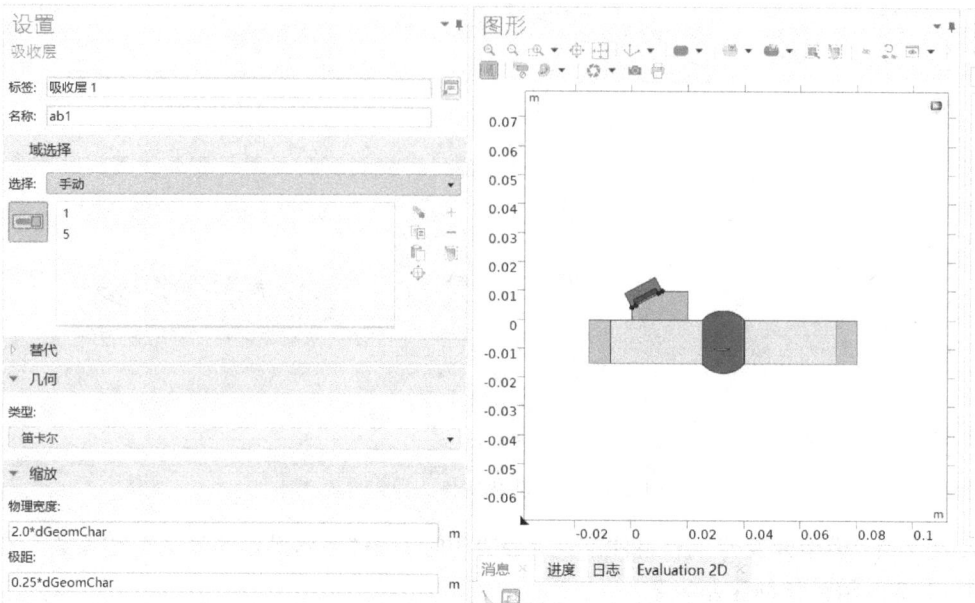

图 11-128　吸收层操作界面

23）点击"模型开发器"→"组件1"→右击"定义"→"选择"→"显式"→依次定义域8为换能器，定义域9为匹配层，域6为阻尼块，域7为楔块，域1、2、4、5为检测试样，域3为焊接材料。如图 11-129所示。

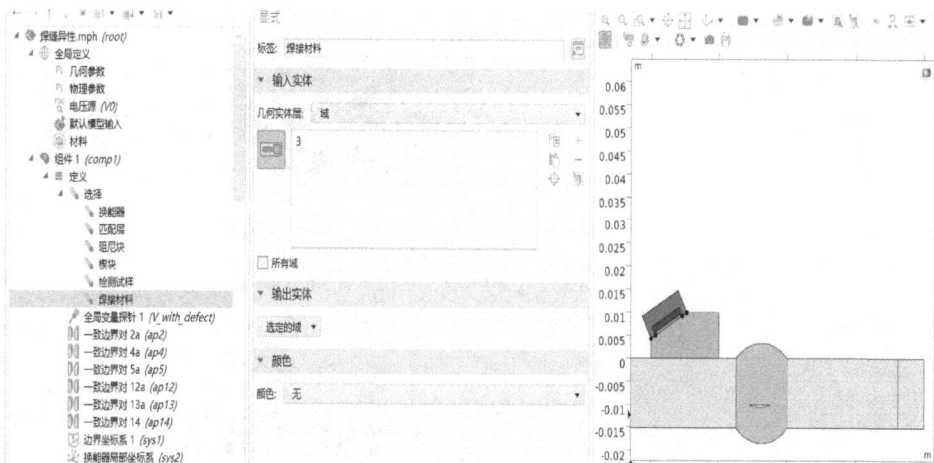

图 11-129　定义域操作界面

4.定义材料与边界条件

1）点击"模型开发器"→"组件1"→"弹性波，时域显式（elte）"→"弹性波，时域显式模型"（ 弹性波，时域显式模型　），其中，在线弹性材料定义模块中，"固体模型"选择"各向同性"，"指定"为"压力波和剪切波速度"，如图 11 - 130 所示。

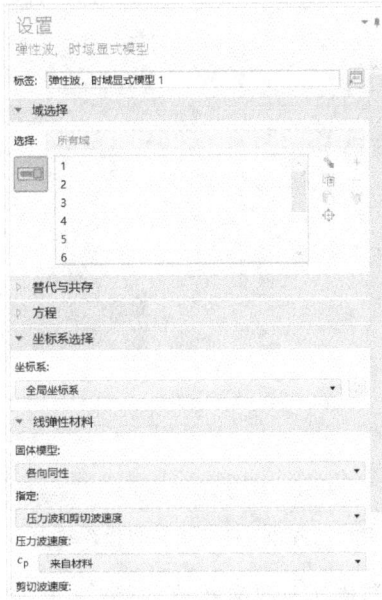

图 11 - 130　"弹性波，时域显示模型"操作界面

2）点击"模型开发器"→"组件 1"→右击"弹性波，时域显示（elte）"→"压电材料"→选择"换能器"→坐标系选为"换能器局部坐标"，如图 11 - 131 所示。

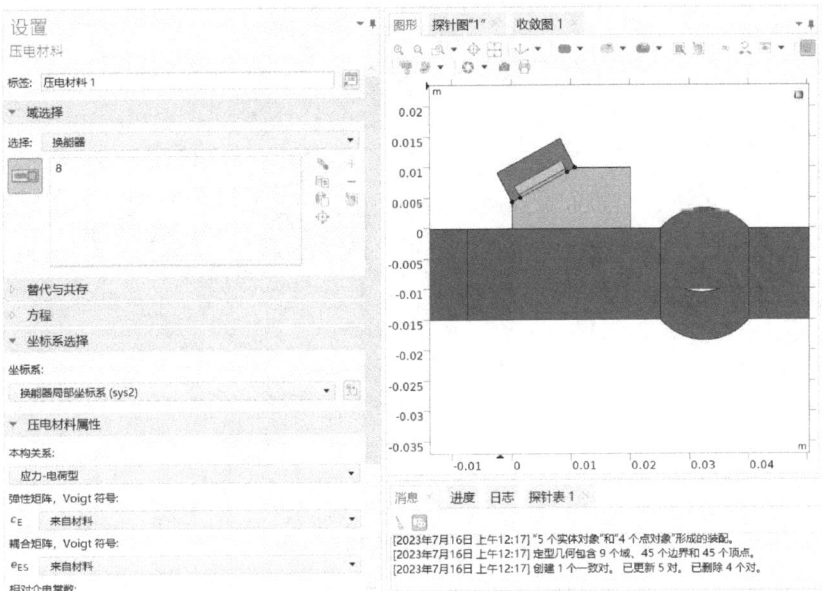

图 11 - 131　压电材料操作界面

3）点击"模型开发器"→"组件 1"→右击"弹性波，时域显示（elte）"→"低反射边界"→在设置窗口，选择边界 1、17、22、36、37，具体位置如图 11-132 所示。

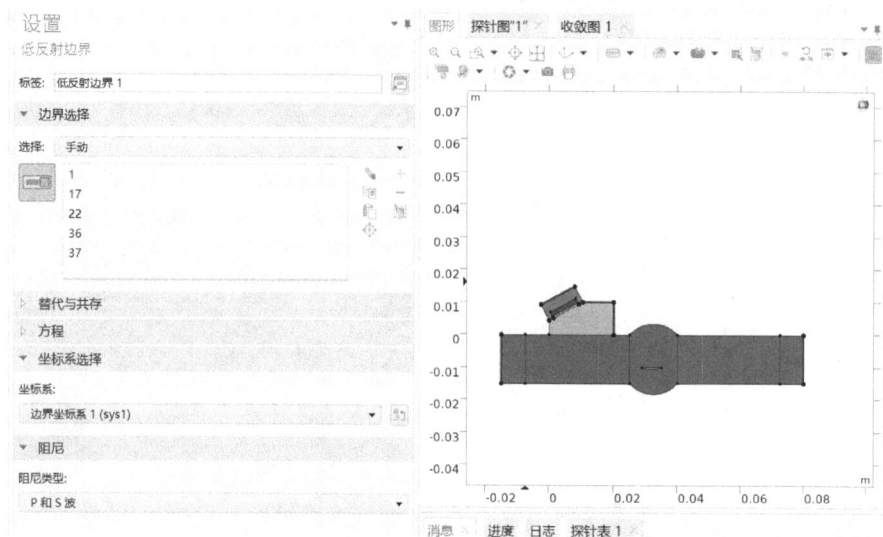

图 11-132　低反射边界操作界面

4）点击"模型开发器"→"组件 1"→"弹性波，时域显示（elte）"→右击"弹性波，时域显示模型 1"→"阻尼"→设置窗口中将域选择为"匹配层"→输入参数，如图 11-133 所示。

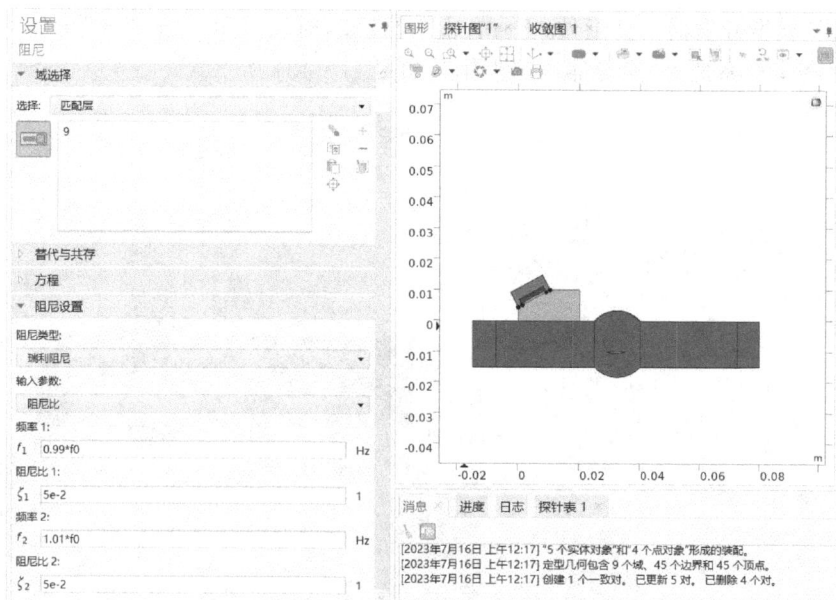

图 11-133　阻尼 1 操作界面

5）点击"模型开发器"→"组件 1"→"弹性波，时域显示（elte）"→右击"弹性波，时域显示模型 1→"阻尼"→分别创建阻尼 2、3、4→设置窗口中分别将域选择为"阻尼块""楔块"和

"1""2""3""4""5",具体参数如图 11 - 134 所示。

图 11 - 134　其余阻尼操作界面

6) 点击"模型开发器"→"组件 1"→"弹性波,时域显示(elte)"→右击"压电材料"→选择"机械阻尼",在其设置窗口中选择阻尼类型为"瑞利阻尼",输入参数,如图 11 - 135 所示。

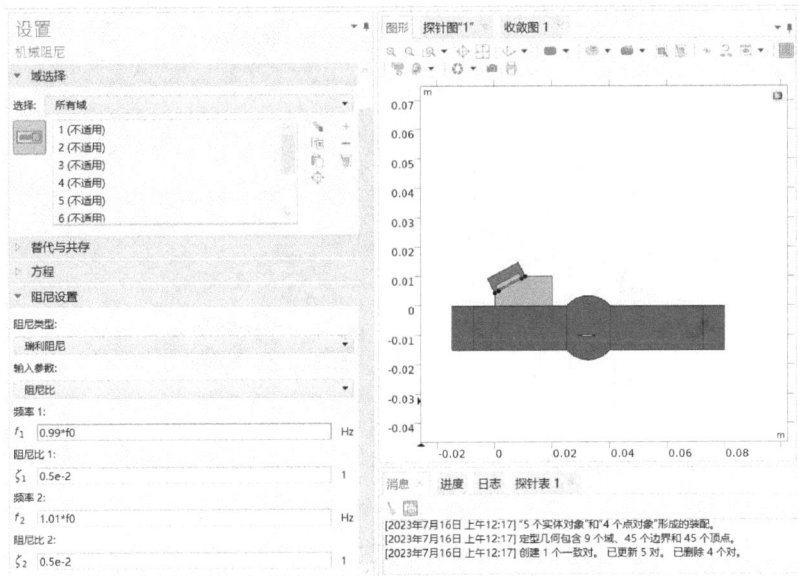

图 11 - 135　机械阻尼操作界面

7) 点击"模型开发器"→"组件 1"→"静电(es)",在其设置窗口将域选择为"换能器",如图 11 - 136 所示。

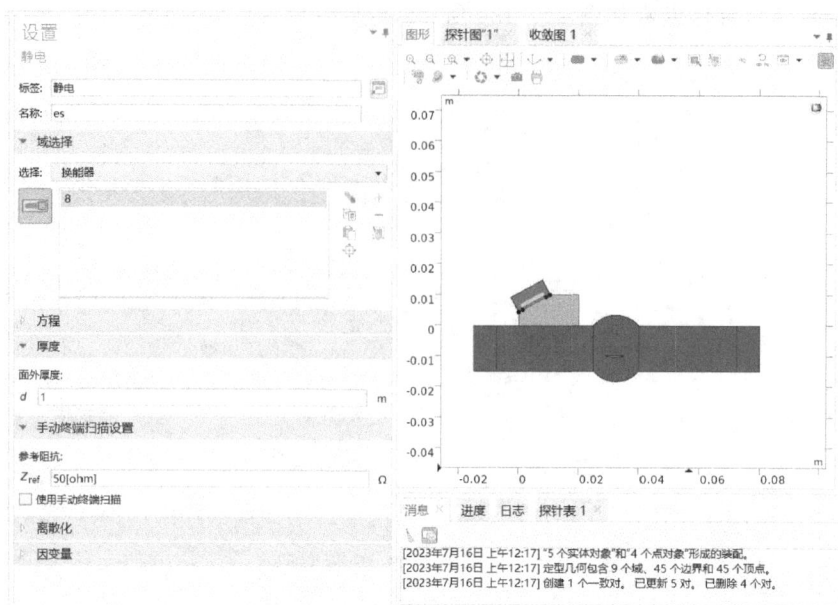

图 11-136　静电操作界面

8）点击"模型开发器"→"组件 1"→右击"静电（es）"→"电荷守恒，压电 1"→设置窗口中，将域选择为"换能器"，如图 11-137 所示。

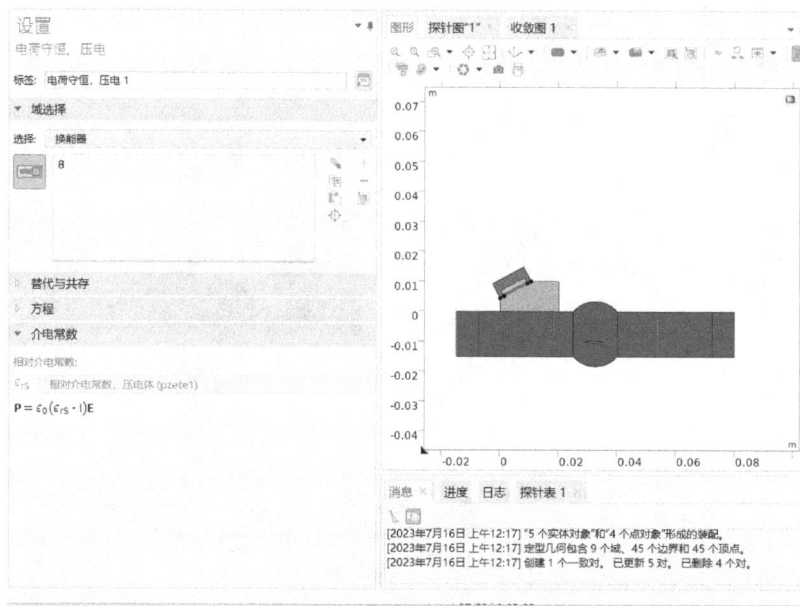

图 11-137　"电荷守恒，压电 1"操作界面

9）点击"模型开发器"→"组件 1"→右击"静电（es）"→"接地"→点击"接地 1"→选择边界"40"（换能器的下边界），如图 11-138 所示。

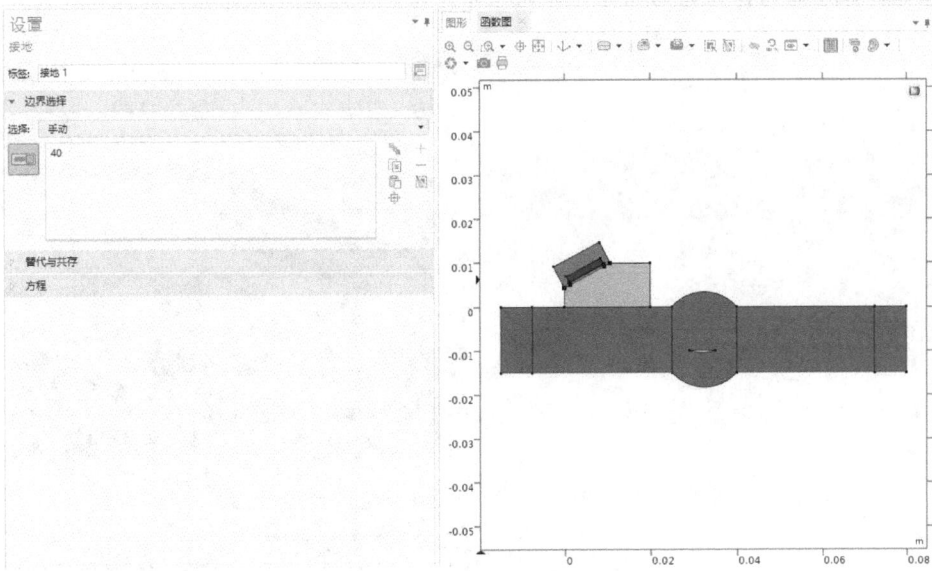

图 11-138　接地操作界面

10）点击"模型开发器"→"组件 1"→右击"静电（es）"→"终端"→设置窗口中选择边界 "39（换能器的上边界），将"终端类型"选择为"电路"，如图 11-139 所示。

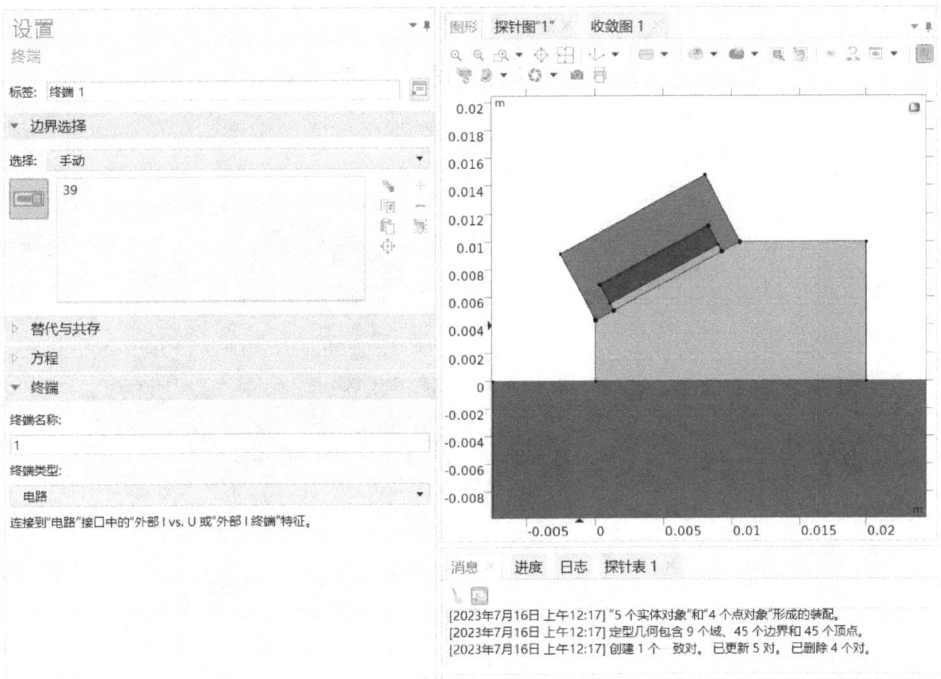

图 11-139　终端操作界面

11）点击"模型开发器"→"组件 1"→右击"电路"→"电压源"（ ⊙ 电压源 1 (V1) ），设置窗口输入参数,如图 11-140 所示。

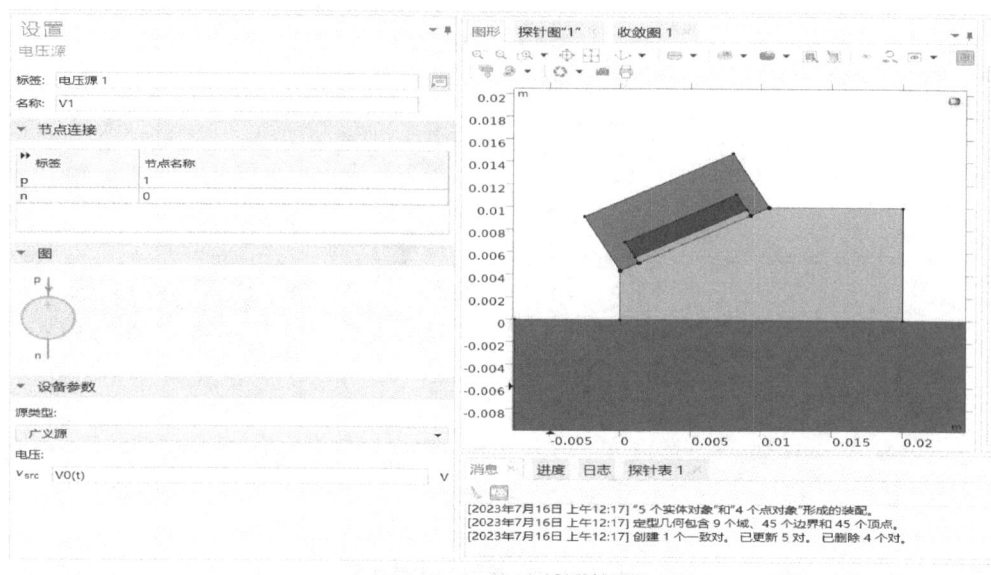

图 11-140　电压源操作界面

12）点击"模型开发器"→"组件 1"→右击"电路"→"电阻",在设置窗口中输入参数,如图 11-141 所示。

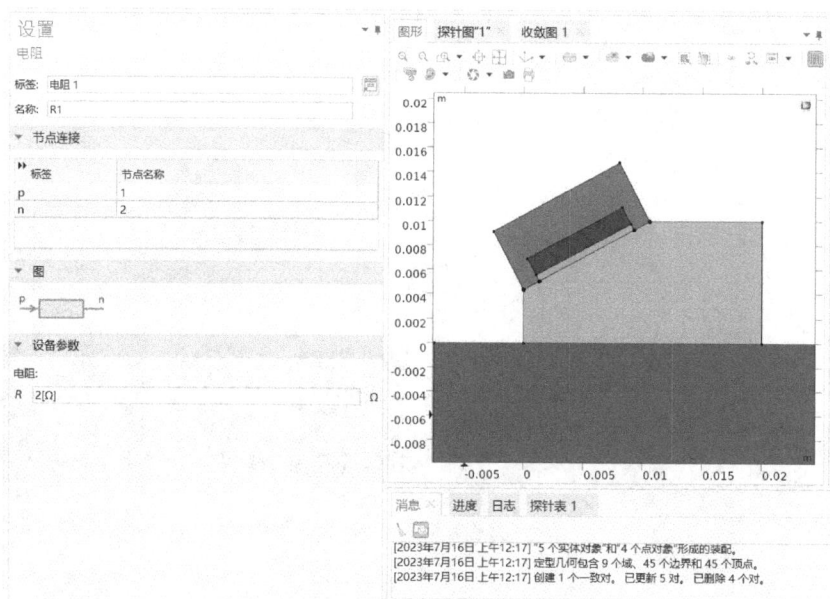

图 11-141　电阻操作界面

13）点击"模型开发器"→"组件 1"→右击"电路"→"外部耦合"→"外部|终端 1",如图 11-142 所示。

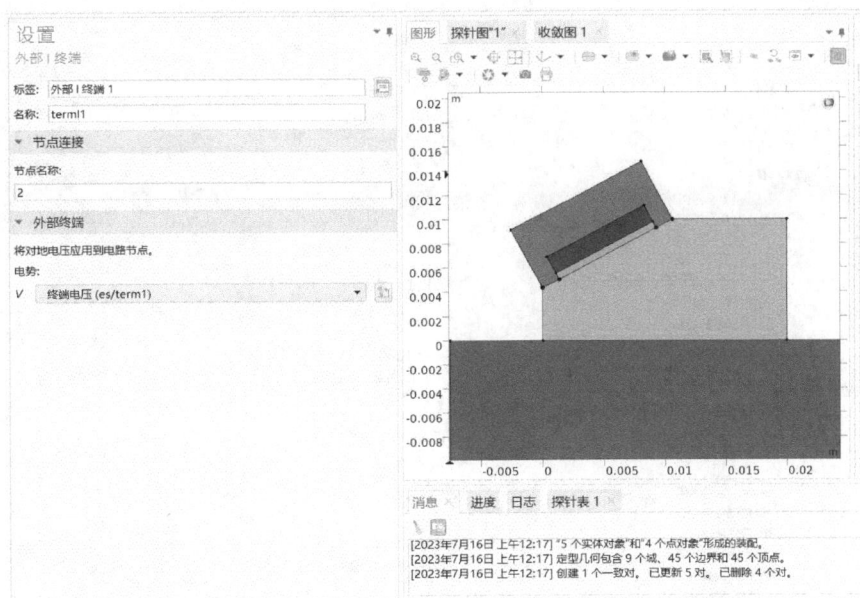

图 11-142　"外部|终端 1"操作界面

14）点击"模型开发器"→"组件 1"→右击"多物理场"（ 多物理场 ）→选择"压电效应,时域显示"。

15）点击"模型开发器"→"组件 1"→右击"定义"→"探针"→"全局变量探针"→设置窗口中的"变量名称"输入 V_with_defect→点击表达式标签栏最右侧的"替换表达式图标"→选择"组件 1"→"静电"→"终端"→"终端电压",其他设置如图 11-143 所示。

图 11-143　全局变量探针

16）点击"模型开发器"→"组件 1"→右击"材料"→选择"从库中添加材料"→点击展开"内置材料"→双击添加"Acrylic plastic→域选择为"楔块",如图 11-144 所示。

图 11-144　楔块材料操作界面

17）点击"模型开发器"→"组件 1"→右击"材料"→选择"从库中添加材料"→点击展开"内置材料"→双击添加"Lead Zirconate Titanate→域选择为"换能器"，如图 11-145 所示。

图 11-145　换能器材料操作界面

18）点击"模型开发器"→"组件 1"→右击"材料"→选择"从库中添加材料"→点击展开"内置材料"→双击添加"Aluminum"→域选择"检测试样"，如图 11-146 所示。

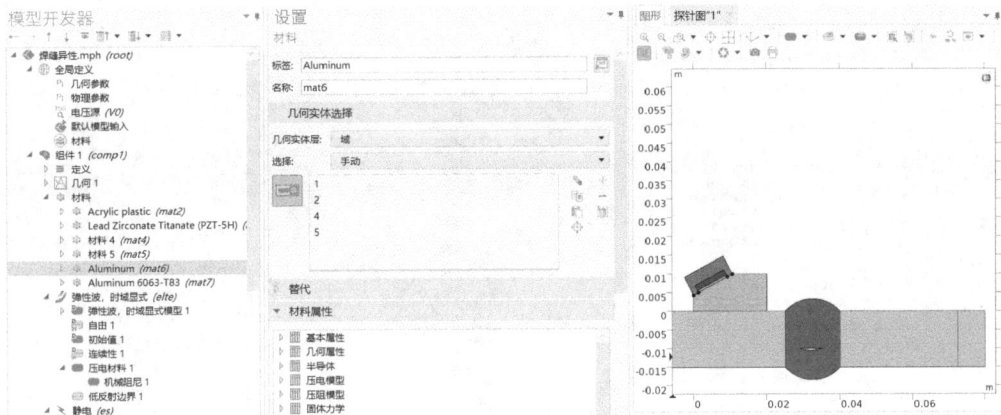

图 11-146　检测试样操作界面

19）点击"模型开发器"→"组件 1"→右击"材料"→选择"从库中添加材料"→点击展开"内置材料"→双击添加"Aluminum 6063-T83"→域选择"焊接材料"，如图 11-147 所示。

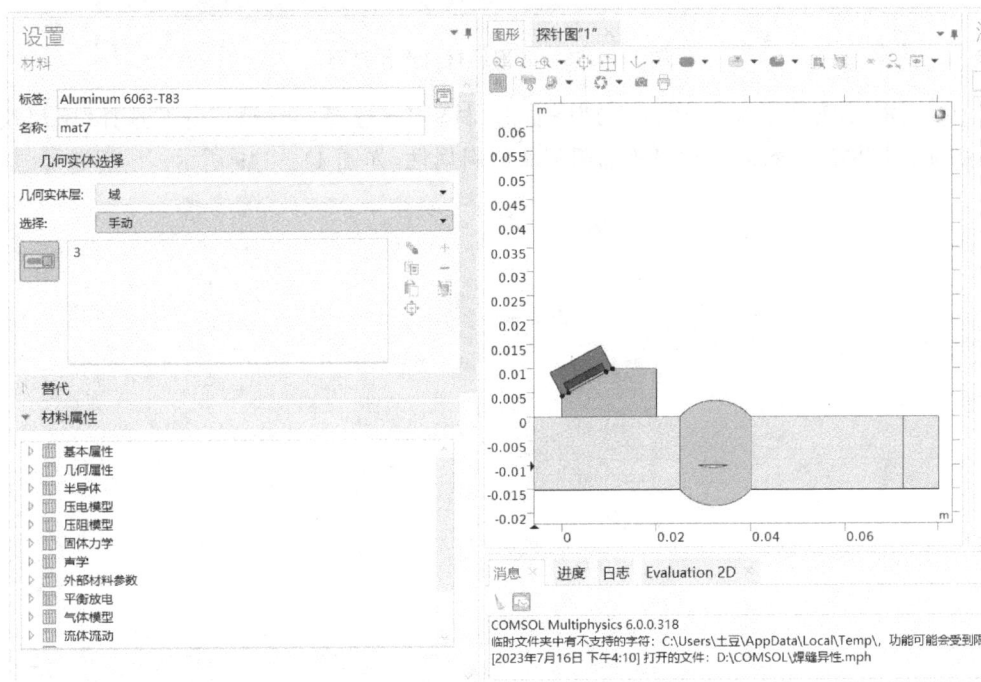

图 11-147　焊接材料操作界面

20）点击"模型开发器"→"组件 1"→右击"材料"→选择"空材料"→域选择为"匹配层"→密度的表达式中输入"rho_match"→在"压力波和剪切波速度"中对应地输入"cp_match"和"cs_match"，如图 11-148 所示。

图 11-148　匹配层材料操作界面

21）点击"模型开发器"→"组件 1"→右击"材料"→选择"空材料"→域选择"阻尼块"。通过添加阻尼块的参数表达式来添加阻尼块材料属性，如图 11-149 所示。

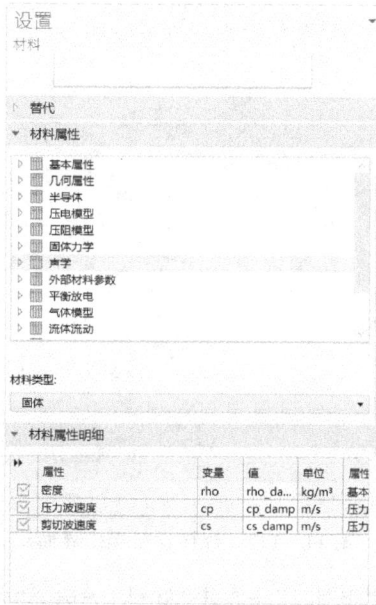

图 11-149　阻尼块材料操作界面

5.划分网格

1）点击"模型开发器"→"组件 1"→右击"网格 1"→选择"映射"→在"映射 1"的设置窗口中,选择"几何实体层"为"域"→将域手动选择为域"8""9"(换能器和匹配层),如图 11 - 150 所示。

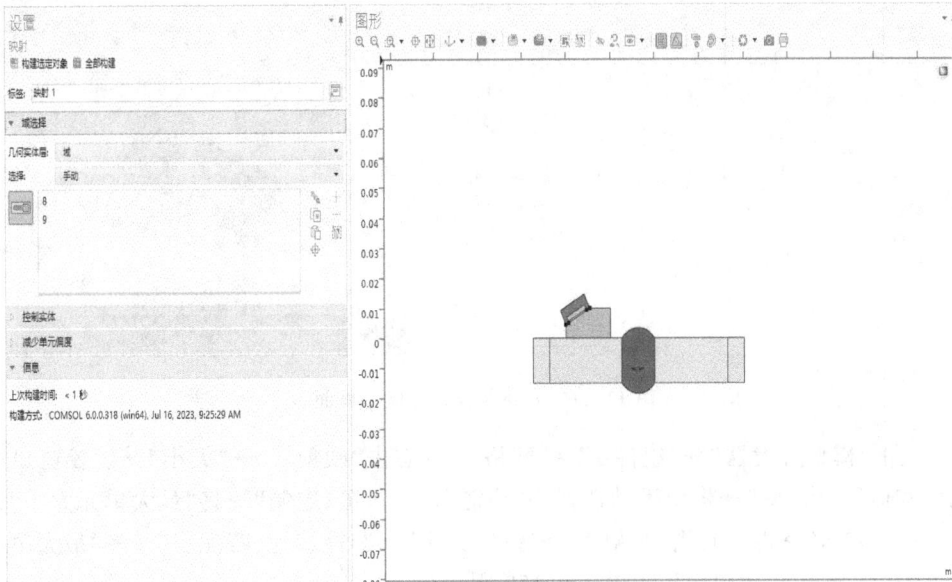

图 11 - 150　映射操作界面

2）点击"模型开发器"→"组件 1"→"网格 1"→右击"映射 1"→"分布"→设置窗口仅选择边界"41"→将"分布类型"选择为"固定单元数"→将固定单元数设置为"3"→再次右击"映射 1"→选择"分布"→选择边界"45"→固定单元数设置为"2",如图 11 - 151 和图 11 - 152 所示。

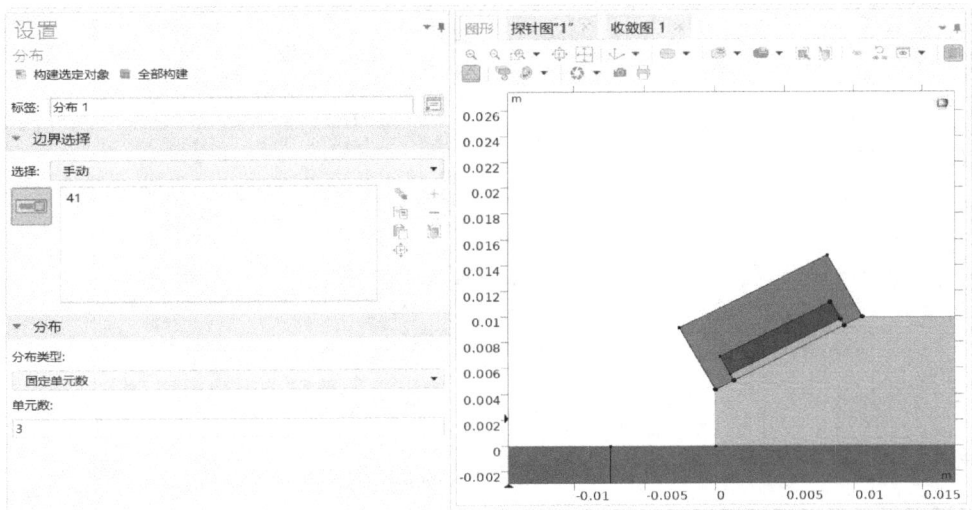

图 11 - 151　映射分布 1 操作界面

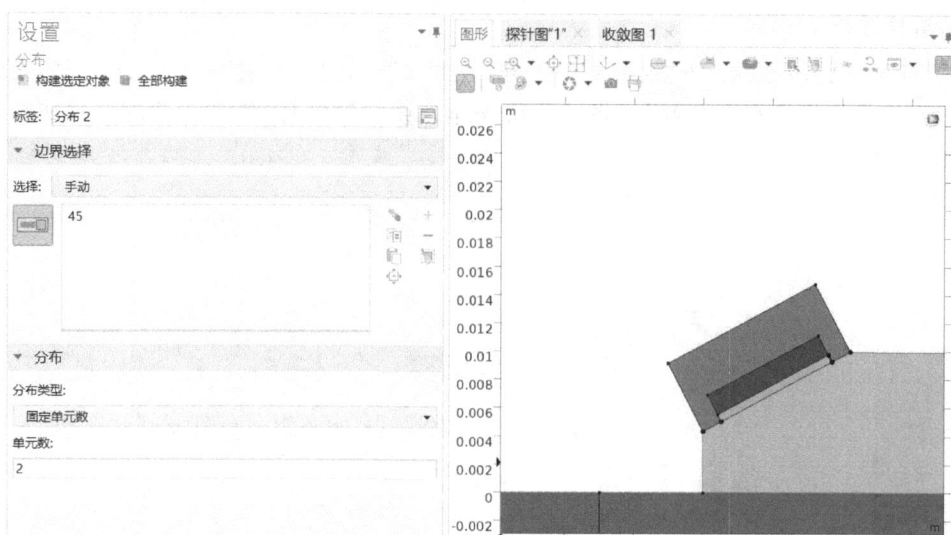

图 11-152　映射分布 2 操作界面

3）点击"模型开发器"→"组件 1"→"网格 1"→右击"映射 1"→"大小"→设置窗口中选择"几何实体层"为"域"→将域手动选择为"换能器"→点击"定制"→将"最大单元大小"设置为"cs_pzt/f0/1.5"→再次右击"映射 1"→选择"大小"→选择域为"匹配层"→将"最大单元大小"设置为"cs_match/f0/1.5"，如图 11-153 所示。

图 11-153　映射大小 1 和 2 操作界面

4）点击"模型开发器"→"组件 1"→右击"网格 1"→选择"自由三角形网格"→右击"自

由三角形网格"→选择"大小"→在"大小 1"的设置窗口中选择域为"阻尼块"→设置最大单元大小为"cs_damp/f0/1.5"。如图 11 - 154 所示。

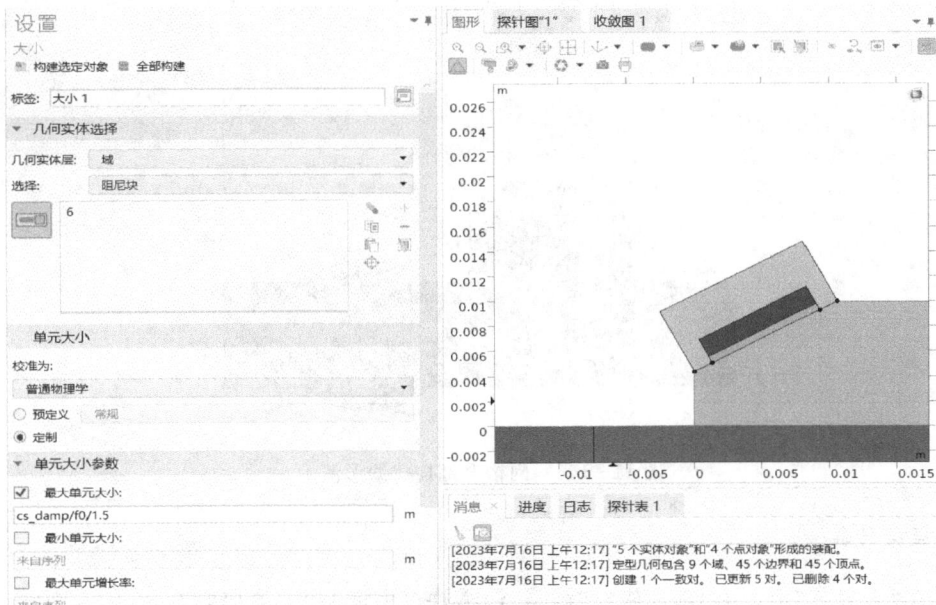

图 11 - 154　自由三角形阻尼块网格大小操作界面

5）点击"模型开发器"→"组件 1"→"网格 1"→右击"自由三角形网格"→选择"大小"分别添加"大小 2"和"大小 3"，分别为域选择为"楔块"和"1""2""3""4""5"，最大单元大小设置分别为"cs_plast/f0/1.5"和"cs_steel/f0/1.5"，如图 11 - 155 所示。

图 11 - 155　自由三角形楔块和检测试样网格大小

6）点击"模型开发器"→"组件 1"→"网格 1"→选择"全部构建"，划分的网格属性如图 11-156 所示。

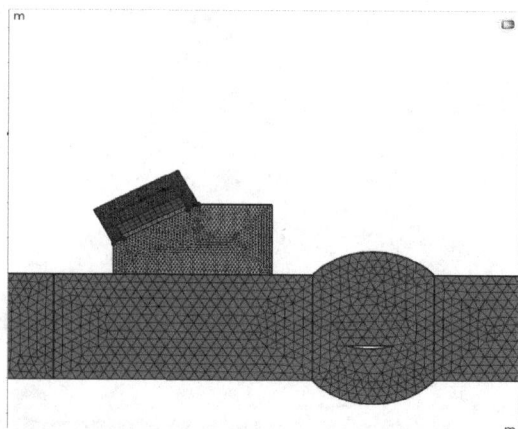

图 11-156　网格全部构建图形演示

6.模型计算

1）在"主屏幕"中点击"添加研究"（添加研究），接着点击展开"一般研究"（◢ ∞ 一般研究）→双击选择"瞬态"（瞬态）。

2）在瞬态的设置窗口中→选择"输出时步"→删除原有设置并输入"range（0，T0/5，50 * T0）"。如图 11-157 所示。

图 11-157　瞬态操作界面

3)单击"计算"（ ＝ 计算 ）。

4)右键单击"导出"（ 🖳 导出)→选择动画→播放器→设置窗口中下拉选项→选择"速度大小"→点击"显示帧"（ 🖼 显示帧 ），即在右侧图形窗口播放速度传播的动画,如图 11 - 158所示。

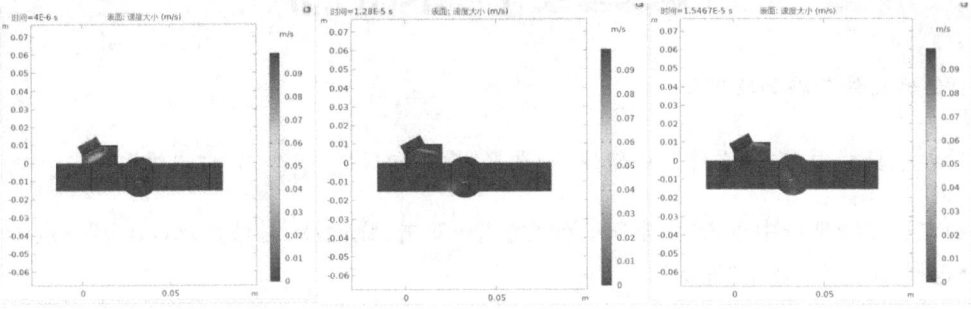

图 11 - 158　动画示意图

7.结果分析

这种仿真是基于线性弹性波理论和有限元方法,利用超声波在材料中传播和反射的特性,从而模拟内部缺陷的检测。终端电压示意图如图 11 - 159 所示。

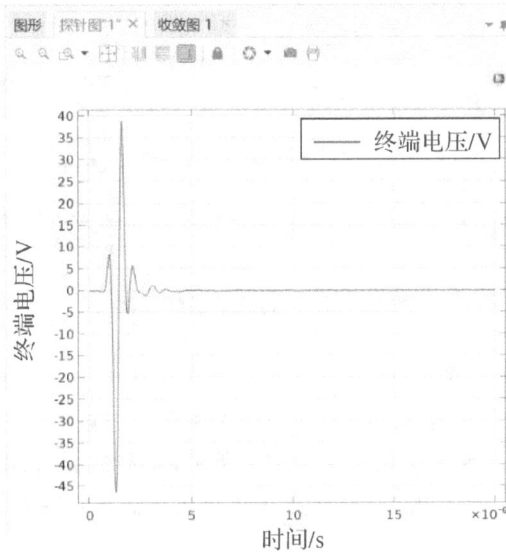

图 11 - 159　终端电压示意图

超声波传播速度云图分析:在仿真设计中,可以通过计算得到的超声波在材料中的传播速度云图。缺陷部位通常会导致超声波传播速度发生变化,因为缺陷可能会引起超声波的散射、反射或透射。在云图中,可以观察到传播速度异常的区域,这些区域可能表示存在缺陷的位置。较大的缺陷通常会导致更明显的速度变化。

终端电压信号分析:在超声波无损检测中,终端电压信号是被接收到的超声波信号的衡量指标。通过分析终端电压信号的幅值、波形和频谱等特征,可以判断是否存在缺陷。缺陷将会对超声波信号产生干涉、散射或反射,导致终端电压信号发生变化。通常情况下,缺陷越大或越严重,终端电压信号的变化越大。

11.5 超声相控阵复合材料板内缺陷无损检测虚拟仿真案例（版本要求:COMSOL6.0）

1.创建文件与添加物理场

1)在工具栏中点击"文件"→"新建"→选择"模型向导"（ ）→"二维"（ ）。

2)在选择物理场中点击"声学"→"弹性波"→双击"弹性波,时域显示(elte)"→点击"研究"→选择"瞬态"→点击"完成"。

3)在工具栏点击"添加物理场"（ ）→"AC/DC"→"电场和电流"→"静电(es)"。

4)在工具栏点击"添加物理场"（ ）→"AC/DC"→"电路(cir)"。

以上物理操作界面如图 11-160 所示。

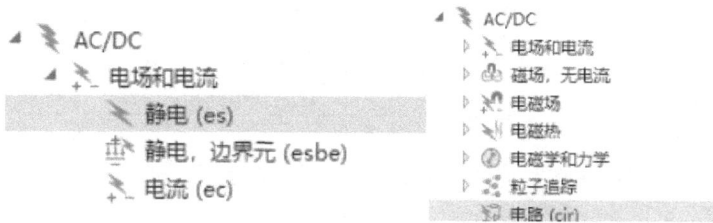

图 11-160 物理场操作界面

2.定义模型参数及坐标系

1)点击"模型开发器"→"全局定义"→点击"参数 1",输入几何参数,如图 11-162 所示。完成几何参数设置,设置示例如图 11-161 所示,完整参数组合如图 11-162 所示。

2)点击"模型开发器"→右击"全局定义"→"参数",输入物理参数,如图 11-163 所示。

图 11-161 部分参数示意图

设置
参数

标签：几何参数

▼ 参数

名称	表达式	值	描述
alpha	0[deg]	0 rad	换能器倾角
W	20[mm]	0.02 m	楔块宽度
H	10[mm]	0.01 m	楔块高度
L	12[mm]	0.012 m	楔块侧边长度
D	9[mm]	0.009 m	换能器宽度
H_pzt	1.55[mm]	0.00155 m	压电晶体的高度
H_match	0.56[mm]	5.6E-4 m	匹配层高度
W_ts	450[mm]	0.45 m	检测样品宽度
H_ts	5[mm]	0.005 m	检测样品高度
a	0.5[mm]	5E-4 m	
b	0.25[mm]	2.5E-4 m	

图 11-162　几何参数示意图

设置
参数

标签：物理参数

▼ 参数

名称	表达式	值	描述
f0	1.5[MHz]	1.5E6 Hz	信号中心频率
T0	1/f0	6.6667E-7 s	信号周期
cp_plast	2080[m/s]	2080 m/s	楔块中的纵波波速
cs_plast	1000[m/s]	1000 m/s	楔块中的横波波速
cp_pzt	4620[m/s]	4620 m/s	换能器中的纵波波速
cs_pzt	1750[m/s]	1750 m/s	换能器中的横波波速
cp_damp	1500[m/s]	1500 m/s	阻尼块中的纵波波速
cs_damp	775[m/s]	775 m/s	阻尼块中的横波波速
rho_damp	6580[kg/m^3]	6580 kg/m³	阻尼块密度
cp_match	3400[m/s]	3400 m/s	匹配层中的纵波波速
cs_match	1920[m/s]	1920 m/s	匹配层中的横波波速
rho_match	2280[kg/m^3]	2280 kg/m³	匹配层密度
E1	130.05[GPa]	1.3005E11 Pa	复合材料板弹性模量1
E2	11.55[GPa]	1.155E10 Pa	复合材料板弹性模量2
G	6[GPa]	6E9 Pa	复合材料板剪切模量
U12	0.312	0.312	泊松比
cp_T	3000[m/s]	3000 m/s	碳纤维的声波速度
rho_sam	1400[kg/m^3]	1400 kg/m³	复合材料板密度

名称：

图 11-163　物理参数示意图

3）点击"模型开发器"→右击"全局定义"→"函数"→"解析"→输入函数解析式→点击
上方"绘制"（ 绘制 ），获得函数图像。输入解析式和图 11-164 所示函数参数。

解析函数表达式：

$100 * \exp(-((t-2*T0)/(T0/2))^2) * \sin(2 * pi * f0 * t)$

4）点击"模型开发器"→"组件 1"→右击"定义"→"坐标系"→"基矢坐标系"，建立"换能
器局部坐标系"，如图 11-165 所示。

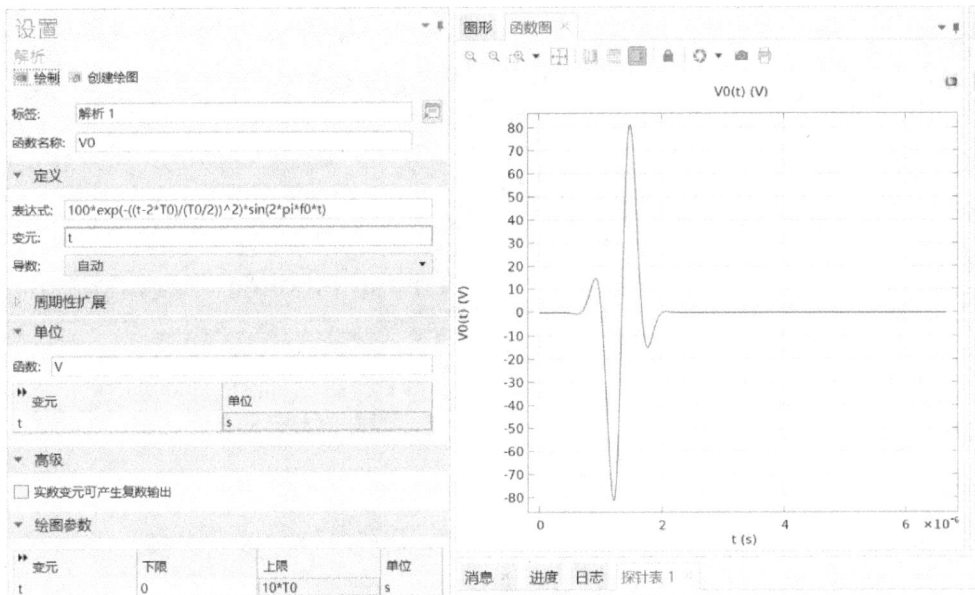

图 11-164　函数示意图

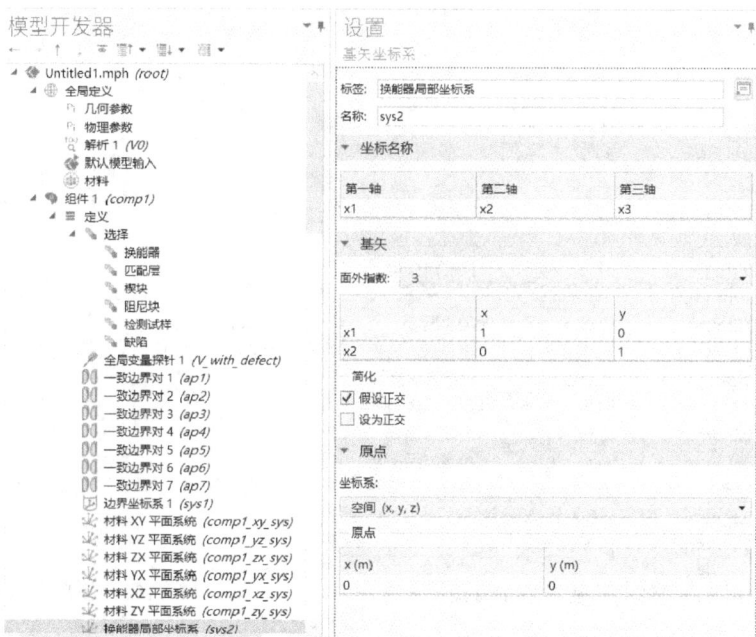

图 11-165 换能器局部坐标系操作界面

3.构建几何模型

1）点击"模型开发器"→"组件 1"→右击"几何 1"（ ◢ 🗺 几何1）→"矩形"
（ ▫ 矩形1 *(r1)* ）→在矩形设置窗口输入参数（见图 11-166）→点击"构建选定对象"
（ ▦ 构建选定对象 ▾ ），即可构建选定图形。

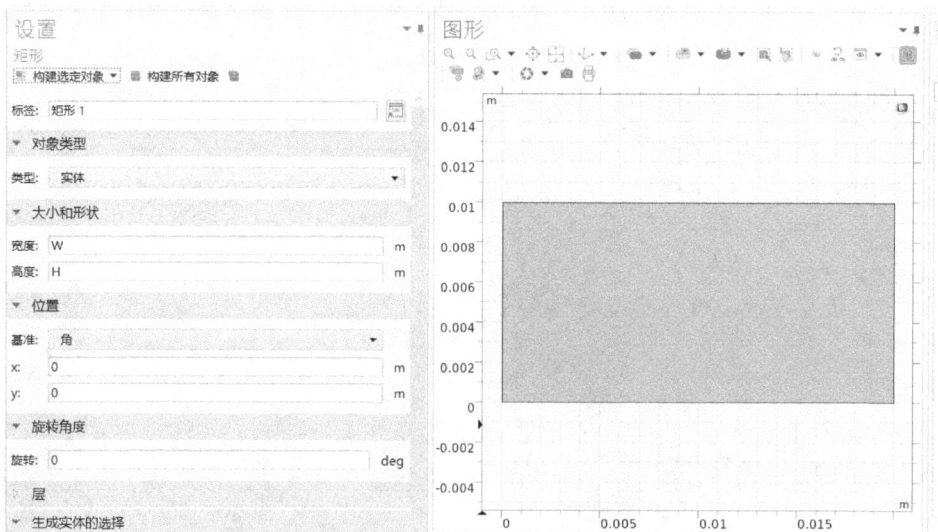

图 11-166 矩形1操作界面

2)重复 1),生成矩形 2 和矩形 3(矩形 2 (r2) 矩形 3 (r3)),参数如图 11-167、图 11-168 所示。(矩形 2 需要分层即进行层设置。)

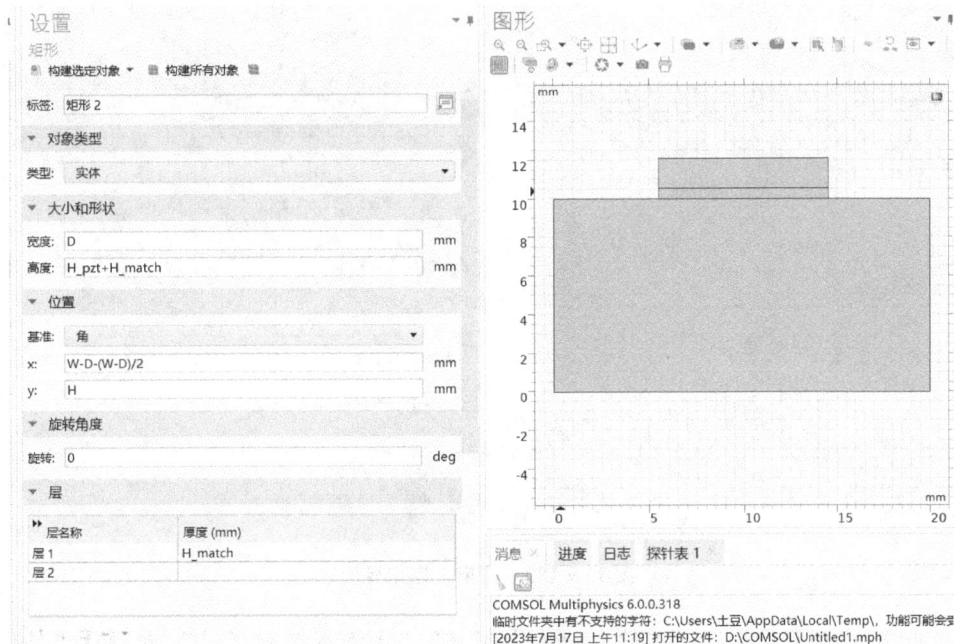

图 11-167　矩形 2 操作界面

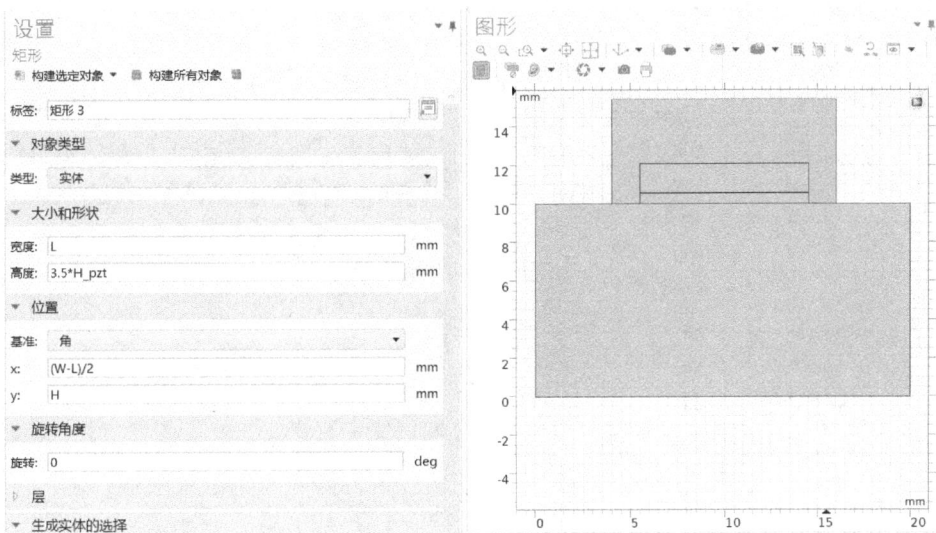

图 11-168　矩形 3 操作界面

3)点击"模型开发器"→"组件 1"→右击"几何 1"→"布尔操作和分割"→"差集"(差集)"要添加的对象"为矩形"r3","要减去的对象"为矩形"r2",如图 11-169 所示。(勾选保留要减去的对象。)

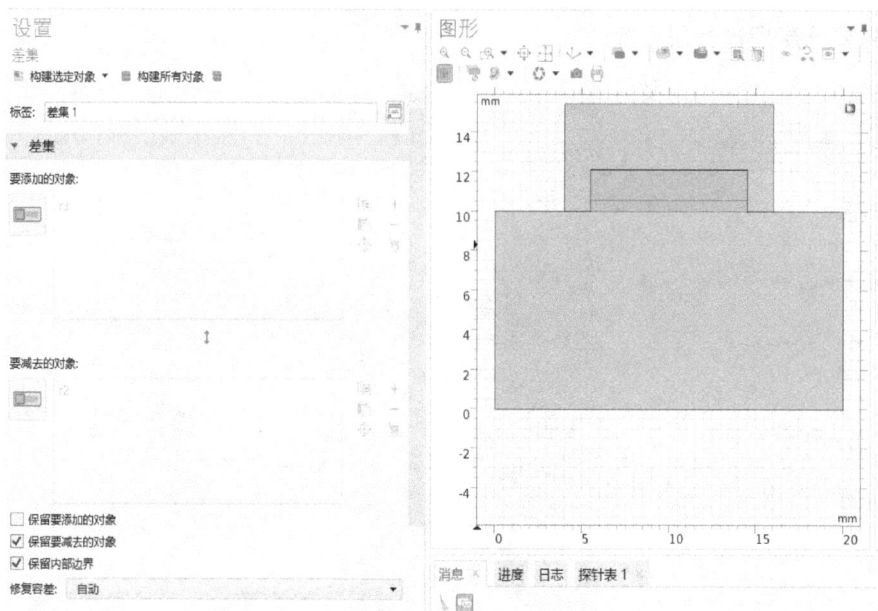

图 11-169　差集 1 操作界面

4）点击"模型开发器"→"组件 1"→右击"几何 1"→"转换"→"拆分"（✏ 拆分），输入对象为"矩形 2"，如图 11-170、图 11-171 所示。

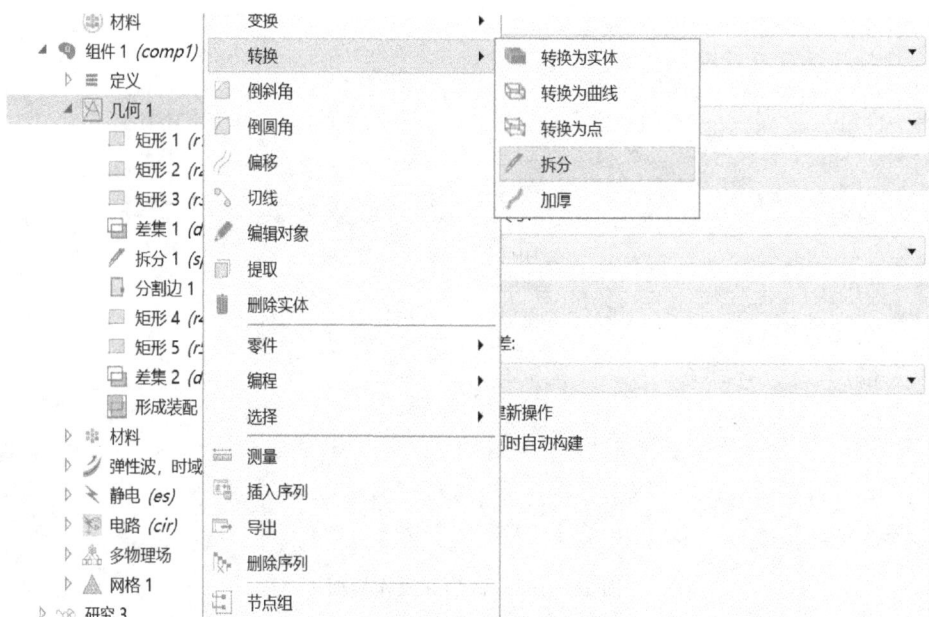

图 11-170　拆分位置示意图

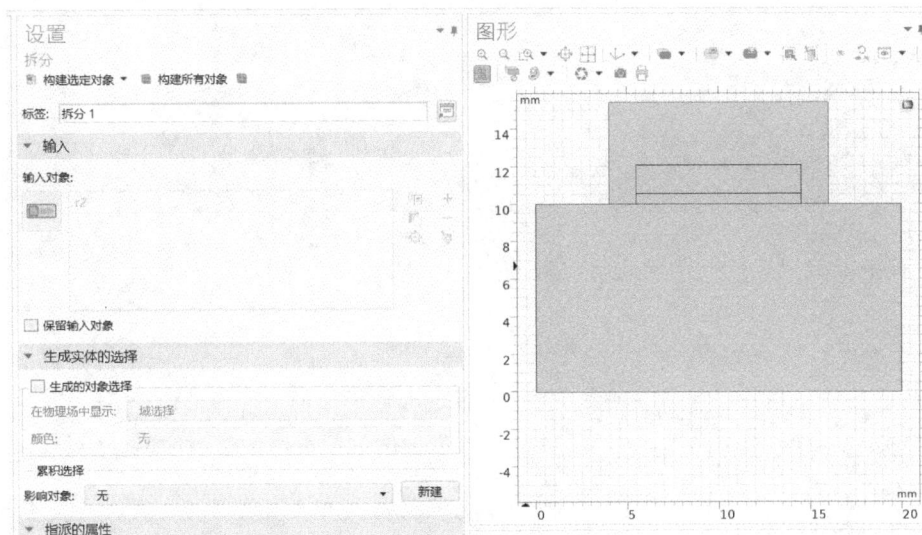

图 11-171　拆分操作界面

5) 点击"模型开发器"→"组件 1"→右击"几何 1"→"布尔操作和分割"→"分割边",要分割的边为 r1|3,"明细类型"选择"顶点投影",要投影的点选择"dif1|1""dif1|9""spl1(1)|1""spl1(1)|3",如图 11-172 所示。

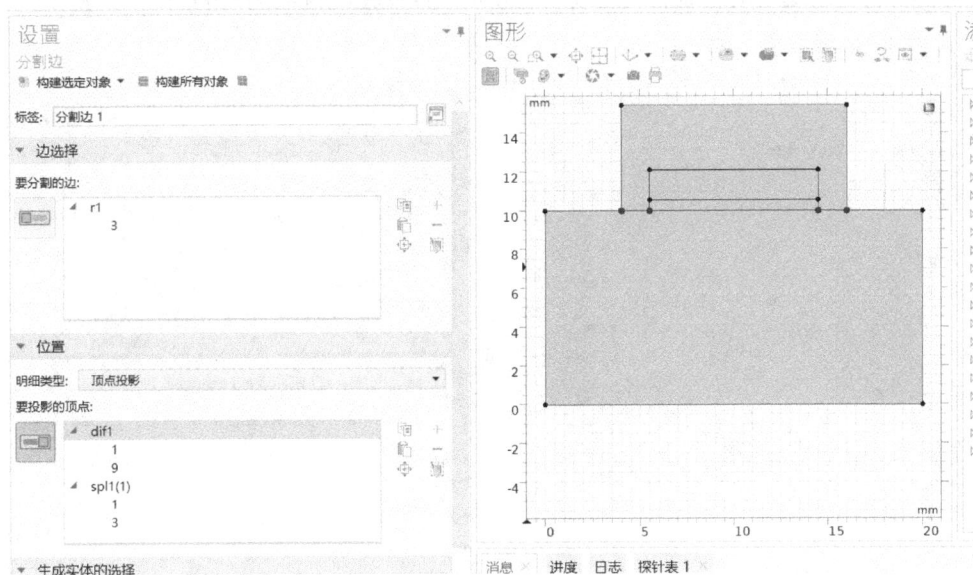

图 11-172　分割边操作界面

6) 按图 11-173 所示参数设置,建立矩形 4、矩形 5。

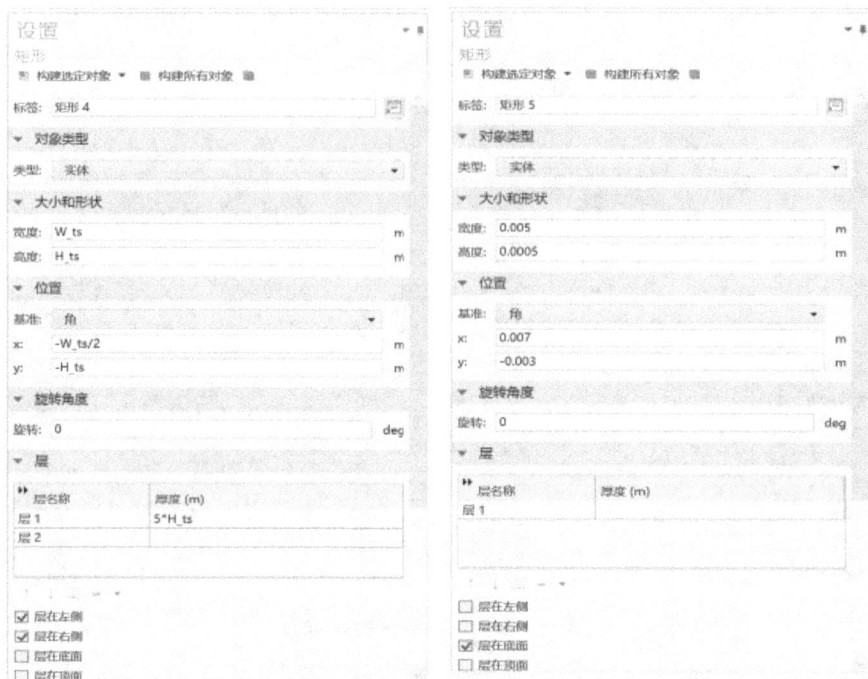

图 11-173　矩形 4 和矩形 5 操作界面

7）点击"模型开发器"→"组件 1"→右击"几何 1"→"布尔操作和分割"→"差集"（▢ 差集）（创建差集 2 要添加的对象为"矩形 4"，要减去的对象为"矩形 5"，如图 11-174所示）→点击"构建选定对象"。

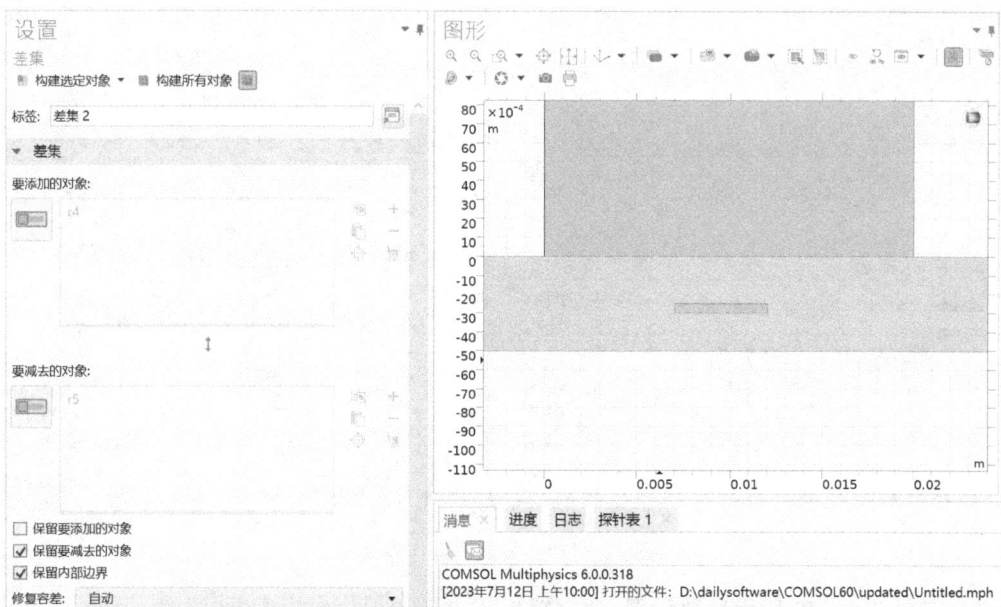

图 11-174　差集 2 操作界面

8）点击"模型开发器"→"组件 1"→"几何 1"→"形成联合体"→在设置窗口中，"动作"
选择"形成装配"→勾选"创建压印"→点击"构建选定对象"（ ▦ 构建选定对象 ▾ ）。具体设置
如图 11-175 所示。

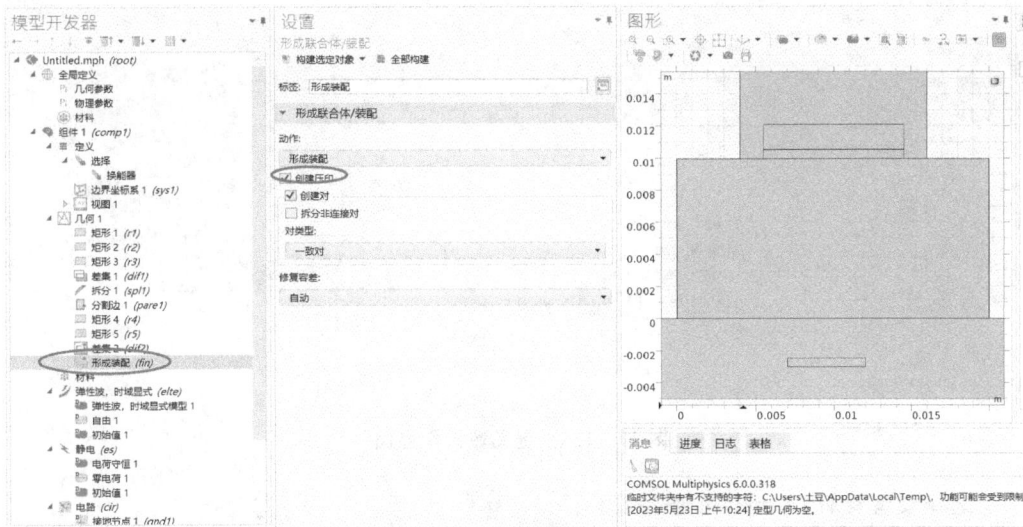

图 11-175　装配体示意图

9）点击"模型开发器"→"组件 1"→右击"定义"→选择"吸收层"（ ⬠ 吸收层 1 (ab1) ），
如图 11-176 所示。

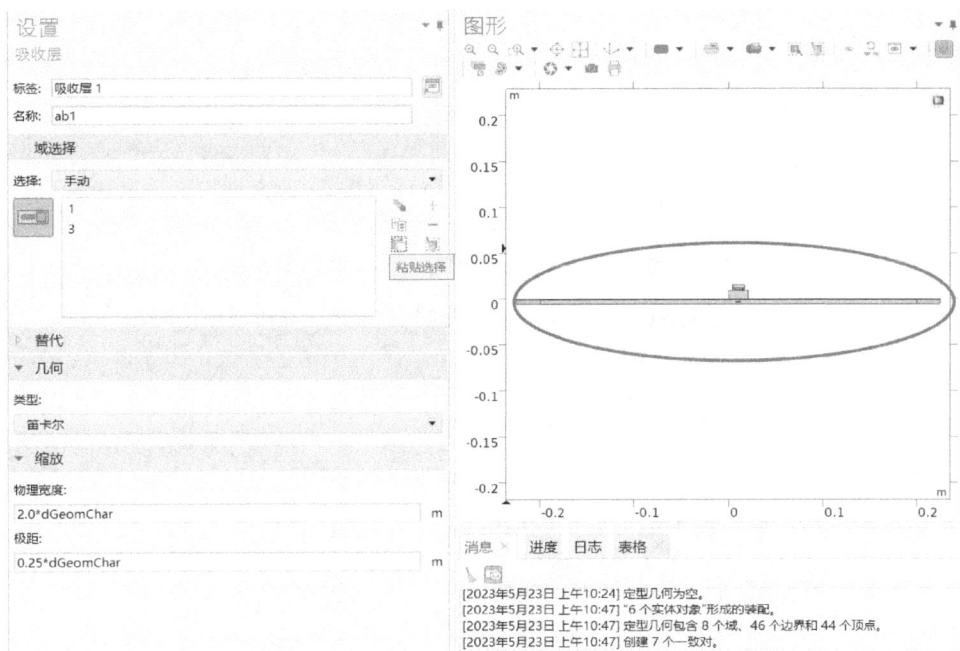

图 11-176　吸收层操作界面

10）点击"模型开发器"→"组件 1"→右击"定义"→"选择"→"显式"，依次定义域 7 为"换能器"，域 6 为"匹配层"，域 4 为"楔块"，域 5 为"阻尼块"，域 1、2、3 为检测试样，域 8 为缺陷，如图 11-177 所示。

图 11-177　定义域操作界面

4.选择模型材料、添加边界条件

1）点击"模型开发器"→"组件 1"→"弹性波,时域显式(elte)"→"弹性波,时域显式模型"（█ 弹性波, 时域显式模型），其中,在线弹性材料定义模块中"固体模型"选择"各向同性","指定"为"压力波和剪切波速度",如图 11-178 所示。

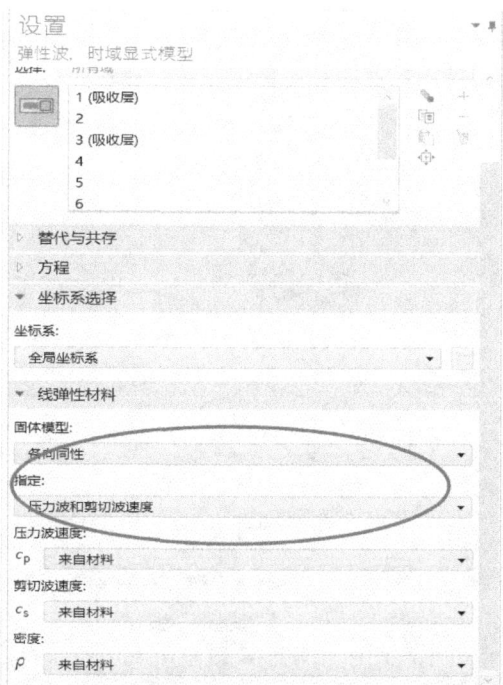

图 11-178　弹性波时域模型操作界面

2）点击"模型开发器"→"组件 1"→右击"弹性波，时域显式（elte）"→"弹性波，时域显式模型"，在"弹性波，时域显式模型 2"中替代原 1、2、3 域"固体模型"各向同性为"正交各向异性"，如图 11 - 179 所示。

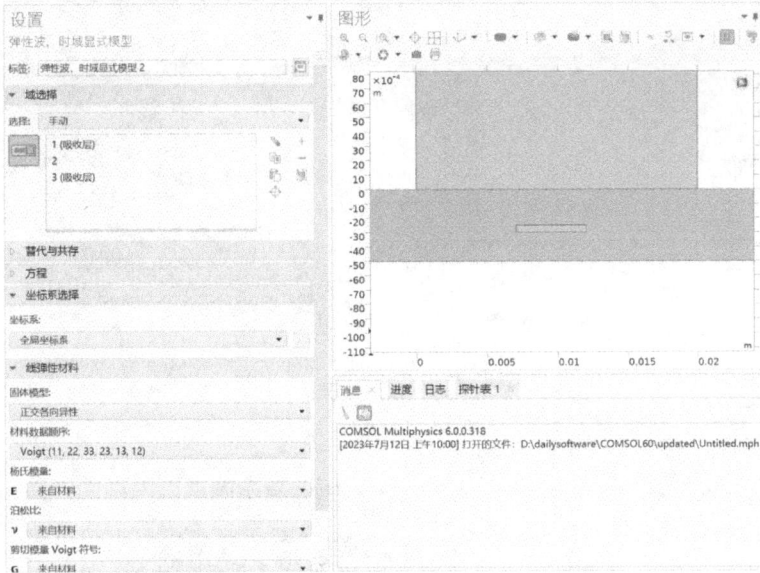

图 11 - 179　弹性波时域模型 2 操作界面

3）点击"模型开发器"→"组件 1"→右击"弹性波，时域显式（elte）"→"压电材料"→选择"换能器"，坐标系选择"换能器局部坐标系"，如图 11 - 180 所示。

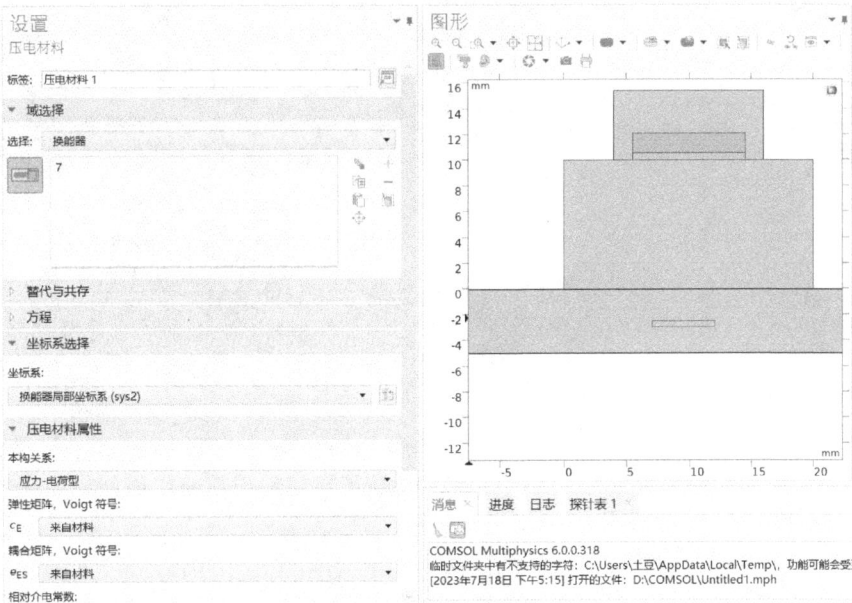

图 11 - 180　压电材料操作界面

4）点击"模型开发器"→"组件1"→右击"弹性波，时域显示（elte）"→"低反射边界"（ 低反射边界 ），在设置窗口，选择边界1、16、27，如图11-181所示。

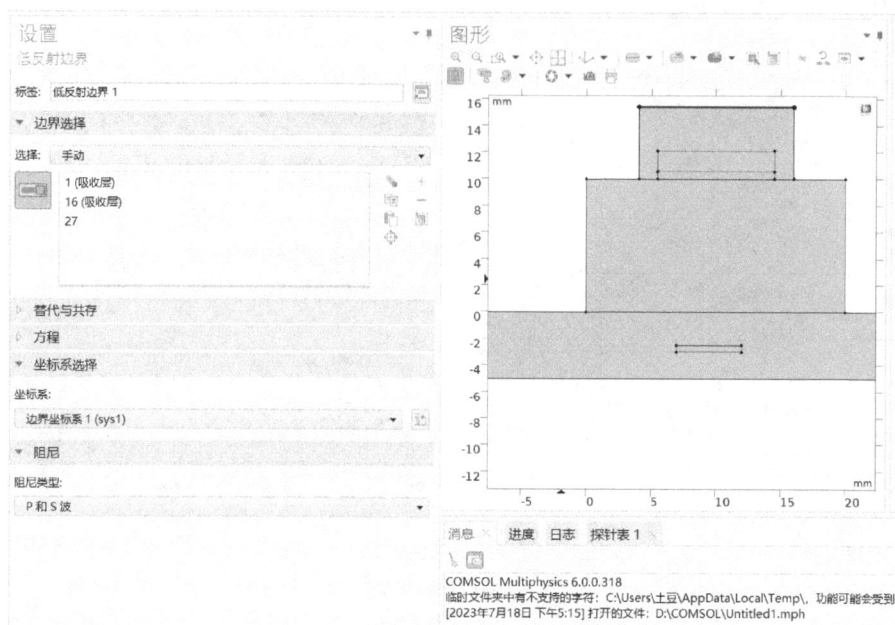

图 11-181　低反射边界操作界面

5）点击"模型开发器"→"组件1"→"弹性波，时域显示（elte）"→右击"弹性波，时域显示模型1→"阻尼"，在"阻尼1"的设置窗口中，将域选择为"匹配层"，然后输入参数，如图11-182所示。

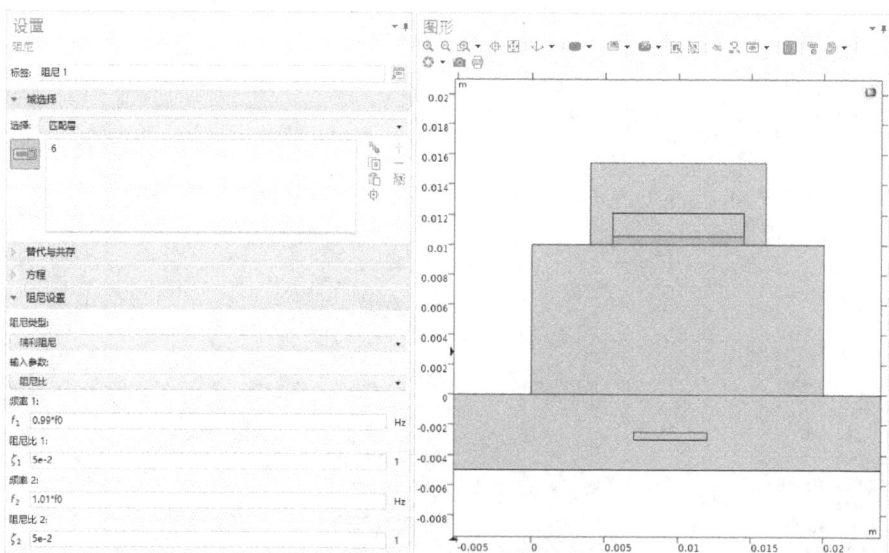

图 11-182　匹配层阻尼操作界面

6）按照步骤 5）同样的操作,分别添加阻尼 2、3、4,参数设置如图 11-183 所示。

图 11-183　阻尼块、楔块和缺陷阻尼操作界面

7）点击"模型开发器"→"组件 1"→"弹性波,时域显示(elte)"→右击"压电材料"→选择"机械阻尼",在其设置窗口中选择阻尼类型为"瑞利阻尼",输入参数,如图 11-184 所示

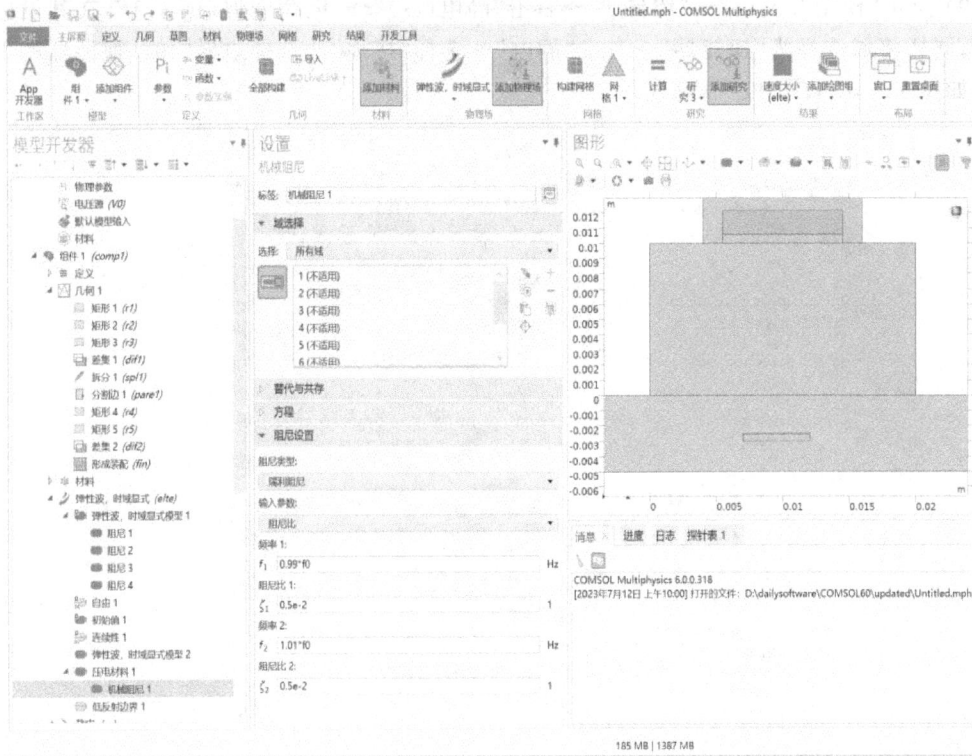

图 11-184　机械阻尼操作界面

8）点击"模型开发器"→"组件 1"→"静电(es)",在其设置窗口将域选择为"换能器",如

图 11 - 185 所示。

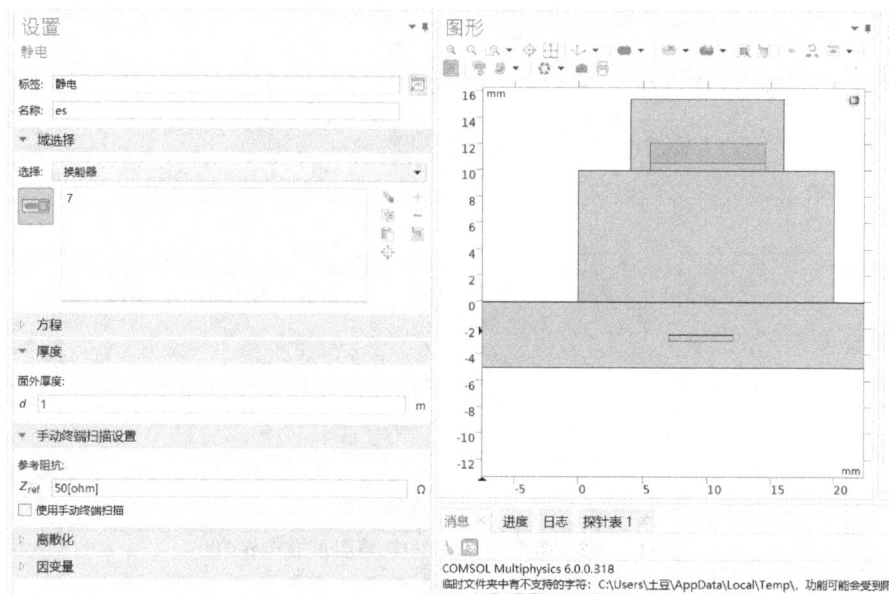

图 11 - 185　静电操作界面

9）点击"模型开发器"→"组件 1"→右击"静电（es）"→"电荷守恒，压电 1"，在其设置窗口中，同样将域选择为"换能器"→右击"静电"→选择"接地"→选择边界"40"（换能器的下边界），如图 11 - 186、图 11 - 187 所示。

图 11 - 186　"电荷守恒，压电"操作界面

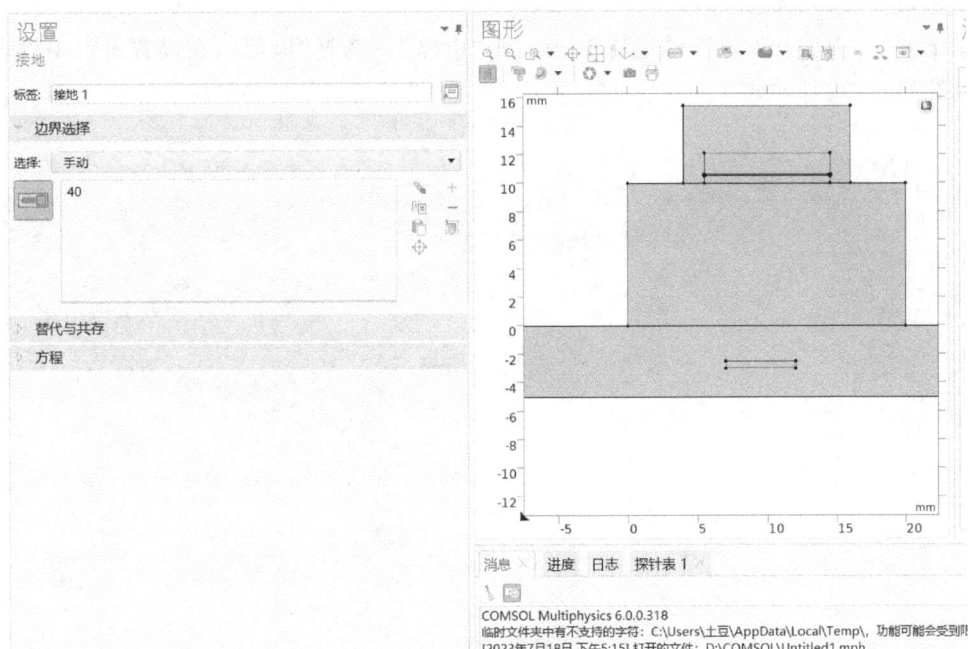

图 11 - 187　接地操作界面

10）点击"模型开发器"→"组件 1"→右击"静电（es）"→选择"终端"，然后在设置窗口中选择边界"41"（换能器的上边界），最后将"终端类型"选择为"电路"，如图 11 - 188 所示。

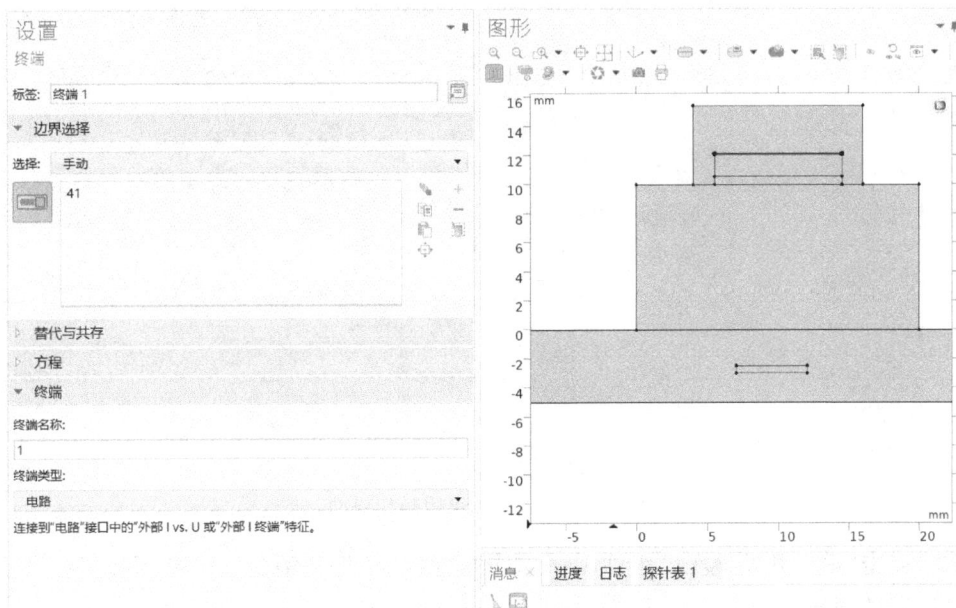

图 11 - 188　终端操作界面

11）点击"模型开发器"→"组件 1"→右击"电路"→"电压源"，在其设置窗口中输入参数,如图 11 - 189 所示。

12）点击"模型开发器"→"组件 1"→右击"电路"→选择"电阻"，在设置窗口中输入参数,如图 11 - 190 所示。

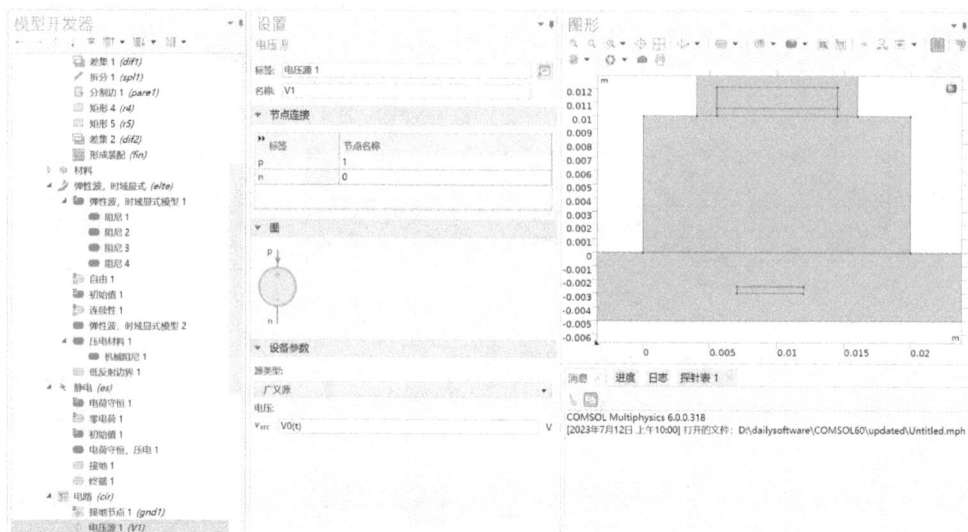

图 11 - 189　电压源操作界面

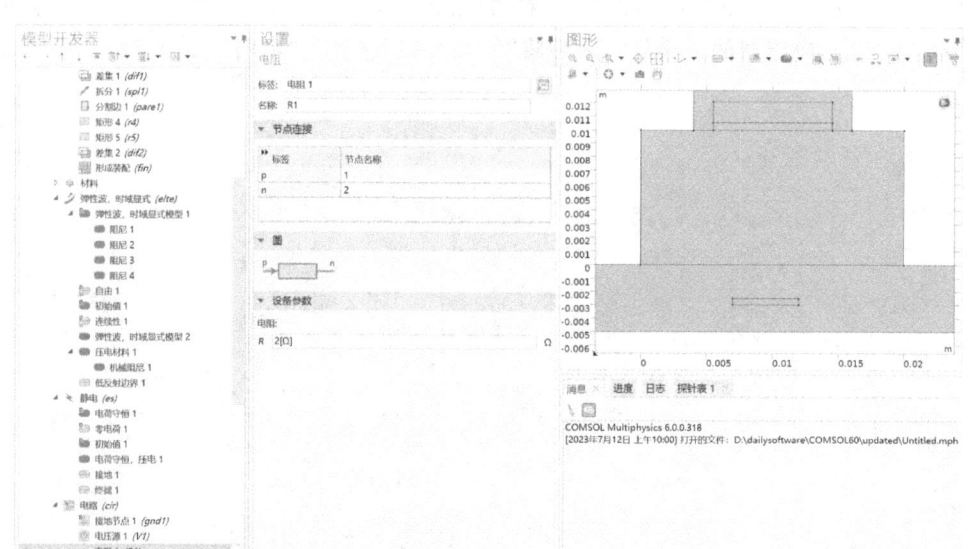

图 11 - 190　电路电阻操作界面

13）点击"模型开发器"→"组件 1"→右击"电路"→"外部耦合"→"外部|终端 1"，设置如图 11 - 191 所示。

14）点击"模型开发器"→右击"组件 1"→"添加多物理场"→右击"多物理场"→选择"压电效应,时域显示"，如图 11 - 192 所示。

15）点击"模型开发器"→"组件 1"→右击"定义""探针"→"全局变量探针"，在设置窗口中的"变量名称"一栏输入"V_with_defect",然后点击表达式标签栏最右侧的"替换表达式图标",选择"组件 1"→"静电"→"终端"→"终端电压"→勾选"描述",其他设置如图 11 - 193 所示。

图 11 - 191　电路终端操作界面

图 11 - 192　多物理场添加示意图

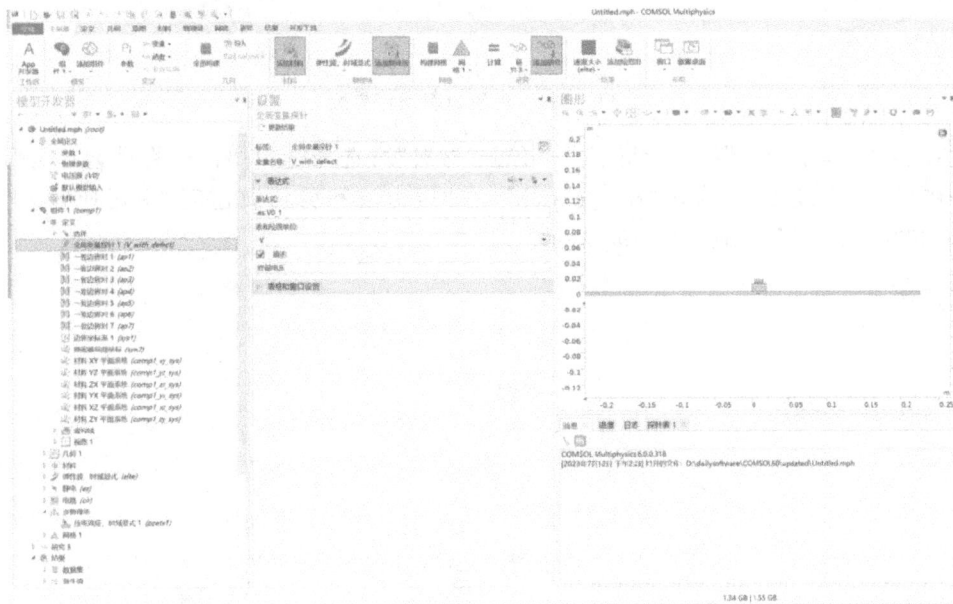

图 11 - 193　全局变量探针操作界面

16) 点击"模型开发器"→"组件 1"→右击"材料"→选择"从库中添加材料"→点击展开"内置材料"→双击添加"Acrylic plastic"→选择域为"楔块",如图 11 - 194(a)所示。

17) 模型开发器"→"组件 1"→右击"材料"→选择"从库中添加材料"→点击展开"内置

材料"→双击添加"Lead Zirconate Titanate（PZT－5H)"→选择域为"换能器"，如图11－194(b)所示。

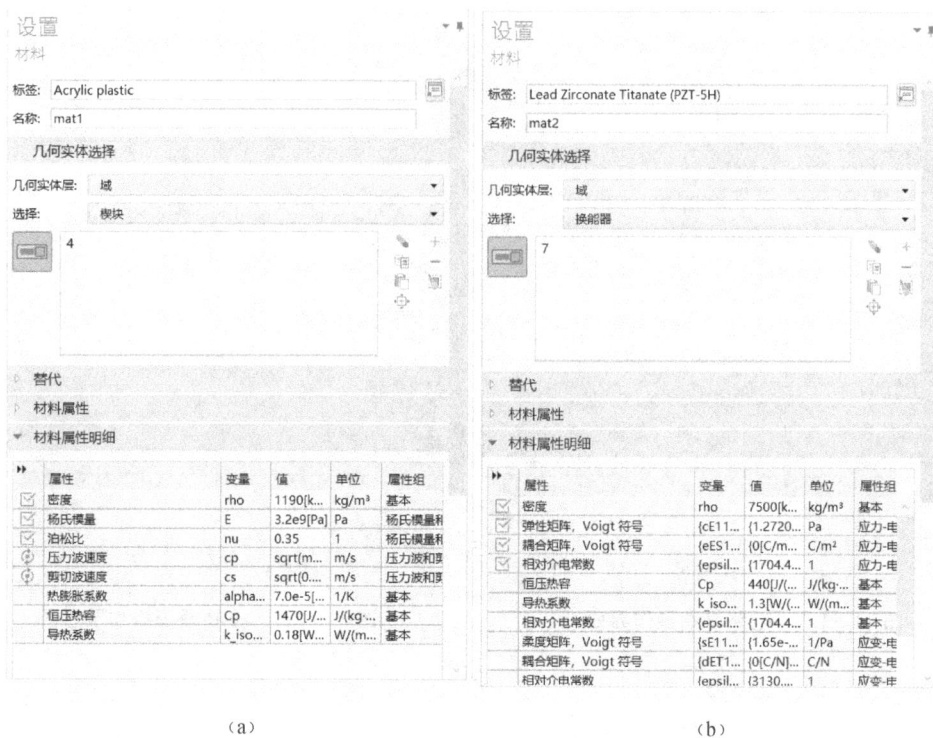

(a)   (b)

图11－194　内置材料操作界面

18）点击"模型开发器"→"组件1"→右击"材料"→选择"空材料"→将域选择为"匹配层"→在密度的表达式中输入"rho_match"，在"压力波和剪切波速度"中对应输入"cp_match"和"cs_match"，如图11－195所示。

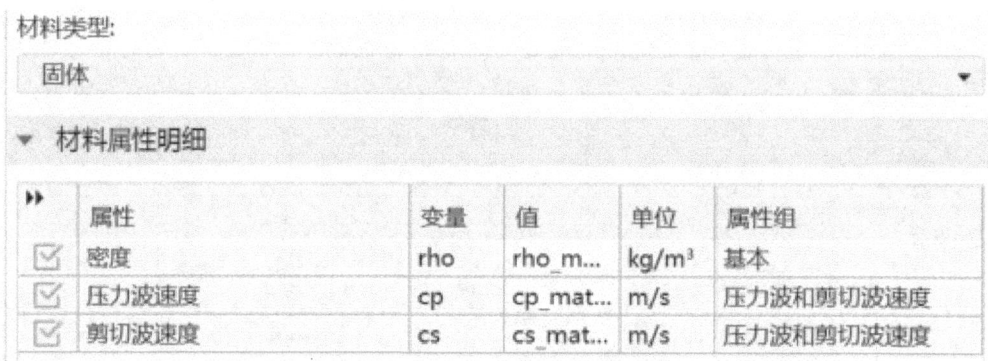

图11－195　匹配层材料参数示意图

19）点击"模型开发器"→"组件1"→右击"材料"→选择"空材料"→将域选择为"阻尼块"→在密度的表达式中输入"rho_damp"，"压力波和剪切波速度"中对应的输入"cp_damp"和"cs_damp"，如图11－196所示。

20）点击"模型开发器"→"组件 1"→右击"材料"→选择"从库中添加材料"→点击展开"内置材料"→双击添加"Air"→选择域为"缺陷"，在材料属性明细中压力波速度和剪切波速度输入参数都为 343，如图 11-196 所示。

21）点击"模型开发器"→"组件 1"→右击"材料"→选择"空材料"→将域选择为"检测试样"→输入参数如图 11-197 所示，输入参数为："密度：rho_sample""剪切模量 Voigt：G,G,G""杨氏模量：E1,E2,E2""泊松比：U11,U11,U11""压力波速度：343""剪切速度：343"。

图 11-196　阻尼块和缺陷材料操作界面

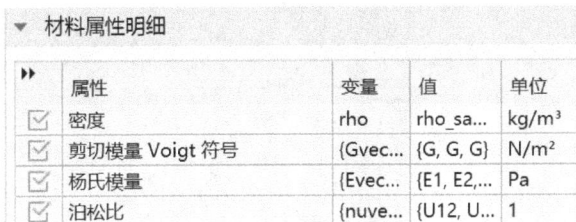

图 11-197　复合板参数示意图

5.划分网格

1）点击"模型开发器"→"组件 1"→右击"网格 1"→选择"映射"→在"映射 1"的设置窗口中，选择"几何实体层"为"域"→将域手动选择为域"6""7"（换能器和匹配层），如图 11-198 所示。

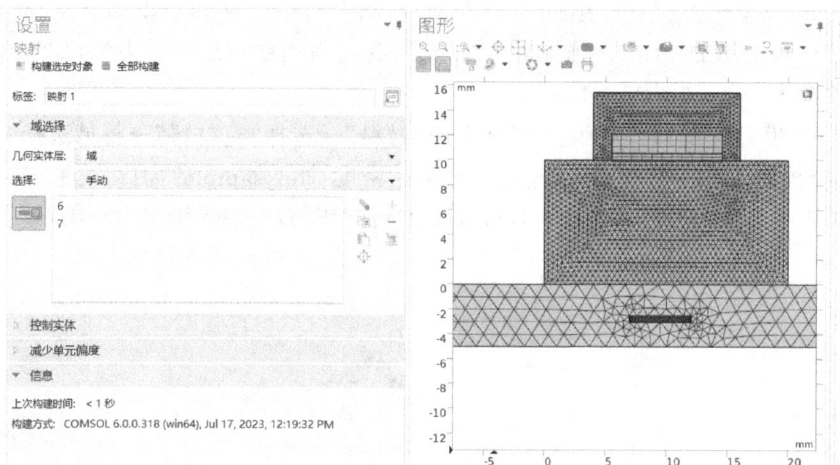

图 11-198　映射操作界面

2）点击"模型开发器"→"组件 1"→"网格 1"→右击"映射 1"→"分布"→设置窗口仅选择边界"42"→将"分布类型"选择为"固定单元数"→将固定单元数设置为"3"→再次右击"映射 1"→选择"分布"→选择边界"38"→固定单元数设置为"2"，如图 11-199 所示。

3）点击"模型开发器"→"组件 1"→"网格 1"→右击"映射 1"→"大小"→设置窗口中选择"几何实体层"为"域"→将域手动选择为换能器"域 7"→点击"定制"→将"最大单元大小"设置为"cs_pzt/f0/1.5"→再次右击"映射 1"→"大小"→选择域为"匹配层"→将"最大单元大小"设置为"cs_match/f0/1.5"，如图 11-200 所示。

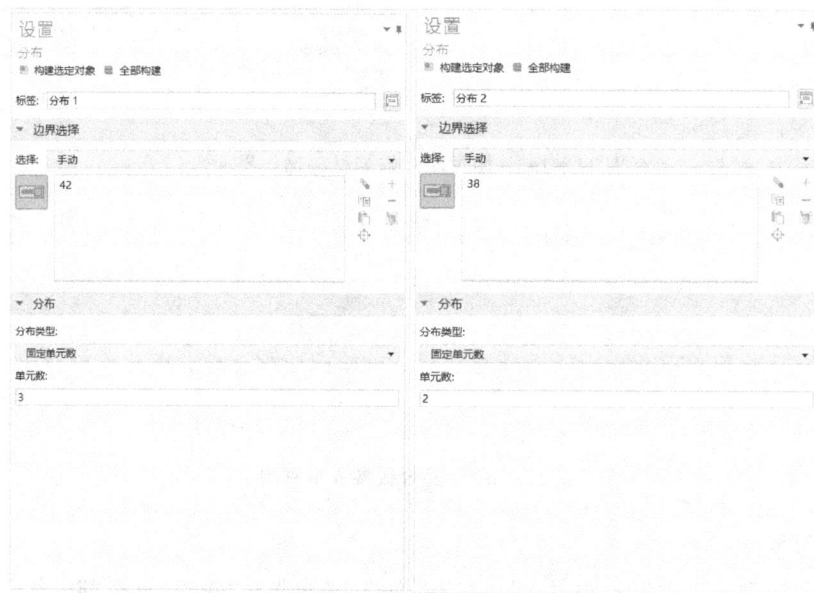

图 11-199　映射分布操作界面

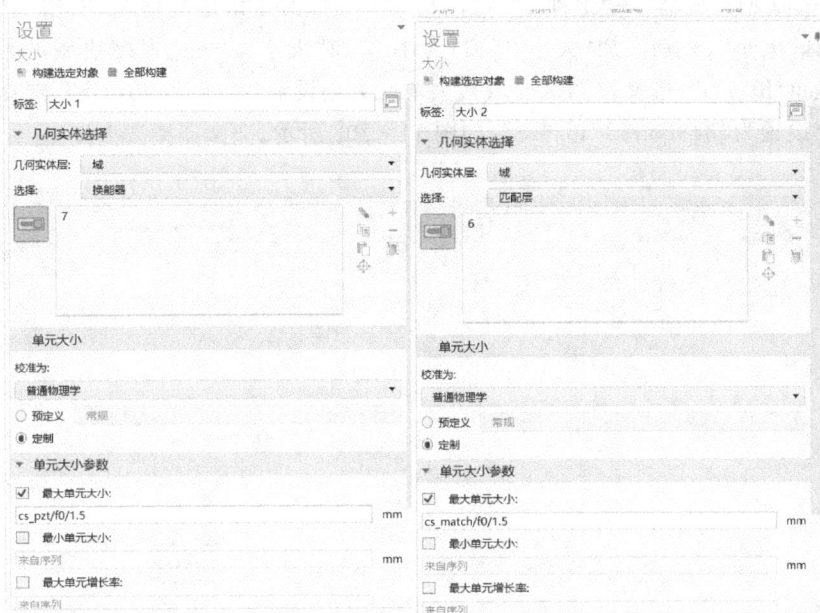

图 11-200　映射大小操作界面

4）点击"模型开发器"→"组件 1"→右击"网格 1"→"自由三角形网格"→右击"自由三角形网格"→选择"大小"→在"大小 1"的设置窗口中选择域为阻尼块→选择定制→设置最大单元大小为"cs_damp/f0/1.5"。如图 11-201 所示。

图 11-201　阻尼块自由三角形网格大小操作界面

5）点击"模型开发器"→"组件 1"→"网格 1"→"自由三角形网格"→右击"自由三角形网格"→选择"大小"，分别添加"大小 2"和"大小 3"和"大小 4"→选择楔块域最大单元大小设为"cs_plast/f0/1.5"，选择检测试样域最大单元大小设置为"cp_T/f0/1.5"，选择缺陷域最大单元大小设置为"343(m/s)/f0/1.5"，如图 11 - 202 所示。

图 11 - 202　其余自由三角形网格大小操作界面

6）最后点击"网格 1"，选择"全部构建"（ 🔳 全部构建 ），划分的网格属性如图 11 - 203 所示。

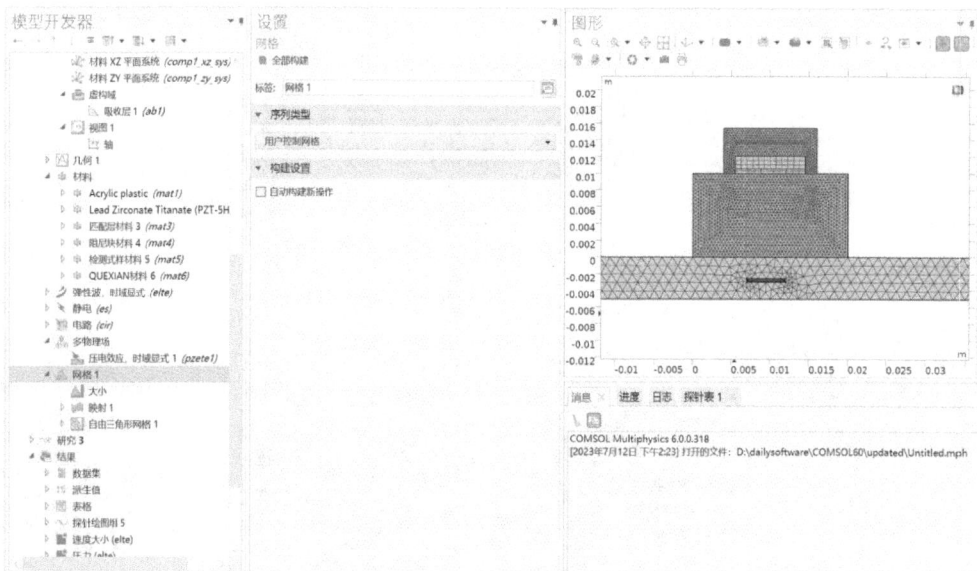

图 11 - 203　网格构建示意图

6.模型计算

1)在"主屏幕"中点击"添加研究"( ),接着点击展开"一般研究"(◢ ⬨⬨ 一般研究)→
双击选择"瞬态"(⬨ 瞬态)。

2)在瞬态的设置窗口中→选择"输出时步"→删除原有设置并输入"range(0，T0/5，
50 * T0)"。如图 11 - 204 所示。

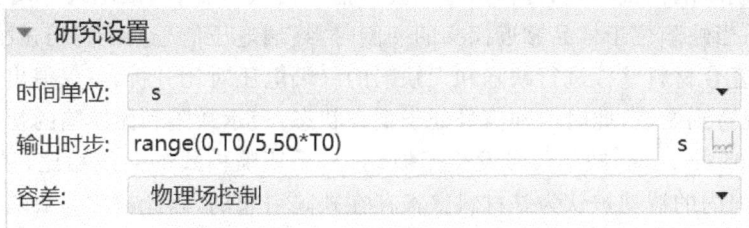

图 11 - 204　输出时步示意图

3)单击"计算"(= 计算)。

4)右键单击"导出"(📦 导出)→选择动画→播放器→设置窗口中下拉选项→选择"速
度大小"→点击"显示帧"(显示帧)即在右侧图形窗口播放速度传播的动画,如图
11 - 205所示。

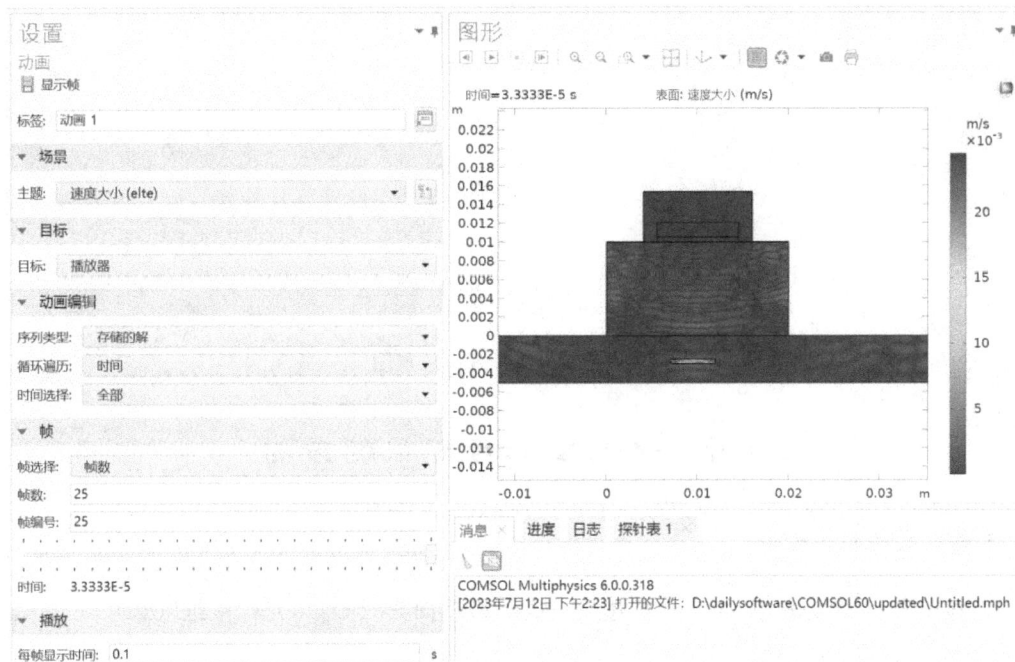

图 11 - 205　动画播放示意图

7.结果分析

1)视频显示了复合材料中声波传播速度的分布情况。可以看到,在材料的不同区域,声波传播速度存在差异。缺陷的分布会导致速度的变化,这在图中以不同的颜色表示出来。通过观察图中的色彩变化,可以初步了解材料中的缺陷区域。通过 COMSOL 平台上的直探头半波法对金属内部缺陷进行超声无损检测仿真设计,能够模拟不同缺陷尺寸和位置下的超声波传播速度和终端电压信号(见图 11-206)。根据结果分析,可以得出以下结论:当缺陷尺寸增大或缺陷位置靠近表面时,超声波传播速度会降低;当缺陷尺寸增大时,终端电压信号会减小;当缺陷位于样品靠近探头的一侧时,终端电压信号会受到明显的影响。

2)通过对复合材料壁板进行缺陷和无缺陷的终端电压对比分析,可以得出以下结论:在 20 μm 之前,观察到始波,此时两种信号处于重合状态,表示缺陷和无缺陷的初始状态相似。然而,在 24~30 μm 之间,缺陷信号发生了波动,与无缺陷模式的曲线相比,呈现出明显的差异。这段时间内的波动被认为是材料壁板存在缺陷引起的,因此被称为缺陷波。最后,观察到尾波,表示缺陷信号的结束阶段。这种对比分析方法常用于评估复合材料结构的完整性和质量,特别是在非破坏性测试中。通过检测终端电压的波形和特征变化,可以识别出材料壁板中的缺陷,并进一步评估其类型、位置和严重程度,有助于及早发现和解决潜在的问题,提高产品的质量和安全性。此外,该分析方法还可以与其他非破坏性测试技术相结合,以获取更全面的材料缺陷信息,增强对复合材料壁板的评估能力。

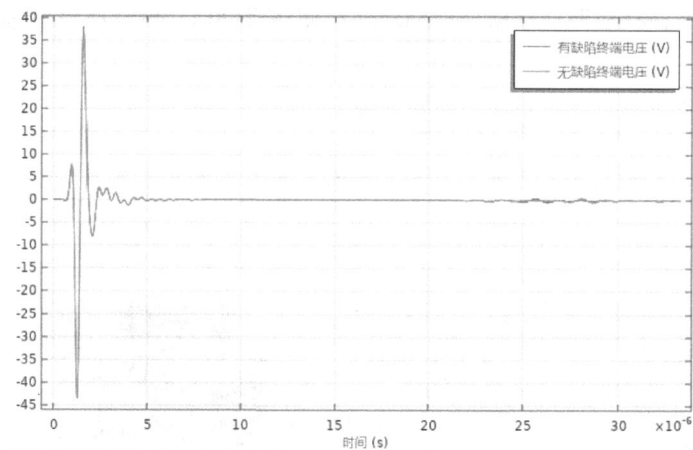

图 11-206 终端电压示意图

11.6 涡流在不对称板的分布

1.创建文件和物理场

1)在工具栏中点击"文件"→"新建"→选择"模型向导"(模型向导)→"三维"( )。

2)点击"选择物理场"→"AC/DC"→"电磁场"→"磁场(mf)"→单击"添加"→点击"研究"→选择"空研究"→点击"完成"。

2.定义几何

1) 点击"模型开发器"→"组件 1"→右击"几何 1"→选择"长方体",重复此步骤,建立两个长方体,如图 11-207、图 11-208 所示。(注意图中画框标记处参数的单位。)

图 11-207　长方体 1 建模操作界面　　　图 11-208　长方体 2 建模操作界面

2) 点击"模型开发器"→"组件 1"→右击"几何 1"→"布尔操作和分割"→"差集"→"差集 1"的设置窗口中选择长方体 1 作为"要添加的对象"→把长方体 2 设置为"要减去的对象",如图 11-209 所示。

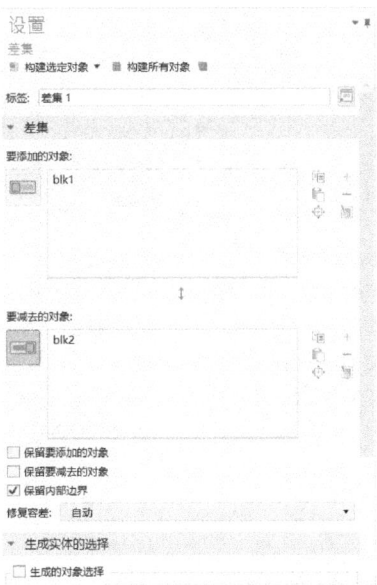

图 11-209　三维差集操作界面

3) 点击"模型开发器"→"组件 1"→右击"几何 1"→选择"工作平面",输入参数,如图 11-210所示。(注意图中画框标记处参数的单位。)

图 11-210　工作平面操作界面

4）点击"模型开发器"→"组件 1"→"几何 1"→"工作平面"→右击"平面几何"，建立两个正方形，输入参数，如图 11-211、图 11-212 所示。（注意标记处参数的单位。）

图 11-211　正方形 1 操作界面　　　　图 11-212　正方形 2 操作界面

5）点击"模型开发器"→"组件 1"→"几何 1"→"工作平面"→右击"平面几何"→"布尔

操作和分割"→"差集"→设置窗口中选择正方形 1 作为"要添加的对象"→把正方形 2 设置为"要减去的对象",如图 11 - 213 所示。

6)点击"模型开发器"→"组件 1"→"几何 1"→"工作平面"→右击"平面几何"→选择"倒圆角",倒两个圆角,如图 11 - 214、图 11 - 215 所示。

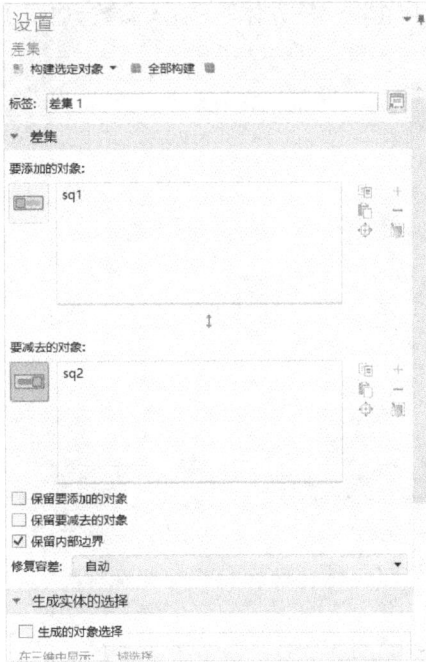

图 11 - 213　二维差集操作界面

图 11 - 214　倒圆角 1 操作界面

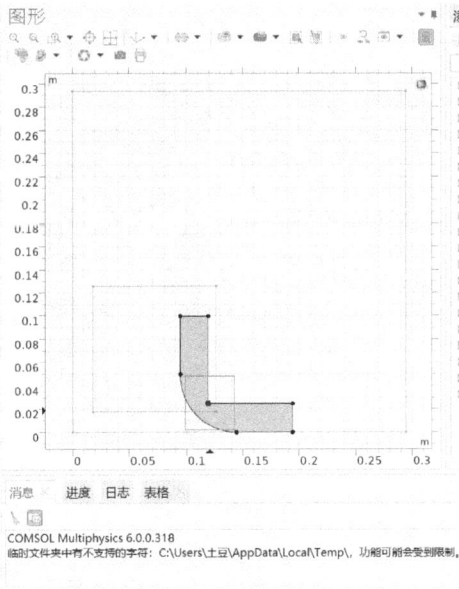

图 11 - 215　倒圆角 2 操作界面

7）点击"模型开发器"→"组件1"→"几何1"→"工作平面"→右击"平面几何"→"变换"→"旋转"，具体设定如图11-216所示。

8）点击"模型开发器"→"组件1"→右击"几何1"→"拉伸"→输入参数，如图11-217所示。

9）点击"模型开发器"→"组件1"→右击"几何1"→"长方体"→输入参数，如图11-218所示。

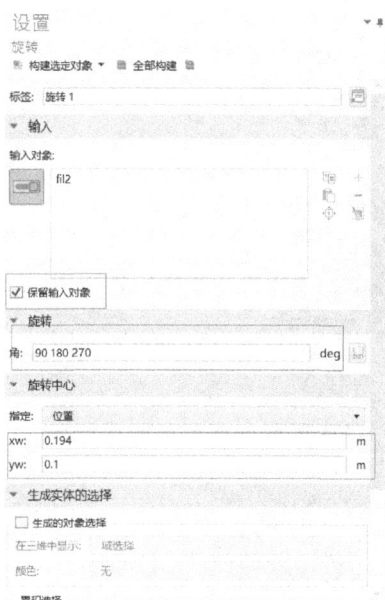

图11-216　旋转操作界面

图11-217　拉伸操作界面

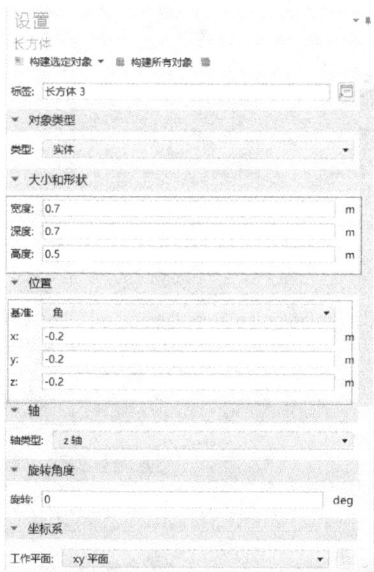

图11-218　长方体3操作界面

10) 在几何工具栏中单击"全部构建"(　■　全部构建)。

11) 对构建的集合体进行透明化处理,如图 11 - 219 所示。

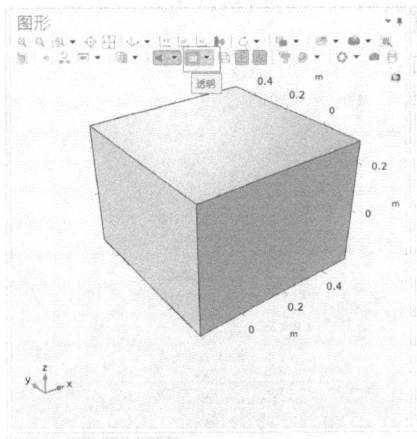

图 11 - 219　透明化处理示意图

12) 点击"模型开发器"→"组件 1"→"几何 1"→单击"差集 1(dif1)"。在差集的设置窗口中,在标签文本框中键入"导体",并检查设置,如图 11 - 220 所示。

13) 点击"模型开发器"→"组件 1"→"几何 1"→单击"拉伸 1(ext1)"。在拉伸的设置窗口中,在标签文本框中键入"线圈",并检查设置,如图 11 - 221 所示。

图 11 - 220　导体命名界面

图 11 - 221　线圈命名界面

3.定义物理场

1) 点击"模型开发器"→"组件1"→右击"磁场(mf)"→"按空间维度分组"。在图形工具栏中单击 ⊹ 按钮,缩放到窗口大小,如图11-222所示。

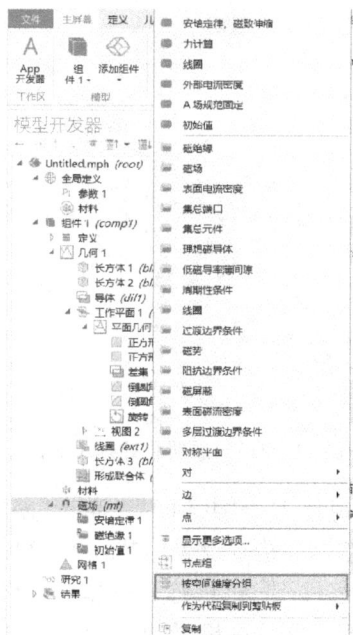

图11-222 空间维度分布示意图

2) 点击"模型开发器"→"组件1"→右击"磁场(mf)"→"域"→"线圈",在线圈的设置窗口中,先定位到"域选择栏",从选择列表中手动选择"3""4""5""6"。再定位到"线圈栏",从"导线模型"列表中选择"均匀多匝",从"线圈类型"列表中选择数值,最后定位到"均匀多匝导线栏",在"N"文本框中键入"2742",如图11-223所示。

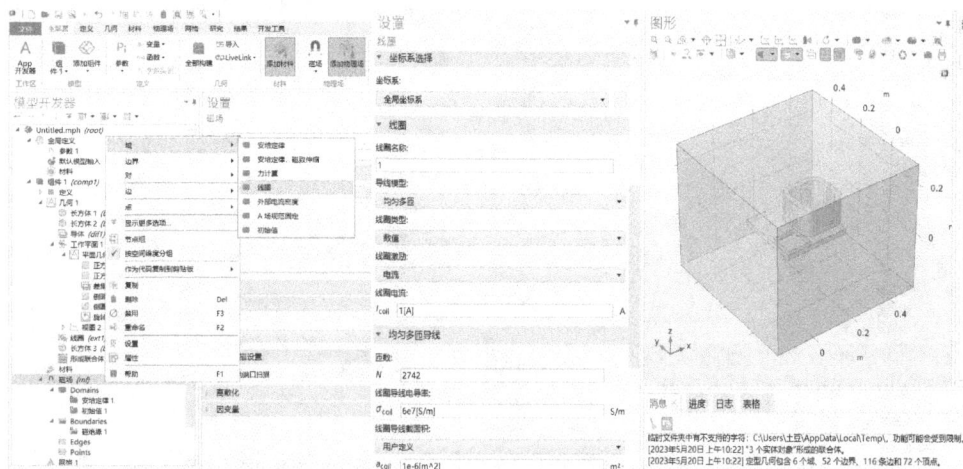

图11-223 线圈操作界面

3）点击"模型开发器"→"组件 1"→"磁场（mf)"→"域"→"线圈"→"几何分析 1"→"输入 1"，选择边界"37"，如图 11 - 224 所示。

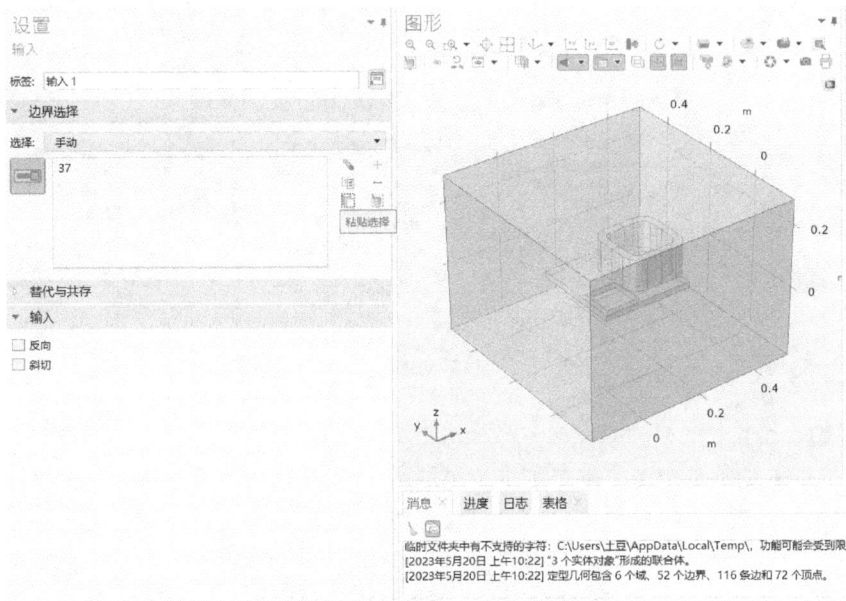

图 11 - 224　输入操作界面

4.定义材料

1）在主屏幕工具栏中，单击"添加材料"以打开添加材料窗口，在模型树选择"内置材料"→"Air"，单击窗口工具栏中的"添加到组件"，将电导率改为"1 S/m"，如图 11 - 225、图 11 - 226 所示。

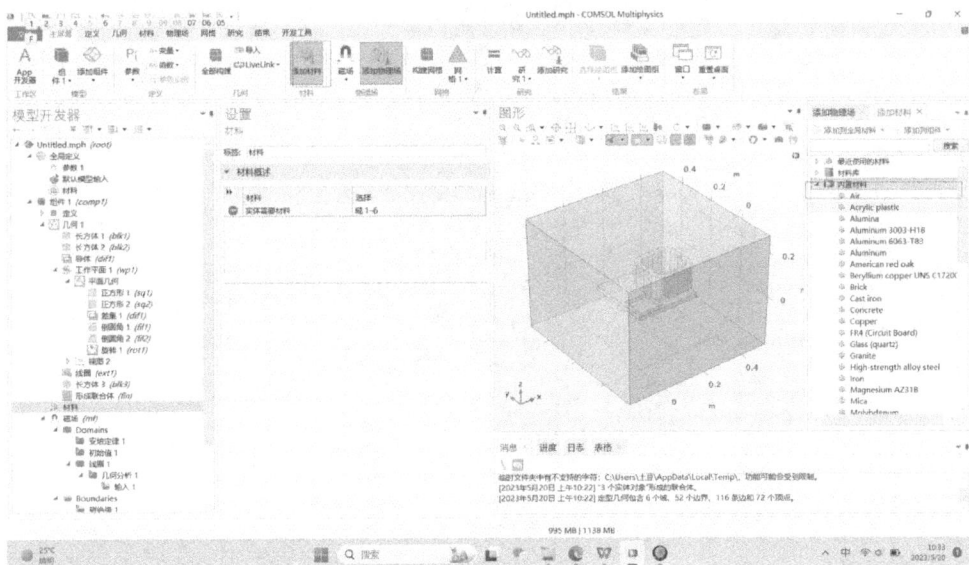

图 11 - 225　材料操作界面

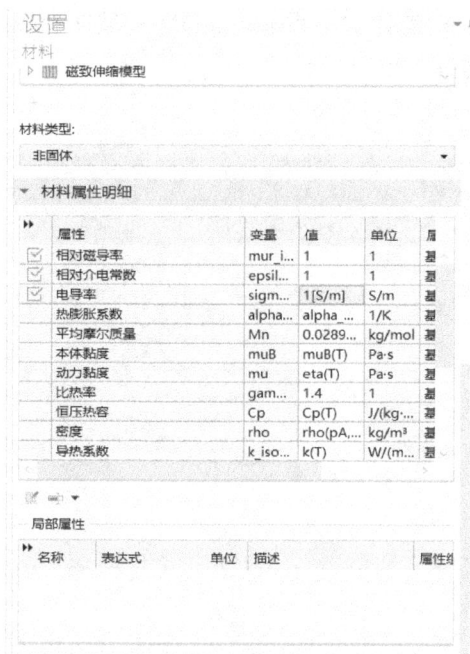

图 11-226　材料参数示意图

2）点击"模型开发器"→"组件 1"→右击"材料"→"空材料"→在材料的设置窗口中，"标签"为"铝"，域选择"2"，输入参数，如图 11-227 所示。

图 11-227　铝材料操作界面

5.划分网格

1) 点击"模型开发器"→"组件 1"→"网格"→右击"大小",在设置窗口中输入参数,如图 11 - 228 所示。

图 11 - 228　网格大小操作界面

2) 点击"模型开发器"→"组件 1"→右击"网格 1"→"大小",在"大小 1"的设置窗口中,域选择"导体",设置最大单元大小为"0.012",结果如图 11 - 229 所示。

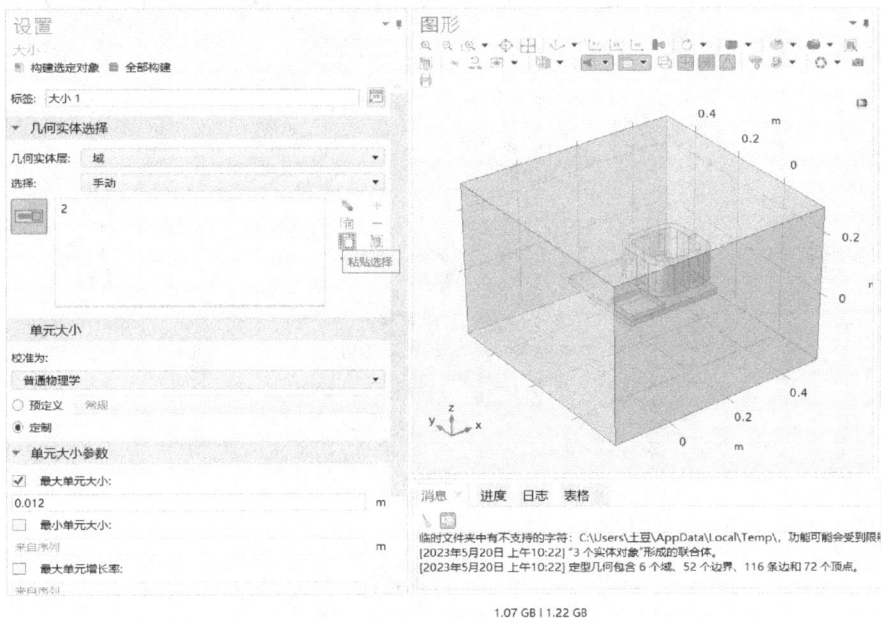

图 11 - 229　网格大小 1 操作界面

3）点击"模型开发器"→"组件 1"→右击"网格 1"→"大小"，在"大小 2"的设置窗口中，手动选择"3""4""5""6"，设置最大单元大小为"0.02"，如图 11-230 所示。

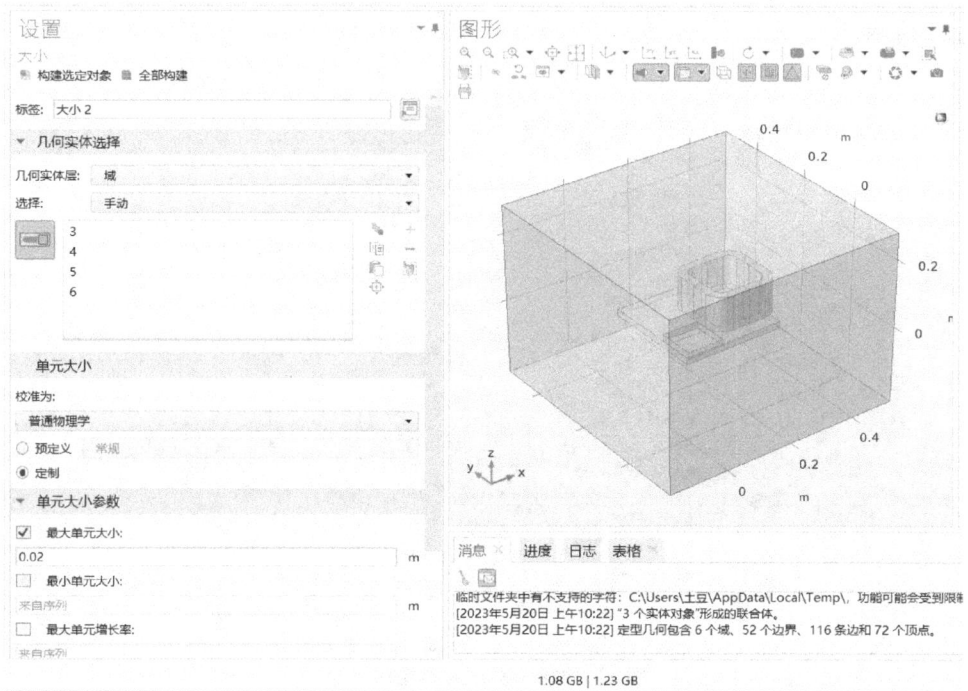

图 11-230　网格大小 2 操作界面

4）点击"模型开发器"→"组件 1"→右击"网格 1"→"自由四面体网格"（▲），在设置窗口中，单击构建选定对象。网格应如图 11-231 所示。

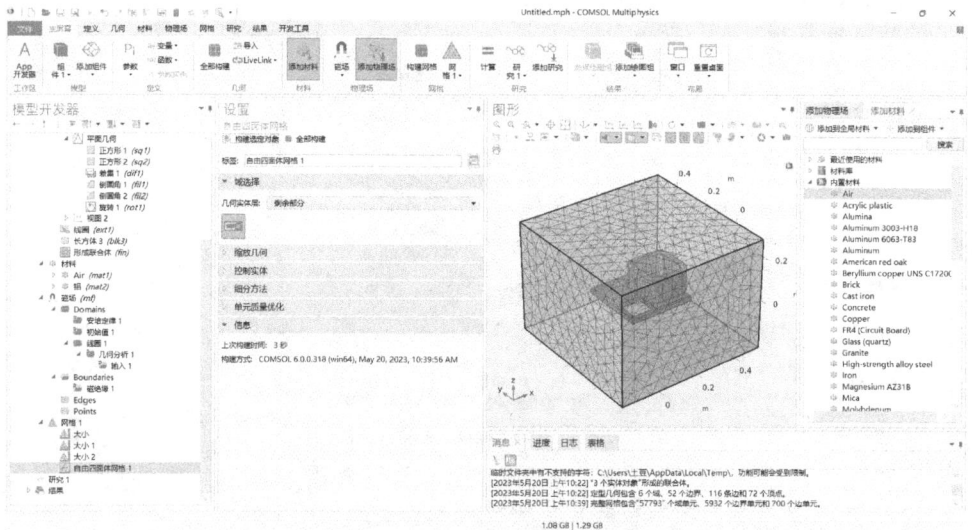

图 11-231　自由四面体网格操作界面

6.设置算法

1)在"频域"步骤前,添加一个线圈几何分析前处理研究步骤。在研究工具栏中单击"研究步骤" ↗→"其他"→"线圈几何分析",结果如图 11 - 232 所示。

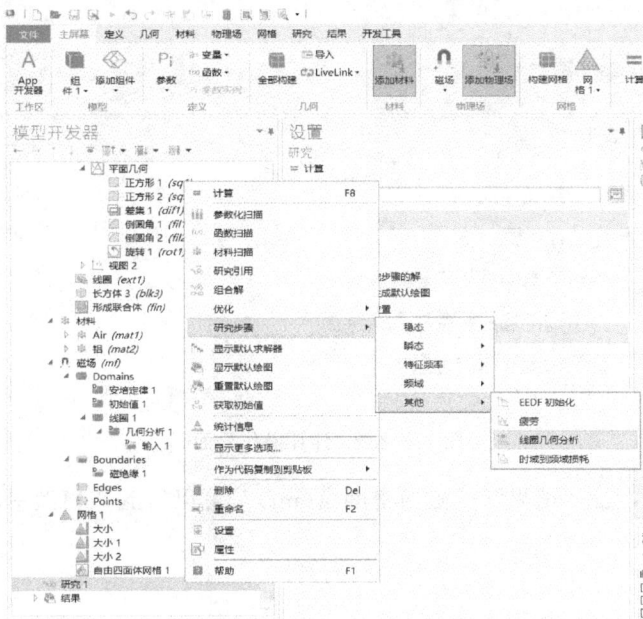

图 11 - 232　线圈几何分析位置示意图

2)在研究工具栏中单击"研究步骤" ↗→"频域"→"频率",在频域的设置窗口中,在频率输入参数"50200",如图 11 - 233 所示。

图 11 - 233　频域操作界面

3）点击"模型开发器"→单击"研究1"→单击"计算"（ ═ ），如图11-234所示。

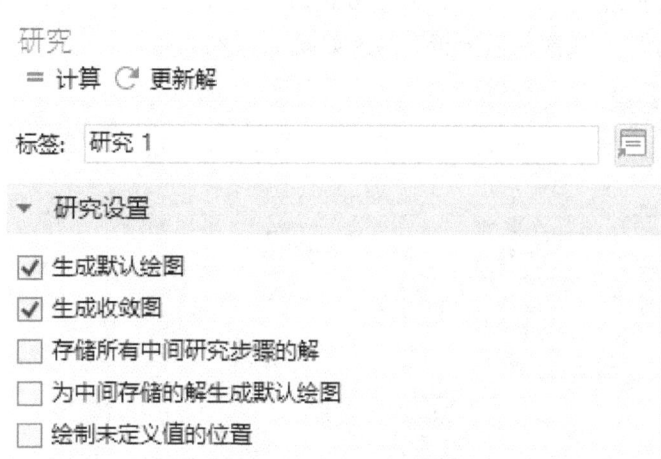

图11-234　计算操作界面

4）计算完成后，点击"结果"→"磁通密度模（mf）"，可以得到该模型中的磁通量结果，如图11-235所示。

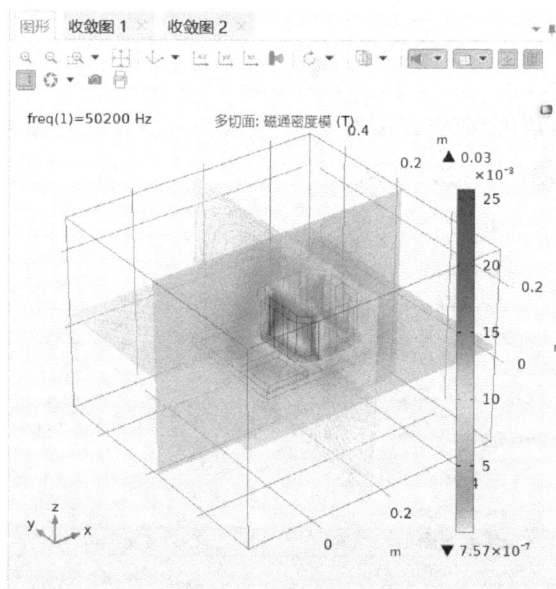

图11-235　磁通密度模示意图

5）通过变换视图，点击右侧视图中图形下方的工作栏（切换到 XY、YZ、XZ 平面视图），如图11-236所示。

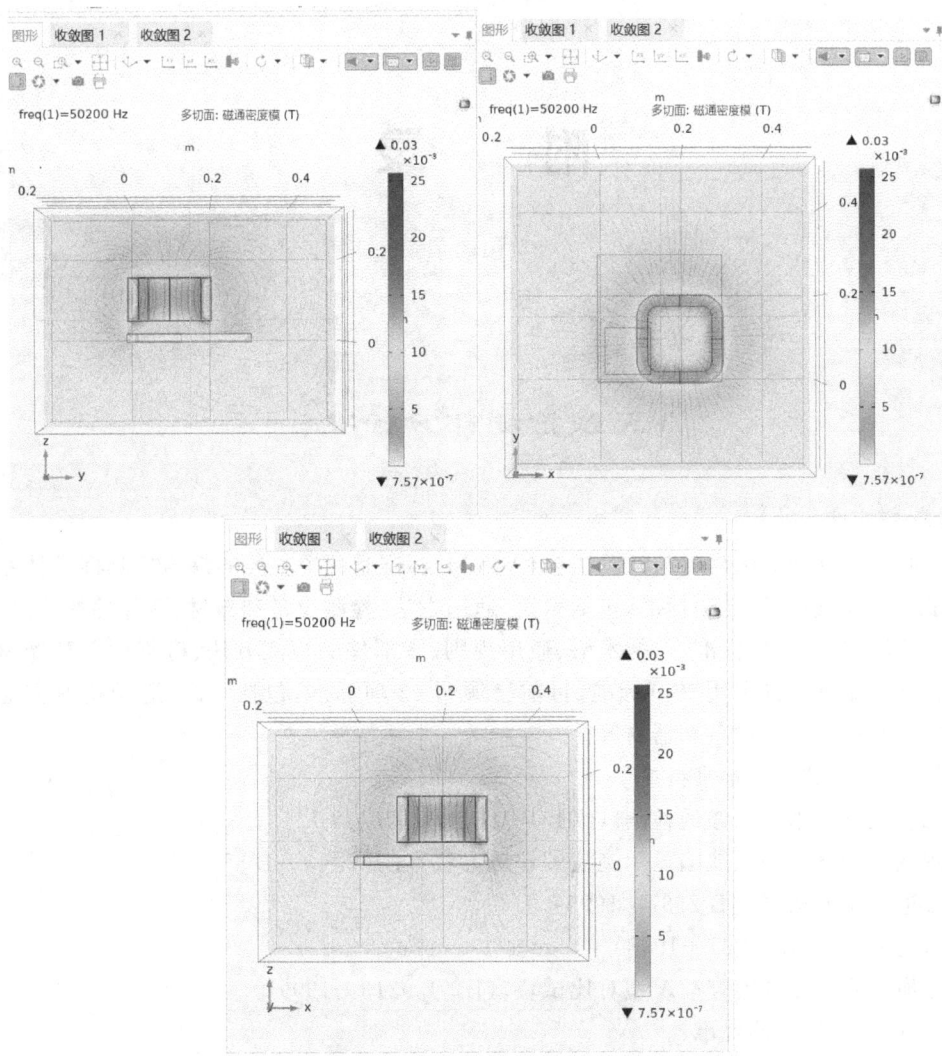

图 11-236　多切面磁通密度模示意图

7.结果分析

通过本案例可以看出涡流片形缺陷中的趋肤效应,金属板中的磁通量集中在表面,XY
平面为俯视图磁感线分布,YZ 平面为缺陷面的磁感线分布,在 XZ 平面中可以看到磁场中
的磁感线分布。

附　　录

无损检测部分标准

1. 渗透检测(PT)

在国外,ISO 和美国材料与试验协会(ASTM)标准是两个主要的渗透检测标准体系,目前 ASTM 已经颁布了 18 项标准,包括术语、通用方法、检测设备和器材、零部件的检测方法等,ISO 已颁布了 17 项标准,包括术语、通用规则、零部件的检测方法、检测设备和器材等。在我国,国标基本等同采用 ISO 标准,目前已颁布 12 项标准,包括术语、通用检测方法、零部件的检测方法、检测设备和器材等。

部分国内渗透检测标准:

《无损检测　术语　渗透检测》(GB/T 12604.3—2013)

《铸钢件渗透探伤及缺陷显示迹痕的评级方法》(GB 9443—1988)

《渗透检验方法》(GJB 2367—1995)

《渗透检验》(HB/Z 61—1998)

《无损检测　渗透检查　A 型对比试块》(JB/T 9213—1999)

部分国外渗透检测标准:

《铝合金和镁合金铸件　液体渗透检验》(ISO 9916—1991)

《无损检测术 液体渗透检验》(ASTM E 1316‑04F—2015)

《渗透检测的标准方法》(ASTM E 1417—2016)

《亲油型后乳化荧光渗透检测的试验方法》(ASTM E 1208—2016)

《亲水型后乳化荧光渗透检测的试验方法》(ASTM E 1210—2010)

2. 磁粉检测(MT)

国外磁粉检测标准主要的健全体系有 ISO 和 ASTM,目前 ISO 已颁布术语、通用规则、焊缝检测方法、检测设备和器材等标准。ASTM 已经颁布了 11 项标准,包括术语 1 项、通用方法 2 项、检测设备和器材 6 项、钢铸件和钢锻件检测方法各 1 项,其更加偏重于操作、器材和检测结果的评价等方面。在我国,国标基本等同采用 ISO 标准,目前已颁布术语、通用规则、检测设备和器材等标准。

部分国内磁粉检测标准:

《无损检测 术语 磁粉检测》(GB/T 12604.5—2008)

《磁粉检验 磁粉检验显示图谱》(GJB 2029—1994)

《磁粉检测》(HB 20158—2014)

《磁粉检测用环形试块》(JB/T 6066—2004)

《航空器无损检测 磁粉检验》(MH/T 3008—2012)

部分国外磁粉检测标准：

《焊接的无损检测 磁粉检测 验收标准》(ISO 23278—2015)

《无损检测 渗透检测和磁粉检测 观察条件》(ISO 3059—2012)

《铸钢件 磁粉检测》(ISO 4986—2010)

《磁粉检测方法》(ASTM SE - 709—2001)

《磁粉检验标准实施规程》(ASTM E 1444—2016)

3. 射线检测(RT)

许多发达国家在国际射线检测标准方面具有领先地位,其中,美国材料与试验协会(ASTM)标准在产品验收标准方面最为全面。而我国在发达国家标准的基础上,从设备、方法、系统和行业等方面逐步完成了射线检测标准的制定,已经形成了完整的射线检测标准体系。

部分国内射线检测标准：

《无损检测术语 射线检测》(GB/T 12604.2—1990)

《工业射线照相底片观片灯》(GB 11226—1989)

《航空轮胎 X 射线检测方法》(GB/T 13653—1992)

《射线照相检测》(GJB 1187A—2019)

《铝合金铸件技术标准》(HB 963—2005)

部分国外射线检测标准：

《射线照相检验导则》(ASTM E 94—2010)

《铝铸件和镁铸件射线照相检验的参考射线照片》(ASTM E 155—2015)

《航空用熔模钢铸件的参考射线照片》(ASTM E 192—2015)

《高强度铜基和镍铜合金铸件的参考射线照片》(ASTM E 272—2015)

《铝镁压铸件射线照相检验的参考射线照片》(ASTM E 505—2015)

4. 超声检测(UT)

近年来,超声检测技术在我国快速发展,部分标准的制定工作已走在世界前列。其中,国家标准和机械行业标准已采用 ISO 和 EN 标准共 11 项,ASTM 标准共 12 项,占标准总数的 53%。

部分国内超声检测标准：

《无损检测 术语 超声检测》(GB/T 12604.1—2005)

《薄钢板兰姆波探伤方法》(GB/T 2108—1998)

《中厚钢板超声波检验方法》(GB/T 4162—2008)

《不锈钢管超声波探伤方法》(GB/T 4163—1984)

《铁及钛合金（横截面厚度≥13 mm）超声波探伤方法》（GB 5193—2007）

部分国外超声检测标准：

《接触脉冲纵波反射法超声检测》（ASTM E 114—2020）

《焊接件超声波接触法检测标准惯例》（ASTM E 164—2019）

《采用超声衍射时差法的标准实施规程》（ASTM E 2373—2014）

《铁素体钢焊缝超声波探伤方法》（JIS Z 3060—2015）

《管道焊缝无损检查方法》（JIS Z 3050—1995）

5. 声发射检测（AE）

声发射检测技术最早开始于 20 世纪 50 年代，美国材料试验学（ASTM）在 20 世纪 80 年代首先开始了声发射检测标准的制定，相继制定了包括术语、检测仪器性能测试和检测方法等有关声发射检测标准，加速了声发射检测技术的推广应用。在我国，基础和通用声发射检测标准由全国无损检测标准化技术委员会（SAC/TC 56）制定；检测仪器标准由 SAC/TC122/SC1 全国试验机标准化技术委员会无损检测仪器分技术委员会制定；具体产品的声发射检测方法标准，由有关产品标准化委员会、国家军用标准或航天工业行业标准制定。

部分国内声发射检测标准：

《无损检测 术语 声发射检测》（GB/T 12604.4—2005）

《金属压力容器声发射检测及结果评价方法》（GB/T 18182—2012）

《常压金属储罐声发射检测及评价方法》（JB/T 10764—2007）

《承压设备无损检测 第 9 部分：声发射检测》（NB/T 47013.9—2012）

《复合材料构件声发射检测方法》（QJ 2914—1997）

部分国外声发射检测标准：

《检测术语》（ASTM E 610—1982）

《无焊缝气压容器检测方法》（ASTM E 1419—1991）

《金属压力容器检测方法》（ASME V A - 12—2001）

《FRP 压力容器检测方法》（ASME V - 11—2001）

《检测术语》（MIL - STD—1945）

《复合材料检测方法》（MIL - HDBK - 733—1986）

6. 涡流检测（ET）

1873 年，英国物理学家麦克斯韦建立了描述电磁感应现象的麦克斯韦方程组，为电磁场理论的研究奠定了基础。近年来，随着信号处理技术的发展和涡流检测仪器智能化程度的提高，脉冲涡流、远场涡流、扫频涡流等检测技术不断被开发和应用。20 世纪 50 年代，我国涡流检测技术的发展始于航空领域的应用，现已广泛应用于航空、航天、兵器、船舶、电力、冶金等领域。

部分国内涡流检测标准：

《无损检 测术 语涡流检测》（GB/T 12604.6—2008）

《铝合金电导率涡流测试方法》（GB/T 12966—1991）

《涡流检验方法》（GJB 2908—1997）

《铝合金电导率涡流测试方法》(HB 5356—2014)

《涡流检测》(HB 20193—2014)

部分国外涡流检测标准：

《涡流检测　探头阵列特征和验证无损检测设备》(EN ISO 20339:2017)

《焊缝的无损检测　复杂平面分析焊缝涡流检测》(EN ISO 17643:2015)

《无损试验　铁磁金属元件的脉冲涡流检测》(BS ISO 20669:2017)

《无损检测　涡流检测　一般原则》(BS EN ISO 15549:2010)

《无损检验　表面缺陷检测用涡流检验　强磁性和非强磁性金属制品》(AS 4544—2005)

7. 其他无损检测

计算机层析成像检测(CT)标准：

《工业射线层析成像(CT)检测》(GJB 5312—2004)

《工业 CT 系统性能测试方法》(GJB 5311—2004)

《航空发动机空心叶片壁厚工业 CT 测量方法》(HB 20446—2018)

激光全息干涉检测/错位散斑干涉检测标准：

《金属蜂窝胶接构件的激光全息无损检验》(HB 6625—1992)

其他标准：

《无损检测　应用导则》(GB/T 5616—2014)

《无损检测　人员资格鉴定与认证》(GB/T 9445—2015)

《无损检测人员的资格鉴定与认证》(GJB 9712A—2008)

《无损检测　航空无损检测人员资格鉴定与认证》(GB/T 36439—2018)

《标准对数视力表》(GB 11533—2011)

参 考 文 献

[1] 王自明.航空无损检测概论[M].北京:国防工业出版社,2019.

[2] 陈照峰.无损检测[M].西安:西北工业大学出版社,2015.

[3] 付亚波.无损检测实用教程[M].北京:化学工业出版社,2018.

[4] 魏坤霞.无损检测技术[M].北京:中国石化出版社,2016.

[5] 陈孝文.无损检测[M].北京:石油工业出版社,2020.

[6] 全国无损检测标准化技术委员会.无损检测国家标准汇编 电磁/涡流检测、红外检测
     [M].北京:中国标准出版社,2016.

[7] 沈玉娣.现代无损检测技术[M].西安:西安交通大学出版社,2012.

[8] 宋天民.表面检测[M].北京:中国石化出版社,2012.

[9] 李家伟.无损检测手册[M].2 版.北京:机械工业出版社,2012.

[10] 唐继红.无损检测实验[M].北京:机械工业出版社,2011.

[11] 施克仁,郭寓岷.相控阵超声成像检测[M].北京:高等教育出版社,2010.

[12] 施克仁.无损检测新技术[M].北京:清华大学出版社,2007.

[13] CHARLES J H.无损检测与评价手册[M].戴光,徐彦廷,译.北京:中国石化出版
      社,2005.

[14] 孙金立.无损检测及在航空维修中的应用[M].北京:国防工业出版社,2004.

[15] 王仲生.无损检测诊断现场实用技术[M].北京:机械工业出版社,2002.

[16] 沈功田,胡斌,徐永昌,等.中国无损检测 2025 科技发展战略[M].北京:中国质检出版
      社,2017.

[17] 《新航空概论》编写组.新航空概论[M].北京:航空工业出版社,2010.

[18] 中国工程建设焊接协会.全国职业技能竞赛无损检测员理论考试习题集[M].北京:
      化学工业出版社,2022.

[19] 张俊哲.无损检测技术及其应用[M].2 版.北京:科学出版社,2010.

[20] 《国防科技工业无损检测人员资格鉴定与认证培训教材》编审委员会.无损检测综合
      知识[M].北京:机械工业出版社,2022.

[21] 郭广平,丁传富.航空材料力学性能检测[M].北京:机械工业出版社,2018.

[22] 李辉,申胜男.有限元软件 COMSOL Multiphysics 在工程中的应用[M].北京:科学出版社,2023.

[23] 江帆,温锦锋,谢智铭,等.有限元基础与 COMSOL 案例分析[M].北京:人民邮电出版社,2024.

[24] 黄奕勇,李星辰,田野,等.COMSOL 多物理场仿真入门指南[M].北京:机械工业出版社,2021.

[25] 王学武.金属材料与热处理[M].2 版.北京:机械工业出版社,2021.

[26] 吴粤燊.压力容器安全技术手册[M].北京:机械工业出版社,1999.

[27] 全国锅炉压力容器无损检测人员资格鉴定考核委员会.锅炉压力容器检测基础知识[M].北京:劳动人事出版社,1989.

[28] 袁振明.声发射技术及其应用[M].北京:机械工业出版社,1985.

[29] 余国琮.化工容器及设备[M].北京:化学工业出版社,1980.

[30] 岳进才.压力管道技术[M].北京:中国石化出版社,2001.

[31] 中国机械工程学会无损检测分会.磁粉检测[M].2 版.北京:机械工业出版社,2004.

[32] 陶旺斌,周在杞.电磁检测[M].北京:航空工业出版社,1995.

[33] 兵器工业无损检测人员技术资格鉴定考核委员会.常用钢材磁特性曲线速查手册[M].北京:机械工业出版社,2003.

[34] 国防科技工业无损检测人员资格鉴定与认证培训教材编审委员会.磁粉检测[M].北京:机械工业出版社,2004.

[35] 任吉林.电磁无损检测[M].北京:航空工业出版社,1989.

[36] 张世远,路权,薛荣华,等.磁性材料基础[M].北京:科学出版社,1988.

[37] 郑文仪.渗透检验[M].北京:国防工业出版社,1981.

[38] 庄文忠,孙桂儿.磁粉与渗透探伤技术[M].北京:国防工业出版社,1982.

[39] 中国机械工程学会无损检测学会.渗透检验[M].北京:机械工业出版社,1985.

[40] 全国锅炉压力容器无损检测人员资格鉴定考核委员会.渗透探伤[M].北京:劳动人事出版社,1989.

[41] 顾惕人.表面化学[M].北京:科学出版社,1994.

[42] 赵国玺.表面活性剂物理化学[M].北京:北京大学出版社,1984.

[43] 刘程.表面活性剂应用手册[M].北京:化学工业出版社,1992.

[44] 郭伟.超声检测[M].北京:机械工业出版社,2009.

[45] 史亦韦.超声检测[M].北京:机械工业出版社,2005.

[46] 李家伟,陈积懋.无损检测手册[M].北京:机械工业出版社,2002.

[47] 云庆华.锅炉压力容器无损探伤技术[M].天津:天津科学技术出版社,1985.

[48] 侯若明.工业射线检测影像识别与评定[M].北京:中国质检出版社,2013.

[49] 屠耀元.射线检测工艺学[M].北京:航空工业出版社,1989.

[50] 沈建中,黎连修.超声无损检测的进展:学会成立 20 周年回顾[J].无损检测,1998(2):31 - 33.

[51] 郑晖,胡斌,林树青,等.国外 TOFD 检测标准分析和比较[J].无损检测,2007(3):150 -154.

[52] 庞勇,韩焱.超声成像方法综述[J].测试技术学报,2001,15(4):280 - 284.

[53] 李振才.电磁超声(EMA)技术的发展与应用[J].无损探伤,2006,30(6):13 - 14.

[54] 靳世久,杨晓霞,陈世利,等.超声相控阵检测技术的发展及应用[J].电子测量与仪器学报,2014,28(9):925 - 934.

[55] 张志超.焊缝超声检测中变型波的产生机理及其识别[J].无损检测,2002,24(2):83 - 85.

[56] 周林.焊缝评片口诀[J].无损探伤,2004,28(1):10.